5.2.6 公司名片

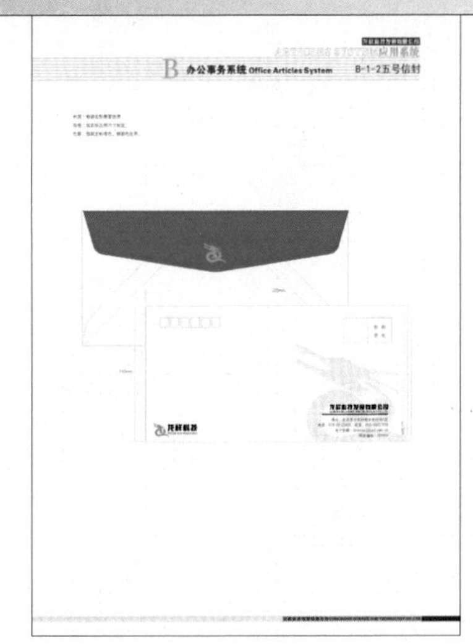

5.2.7 信封

5.2.8 纸杯

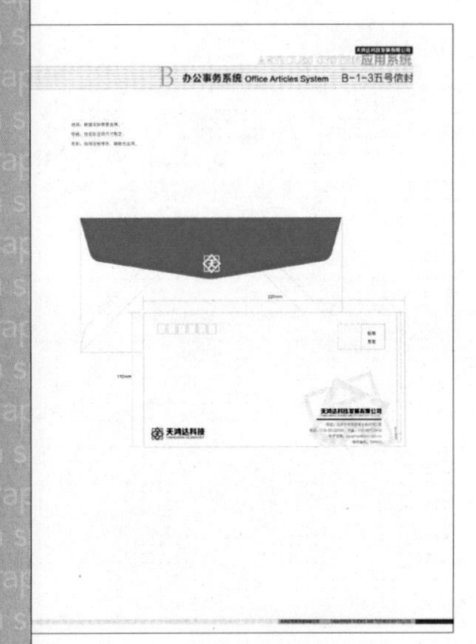

5.3.9 信封

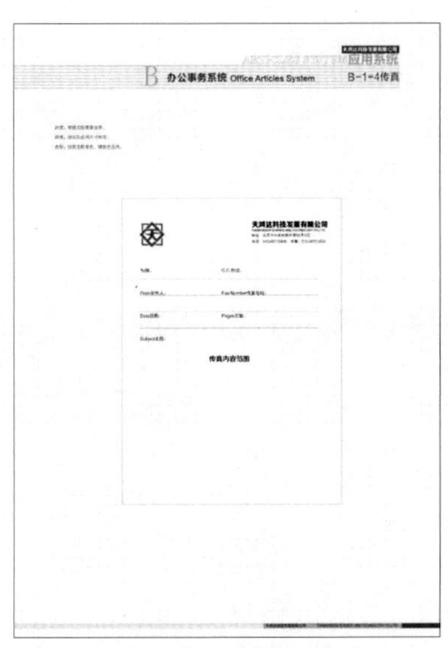

5.3.10 传真

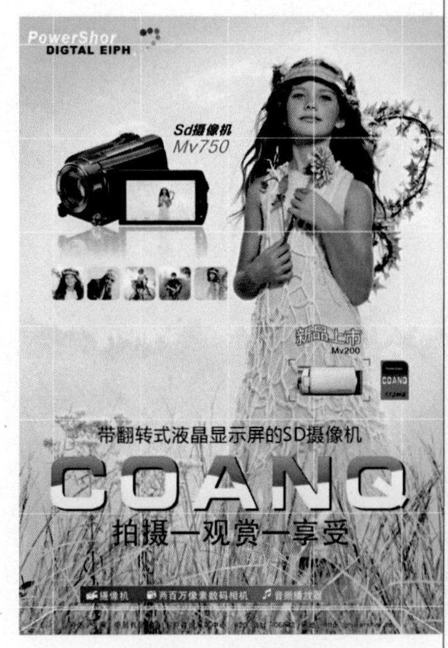

6.1 摄像产品宣传单设计

6.2 戒指宣传单设计

7.3 空调广告设计

8.1 洗衣机海报设计

7.1 制作化妆品网页

7.1.5 制作美发网页

7.2 制作 VIP 登录界面

8.2 茶艺海报设计

9.1 化妆美容书籍封面设计

9.2 古董书籍封面设计

11.1 时尚杂志封面设计

11.2 服饰栏目设计

11.3 饮食栏目设计

12.1 云蓝山酒盒包装设计

12.2 咖啡包装设计

12.3 梅莲坊酒盒包装设计

13.1 电器城网页设计

13.2 慕斯网页设计

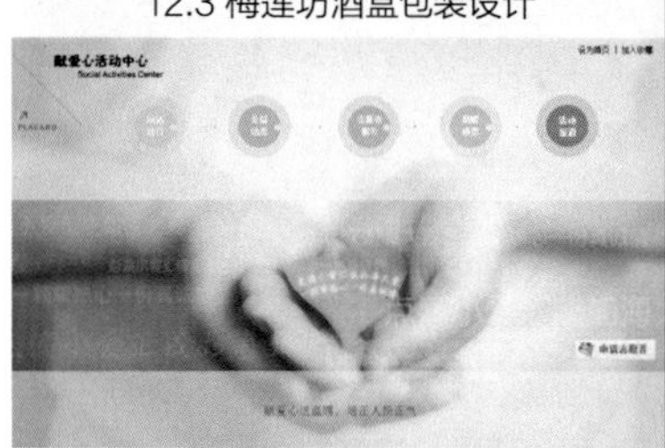

13.3 爱心救助网页设计

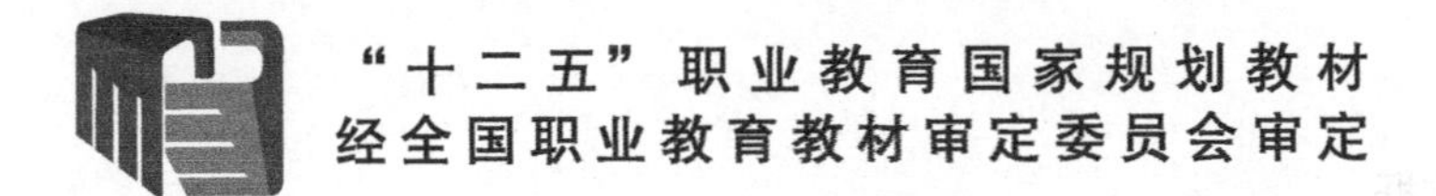

边做边学 Photoshop+CorelDRAW 综合实训教程

刘崇健 ◎ 主编
向珍 彭春华 ◎ 副主编

人民邮电出版社
北京

图书在版编目（CIP）数据

边做边学. Photoshop+CorelDRAW综合实训教程 / 刘崇健主编. -- 北京 : 人民邮电出版社, 2015.3（2023.7重印）
“十二五”职业教育国家规划教材
ISBN 978-7-115-38963-3

Ⅰ. ①边… Ⅱ. ①刘… Ⅲ. ①平面设计－图象处理软件－高等职业教育－教材 Ⅳ. ①TP391.41

中国版本图书馆CIP数据核字(2015)第065548号

内 容 提 要

Photoshop 和 CorelDRAW 均是当今流行的图像处理和矢量图形设计软件，被广泛应用于平面设计、包装装潢、彩色出版等诸多领域。

本书根据中职学校教师和学生的实际需求，以平面设计的典型应用为主线，通过多个精彩实用的案例，全面细致地讲解如何利用 Photoshop 和 CorelDRAW 完成专业的平面设计项目，使学生能够在掌握软件功能和制作技巧的基础上，启发设计灵感，开拓设计思路，提高设计能力。本书配套光盘中包含了书中所有案例的素材及效果文件，以利于教师授课，学生练习。

本书可作为中等职业学校平面设计专业、动漫专业、多媒体专业等相关专业的教材，也可供PhotoshopCorelDRAW 的初学者及有一定平面设计经验的读者参考，同时可作为社会培训用书。

◆ 主　　编　刘崇健
副 主 编　向　珍　彭春华
责任编辑　王　平
责任印制　杨林杰

◆ 人民邮电出版社出版发行　北京市丰台区成寿寺路 11 号
邮编　100164　电子邮件　315@ptpress.com.cn
网址　http://www.ptpress.com.cn
北京七彩京通数码快印有限公司印刷

◆ 开本：787×1092　1/16　彩插：1
印张：15　2015 年 3 月第 1 版
字数：393 千字　2023 年 7 月北京第 8 次印刷

定价：39.80 元（附光盘）

读者服务热线：(010)81055256　印装质量热线：(010)81055316
反盗版热线：(010)81055315
广告经营许可证：京东市监广登字 20170147 号

前　言

Photoshop 和 CorelDRAW 自推出之日起就深受平面设计人员的喜爱，是当今最流行的图像处理和矢量图形设计软件之一。Photoshop 和 CorelDRAW 被广泛应用于平面设计、包装装潢、彩色出版等诸多领域。在实际的平面设计和制作工作中，很少用单一软件来完成工作，要想出色地完成一件平面设计作品，需利用不同软件各自的优势，再将其巧妙地结合使用。

本书根据教育部最新教学标准要求编写，邀请行业、企业专家和一线课程负责人一起，从人才培养目标、专业方案等方面做好顶层设计，明确专业课程标准，强化专业技能培养，安排教材内容；根据岗位技能要求，引入了企业真实案例，力求达到"十二五"职业教育国家规划教材的要求，提高中职学校专业技能课的教学质量。

本书共分为 13 章，分别详细讲解了平面设计的基础知识、字体设计、插画设计、标志设计、VI 设计、宣传单设计、广告设计、海报设计、书籍装帧设计、唱片封面设计、杂志设计、包装设计和网页设计等内容。

本书利用来自专业的平面设计公司的商业案例，详细地讲解了运用 Photoshop 和 CorelDRAW 制作这些案例的流程和技法，并在此过程中融入了实践经验以及相关知识，努力做到操作步骤清晰准确，使学生能够在掌握软件功能和制作技巧的基础上，启发设计灵感，开拓设计思路，提高设计能力。

本书配套光盘中包含了书中所有案例的素材及效果文件。另外，为方便教师教学，本书配备了详尽的课堂实战演练和综合演练的操作步骤文稿、PPT 课件、教学大纲以及附送的商业实训案例文件等丰富的教学资源，任课教师可登录人民邮电出版社教学服务与资源网（www.ptpedu.com.cn）免费下载使用。本书的参考学时为 57 学时，各章的参考学时参见下面的学时分配表。

章　节	课 程 内 容	学 时 分 配
第 1 章	平面设计的基础知识	4
第 2 章	字体设计	2
第 3 章	插画设计	5
第 4 章	标志设计	2
第 5 章	VI 设计	6
第 6 章	宣传单设计	4
第 7 章	广告设计	4
第 8 章	海报设计	5
第 9 章	书籍装帧设计	6
第 10 章	唱片封面设计	6
第 11 章	杂志设计	4
第 12 章	包装设计	5
第 13 章	网页设计	4
学 时 总 计		57

本书由湖南省怀化工业中等专业学校的刘崇健任主编，向珍和彭春华任副主编，其中刘崇健编写了第 1～4 章，向珍编写了第 5～7 章，彭春华编写了第 8～10 章，王文举编写了第 11～13 章。由于时间仓促，加之编者水平有限，书中难免存在错误和不妥之处，敬请广大读者批评指正。

编　者

2014 年 11 月

Photoshop+CorelDRAW 教学辅助资源及配套教辅

素材类型	名称或数量	素材类型	名称或数量
教学大纲	1 套	课堂实例	15 个
电子教案	13 章	课后实例	16 个
PPT 课件	13 个	课后答案	16 个
第 2 章 字体设计	时尚生活字体设计	第 8 章 海报设计	茶艺海报设计
	融创易网字体设计		流行音乐会海报设计
第 3 章 卡片设计	绘制时尚音乐插画	第 9 章 书籍装帧设计	化妆美容书籍封面设计
	绘制休闲杂志插画		古董书籍封面设计
第 4 章 标志设计	伯伦酒店标志设计	第 10 章 唱片封面设计	音乐 CD 封面设计
	龙祥科技发展有限公司标志设计		手风琴唱片封面设计
	天鸿达标志设计	第 11 章 杂志设计	时尚杂志封面设计
第 5 章 VI 设计	伯伦酒店 VI 设计		服饰栏目设计
	龙祥科技发展有限公司 VI 设计		饮食栏目设计
	天鸿达 VI 设计	第 12 章 包装设计	云蓝山酒盒包装设计
第 6 章 宣传单设计	摄像产品宣传单设计		咖啡包装设计
	戒指宣传单设计		梅莲坊酒盒包装设计
第 7 章 广告设计	汽车广告设计	第 13 章 网页设计	电器城网页设计
	房地产广告设计		慕斯网页设计
	空调广告设计		爱心救助网页设计
第 8 章 海报设计	洗衣机海报设计		

目　录

第 12 章　包装设计

第 13 章　网页设计

第1章 平面设计的基础知识

本章主要介绍平面设计的基础知识，其中包括基本概念、位图和矢量图、分辨率、图像的色彩模式和文件格式、工作流程、页面设置、图片大小、出血、文字转换、印前检查、小样等内容。通过本章的学习，可以快速掌握平面设计的基本概念和基础知识，有助于更好地开始平面设计的学习和实践。

课堂学习目标

- 平面设计的基础知识
- 平面设计的基本要素
- 图像转换
- 平面设计的工作流程
- 图像的设计与输出

1.1 平面设计的基本概念

1922年，美国人威廉·阿迪逊·德威金斯最早提出和使用了“平面设计（graphic design）”这个词语。20世纪70年代，设计艺术得到了充分的发展，“平面设计”成为国际设计界认可的术语。

平面设计是一个包含经济学、信息学、心理学和设计学等领域的创造性视觉艺术学科。它通过二维空间进行表现，通过图形、文字、色彩等元素的编排和设计来进行视觉沟通和信息传达。平面设计的形式表现和媒介使用主要是印刷或平面的。平面设计师可以利用专业知识和技术来完成创作。

1.2 平面设计的基本要素

平面设计作品的基本要素主要包括图形、文字及色彩3个要素。这3个要素的组合组成了一组完整的平面设计作品。每个要素在平面设计作品中都起到了举足轻重的作用，3个要素之间的相互影响和各种不同变化都会使平面设计作品产生更加丰富的视觉效果。

1.2.1 【图形】

通常，人们在阅读一则平面设计作品的时候，首先注意到的是图片，其次是标题，最后才是正文。如果说标题和正文作为符号化的文字受地域和语言背景限制的话，那么图形信息的传递则不受国家、民族、种族语言的限制，它是一种通行于世界的语言，具有广泛的传播性。因此，图形创意策划的选择直接关系到平面设计作品的成败。图形的设计也是整个设计内容最直观的体现，它最大限度地表现了作品的主题和内涵。图形效果如图 1-1 所示。

图 1-1

1.2.2 【文字】

文字是最基本的信息传递符号。在平面设计工作中，相对于图形而言，文字的设计安排也占有相当重要的地位，是体现内容传播功能最直接的形式。在平面设计作品中，文字的字体造型和构图编排恰当与否都直接影响到作品的诉求效果和视觉表现力。文字效果如图 1-2 所示。

图 1-2

1.2.3 【色彩】

平面设计作品给人的整体感受取决于作品画面的整体色彩。色彩作为平面设计组成的重要因素之一，它的色调与搭配受宣传主题、企业形象、推广地域等因素的共同影响。因此，在平面设计中要考虑消费者对颜色的一些固定心理感受以及相关的地域文化。色彩效果如图 1-3 所示。

图 1-3

1.3 图像转换

1.3.1 【操作目的】

通过转换位图命令了解位图和矢量图的区别。使用导入位图命令了解分辨率、颜色模式的设置方法。

1.3.2 【操作步骤】

步骤 1 按 Ctrl+I 组合键，弹出“导入”对话框，打开光盘中的“Ch01 > 素材 > 绘制苹果”文件，单击“导入”按钮，在页面中导入素材。选择“选择”工具，选中素材图片，如图 1-4 所示。选择“位图 > 转换为位图”命令，在弹出的“转换为位图”对话框中进行设置，如图 1-5 所示，单击“确定”按钮，将矢量图转换为位图，效果如图 1-6 所示。

图 1-4

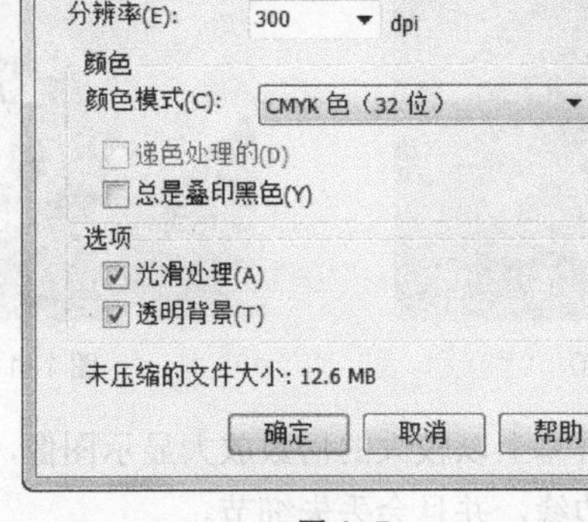

图 1-5

图 1-6

步骤 2 选择“选择”工具，选中要导出的图片，如图 1-7 所示。选择“文件 > 导出”命令，弹出“导出”对话框，将文件名设为“1.1-绘制苹果”，保存类型设为“TIF”格式，如图 1-8 所示，单击“导出”按钮，弹出“转换为位图”对话框，将“分辨率”设为 300，“颜色模式”设为 RGB，其他选项的设置如图 1-9 所示，单击“确定”按钮，将图片导出。

图 1-7

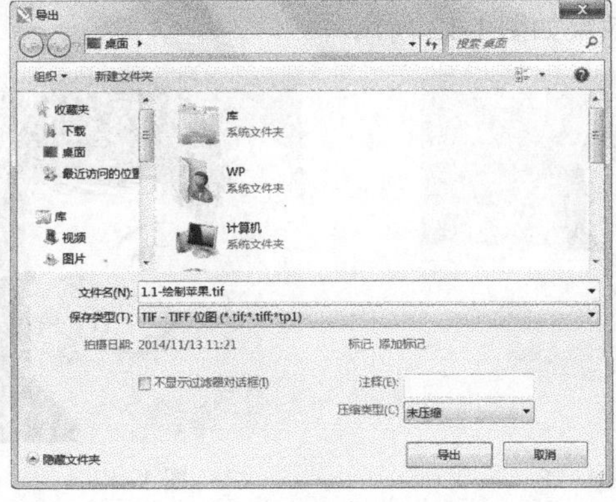

图 1-8

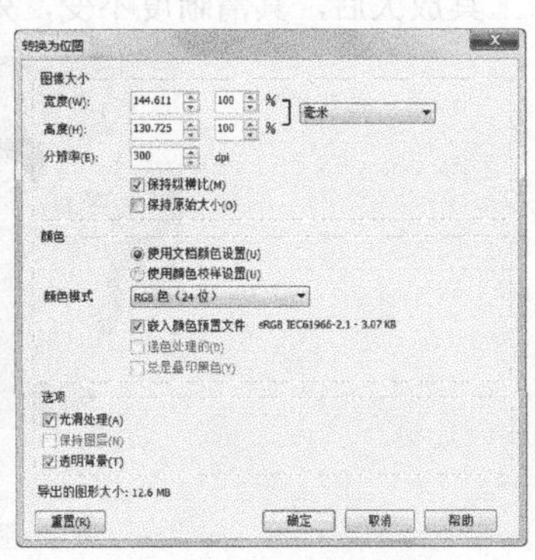

图 1-9

1.3.3 【相关知识】

1. 位图和矢量图

图像文件可以分为两大类：位图图像和矢量图形。在绘图或处理图像过程中，这两种类型的图像可以相互交叉使用。

◎ 位图

位图图像也称为点阵图像，它是由许多单独的小方块组成的，这些小方块又称为像素点。每个像素点都有特定的位置和颜色值，不同排列和着色的像素点组成了一幅色彩丰富的图像。位图图像的显示效果与像素点是紧密联系在一起的，像素点越多，图像的分辨率越高，相应地，图像的文件量也会随之增大。

图像的原始效果如图 1-10 所示，使用放大工具放大后，可以清晰地看到像素的小方块形状与不同的颜色，效果如图 1-11 所示。

图 1–10

图 1–11

位图与分辨率有关，如果在屏幕上以较大的倍数放大显示图像，或以低于创建时的分辨率打印图像，图像就会出现锯齿状的边缘，并且会丢失细节。

◎ 矢量图

矢量图也称为向量图，它是一种基于图形的几何特性来描述的图像。矢量图中的各种图形元素称之为对象，每一个对象都是独立的个体，都具有大小、颜色、形状、轮廓等特性。

矢量图与分辨率无关，可以将它缩放到任意大小，其清晰度不变，也不会出现锯齿状的边缘。矢量图在任何分辨率下显示或打印，都不会损失细节。图形的原始效果如图 1-12 所示，使用放大工具放大后，其清晰度不变，效果如图 1-13 所示。

图 1–12

图 1–13

矢量图文件所占的容量较小，但这种图形的缺点是不易制作色调丰富的图像，而且绘制出来的图形无法像位图那样精确地描绘各种绚丽的景象。

2. 分辨率

分辨率是用于描述图像文件信息的术语。分辨率分为图像分辨率、屏幕分辨率和输出分辨率。下面分别进行介绍。

◎ **图像分辨率**

在 Photoshop CS6 中，图像中每单位长度上的像素数目称为图像的分辨率，其单位为像素/英寸或是像素/厘米。

在相同尺寸的两幅图像中，高分辨率的图像包含的像素比低分辨率的图像包含的像素多。例如，一幅尺寸为 1 英寸×1 英寸的图像，其分辨率为 72 像素/英寸，这幅图像包含 5 184 个像素（72×72＝5 184）；而同样尺寸，分辨率为 300 像素/英寸的图像包含 90 000 个像素。相同尺寸下，分辨率为 72 像素/英寸的图像效果如图 1-14 所示，分辨率为 300 像素/英寸的图像效果如图 1-15 所示。由此可见，在相同尺寸下，高分辨率的图像能更清晰地表现图像内容。

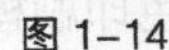

图 1–14

图 1–15

提示 如果一幅图像所包含的像素是固定的，那么增加图像尺寸，就会降低图像的分辨率。

◎ **屏幕分辨率**

屏幕分辨率是显示器上每单位长度显示的像素数目。屏幕分辨率取决于显示器的大小及其像素设置。PC 显示器的分辨率一般约为 96 像素/英寸，Mac 显示器的分辨率一般约为 72 像素/英寸。在 Photoshop CS6 中，图像像素被直接转换成显示器像素，当图像分辨率高于显示器分辨率时，屏幕中显示出的图像比实际尺寸大。

◎ **输出分辨率**

输出分辨率是照排机或打印机等输出设备产生的每英寸的油墨点数（dpi）。打印机的分别率在 720 dpi 以上，可以使图像获得比较好的效果。

3. 色彩模式

Photoshop 和 CorelDRAW 提供了多种色彩模式。这些色彩模式正是作品能够在屏幕和印刷品上成功表现的重要保障。在这里重点介绍几种经常使用到的色彩模式，包括 CMYK 模式、RGB 模式、灰度模式及 Lab 模式。每种色彩模式都有不同的色域，并且各个模式之间可以相互转换。

◎ **CMYK 模式**

CMYK 代表了印刷上用的 4 种油墨色：C 代表青色，M 代表洋红色，Y 代表黄色，K 代表黑色。CMYK 模式在印刷时应用了色彩学中的减法混合原理，即减色色彩模式，它是图片、插图和其他作品中最常用的一种印刷方式。这是因为在印刷中通常都要进行四色分色，出四色胶片，然后再进行印刷。

在 Photoshop 中，CMYK“颜色”控制面板如图 1-16 所示，可以在其中设置 CMYK 颜色。在 CorelDRAW 中的“均匀填充”对话框中选择 CMYK 色彩模式，可以设置 CMYK 颜色，如图 1-17 所示。

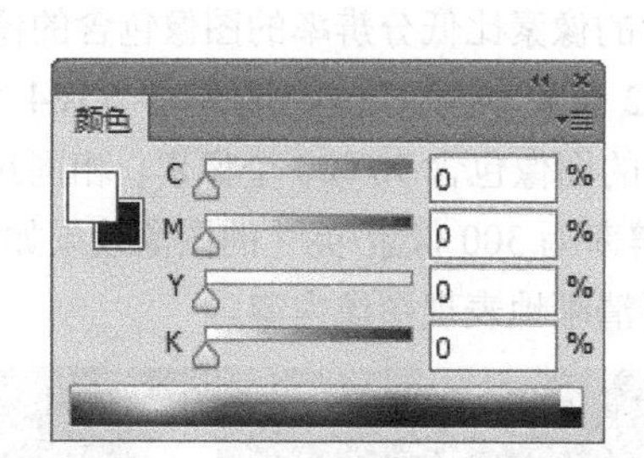

图 1-16

图 1-17

提示 在 Photoshop 中制作平面设计作品时，一般会把图像文件的色彩模式设置为 CMYK 模式。在 CorelDRAW 中制作平面设计作品时，绘制的矢量图形和制作的文字都要使用 CMYK 颜色。

可以在建立一个新的 Photoshop 图像文件时就选择 CMYK 四色印刷模式，如图 1-18 所示。

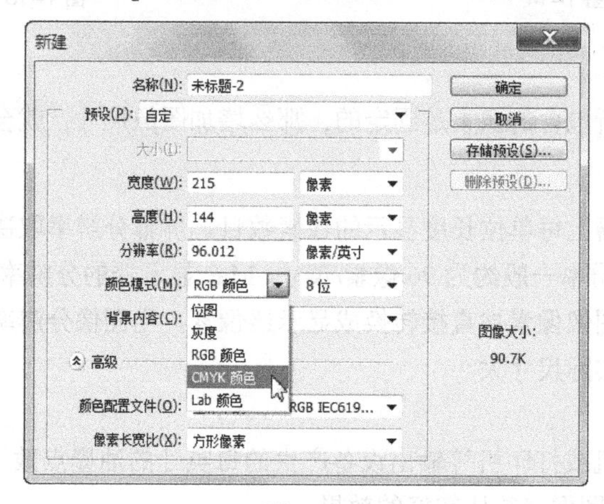

图 1-18

提示 在建立新的 Photoshop 文件时，就选择 CMYK 四色印刷模式。这种方式的优点是防止最后的颜色失真，因为在整个作品的制作过程中，所制作的图像都在可印刷的色域中。

在制作过程中，可以选择“图像 > 模式 > CMYK 颜色”命令，将图像转换成 CMYK 四色印刷模式。但是一定要注意，在图像转换为 CMYK 四色印刷模式后，就无法再变回原来图像的 RGB 色彩了，因为 RGB 的色彩模式在转换成 CMYK 色彩模式时，色域外的颜色会变暗，这样才会使整个色彩成为可以印刷的文件。因此，在将 RGB 模式转换成 CMYK 模式之前，可以选择“视图 > 校样设置 > 工作中的 CMYK”命令，预览一下转换成 CMYK 色彩模式后的图像效果，如

果不满意 CMYK 色彩模式的效果，还可以根据需要对图像进行调整。

◎ RGB 模式

RGB 模式是一种加色模式，它通过红、绿、蓝 3 种色光相叠加而形成更多的颜色。RGB 是色光的彩色模式，一幅 24 位色彩范围的 RGB 图像有 3 个色彩信息通道：红色（R）、绿色（G）和蓝色（B）。在 Photoshop 中，RGB“颜色”控制面板如图 1-19 所示。在 CorelDRAW 中的“均匀填充”对话框中选择 RGB 色彩模式，可以设置 RGB 颜色，如图 1-20 所示。

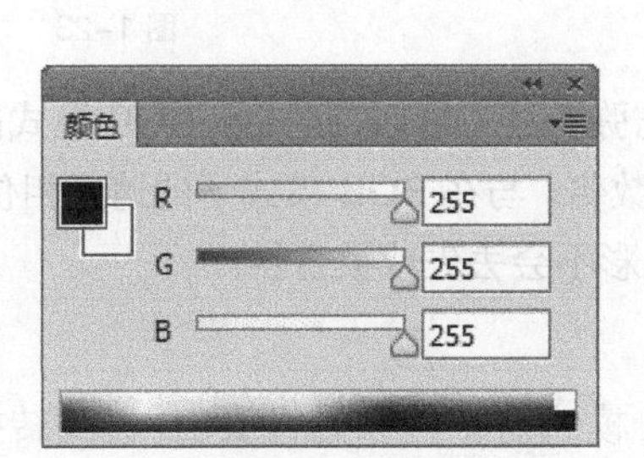

图 1–19

图 1–20

每个通道都有 8 位的色彩信息——一个 0～255 的亮度值色域，也就是说，每一种色彩都有 256 个亮度水平级。3 种色彩相叠加，可以有 256×256×256=1 670 万种可能的颜色，这 1 670 万种颜色足以表现出绚丽多彩的世界。

在 Photoshop CS6 中编辑图像时，RGB 色彩模式应是最佳的选择，因为它可以提供全屏幕的多达 24 位的色彩范围，一些计算机领域的色彩专家称之为“True Color”真彩显示。

提示 一般在视频编辑和设计过程中，使用 RGB 模式来编辑和处理图像。

◎ 灰度模式

灰度模式下的灰度图又称为 8 比特深度图。每个像素用 8 个二进制数表示，能产生 2 的 8 次方即 256 级灰色调。当一个彩色文件被转换为灰度模式文件时，所有的颜色信息都将从文件中丢失。尽管 Photoshop 允许将一个灰度文件转换为彩色模式文件，但不可能将原来的颜色完全还原。所以，当要转换灰度模式时，应先做好图像的备份。

像黑白照片一样，一个灰度模式的图像没有色相和饱和度这两种颜色信息，而只有明暗值，0%代表白，100%代表黑，其中的 K 值用于衡量黑色油墨用量。在 Photoshop 中，“颜色”控制面板如图 1-21 所示。在 CorelDRAW 中的“均匀填充”对话框中选择灰度色彩模式，可以设置灰度颜色，如图 1-22 所示。

◎ Lab 模式

Lab 是 Photoshop 中的一种国际色彩标准模式，它由 3 个通道组成：一个通道是透明度，即 L；其他两个是色彩通道，即色相和饱和度，用 a 和 b 表示。a 通道包括的颜色值从深绿到灰，再到亮粉红色；b 通道是从亮蓝色到灰，再到焦黄色。这种色彩混合后将产生明亮的色彩。Lab“颜色”控制面板如图 1-23 所示。

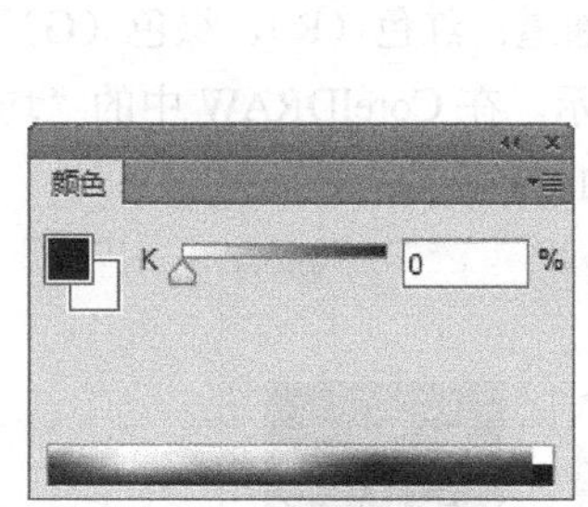

图 1-21

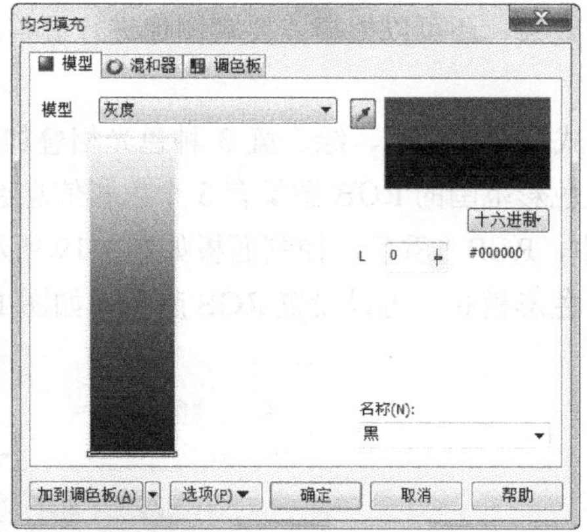

图 1-22

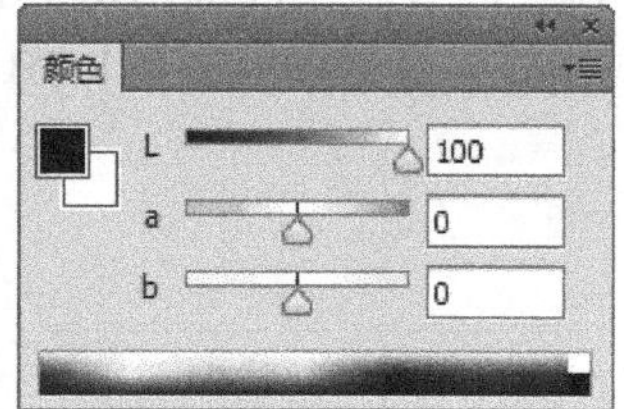

图 1-23

Lab 模式在理论上包括了人眼可见的所有色彩，它弥补了 CMYK 模式和 RGB 模式的不足。在这种模式下，图像的处理速度比在 CMYK 模式下快数倍，与在 RGB 模式下的速度相仿。此外，在把 Lab 模式转换成 CMYK 模式的过程中，所有的色彩不会丢失或被替换。

提示 在 Photoshop 中将 RGB 模式转换成 CMYK 模式时，可以先将 RGB 模式转换成 Lab 模式，然后再从 Lab 模式转成 CMYK 模式。这样做可减少图片的颜色损失。

4. 文件格式

当平面设计作品制作完成后就要进行存储，这时，选择一种合适的文件格式就显得十分重要。在 Photoshop 和 CorelDRAW 中有 20 多种文件格式可供选择，在这些文件格式中，既有 Photoshop 和 CorelDRAW 的专用格式，也有用于应用程序交换的文件格式，还有一些比较特殊的格式。下面重点介绍几种平面设计中常用的文件存储格式。

◎ TIF（TIFF）格式

TIF 也称 TIFF，是标签图像格式。TIF 格式对于色彩通道图像来说具有很强的可移植性，它可以用于 PC、Macintosh 和 UNIX 工作站三大平台，是这三大平台上使用最广泛的绘图格式。

用 TIF 格式存储时应考虑到文件的大小，因为 TIF 格式的结构要比其他格式更大更复杂。但 TIF 格式支持 24 个通道，能存储多于 4 个通道的文件。TIF 格式还允许使用 Photoshop 中的复杂工具和滤镜特效。

提示 TIF 格式非常适合于印刷和输出。在 Photoshop 中编辑处理完成的图片文件一般都会存储为 TIF 格式，然后导入 CorelDRAW 的平面设计文件中再进行编辑处理。

◎ CDR 格式

CDR 格式是 CorelDRAW 的专用图形文件格式。由于 CorelDRAW 是矢量图形绘制软件，因此 CDR 可以记录文件的属性、位置、分页等。但它在兼容度上比较差，在所有 CorelDRAW 应用程序中均能够使用，而在其他图像编辑软件却无法打开此类文件。

◎ PSD 格式

PSD 格式是 Photoshop 软件自身的专用文件格式，PSD 格式能够保存图像数据的细小部分，如图层、蒙版、通道等 Photoshop 对图像进行特殊处理的信息。在没有最终决定图像的存储格式

前，最好先以这种格式存储。另外，Photoshop 打开和存储这种格式的文件较其他格式更快。

◎ AI 格式

AI 是一种矢量图片格式，是 Adobe 公司的 Illustrator 软件的专用格式。它的兼容度比较高，可以在 CorelDRAW 中打开，也可以将 CDR 格式的文件导出为 AI 格式。

◎ JPEG 格式

JPEG 是 Joint Photographic Experts Group 的首字母缩写，译为联合图片专家组，它既是 Photoshop 支持的一种文件格式，也是一种压缩方案。JPEG 格式是 Macintosh 上常用的一种存储类型。JPEG 格式是压缩格式中的“佼佼者”，与 TIF 文件格式采用的 LIW 无损失压缩相比，它的压缩比例更大。但它使用的有损失压缩会丢失部分数据。用户可以在存储前选择图像的最后质量，这样就能控制数据的损失程度。

在 Photoshop 中，可以选择低、中、高和最高 4 种图像压缩品质。以最高质量保存图像比其他质量的保存形式占用更大的磁盘空间。而选择低质量保存图像则会使损失的数据较多，但占用的磁盘空间较少。

1.4 平面设计的工作流程

平面设计的工作流程是一个有明确目标、有正确理念、有负责态度、有周密计划、有清晰步骤、有具体方法的工作过程，好的设计作品都是在完美的工作流程中产生的。

1.4.1 【信息交流】

客户提出设计项目的构想和工作要求，并提供项目相关文本和图片资料，包括公司介绍、项目描述、基本要求等。

1.4.2 【调研分析】

根据客户提出的设计构想和要求，运用客户的相关文本和图片资料，对客户的设计需求进行分析，并对客户同行业或同类型的设计产品进行市场调研。

1.4.3 【草稿讨论】

根据已经做好的分析和调研，组织设计团队，依据创意构想设计出项目的创意草稿并制作出样稿。拜访客户，双方就设计的草稿内容进行沟通讨论；就双方的设想，根据需要补充相关资料，达成设计构想上的共识。

1.4.4 【签订合同】

在双方就设计草稿达成共识后，双方确认设计的具体细节、设计报价和完成时间，双方签订《设计协议书》，客户支付项目预付款，设计工作正式展开。

1.4.5 【提案讨论】

由设计师团队根据前期的市场调研和客户需求，结合双方草稿讨论的意见，开始设计方案的策划、设计和制作工作，一般要完成 3 个设计方案提交给客户选择。拜访客户，与客户开会讨论提案，客户根据提案作品，提出修改建议。

1.4.6 【修改完善】

根据提案会议的讨论内容和修改意见，设计师团队对客户基本满意的方案进行修改调整，进一步完善整体设计，并提交客户进行确认，对客户提出的细节修改进行更细致的调整，使方案顺利完成。

1.4.7 【验收完成】

在设计项目完成后，和客户一起对完成的设计项目进行验收，并由客户在设计合格确认书上签字。客户按协议书规定支付项目设计余款，设计方将项目制作文件提交客户，整个项目执行完成。

1.4.8 【后期制作】

在设计项目完成后，客户可能需要设计方进行设计项目的印刷包装等后期制作工作，如果设计方承接了后期制作工作，需要和客户签订详细的后期制作合同，并执行好后期的制作工作，给客户提供出满意的印刷和包装成品。

1.5 图像设计与输出

1.5.1 【操作目的】

通过新建文件了解页面的设置方法。通过设置参考线了解出血线的设置方法。通过将名片中的文字转换为曲线的操作掌握文字的转换方法。通过查询文件信息掌握印前检查的方法。

1.5.2 【操作步骤】

Photoshop 应用

步骤 1 选择“文件 > 新建”命令，在弹出的“新建”对话框中进行设置，如图 1-24 所示，单击“确定”按钮，新建一个文建。按 Ctrl+R 组合键，在图像窗口中显示标尺，效果如图 1-25 所示。

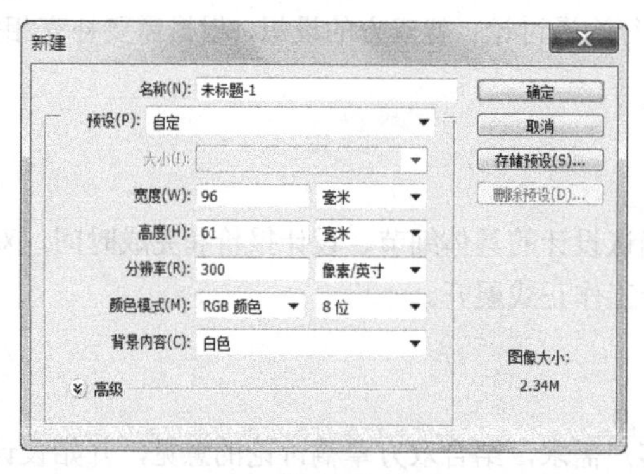

图 1-24

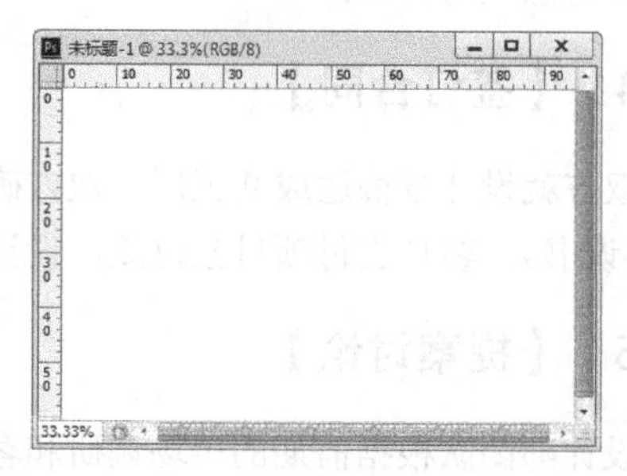

图 1-25

步骤 2 选择“视图 > 新建参考线”命令，在弹出的“新建参考线”对话框中进行设置，如图

1-26 所示，单击“确定”按钮，效果如图 1-27 所示。使用相同的方法在 58mm 处新建一条水平参考线，效果如图 1-28 所示。

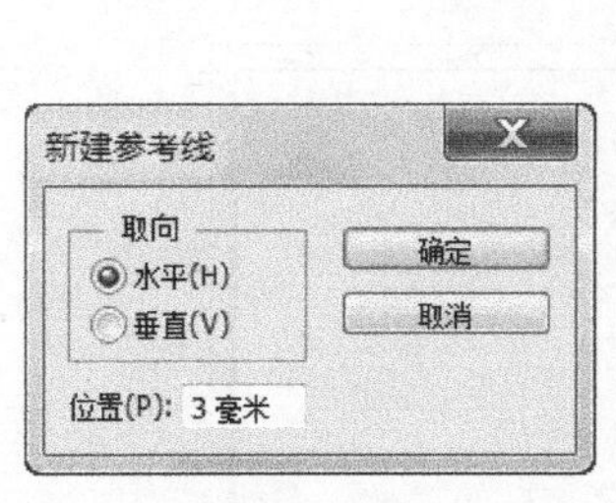

图 1–26

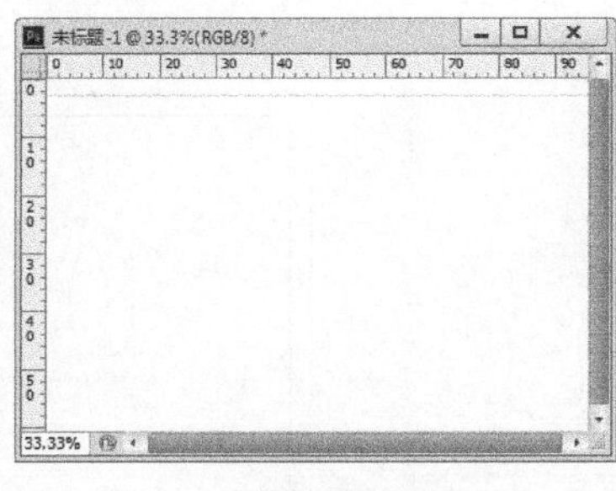

图 1–27

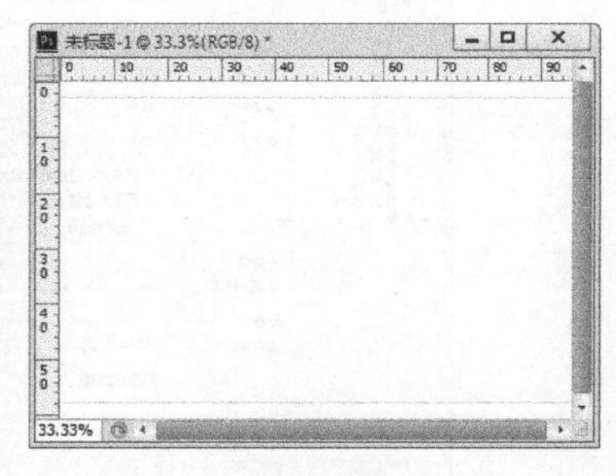

图 1–28

步骤 3 选择“视图 > 新建参考线”命令，在弹出的“新建参考线”对话框中进行设置，如图 1-29 所示，单击“确定”按钮，效果如图 1-30 所示。使用相同的方法在 93mm 处新建一条垂直参考线，效果如图 1-31 所示。

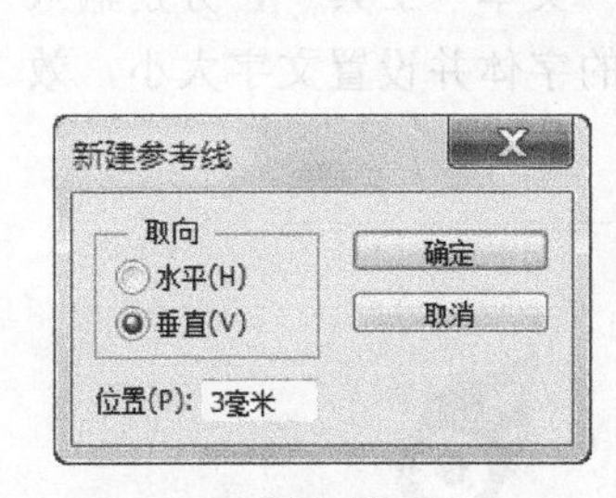

图 1–29

图 1–30

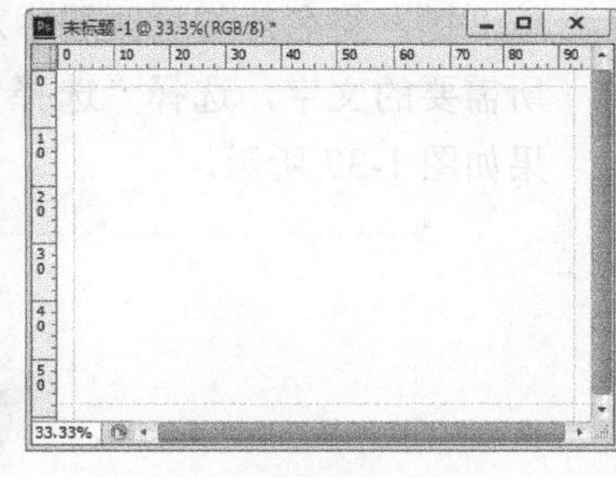

图 1–31

步骤 4 按 Ctrl+O 组合键，打开光盘中的“Ch01 > 素材 > 火酷网名片 > 01”文件，效果如图 1-32 所示。选择“移动”工具，将其拖曳到新建的“未标题-1”文件窗口中，如图 1-33 所示，在“图层”控制面板中生成新的“图层 1”。按 Ctrl+E 组合键，合并可见图层。按 Ctrl+S 组合键，弹出“存储为”对话框，将其命名为“火酷网名片背景图”，保存为“TIFF”格式，单击“保存”按钮，弹出“TIFF 选项”对话框，单击“确定”按钮将图像保存。

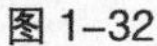

图 1–32

图 1–33

CorelDRAW 应用

步骤 1 按 Ctrl+N 组合键，新建一个文档，选择“布局 > 页面设置”命令，弹出“选项”对话框，在“页面”设置区的“大小”选项框中，设置“宽度”选项的数值为 90mm，设置“高度”选项的数值为 55 mm，设置出血选项的数值为 3mm，如图 1-34 所示。选择“视图 > 显

示 > 出血”命令，页面效果如图 1-35 所示。

图 1-34

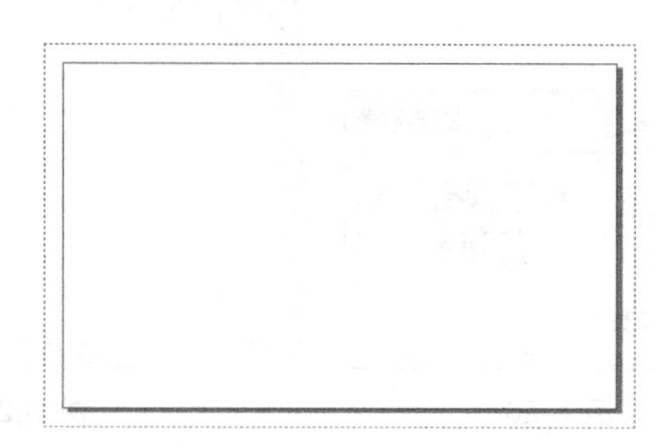

图 1-35

步骤 2 选择“文件 > 导入”命令，在弹出的对话框中选择“Ch01 > 效果 > 火酷网名片 > 火酷网名片背景图”文件，将用 Photoshop 制作好的名片文件导入到页面中。选中名片，按 P 键，将名片与页面居中对齐，效果如图 1-36 所示。选择“文本”工具，分别输入所需要的文字，选择“选择”工具，在属性栏中选择合适的字体并设置文字大小，效果如图 1-37 所示。

图 1-36　　　　图 1-37

步骤 3 选择“矩形”工具，分别绘制两个矩形并填充适当的颜色。选择“选择”工具，用圈选的方法将文字同时选取，选择“排列 > 转换为曲线”命令，将文字转换为曲线，如图 1-38 所示。选择“文件 > 文档属性”命令，在弹出的对话框中可查看文件多方面的信息，如图 1-39 所示。按 Ctrl+S 组合键，将文件保存。

图 1-38

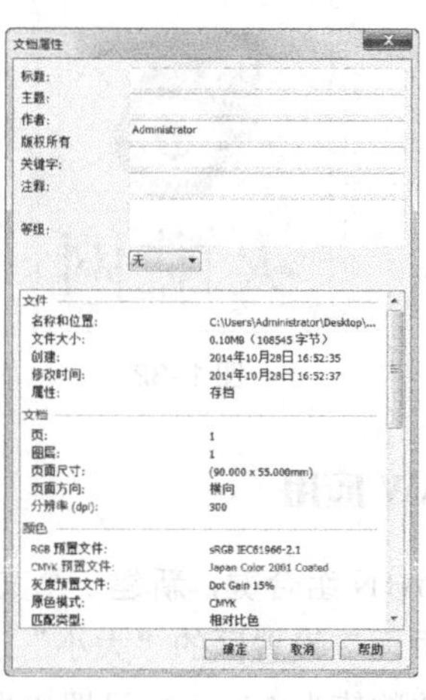

图 1-39

1.5.3 【相关知识】

1. 页面设置

在设计制作平面作品之前，要根据客户的要求在 Photoshop 或 CorelDRAW 中设置页面文件的尺寸。下面就来介绍如何根据制作标准或客户要求来设置页面。

◎ **在 Photoshop 中设置页面**

选择“文件 > 新建”命令，弹出“新建”对话框，如图 1-40 所示。在对话框中，“名称”选项后的文本框中可以输入新建图像的文件名，“预设”选项后的下拉列表用于自定义或选择其他固定格式文件的大小，在“宽度”和“高度”选项后的数值框中可以输入需要设置的宽度和高度的数值，在“分辨率”选项后的数值框中可以输入需要设置的分辨率。

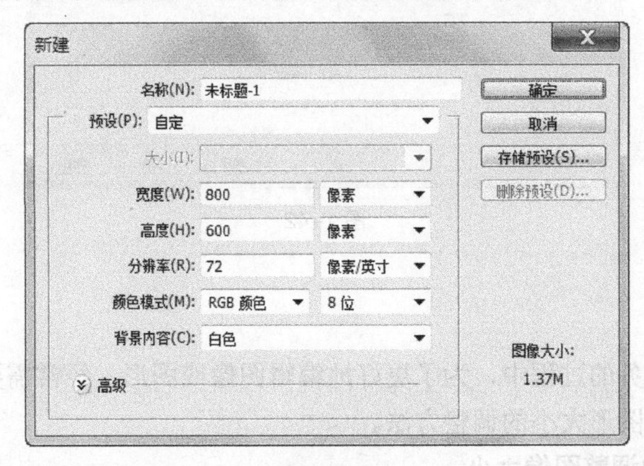

图 1-40

图像的宽度和高度可以设定为像素或厘米，单击“宽度”和“高度”选项下拉列表后面的黑色三角按钮▼，弹出计量单位下拉列表，可以选择计量单位。

“分辨率”选项可以设定每英寸的像素数或每厘米的像素数，一般在进行屏幕练习时，设定为 72 像素/英寸；在进行平面设计时，设定为输出设备的半调网屏频率的 1.5～2 倍，一般为 300 像素/英寸。单击“确定”按钮，新建页面。

提示 每英寸像素数越高，图像的效果越好，但图像的文件也越大。应根据需要设置合适的分辨率。

◎ **在 CorelDRAW 中设置页面**

在实际工作中，往往要利用像 CorelDRAW 这样的优秀平面设计软件来完成印前的制作任务，随后才是出胶片、送印厂。这就要求我们在设计、制作前设置好作品的尺寸。为了方便广大用户使用，CorelDRAW X6 预设了 50 多种页面样式供用户选择。

在新建的 CorelDRAW 文档窗口中，属性栏可以设置纸张的类型大小、纸张的高度和宽度、纸张的放置方向等，如图 1-41 所示。

图 1-41

选择“布局 > 页面设置”命令，弹出“选项”对话框，如图 1-42 所示，在这里可以进行更多的设置。

在“页面尺寸”的选项框中，除了可对版面纸张类型大小、放置方向等进行设置外，还可设置页面出血、分辨率等选项。

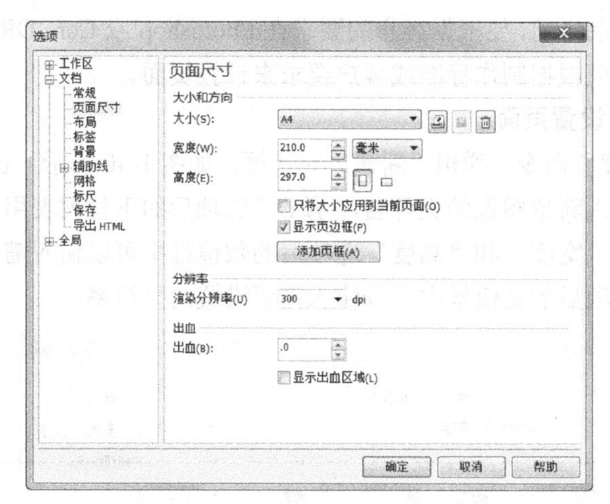

图 1-42

2. 图片大小

在完成平面设计任务的过程中，为了更好地编辑图像或图形，经常需要调整图像或者图形的大小。下面介绍图像或图形大小的调整方法。

◎ **在 Photoshop 中调整图像大小**

打开光盘中的“基础素材 > 04”文件，如图 1-43 所示。选择“图像 > 图像大小”命令，弹出“图像大小”对话框，如图 1-44 所示。

“像素大小”选项组：以像素为单位来改变宽度和高度的数值，图像的尺寸也相应改变。

“文档大小”选项组：以厘米为单位来改变宽度和高度的数值，以像素/英寸为单位来改变分辨率的数值，图像的文档大小会改变，图像的尺寸也相应改变。

“约束比例”选项：选中该复选框，在宽度和高度的选项后出现“锁链”标志，表示改变其中一项设置时，两项会成比例地同时改变。

“重定图像像素”选项：不选中该复选框，像素大小将不发生变化，“文档大小”选项组中的宽度、高度和分辨率经选项后将出现“锁链”标志，其中任意一项发生改变时，3 项会同时改变，如图 1-45 所示。

图 1-43

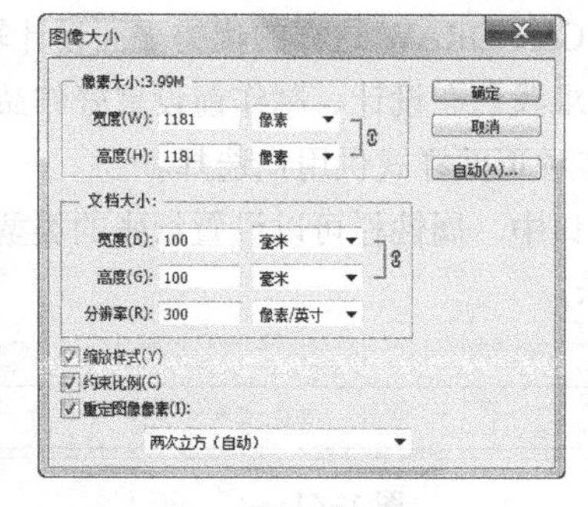

图 1-44

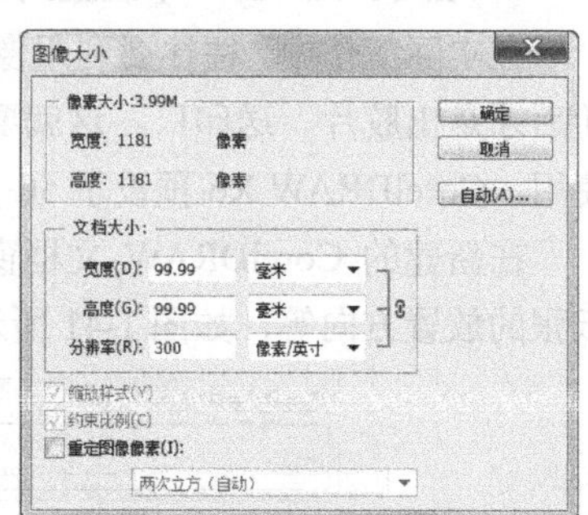

图 1-45

用鼠标单击“自动”按钮，弹出“自动分辨率”对话框，系统将自动调整图像的分辨率和品质效果，也可以根据需要自主调节图像的分辨率和品质效果，如图 1-46 所示。

在“图像大小”对话框中，也可以改变数值的计量单位，有多种数值的计量单位可以选择，如图 1-47 所示。

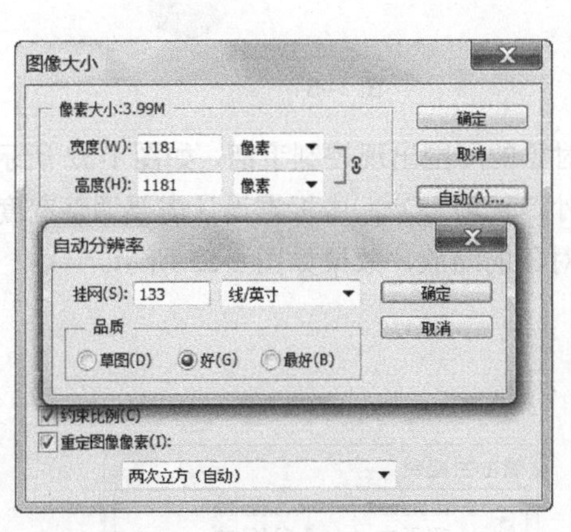

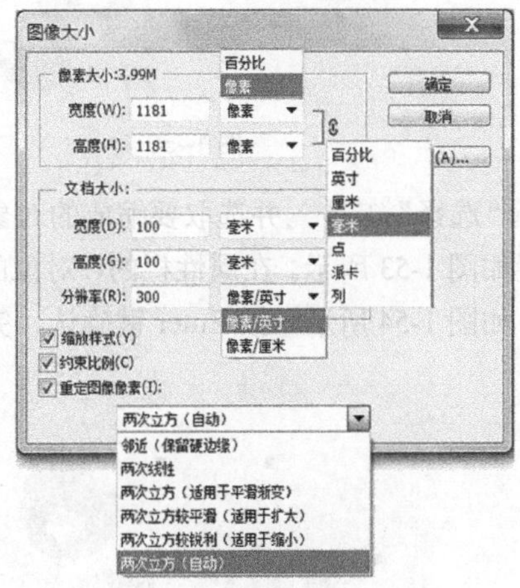

图 1–46　　　　图 1–47

在“图像大小”对话框中，改变“文档大小”选项组中的宽度数值，如图 1-48 所示，图像将变小，效果如图 1-49 所示。

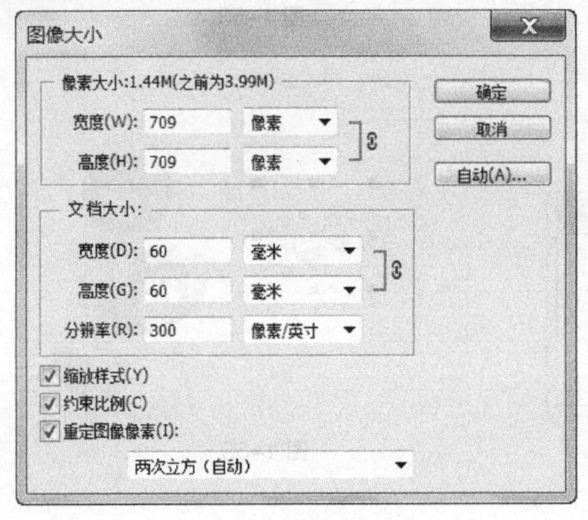

图 1–48　　　　图 1–49

提示　在设计制作的过程中，位图的分辨率一般为 300 像素/英寸，编辑位图的尺寸可以从大尺寸图调整到小尺寸图，这样没有图像品质的损失。如果从小尺寸图调整到大尺寸图，就会造成图像品质的损失，如图片模糊等。

◎ 在 CorelDRAW 中调整图像大小

打开光盘中的“基础素材 > 05”文件。使用“选择”工具选取要缩放的对象，对象的周围出现控制手柄，如图 1-50 所示。用鼠标拖曳控制手柄可以缩小或放大对象，如图 1-51 所示。

图 1–50

图 1–51

选择“选择”工具 并选取要缩放的对象，对象的周围出现控制手柄，如图 1-52 所示，这时的属性栏如图 1-53 所示。在属性栏的“对象的大小”选项 62.713 mm 65.578 mm 中根据设计需要调整宽度和高度的数值，如图 1-54 所示，按 Enter 键确认，完成对象的缩放，效果如图 1-55 所示。

图 1–52

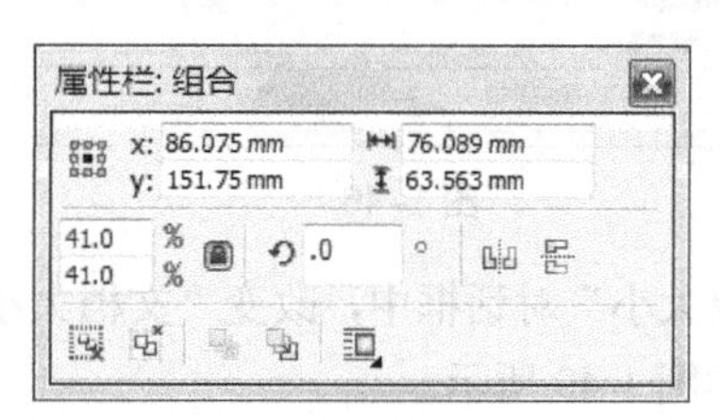

图 1–53

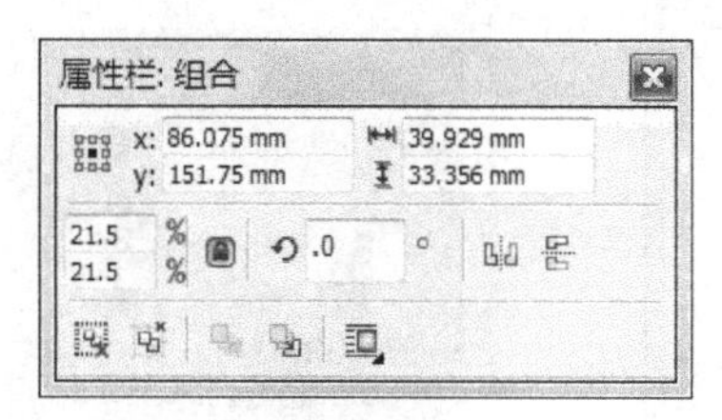

图 1–54

图 1–55

3. 出血

印刷装订工艺要求接触到页面边缘的线条、图片或色块，须跨出页面边缘的成品裁切线 3mm，称为出血。出血是防止裁刀裁切到成品尺寸里面的图文或出现白边。下面将以俱乐部名片的制作为例，对如何在 Photoshop 或 CorelDRAW 中设置名片的出血进行细致的介绍。

◎ **在 Photoshop 中设置出血**

步骤 1 要求制作的名片的成品尺寸是 90mm×55mm，如果名片有底色或花纹，则需要将底色或花纹跨出页面边缘的成品裁切线 3mm。因此，在 Photoshop 中，新建文件的页面尺寸需要设置为 96mm×61mm。

步骤 2 按 Ctrl+N 组合键，弹出“新建”对话框，选项的设置如图 1-56 所示；单击“确定”按钮，效果如图 1-57 所示。

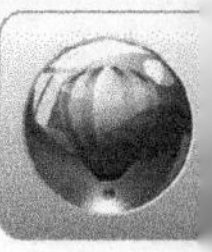

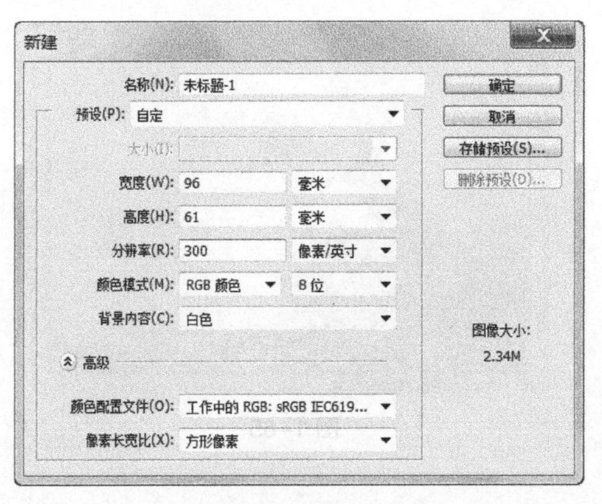

图 1–56

图 1–57

步骤 3 选择“视图 > 新建参考线”命令，弹出“新建参考线”对话框，设置如图 1-58 所示；单击“确定”按钮，效果如图 1-59 所示。用相同的方法，在 58mm 处新建一条水平参考线，效果如图 1-60 所示。

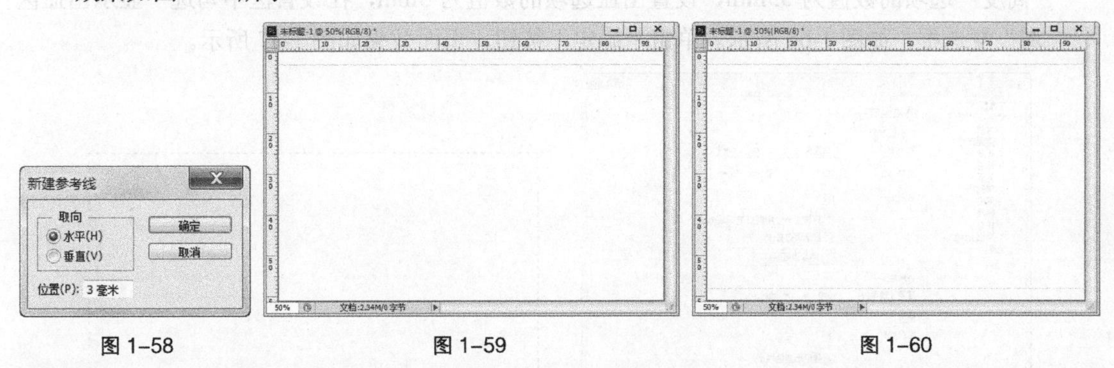

图 1–58　　图 1–59　　图 1–60

步骤 4 选择“视图 > 新建参考线”命令，弹出“新建参考线”对话框，设置如图 1-61 所示；单击“确定”按钮，效果如图 1-62 所示。用相同的方法，在 93mm 处新建一条垂直参考线，效果如图 1-63 所示。

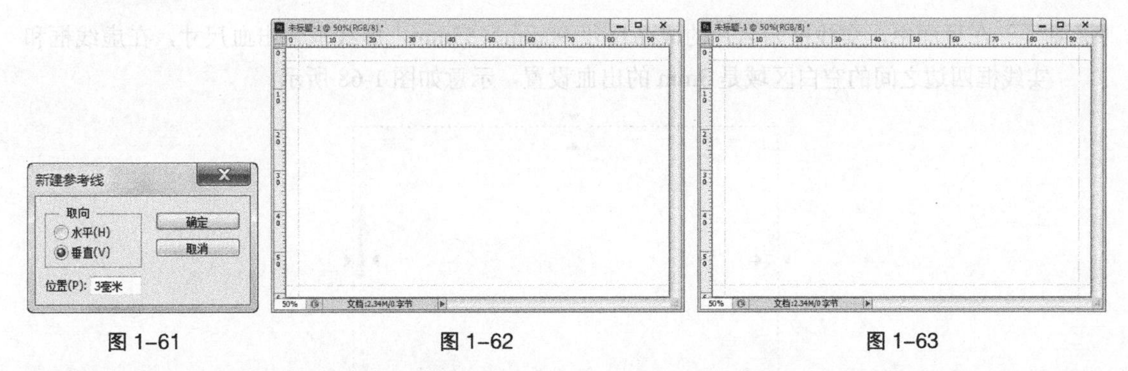

图 1–61　　图 1–62　　图 1–63

步骤 5 按 Ctrl+O 组合键，打开光盘中的“Ch01 > 素材 > 俱乐部名片 > 01”文件，效果如图 1-64 所示。选择“移动”工具，将其拖曳到新建的未标题-1 文件窗口中，如图 1-65 所示，在“图层”控制面板中生成新的图层“图层 1”。按 Ctrl+E 组合键，合并可见图层。按 Ctrl+S 组合键，弹出“存储为”对话框，将其命名为“俱乐部名片背景”，保存为 TIFF 格式。单击“保存”按钮，弹出“TIFF 选项”对话框，再单击“确定”按钮将图像保存。

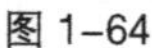
图 1-64

图 1-65

◎ **在 CorelDRAW 中设置出血**

步骤 1 要求制作名片的成品尺寸是 90mm×55mm，需要设置的出血是 3 mm。

步骤 2 按 Ctrl+N 组合键，新建一个文档。选择“布局 > 页面设置”命令，弹出“选项”对话框，在“文档”设置区的“页面尺寸”选项框中，设置“宽度”选项的数值为 90mm，设置“高度”选项的数值为 55mm，设置出血选项的数值为 3mm，在设置区中勾选“显示出血区域”复选框，如图 1-66 所示。单击“确定”按钮，页面效果如图 1-67 所示。

图 1-66

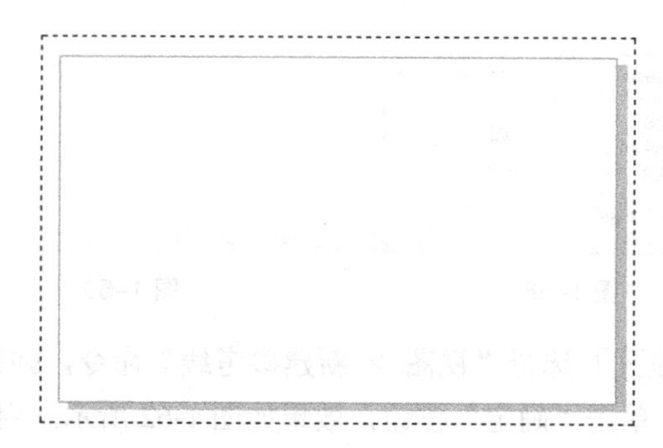

图 1-67

步骤 3 在页面中，实线框为名片的成品尺寸 90mm×55mm，虚线框为出血尺寸，在虚线框和实线框四边之间的空白区域是 3mm 的出血设置，示意如图 1-68 所示。

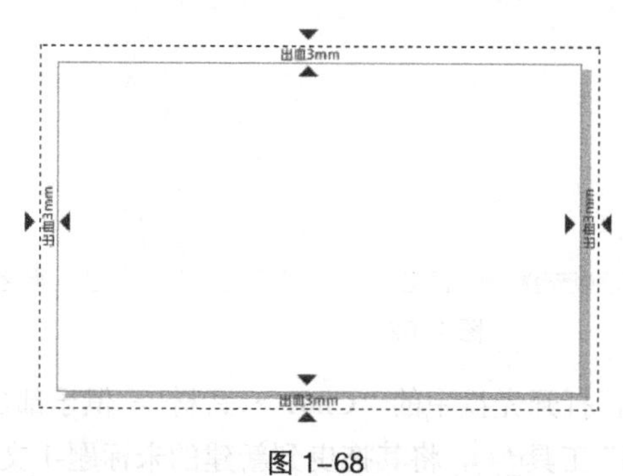

图 1-68

步骤 4 选择“贝塞尔”工具，绘制一个不规则图形。设置图形颜色的 CMYK 值为 100、20、0、10，填充图形，并设置描边色为无。选择“透明度”工具，将透明度设置为 50%，效果如图 1-69 所示。选择“贝塞尔”工具，在适当的位置绘制一个图形，设置图形颜色的

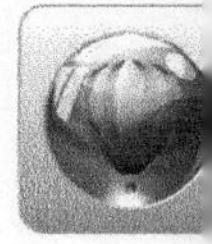

CMYK 值为 100、20、0、50，填充图形，并去除图形轮廓线，效果如图 1-70 所示。

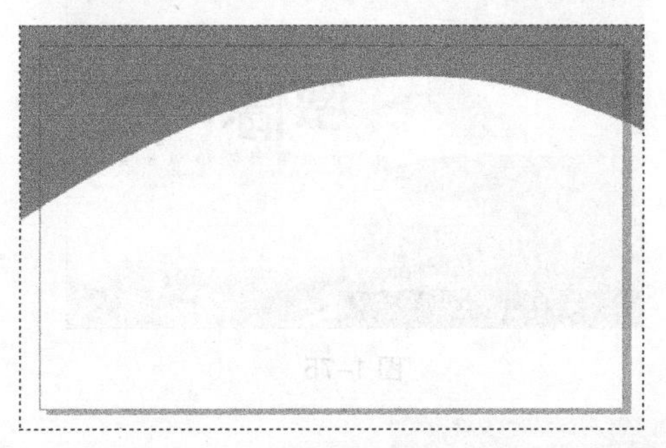
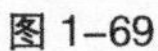
图 1-69

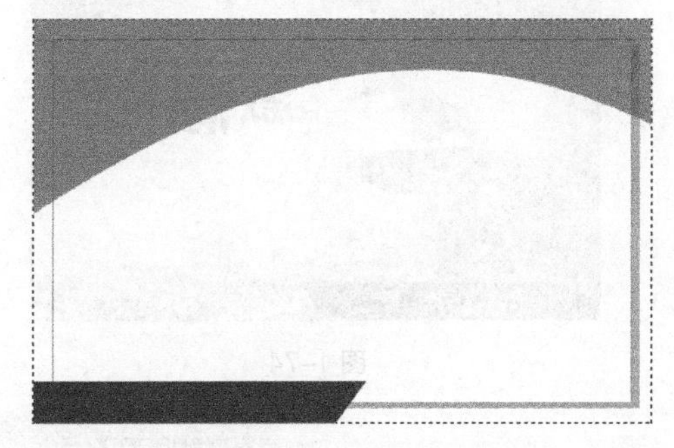
图 1-70

步骤 5 按 Ctrl+I 组合键，弹出“导入”对话框，打开光盘中的“Ch01 > 效果 > 俱乐部名片 > 俱乐部名片背景”文件，如图 1-71 所示，并单击“导入”按钮。在页面中单击导入的图片，按 P 键，使图片与页面居中对齐，效果如图 1-72 所示。按 Shift+PageDown 组合键，将其置于最底层，效果如图 1-73 所示。

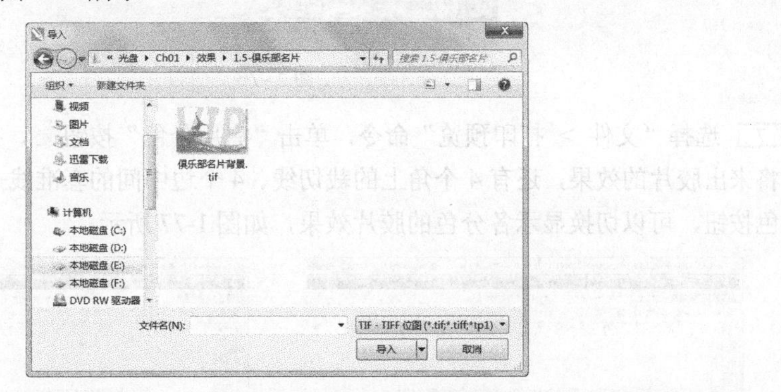

图 1-71

图 1-72

图 1-73

提示 导入的图像是位图，所以导入图像之后，页边框被图像遮挡在下面，不能显示。

步骤 6 按 Ctrl+I 组合键，弹出“导入”对话框，打开光盘中的“Ch01 > 素材 > 俱乐部名片 > 02”文件，并单击“导入”按钮。在页面中单击导入的图片，选择“选择”工具，将其拖曳到适当的位置，效果如图 1-74 所示。选择“文本”工具字，在页面中分别输入需要的文字。选择“选择”工具，分别在属性栏中选择合适的字体并设置文字大小，效果如图 1-75 所示。选择“视图 > 显示 > 出血”命令，将出血线隐藏，效果如图 1-76 所示。

图 1-74

图 1-75

图 1-76

步骤 7 选择“文件 > 打印预览”命令，单击“启用分色”按钮，在窗口中可以观察到名片将来出胶片的效果，还有 4 个角上的裁切线、4 个边中间的套准线和测控条。单击页面分色按钮，可以切换显示各分色的胶片效果，如图 1-77 所示。

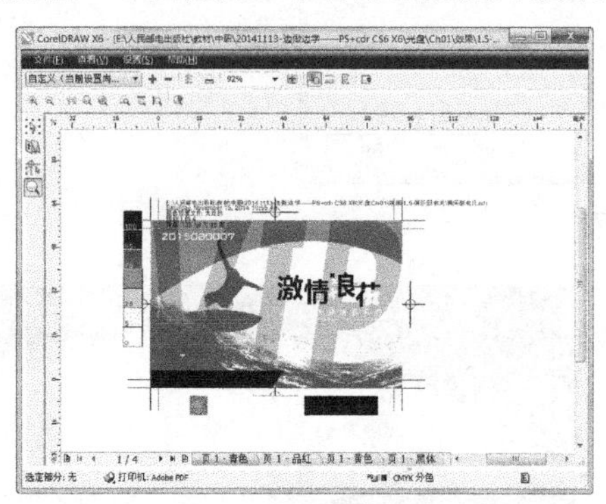

青色胶片

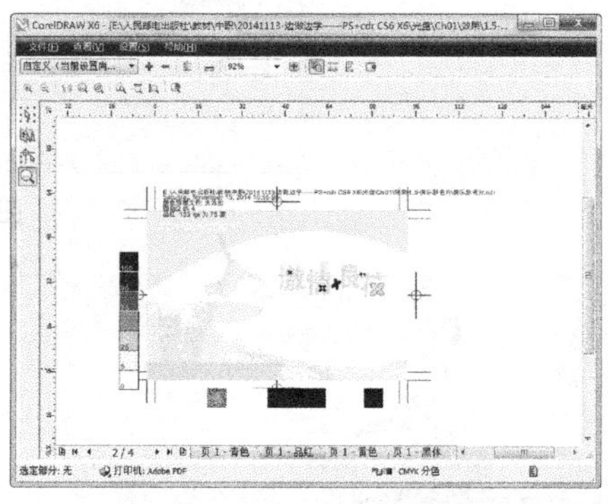

品红胶片

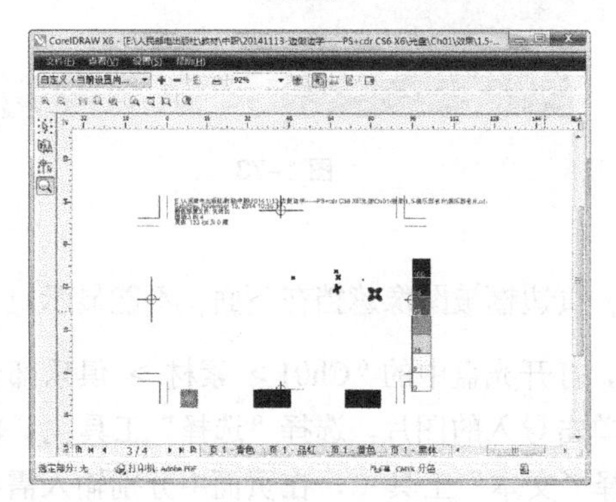

黄色胶片

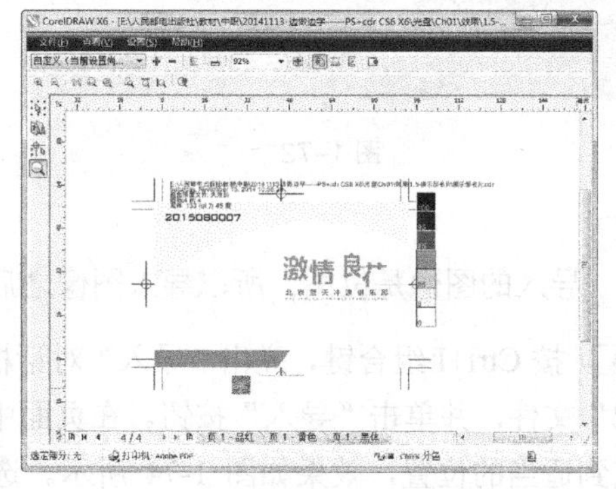

黑色胶片

图 1-77

提示 最后完成的设计作品，都要送到专业的输出中心，在输出中心把作品输出成印刷用的胶片。一般我们使用 CMYK 四色模式制作的作品会出 4 张胶片，分别是青色、洋红色、黄色和黑色四色胶片。

步骤 8 最后制作完成的设计作品效果如图 1-78 所示。按 Ctrl+S 组合键，弹出“保存图形”对话框，将其命名为“俱乐部名片”，保存为 CDR 格式，单击“保存”按钮将图像保存。

图 1-78

4. 文字转换

在 Photoshop 和 CorelDRAW 中输入文字时，都需要选择文字的字体。文字的字体安装在计算机、打印机或照排机的文件中。字体就是文字的外在形态，当设计师选择的字体与输出中心的字体不匹配时，或者根本就没有设计师选择的字体时，出来的胶片上的文字就不是设计师选择的字体，也可能出现乱码。下面讲解如何在 Photoshop 和 CorelDRAW 中进行文字转换来避免出现这样的问题。

◎ 在 Photoshop 中转换文字

打开光盘中的“基础素材 > 06”文件，在“图层”控制面板中选中需要的文字图层，单击鼠标右键，在弹出的快捷菜单中选择“栅格化文字”命令，如图 1-79 所示。将文字图层转换为普通图层，就是将文字转换为图像，如图 1-80 所示。在图像窗口中的文字效果如图 1-81 所示。转换为普通图层后，出片文件将不会出现字体的匹配问题。

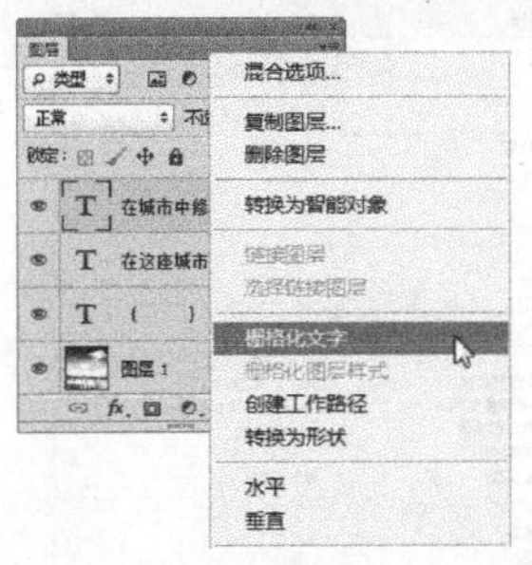

图 1-79

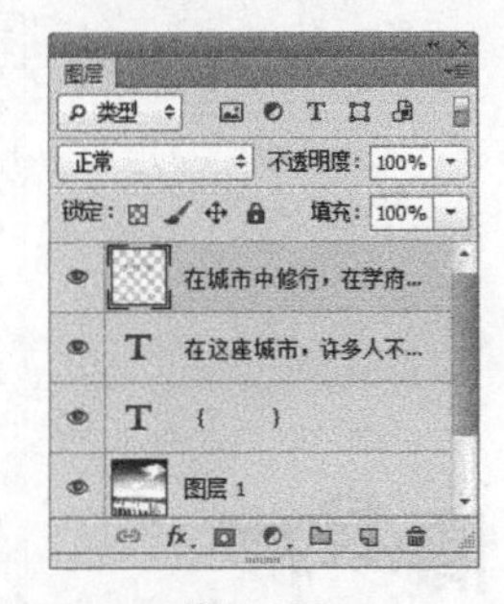

图 1-80

图 1-81

◎ 在 CorelDRAW 中转换文字

打开光盘中的“Ch01 > 效果 > 俱乐部名片 > 俱乐部名片.cdr”文件。选择“选择”工具，按住 Shift 键的同时单击输入的文字将其同时选取，如图 1-82 所示。选择“排列 > 转换为曲线”命令，将文字转换为曲线，如图 1-83 所示。按 Ctrl+S 组合键，将文件保存。

图 1-82

图 1-83

提示 将文字转换为曲线，就是将文字转换为图形。这样，在输出中心就不会出现文字的匹配问题，在胶片上也不会形成乱码。

5. 印前检查

在 CorelDRAW 中，可以对设计制作好的名片进行印前的常规检查。

打开光盘中的“Ch01 > 效果 > 俱乐部名片 > 俱乐部名片.cdr”文件，效果如图 1-84 所示。选择“文件 > 文档属性”命令，在弹出的对话框中可查看文件、文档、图形对象、文本统计、位图对象、样式、效果、填充、轮廓等多方面的信息，如图 1-85 所示。

在“文件”信息组中可查看文件的名称和位置、大小、创建和修改日期、属性等信息。

在“文档”信息组中可查看文件的页码、图层、页面大小和方向、分辨率等信息。

在“图形对象”信息组中可查看对象的数目、点数、曲线、矩形、椭圆等信息。

在“文本统计”信息组中可查看文档中的文本对象信息。

在“位图对象”信息组中可查看文档中导入位图的色彩模式、文件大小等信息。

在“样式”信息组中可查看文档中图形的样式等信息。

在“效果”信息组中可查看文档中图形的效果等信息。

在“填充”信息组中可查看未填充、均匀、对象、颜色模型等信息。

在“轮廓”信息组中可查看无轮廓、均匀、按图像大小缩放、对象、颜色模型等信息。

图 1-84

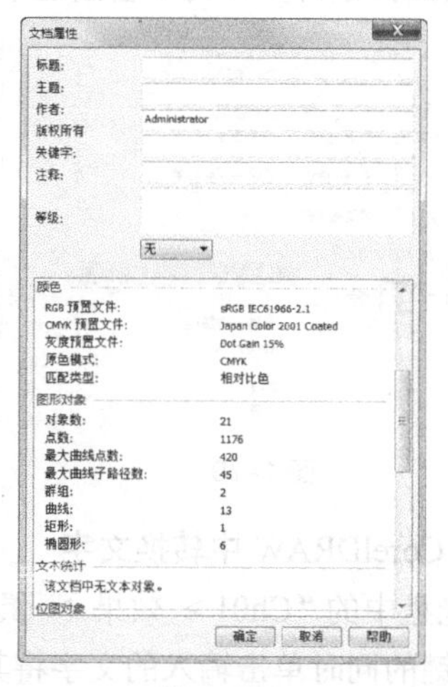

图 1-85

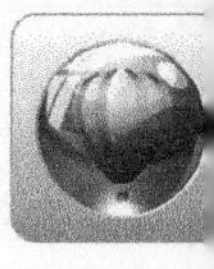

注意 如果在 CorelDRAW 中，已经将设计作品中的文字转成曲线，那么在“文本统计”信息组中，将显示“文档中无文本对象”信息。

6. 小样

在 CorelDRAW 中设计制作完成客户的任务后，可以方便地给客户看设计完成稿的小样。下面介绍小样电子文件的导出方法。

◎ **带出血的小样**

步骤 1 打开光盘中的“Ch01 > 效果 > 俱乐部名片.cdr”文件，效果如图 1-86 所示。选择“文件 > 导出”命令，弹出“导出”对话框，将其命名为“俱乐部名片”，导出为 JPG 格式，如图 1-87 所示。单击“导出”按钮，弹出“导出到 JPEG”对话框，选项的设置如图 1-88 所示，单击“确定”按钮导出图形。

图 1-86

图 1-87

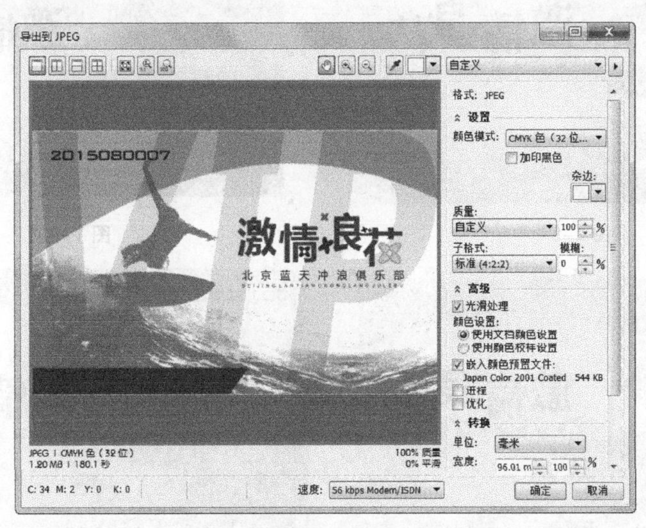

图 1-88

步骤 2 导出图形在桌面上的图标如图 1-89 所示。可以通过电子邮件的方式把导出的 JPG 格式小样发给客户观看，客户可以在看图软件中打开观看，效果如图 1-90 所示。

图 1-89

图 1-90

提示 一般给客户观看的作品小样都导出为 JPG 格式，JPG 格式的图像压缩比例大，文件量小。有利于通过电子邮件的方式发给客户。

7. 成品尺寸的小样

步骤 1 打开光盘中的“Ch01 > 效果 > 俱乐部名片.cdr”文件，效果如图 1-91 所示。双击“选择”工具，将页面中的所有图形同时选取，如图 1-92 所示。按 Ctrl+G 组合键将其群组，效果如图 1-93 所示。

步骤 2 双击“矩形”工具，系统自动绘制一个与页面大小相等的矩形，绘制的矩形大小就是名片成品尺寸的大小。按 Shift+PageUp 组合键将其置于最上层，效果如图 1-94 所示。

图 1-91

图 1-92

图 1-93

图 1-94

步骤 3 选择“选择”工具，选取群组后的图形，如图 1-95 所示。选择“效果 > 图框精确

剪裁 > 放置在容器中”命令，鼠标指针变为黑色箭头形状，在矩形框上单击，如图 1-96 所示。

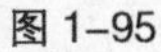

图 1-95

图 1-96

步骤 4 将名片置入矩形中，效果如图 1-97 所示。在“CMYK 调色板”中的“无填充”按钮☒上单击鼠标右键，去掉矩形的轮廓线，效果如图 1-98 所示。

图 1-97

图 1-98

步骤 5 名片的成品尺寸效果如图 1-99 所示。选择“文件 > 导出”命令，弹出“导出”对话框，将其命名为“俱乐部名片-成品尺寸”，导出为 JPG 格式，如图 1-100 所示。

图 1-99

图 1-100

步骤 6 单击“导出”按钮，弹出“导出到 JPEG”对话框，选项的设置如图 1-101 所示，单击“确定”按钮，导出成品尺寸的名片图像。可以通过电子邮件的方式把导出的 JPG 格式小样发给客户，客户可以在看图软件中打开观看，效果如图 1-102 所示。

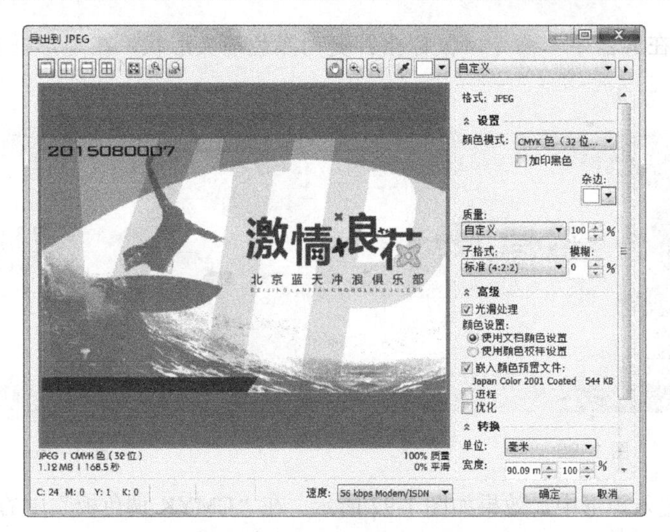

图 1-101

图 1-102

第2章 字体设计

字体设计作为艺术设计的重要组成部分和视觉信息传达的重要手段之一，已经被广泛应用到多种视觉媒介设计领域中。字体设计是对基础文字进行结构、笔画变化和装饰的设计。通过字体设计产生的新字体，要充分表达文字的核心内容，将艺术想象力和艺术设计手法充分结合。本章以“时尚生活”字体设计为例，介绍文字的设计方法和制作技巧。

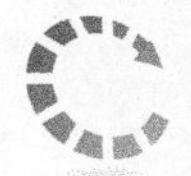

课堂学习目标

- 在 CorelDRAW 软件中制作时尚字体

2.1 “时尚生活”字体设计

2.1.1 【案例分析】

本案例是为北京时尚生活周刊设计的名片。北京时尚生活周刊是一家著名的电子信息高科技企业，因此在字体设计上要体现出企业的经营内容、企业文化和发展方向，在设计语言和手法上要以单纯、简洁、易识别的物象、图形和文字符号进行表达。

2.1.2 【设计理念】

通过对“时尚生活”字体的设计变形处理，展示企业的国际化和现代气息。将文字多处的笔画以圆形的形式表现，使字体看起来充满时尚感和创新；将文字色彩丰富化，体现出公司富有变化的特色。（最终效果参看光盘中的“Ch02 > 效果 > 时尚字体设计”，见图 2-1。）

图 2–1

2.1.3 【操作步骤】

CorelDRAW 应用

1. 制作背景效果

步骤 1 按 Ctrl+N 组合键，新建一个文档。按 Ctrl+J 组合键，弹出“选项”对话框，在“文档”设置区的“页面尺寸”选项中，设置“宽度”选项的数值为 90mm，设置“高度”选项的数值为 55mm，设置出血选项的数值为 3mm，勾选“显示出血区域”复选框，如图 2-2 所示，单击“确定”按钮，页面中显示效果如图 2-3 所示。

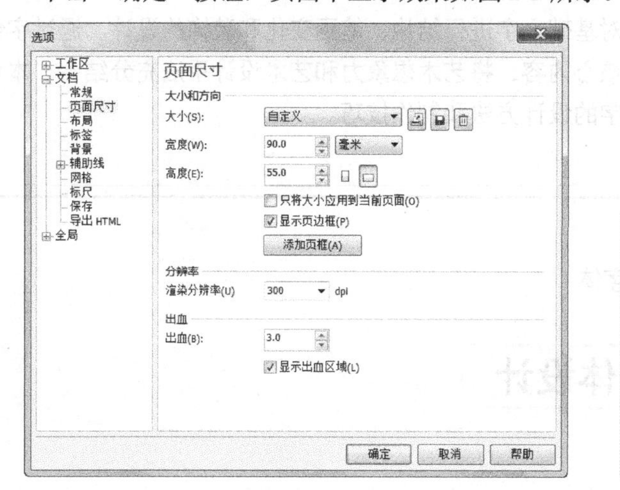

图 2-2

图 2-3

步骤 2 按 Ctrl+I 组合键，弹出“导入”对话框，打开光盘中的“Ch02 > 素材 > 时尚字体设计 > 01”文件，单击“导入”按钮。在页面中单击导入的图片，按 P 键，使图片与页面居中对齐，效果如图 2-4 所示。

步骤 3 选择“贝塞尔”工具，绘制两个不规则图形。选择“选择”工具，将绘制的两个图形同时选取，在“CMYK 调色板”中的“洋红”色块上单击鼠标左键，填充图形，并去除图形的轮廓线，效果如图 2-5 所示。

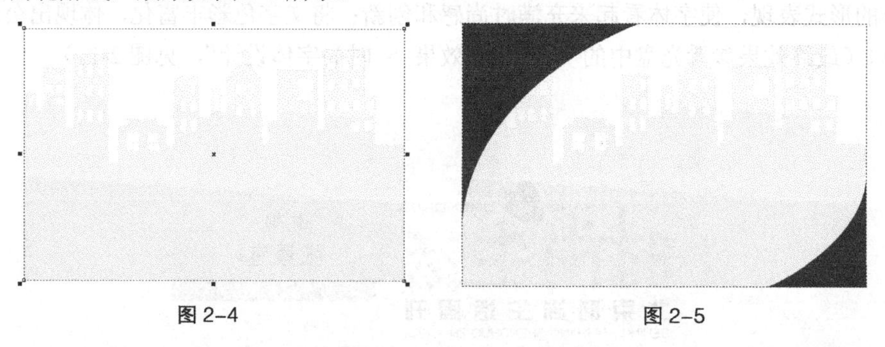

图 2-4　　图 2-5

步骤 4 选择“透明度”工具，在属性栏中的设置如图 2-6 所示，按 Enter 键确认，透明效果如图 2-7 所示。

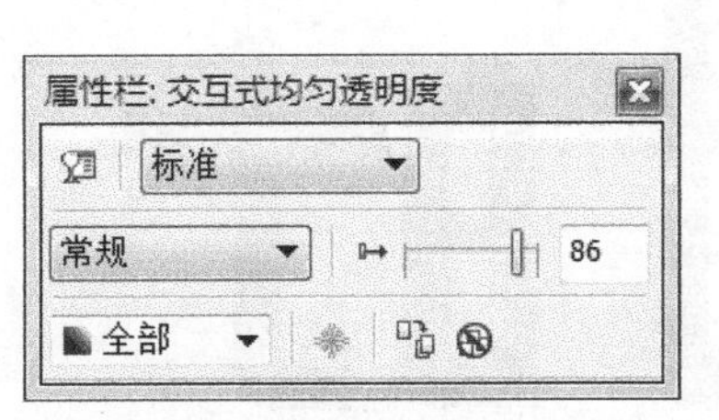

图 2-6

图 2-7

2. 制作时尚文字

步骤 1 选择“文本”工具，在页面中输入文字“时尚生活”。选择“选择”工具，在属性栏中选择合适的字体并设置文字大小，文字的效果如图 2-8 所示。设置文字颜色的 CMYK 值为：0、60、100、0，填充文字，效果如图 2-9 所示。

图 2-8

图 2-9

步骤 2 选择“选择”工具，按 Ctrl+K 组合键将文字进行拆分，如图 2-10 所示。选择“选择”工具，用圈选的方法将文字同时选取，按 Ctrl+Q 组合键将文字转换为曲线。选择“选择”工具，选取文字“时”。选择“形状”工具，用圈选的方法将不需要的节点同时选取，如图 2-11 所示，按 Delete 键将其删除，效果如图 2-12 所示。

图 2-10

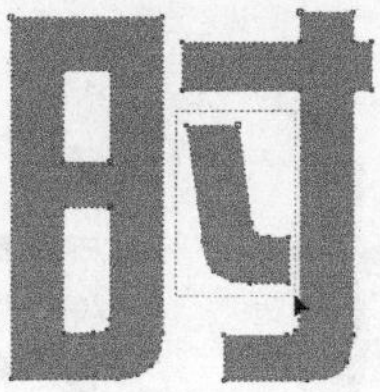

图 2-11

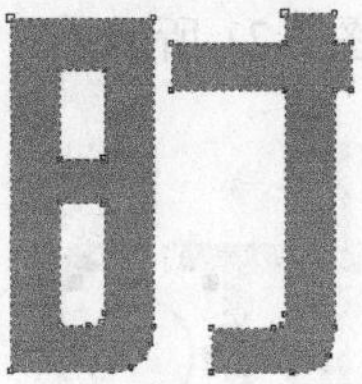

图 2-12

步骤 3 选择“形状”工具，用圈选的方法将需要的两个节点同时选取，如图 2-13 所示。按住 Ctrl 键的同时，水平向上拖曳节点到适当的位置，效果如图 2-14 所示。

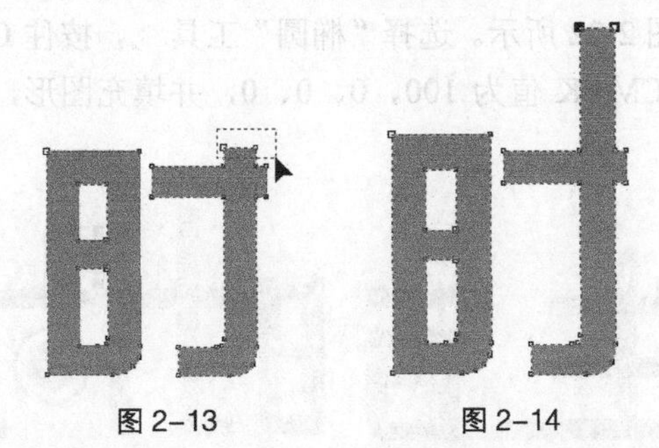

图 2-13 图 2-14

步骤 4 选取需要的节点，如图 2-15 所示，按住 Ctrl 键的同时，水平向上拖曳节点到适当的位置，如图 2-16 所示。再调整需要的节点，制作出的效果如图 2-17 所示。

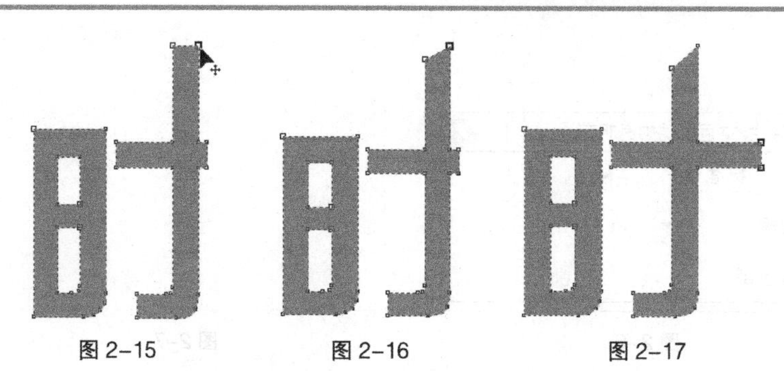

图 2-15　　图 2-16　　图 2-17

步骤 5　使用相同的方法，对另外几个文字的节点进行编辑，制作出的效果如图 2-18 所示。选择“椭圆”工具，按住 Ctrl 键的同时，绘制一个圆形，在属性栏中设置适当的轮廓宽度，设置图形颜色的 CMYK 值为 100、0、100、0，并填充图形，设置轮廓线颜色的 CMYK 值为 0、0、60、0，并填充轮廓，如图 2-19 所示。

图 2-18　　图 2-19

步骤 6　选择“椭圆”工具，按住 Ctrl 键的同时，绘制一个圆形，在属性栏中设置适当的轮廓宽度，设置轮廓线颜色的 CMYK 值为 0、100、0、0，并填充轮廓，如图 2-20 所示。按住 Shift 键的同时，向内拖曳圆形右上角的控制手柄到适当的位置单击鼠标右键，复制一个圆形，如图 2-21 所示。

图 2-20　　图 2-21

步骤 7　保持图形的选取状态，设置图形颜色的 CMYK 值为 60、0、20、0，并填充图形，去除图形的轮廓线，如图 2-22 所示。选择“椭圆”工具，按住 Ctrl 键的同时，绘制一个圆形，设置图形颜色的 CMYK 值为 100、0、0、0，并填充图形，去除图形的轮廓线，如图 2-23 所示。

图 2-22　　图 2-23

步骤 8　选择“椭圆”工具，分别绘制出几个圆形，在属性栏中设置适当的轮廓宽度，分别

填充图形和轮廓适当的颜色，如图 2-24 所示。选择“矩形”工具，绘制一个矩形，设置图形颜色的 CMYK 值为 0、0、100、0，并填充图形，去除图形的轮廓线，如图 2-25 所示。

图 2–24 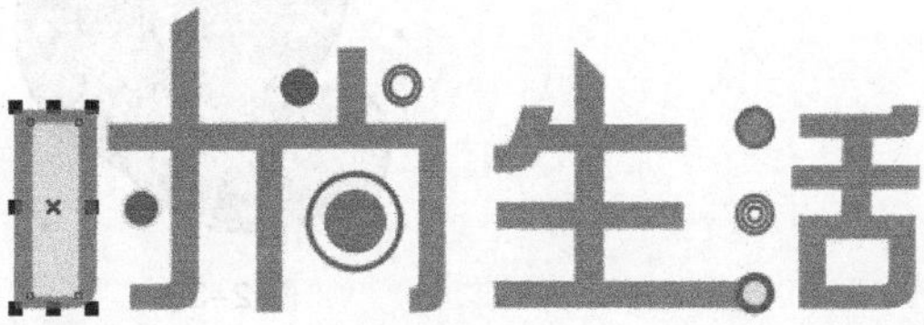　　图 2–25

步骤 9　选择“选择”工具，按 Shift+PageDown 组合键，将其置后至最底层，如图 2-26 所示。使用相同的方法，制作出其他矩形效果，如图 2-27 所示。

图 2–26 　　图 2–27

步骤 10　选择“文本”工具，输入文字“SHI SHANG SHENG HUO”，选择“选择”工具，在属性栏中选择合适的字体并设置文字大小，效果如图 2-28 所示。设置文字颜色的 CMYK 值为 0、100、0、0，填充文字和轮廓颜色，如图 2-29 所示。

图 2–28　　图 2–29

步骤 11　选择“贝塞尔”工具，绘制一个不规则图形，在属性栏中设置适当的轮廓宽度，如图 2-30 所示。设置图形颜色的 CMYK 值为 32、90、98、0，并填充图形，如图 2-31 所示。

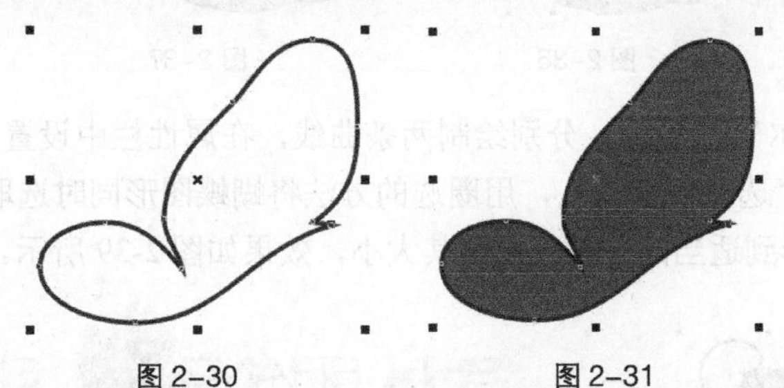

图 2–30　　图 2–31

步骤 12　选择“贝塞尔”工具，绘制一个不规则图形，在属性栏中设置适当的轮廓宽度，设置图形颜色的 CMYK 值为 0、85、96、0，并填充图形，如图 2-32 所示。选择“椭圆”工具，绘制一个椭圆形，在属性栏中设置适当的轮廓宽度，设置图形颜色的 CMYK 值为 52、97、52、0，并填充图形，如图 2-33 所示。

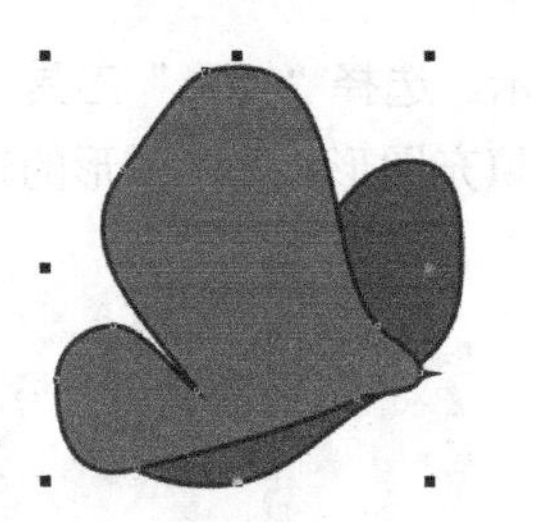

图 2-32

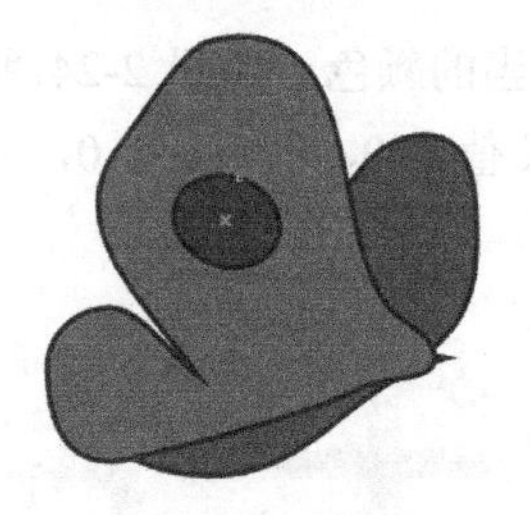

图 2-33

步骤 13 选择“选择”工具，按数字键盘上的+键，复制一个图形，拖曳复制的图形到适当的位置并调整其大小，如图 2-34 所示。选择“椭圆”工具，按住 Ctrl 键的同时，绘制一个圆形，在属性栏中设置适当的轮廓宽度，设置图形颜色的 CMYK 值为 0、85、96、0，并填充图形，如图 2-35 所示。

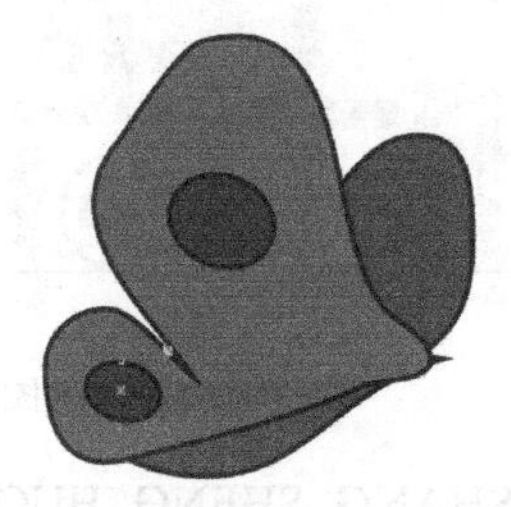

图 2-34

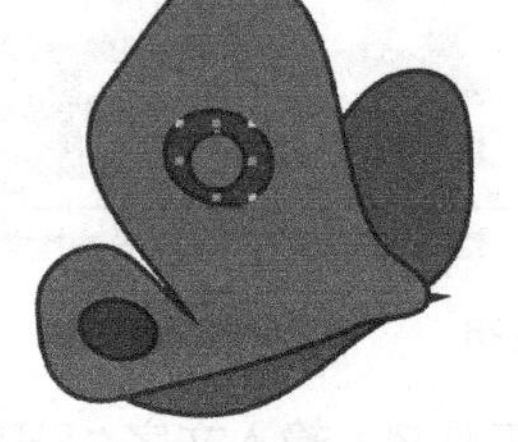

图 2-35

步骤 14 选择“椭圆”工具，绘制一个椭圆形，在属性栏中设置适当的轮廓宽度，填充图形适当的颜色，如图 2-36 所示。选择“贝塞尔”工具，绘制一个不规则图形，在属性栏中设置适当的轮廓宽度，设置图形颜色的 CMYK 值为 52、97、52、0，填充图形，如图 2-37 所示。

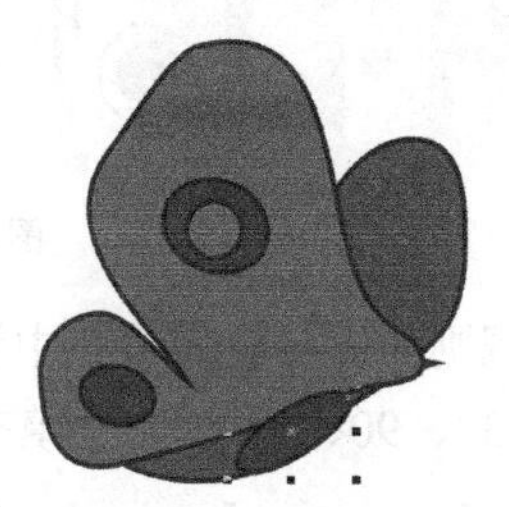

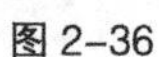

图 2-36

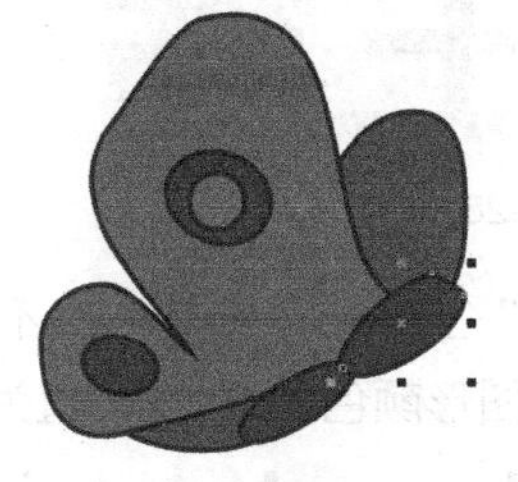

图 2-37

步骤 15 选择“贝塞尔”工具，分别绘制两条曲线，在属性栏中设置适当的轮廓宽度，如图 2-38 所示。选择“选择”工具，用圈选的方法将蝴蝶图形同时选取，按 Ctrl+G 组合键将其群组。拖曳图形到适当的位置并调整其大小，效果如图 2-39 所示。

图 2-38

图 2-39

步骤 16 选择“选择”工具，用圈选的方法将所需图形同时选取，按 Ctrl+G 组合键将其群组。拖曳图形到适当的位置并调整其大小，效果如图 2-40 所示。

步骤 17 选择“文本”工具字，在页面中分别输入需要的文字，在属性栏中分别选择合适的字体并设置文字大小，效果如图 2-41 所示。

图 2-40

图 2-41

步骤 18 选择“矩形”工具，在页面中绘制矩形，设置图形颜色的 CMYK 值为 0、100、0、0，填充图形，并去除图形的轮廓线，如图 2-42 所示。

图 2-42

2.2 综合演练——“融创易网”字体设计

使用文本工具添加文字，使用形状工具删除多余的笔画并调整文字节点；使用椭圆工具和钢笔工具添加艺术笔画，完成字体设计。（最终效果参看光盘中的“Ch02 > 效果 > 融创易网字体设计”，见图 2-43。）

图 2-43

第3章 插画设计

插画，就是用来解释说明一段文字的图画。现代插画艺术发展迅速，已经被广泛应用于杂志、周刊、广告、包装和纺织品领域。使用 CorelDRAW 绘制的插画简洁明快、独特新颖、形式多样，已经成为最流行的插画表现形式。

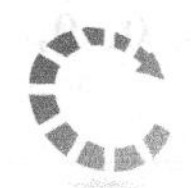

课堂学习目标

- 在 CorelDRAW 软件中绘制插画

3.1 绘制时尚音乐插画

3.1.1 【案例分析】

本案例是要为时尚杂志绘制音乐节插画。栏目介绍的是时尚音乐节，在插画绘制上要通过简洁的绘画语言表现出音乐节热闹、欢快的氛围，给人以时尚和潮流感。

3.1.2 【设计理念】

在设计绘制过程中，先从背景入手，通过蓝色的背景营造出开放的空间，形成沉稳、安静的氛围，起到衬托的效果。在背景上方添加白色的斜线和放射状图形，产生由静到动、层层递进的效果。再通过添加立体装饰图形和乐器，突出宣传的主体，增加了画面的视觉冲击力。最后通过对宣传文字的艺术加工，点明宣传的主题，增强了设计的时尚感和潮流感。（最终效果参看光盘中的“Ch03 > 效果 > 绘制时尚音乐插画”，见图 3-1。）

图 3–1

3.1.3 【操作步骤】

CorelDRAW 应用

1. 绘制背景效果

步骤 1 按 Ctrl+N 组合键，新建一个 A4 页面。单击属性栏中的“横向”按钮，页面显示为横向。双击“矩形”工具，绘制一个与页面大小相等的矩形，如图 3-2 所示。

步骤 2 按 F11 键，弹出“渐变填充”对话框，点选“自定义”单选钮，在“位置”选项中分别添加 0、44、54、80、100 几个位置点，单击右下角的“其他”按钮，分别设置几个位置点颜色的 CMYK 值为 0（0、0、0、0）、44（24、0、0、0）、54（45、2、0、0）、80（82、40、0、0）、100（100、98、56、19），其他选项的设置如图 3-3 所示。单击“确定”按钮，填充图形，并去除图形的轮廓线，效果如图 3-4 所示。

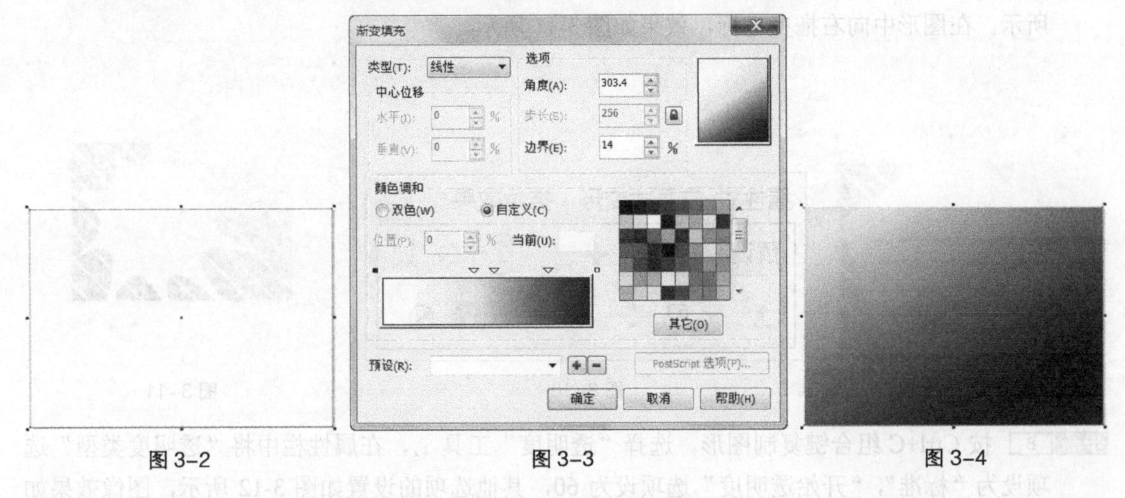

图 3-2　图 3-3　图 3-4

步骤 3 选择“2 点线”工具，在属性栏中将“轮廓宽度” .2 mm 选项设为 3.5mm，绘制一条直线，如图 3-5 所示。选择“选择”工具，按数字键盘上的+键复制直线，并将其拖曳到适当的位置，如图 3-6 所示。

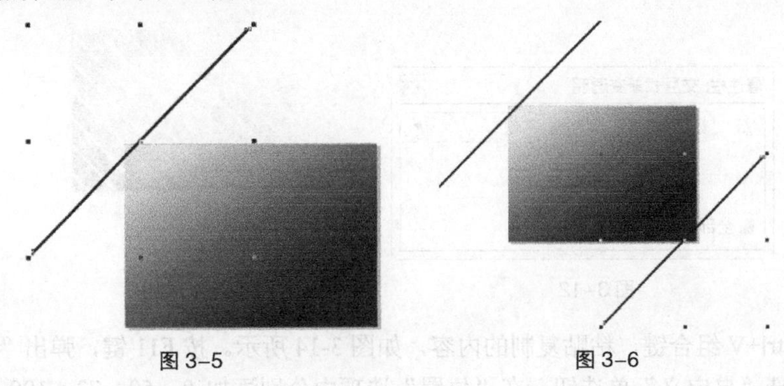

图 3-5　图 3-6

步骤 4 选择“调和”工具，在两条直线上拖曳光标应用调和，在属性栏中将“调和步数”选项设为 12，按 Enter 键确认，效果如图 3-7 所示。

步骤 5 选择“选择”工具，在“CMYK 调色板”中的“白”色块上单击鼠标右键，填充图

形，效果如图 3-8 所示。

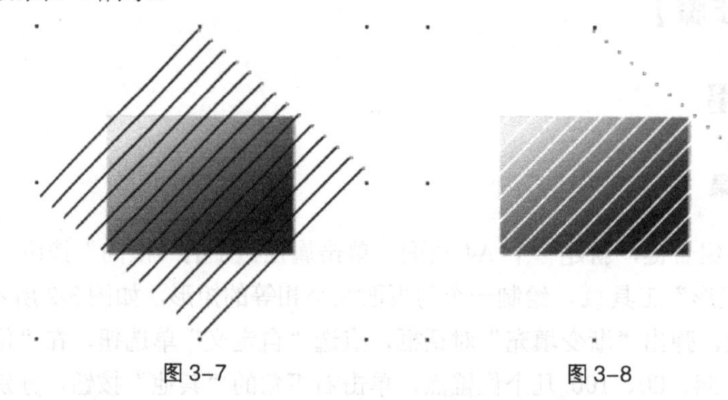

图 3-7　　图 3-8

步骤 6　选择“多边形”工具，拖曳光标绘制一个多边形，将其填充为白色，并去除图形的轮廓线，效果如图 3-9 所示。

步骤 7　选择“变形”工具，单击属性栏中的“推拉变形”按钮，其他选项的设置如图 3-10 所示。在图形中向右拖曳光标，效果如图 3-11 所示。

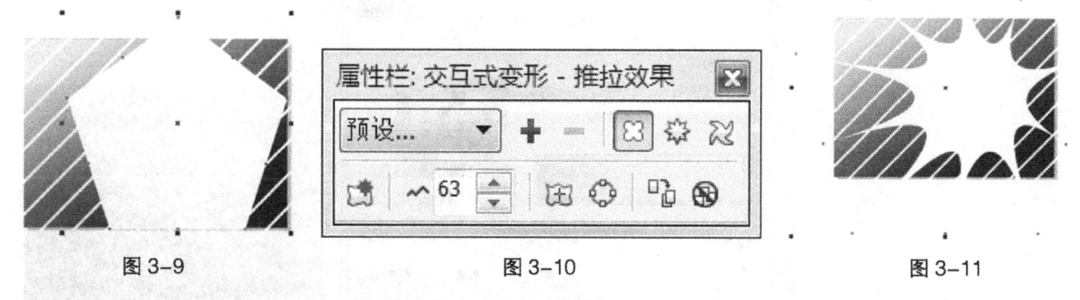

图 3-9　　图 3-10　　图 3-11

步骤 8　按 Ctrl+C 组合键复制图形。选择“透明度”工具，在属性栏中将“透明度类型”选项设为“标准”，“开始透明度”选项设为 60，其他选项的设置如图 3-12 所示，图像效果如图 3-13 所示。

图 3-12

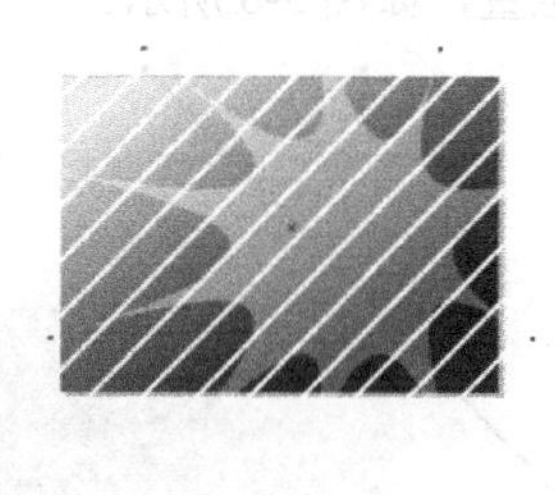

图 3-13

步骤 9　按 Ctrl+V 组合键，粘贴复制的内容，如图 3-14 所示。按 F11 键，弹出“渐变填充”对话框，点选“自定义”单选钮，在“位置”选项中分别添加 0、50、73、100 几个位置点，单击右下角的“其他”按钮，分别设置几个位置点颜色的 CMYK 值为 0（69、64、0、0）、50（81、84、21、0）、73（96、96、60、51）、100（100、99、70、64），其他选项的设置如图 3-15 所示。单击“确定”按钮，填充图形，效果如图 3-16 所示。

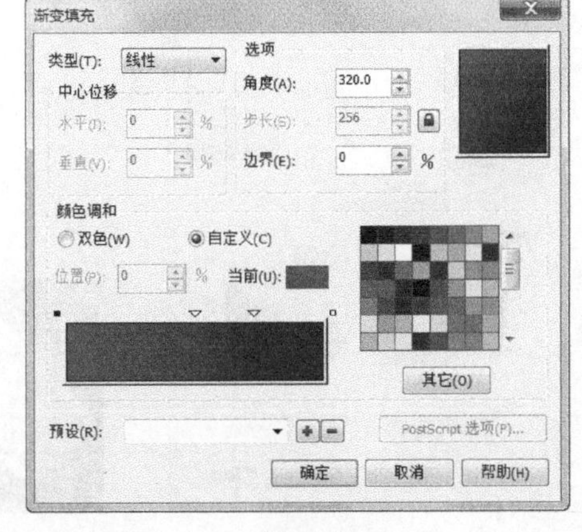

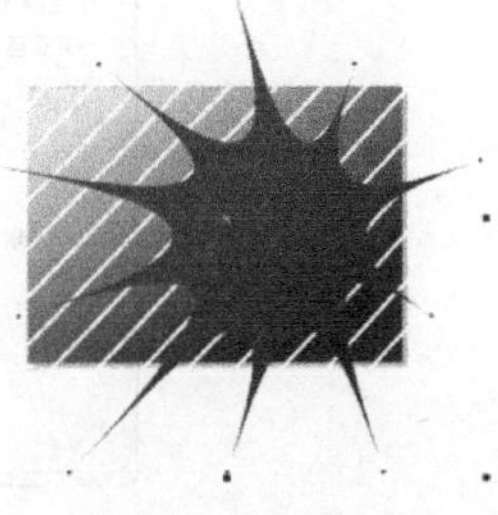

图 3-14　　图 3-15　　图 3-16

步骤 10 选择“选择”工具，拖曳图形到适当的位置，如图 3-17 所示。用圈选的方法选取需要的图形。选择“效果 > 图框精确剪裁 > 置于图文框内部”命令，鼠标指针变为黑色键头，在背景上单击，如图 3-18 所示。将图形置入矩形框中，如图 3-19 所示。

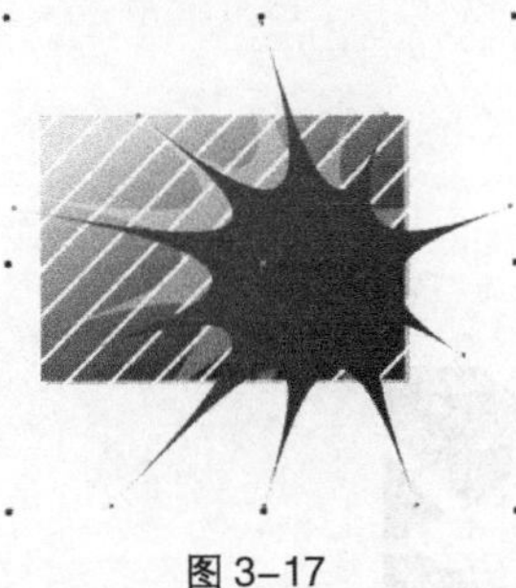

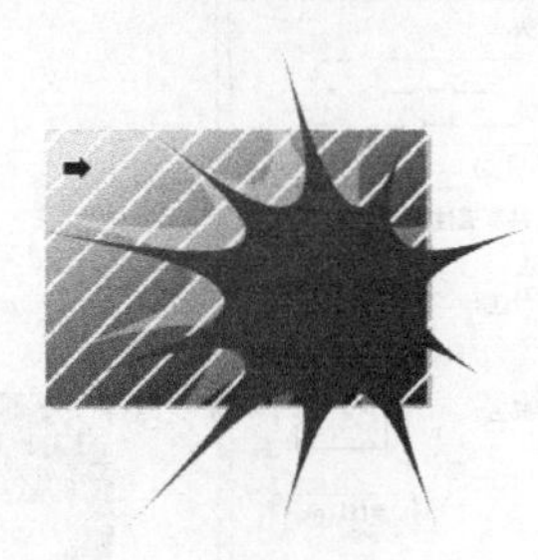

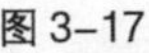

图 3-17　　图 3-18　　图 3-19

2. 绘制立体星形图形

步骤 1 选择“星形”工具，其属性栏的设置如图 3-20 所示。按住 Ctrl 键的同时，拖曳光标绘制一个星形，如图 3-21 所示。选择“选择”工具，单击星形，使图形处于旋转状态。将其旋转到适当的角度，效果如图 3-22 所示。

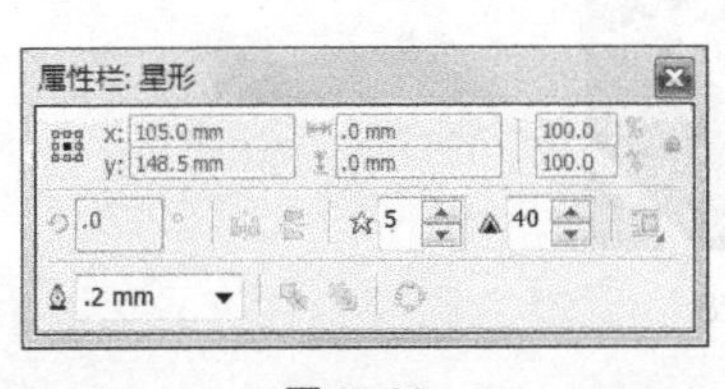

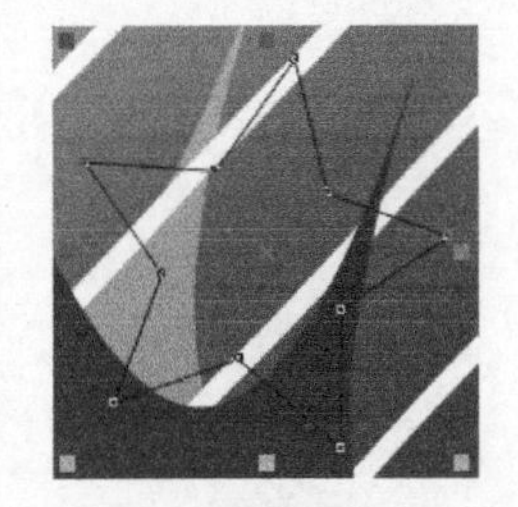

图 3-20　　图 3-21　　图 3-22

步骤 2 按 F11 键，弹出“渐变填充”对话框，点选“双色”单选钮，将“从”选项颜色的 CMYK 值设为 0、57、17、0，“到”选项颜色的 CMYK 值设为 0、0、0、0，其他选项的设置如图 3-23 所示。单击“确定”按钮，填充图形，并去除图形的轮廓线，效果如图 3-24 所示。

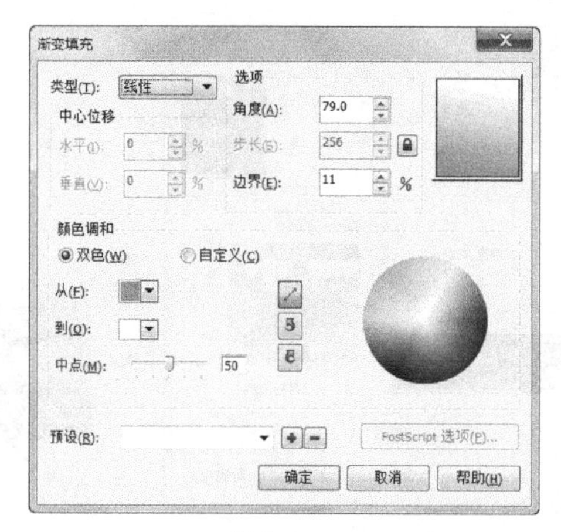

图 3-23

图 3-24

步骤 3 按 F12 键，弹出“轮廓笔”对话框，选项的设置如图 3-25 所示。单击“确定”按钮，效果如图 3-26 所示。

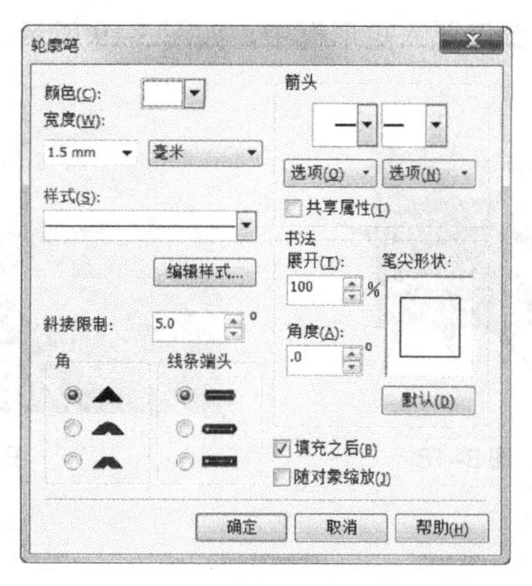

图 3-25

图 3-26

步骤 4 选择“选择”工具，按数字键盘上的+键复制星形。按住 Shift 键的同时，向内拖曳控制手柄，等比例缩小图形，效果如图 3-27 所示。在“CMYK 调色板”中的“无填充”按钮☒上单击鼠标，去除图形的填充，效果如图 3-28 所示。

图 3-27

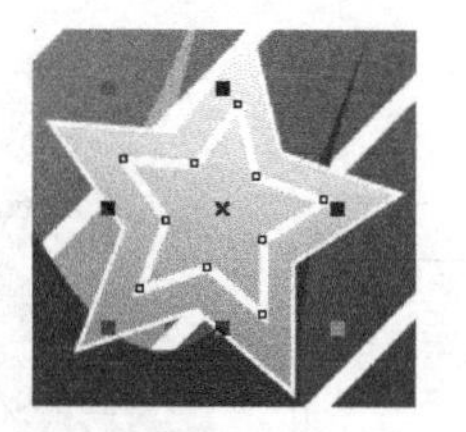

图 3-28

步骤 5 选择“透明度”工具，在属性栏中的设置如图 3-29 所示，按 Enter 键确认，效果如图 3-30 所示。

步骤 6 选择“选择”工具，按数字键盘上的+键复制星形。按住 Shift 键的同时，向内拖曳控制手柄，等比例缩小图形，效果如图 3-31 所示。设置填充颜色的 CMYK 值为 0、57、17、0，填充图形，并去除图形的轮廓线，效果如图 3-32 所示。选择需要的图形，按 Ctrl+G 组合键将图形群组。用相同的方法制作其他图形，并分别填充适当的颜色，效果如图 3-33 所示。

图 3-29

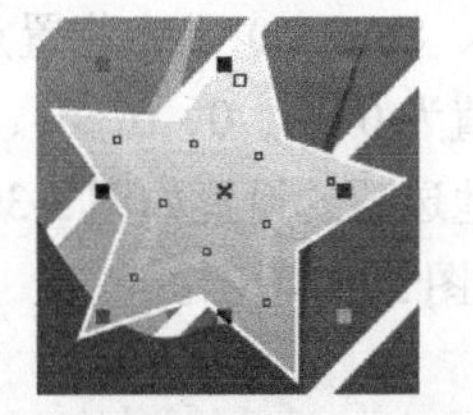

图 3-30

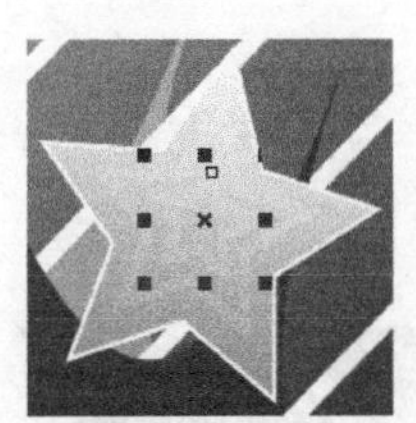

图 3-31

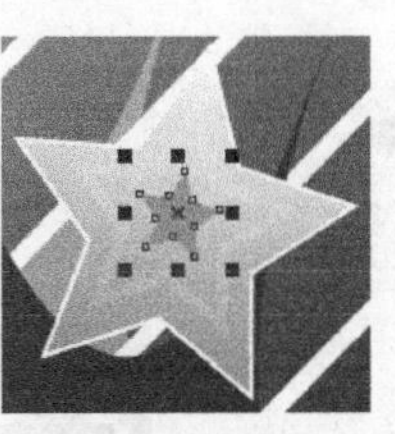

图 3-32

图 3-33

步骤 7 选择“选择”工具，选择需要的图形，按 Ctrl+G 组合键将图形群组，如图 3-34 所示。选择“立体化”工具，在图形上由中心向左下方拖曳光标。在属性栏中的设置如图 3-35 所示，效果如图 3-36 所示。

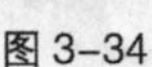

图 3-34

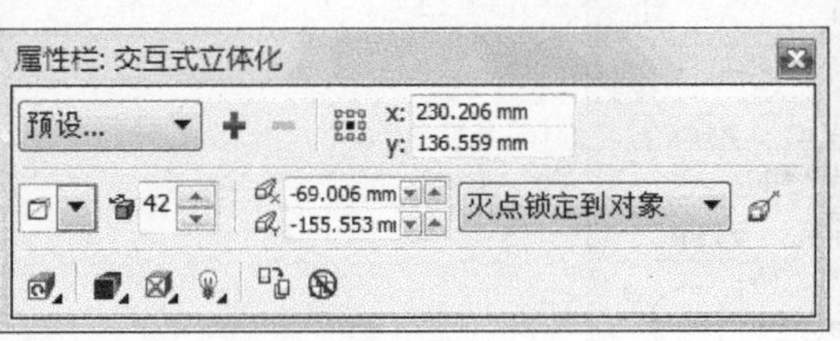

图 3-35

图 3-36

3. 添加素材图片并绘制装饰图形

步骤 1 按 Ctrl+I 组合键，弹出“导入”对话框，选择光盘中的“Ch03 > 素材 > 绘制时尚音乐插画 > 01”文件，单击“导入”按钮。在页面中单击导入的图片，将其拖曳到适当的位置，效果如图 3-37 所示。选择“贝塞尔”工具，绘制一个图形，如图 3-38 所示。

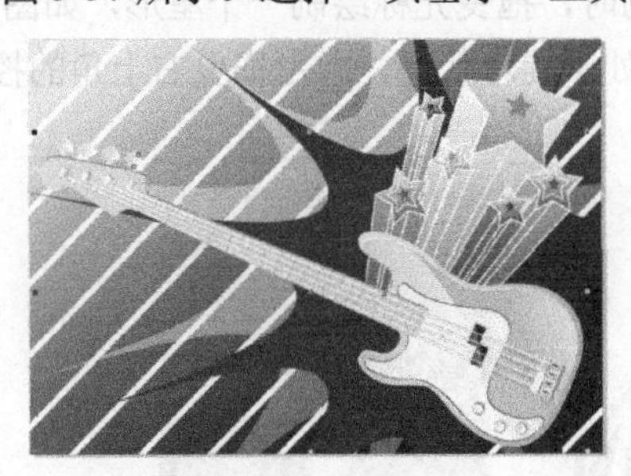

图 3-37

图 3-38

步骤 2 按 F11 键，弹出“渐变填充”对话框，点选“自定义”单选钮，在“位置”选项中分别添加 0、44、86、100 几个位置点，单击右下角的“其他”按钮，分别设置几个位置点颜色的 CMYK 值为 0（0、0、0、0）、44（2、17、82、0）、86（0、47、98、0）、100（11、84、100、0），其他选项的设置如图 3-39 所示。单击“确定”按钮，填充图形，并去除图形的轮廓线，效果如图 3-40 所示。

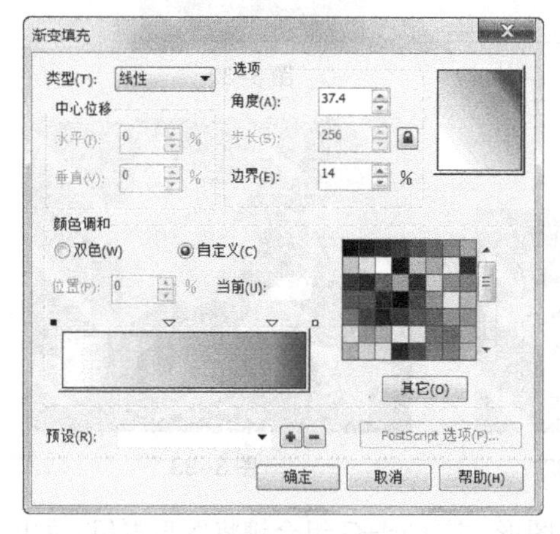

图 3-39

图 3-40

步骤 3 按 F12 键，弹出“轮廓笔”对话框，选项的设置如图 3-41 所示。单击“确定”按钮，效果如图 3-42 所示。用相同的方法绘制其他图形，效果如图 3-43 所示。

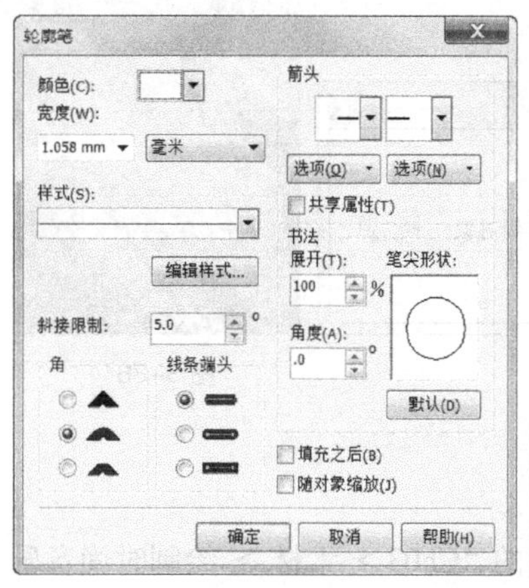

图 3-41

图 3-42

图 3-43

步骤 4 选择“星形”工具，按住 Ctrl 键的同时，拖曳光标绘制一个星形，如图 3-44 所示。选择“选择”工具，单击星形图形，使其处于旋转状态，向左拖曳右上角的控制手柄，旋转图形，效果如图 3-45 所示。

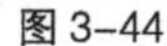

图 3-44

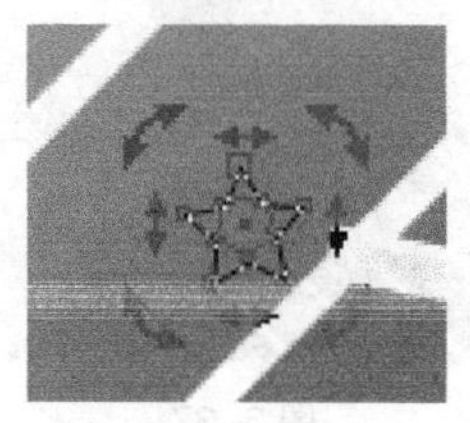

图 3-45

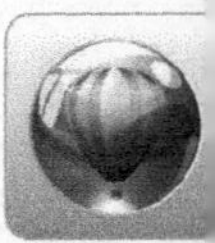

步骤 5 按 F11 键，弹出“渐变填充”对话框，点选“自定义”单选钮，在“位置”选项中分别添加 0、44、86、100 几个位置点，单击右下角的“其他”按钮，分别设置几个位置点颜色的 CMYK 值为 0（0、0、0、0）、44（2、17、82、0）、86（0、47、98、0）、100（11、84、100、0），其他选项的设置如图 3-46 所示。单击“确定”按钮，填充图形，效果如图 3-47 所示。

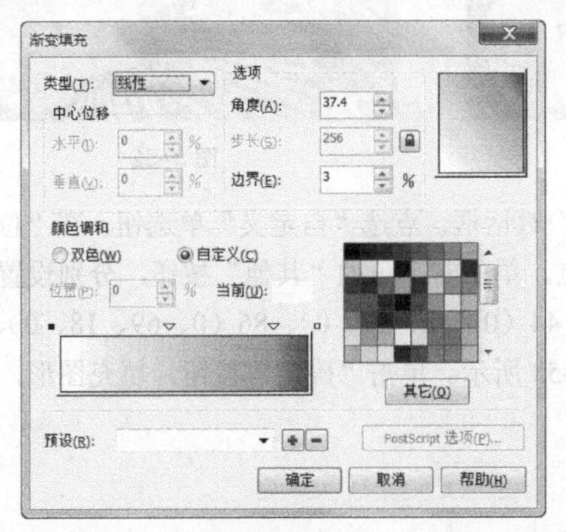

图 3-46

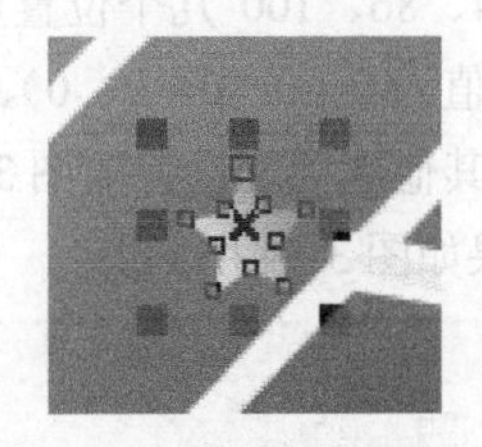

图 3-47

步骤 6 按 F12 键，弹出“轮廓笔”对话框，在“颜色”选项中设置轮廓线颜色为白色，其他选项的设置如图 3-48 所示，单击“确定”按钮，效果如图 3-49 所示。用相同的方法绘制其他图形，效果如图 3-50 所示。

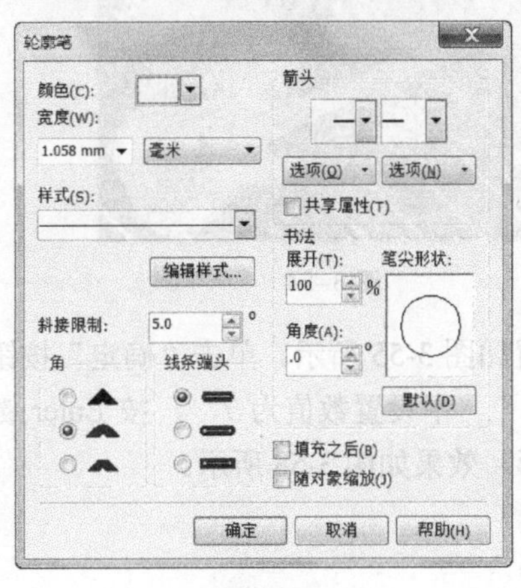

图 3-48

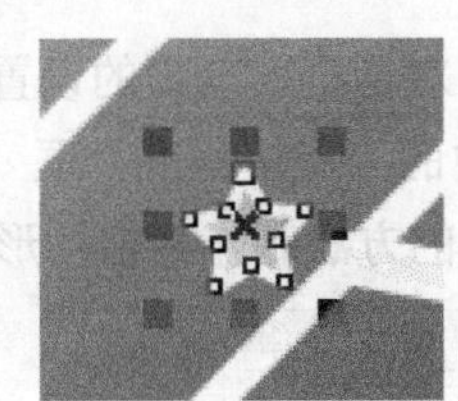

图 3-49

图 3-50

4. 绘制文字装饰底图

步骤 1 按 Ctrl+I 组合键，弹出“导入”对话框，选择光盘中的“Ch03 > 素材 > 绘制时尚音乐插画 > 02”文件，单击“导入”按钮。在页面中单击导入的图片，将其拖曳到适当的位置，效果如图 3-51 所示。

步骤 2 选择“矩形”工具□，在属性栏中将“圆角半径”选项均设为 5，绘制一个圆角矩形，如图 3-52 所示。

图 3-51

图 3-52

步骤 3 按 F11 键，弹出“渐变填充”对话框，点选“自定义”单选钮，在“位置”选项中分别添加 0、44、86、100 几个位置点，单击右下角的“其他”按钮，分别设置几个位置点颜色的 CMYK 值为 0（0、0、0、0）、44（0、32、17、0）、86（0、69、18、0）、100（18、100、100、0），其他选项的设置如图 3-53 所示。单击“确定”按钮，填充图形，并去除图形的轮廓线，效果如图 3-54 所示。

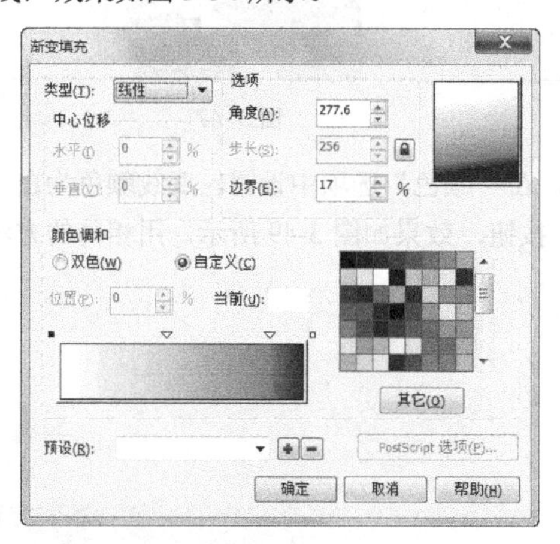

图 3-53

图 3-54

步骤 4 按 F12 键，弹出“轮廓笔”对话框，选项的设置如图 3-55 所示。单击“确定”按钮，效果如图 3-56 所示。在属性栏中的“旋转角度”框 中设置数值为 7°，按 Enter 键确认，效果如图 3-57 所示。用相同的方法制作其他图形，效果如图 3-58 所示。

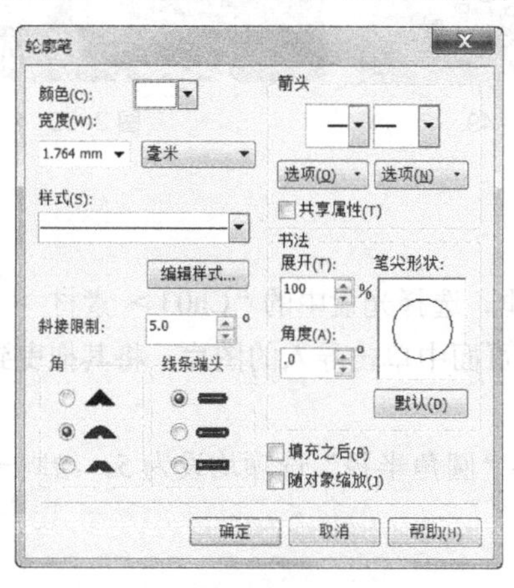

图 3-55

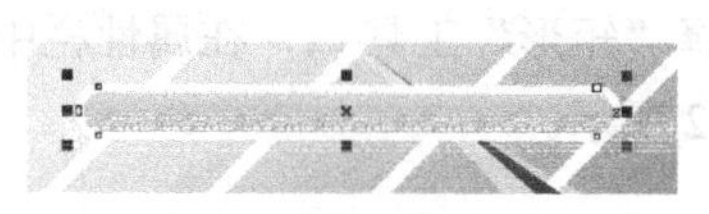

图 3-56

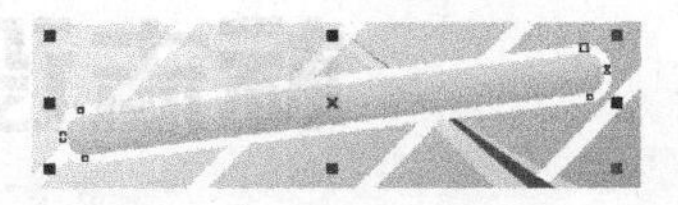

图 3-57

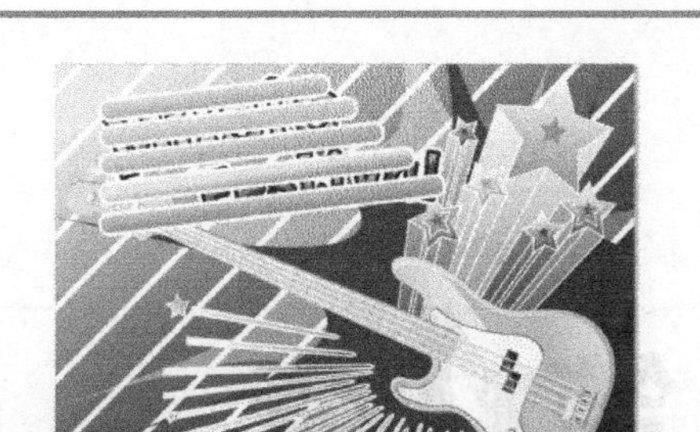

图 3-58

步骤 5 选择“选择”工具，用圈选的方法选取需要的图形，按 Ctrl+G 组合键将图形群组，如图 3-59 所示。连续按两次 Ctrl+PageDown 组合键，将图形向后移动，效果如图 3-60 所示。时尚音乐节插画制作完成。

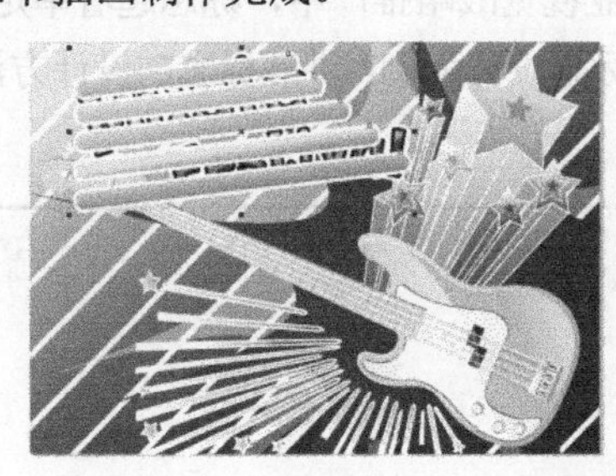

图 3-59

图 3-60

3.2 综合演练——绘制休闲杂志插画

使用贝塞尔工具绘制插画背景，使用透明度工具为不规则图形添加透明效果，使用椭圆形工具、贝塞尔工具和渐变填充工具绘制咖啡杯图形，使用文本工具添加文字。（最终效果参看光盘中的“Ch03 > 效果 > 绘制休闲杂志插画”，见图 3-61。）

图 3-61

第4章 标志设计

标志，是一种传达事物特征的特定视觉符号，它代表着企业的形象和文化。企业的服务水平、管理机制及综合实力都可以通过标志来体现。在企业视觉战略推广中，标志起着举足轻重的作用。本章以伯伦酒店标志设计和龙祥科技发展有限公司标志设计为例，讲解标志的设计方法和制作技巧。

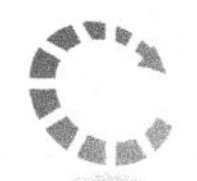

课堂学习目标

- 在 CorelDRAW 软件中绘制标志

4.1 伯仑酒店标志设计

4.1.1 【案例分析】

本案例是为伯仑酒店设计制作的标志。伯仑酒店是一家集住宿、餐饮、娱乐、商务办公为一体的商务性酒店，因此在标志设计上要体现出企业的经营理念、企业文化和发展方向；在设计语言和手法上要以单纯、简洁、易识别的物象、图形和文字符号进行表达。

4.1.2 【设计理念】

在设计制作过程中，通过盾形的标志图形来显示企业的文化、精神和理念；金色、红色和绿色的颜色搭配展示出力量和品味感，显示出沉稳可靠的品牌形象和时尚先进的经营特色；在盾牌两侧添加植物图形，表现出公司不断成长、不断创新的经营理念；整个标志设计简洁明快，主题清晰明确。（最终效果参看光盘中的“Ch04 > 效果 > 伯仑酒店标志设计”，见图 4-1。）

图 4-1

4.1.3 【操作步骤】

CorelDRAW 应用

1. 制作标志图形

步骤 1 按 Ctrl+N 组合键，新建一个页面，在属性栏的“页面度量”选项中分别设置宽度为

150mm，高度为120mm，按Enter键确认，页面尺寸显示为设置的大小。

步骤 2 选择“贝塞尔”工具，绘制一个图形，如图4-2所示。设置填充色的CMYK值为0、50、0、0，填充图形，并去除图形的轮廓线，效果如图4-3所示。选择“选择”工具，按数字键盘上的+键复制图形。

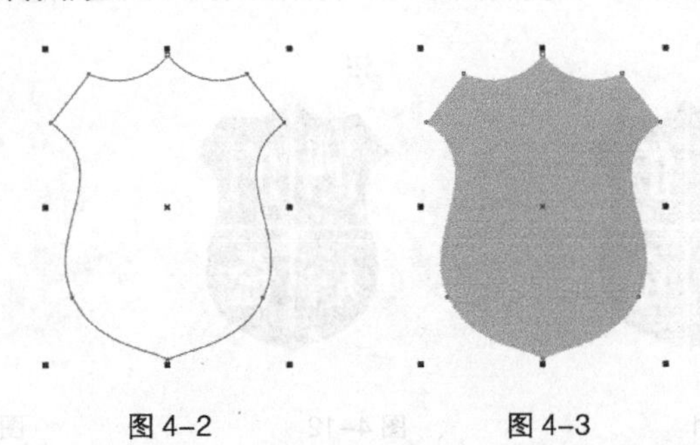

图4-2　　图4-3

步骤 3 选择“矩形”工具，绘制两个矩形，如图4-4所示。选择“选择”工具，按住Shift键的同时，选取需要的图形，如图4-5所示。单击属性栏中的“移除前面对象”按钮，修剪图形，效果如图4-6所示。按Ctrl+K组合键，将图形拆分。

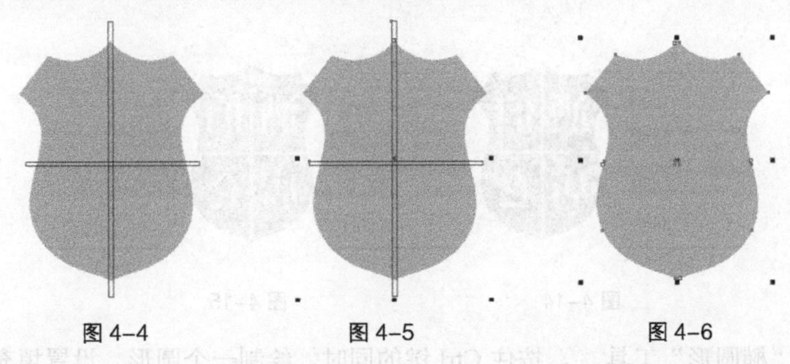

图4-4　　图4-5　　图4-6

步骤 4 选择“选择”工具，选取需要的图形，如图4-7所示。设置图形颜色的CMYK值为95、52、95、25，填充图形，效果如图4-8所示。用相同的方法填充其他图形，效果如图4-9所示。

步骤 5 选择“文本”工具，分别输入需要的文字。选择“选择”工具，分别在属性栏中选取适当的字体并设置文字大小。设置文字颜色的CMYK值为0、20、60、20，填充文字，效果如图4-10所示。

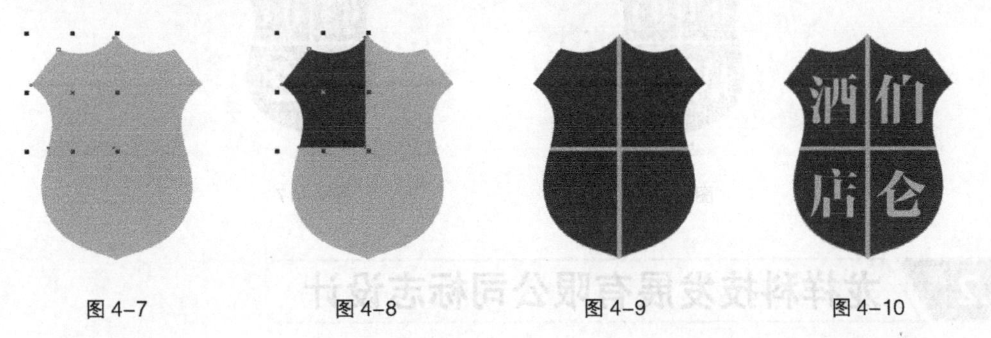

图4-7　　图4-8　　图4-9　　图4-10

2. 绘制装饰图形

步骤 1 选择“贝塞尔”工具，绘制一个图形。设置填充颜色的CMYK值为0、20、60、20，

填充图形，并去除图形的轮廓线，效果如图 4-11 所示。

步骤 2 选择“椭圆形”工具，按住 Ctrl 键的同时，绘制一个圆形。设置填充颜色的 CMYK 值为 0、20、60、20，填充图形，并去除图形的轮廓线，效果如图 4-12 所示。选择“选择”工具，多次单击数字键盘上的+键复制图形，并分别拖曳图形到适当的位置，效果如图 4-13 所示。

图 4-11　　图 4-12　　图 4-13

步骤 3 选择“选择”工具，用圈选的方法选取需要的图形，如图 4-14 所示。按 Ctrl+G 组合键将图形群组，按数字键盘上的+键复制图形。在属性栏中单击“水平镜像”按钮，水平翻转图像，并将其拖曳到适当的位置，效果如图 4-15 所示。

图 4-14　　图 4-15

步骤 4 选择“椭圆形”工具，按住 Ctrl 键的同时，绘制一个圆形。设置填充颜色的 CMYK 值为 0、20、60、20，填充图形，并去除图形的轮廓线，效果如图 4-16 所示。标志设计制作完成，效果如图 4-17 所示。

图 4-16　　图 4-17

4.2 龙祥科技发展有限公司标志设计

4.2.1 【案例分析】

本案例是为龙祥科技发展有限公司设计制作标志。龙祥科技发展有限公司是一家著名的电子

信息高科技企业，因此在标志设计上要体现出企业的经营内容、企业文化和发展方向；在设计语言和手法上要以单纯、简洁、易识别的物象、图形和文字符号进行表达。

4.2.2 【设计理念】

在设计制作过程中，通过龙头图形来显示企业的文化、精神和理念。通过对英文字母“e”的变形处理，展示企业的高科技和国际化。将龙头图形和英文字母“e”结合，形成一个完整的即将腾飞的巨龙。整个标志设计简洁明快，主题清晰明确、气势磅礴。（最终效果参看光盘中的“Ch04 > 效果 > 龙祥科技发展有限公司标志设计”，见图 4-18。）

图 4-18

4.2.3 【操作步骤】

CorelDRAW 应用

1. 制作标志中的“e”图形

步骤 1 按 Ctrl+N 组合键，新建一个 A4 页面。选择“椭圆形”工具，按住 Ctrl 键的同时，绘制一个圆形，如图 4-19 所示。按住 Shift 键的同时，向内拖曳圆形右上方的控制手柄，在适当的位置单击鼠标右键，复制一个圆形，效果如图 4-20 所示。

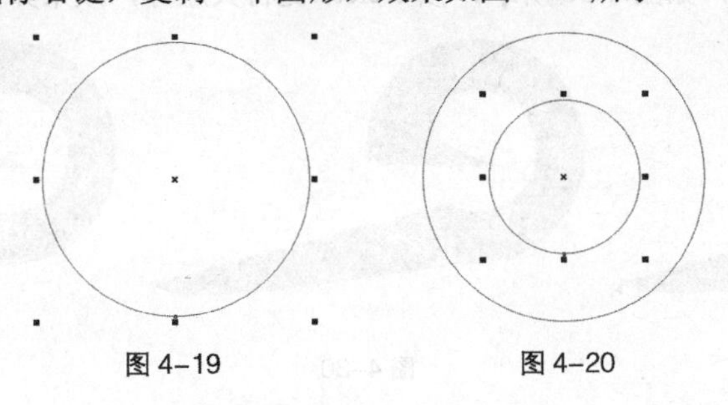

图 4-19　　图 4-20

步骤 2 选择“挑选”工具，用圈选的方法将图形同时选取，如图 4-21 所示。单击属性栏中的“移除前面对象”按钮，将两个图形剪切为一个图形。在“CMYK 调色板”中的“青”色块上单击鼠标，填充图形，并去除图形的轮廓线，效果如图 4-22 所示。

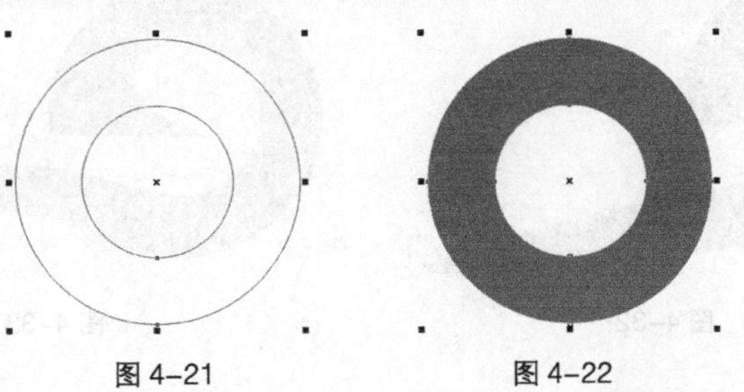

图 4-21　　图 4-22

步骤 3 选择“矩形”工具，绘制一个矩形，如图 4-23 所示。选择“挑选”工具，用圈选的方法将图形同时选取，如图 4-24 所示。单击属性栏中的“移除前面对象”按钮，将两个图形剪切为一个图形，效果如图 4-25 所示。

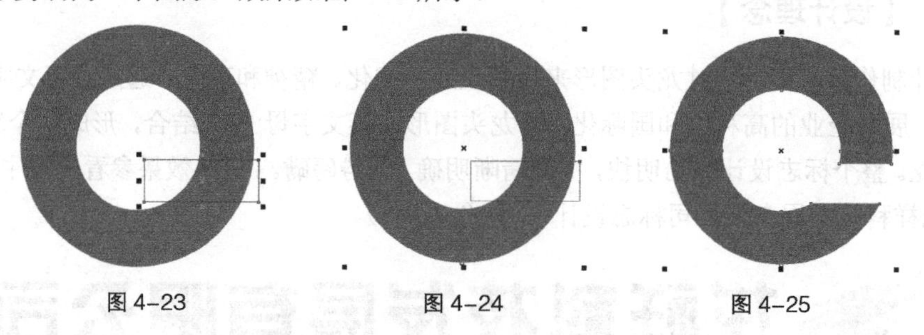

图 4-23　图 4-24　图 4-25

步骤 4 选择“形状”工具，单击选取图形上需要的节点，如图 4-26 所示。按住 Ctrl 键的同时，水平向左拖曳节点到适当的位置，如图 4-27 所示。用相同的方法，选取其他节点并进行编辑，效果如图 4-28 所示。

图 4-26　图 4-27　图 4-28

步骤 5 选择“形状”工具，选取需要的节点，将其拖曳到适当的位置，效果如图 4-29 所示。选取要删除的节点，如图 4-30 所示，按 Delete 键将其删除，效果如图 4-31 所示。

图 4-29　图 4-30　图 4-31

步骤 6 选择“形状”工具，分别在需要的位置双击，添加两个节点，如图 4-32 所示。将添加的节点拖曳到适当的位置，再分别对需要的节点进行编辑，效果如图 4-33 所示。

图 4-32　图 4-33

2. 绘制龙图形并添加文字

步骤 1 选择“贝塞尔”工具，绘制一个图形，在“CMYK 调色板”中的“青”色块上单击鼠标，填充图形，并去除图形的轮廓线，效果如图 4-34 所示。选择“贝塞尔”工具，再绘制一个不规则图形，填充图形为“青”色，并去除图形的轮廓线，效果如图 4-35 所示。

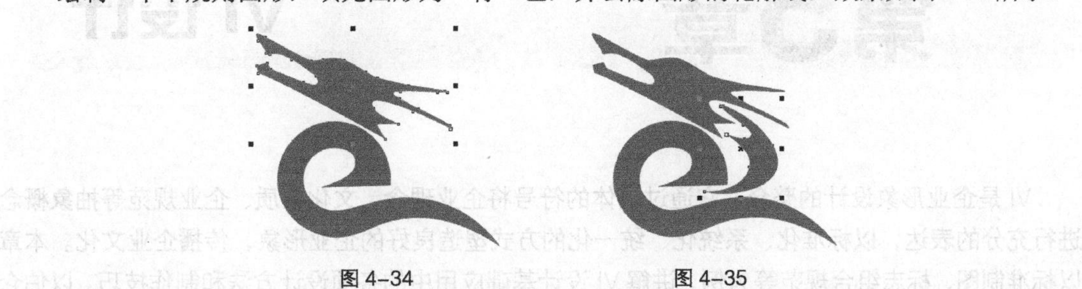

图 4-34　图 4-35

步骤 2 选择“文本”工具，分别输入需要的文字。选择“挑选”工具，在属性栏中分别选择合适的字体并设置文字大小，适当调整文字间距。标志设计完成，如图 4-36 所示。

图 4-36

4.3 综合演练——天鸿达标志设计

使用“移除前面对象”命令剪切图形，使用旋转角度选项将图形旋转角度，使用形状工具调整图形节点，使用文字工具添加文字。（最终效果参看光盘中的“Ch04 > 效果 > 天鸿达标志设计”见图 4-37。）

天鸿达科技发展有限公司
TIANHONGDA SCIENCE AND TECHNOLOGY CO.,LTD.

图 4-37

第5章 VI设计

VI 是企业形象设计的整合。它通过具体的符号将企业理念、文化素质、企业规范等抽象概念进行充分的表达，以标准化、系统化、统一化的方式塑造良好的企业形象，传播企业文化。本章以标准制图、标志组合规范等为例，讲解 VI 设计基础应用中的各项设计方法和制作技巧。以伯仑酒店 VI 设计和龙祥科技发展有限公司 VI 设计为例，讲解应用系统中的各项设计方法和制作技巧。

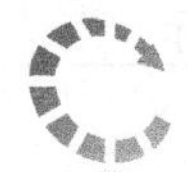

课堂学习目标

- 在 CorelDRAW 软件中进行 VI 设计

5.1 伯仑酒店 VI 设计

5.1.1 【案例分析】

本案例是为伯仑酒店设计的 VI 系统，包括模板、标志制图、标志组合规范、标准色、公司名片、信封、纸杯和文件夹。在设计上要求能使企业的形象高度统一，使企业的视觉传播充分利用，达到最理想的品牌传播效果。

5.1.2 【设计理念】

在设计制作过程中，通过 A、B 模板来区分 VI 系统的基础和应用部分；将标志制图、标志组合规范和标准色设计在表示基础部分的 A 模板中，使企业的标志应用更加统一，以便在企业进行相关应用时更加规范；将公司名片、信封、纸杯和文件夹设计在表示应用部分的 B 模板中，使企业的视觉传播更加充分，达到品牌宣传的效果。（最终效果参看光盘中的“Ch05 > 效果 > 伯仑酒店 VI 设计”，见图 5-1。）

模板 A

模板 B

标志制图

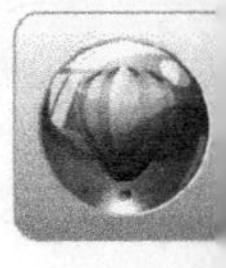

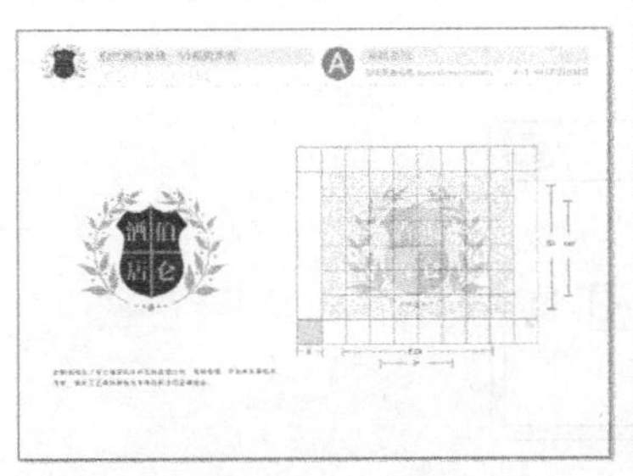

标志组合规范

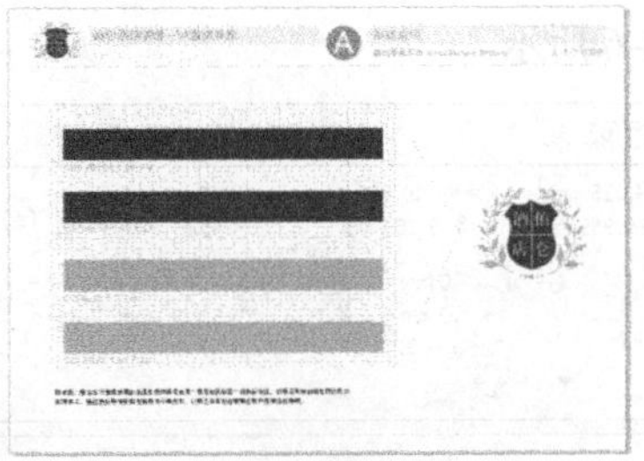

标准色

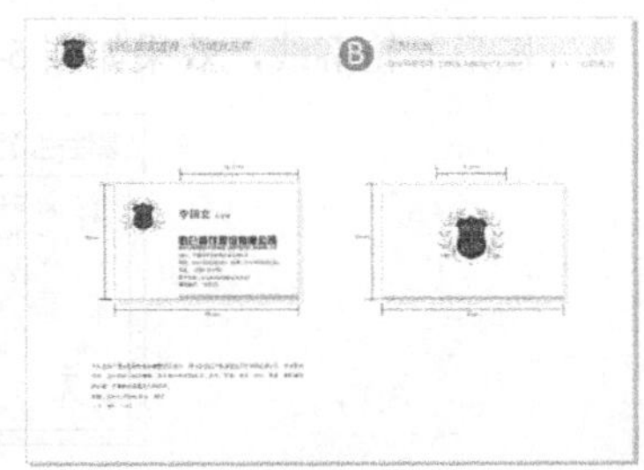

公司名片

信封

纸杯

文件夹

图 5–1

5.1.3 【操作步骤】

CorelDRAW 应用

1. 制作模板 A

步骤 1 按 Ctrl+N 组合键，新建一个页面，在属性栏的“页面度量”选项中分别设置宽度为 297mm，高度为 210mm，按 Enter 键确认，页面尺寸显示为设置的大小。双击“矩形”工具□，绘制一个与页面大小相等的矩形，如图 5-2 所示。

步骤 2 按 Ctrl+I 组合键，弹出“导入”对话框，选择光盘中的“Ch05 > 素材 > 伯仑酒店 VI 设计 > 01”文件，单击“导入”按钮，在页面中单击导入图片，将其拖曳到适当的位置，效果如图 5-3 所示。

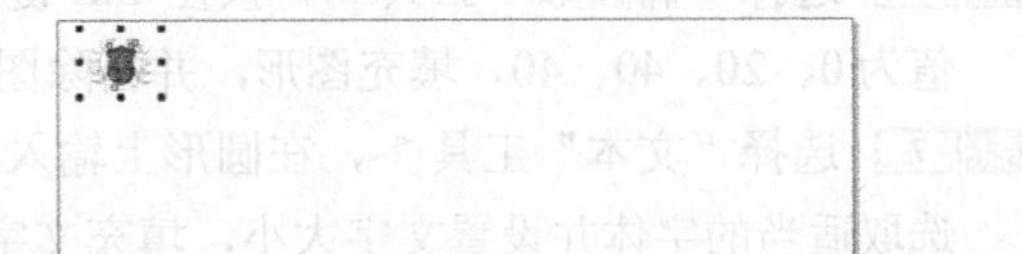

图 5–2　　图 5–3

步骤 3 选择“矩形”工具□，绘制一个矩形。在属性栏中进行设置，如图 5-4 所示，按 Enter 键确认，效果如图 5-5 所示。设置图形颜色的 CMYK 值为 0、0、0、10，填充图形，并去除图形的轮廓线，效果如图 5-6 所示。

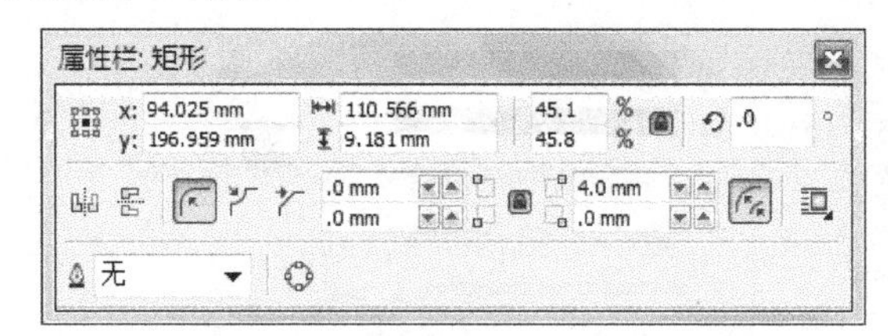

图 5-4

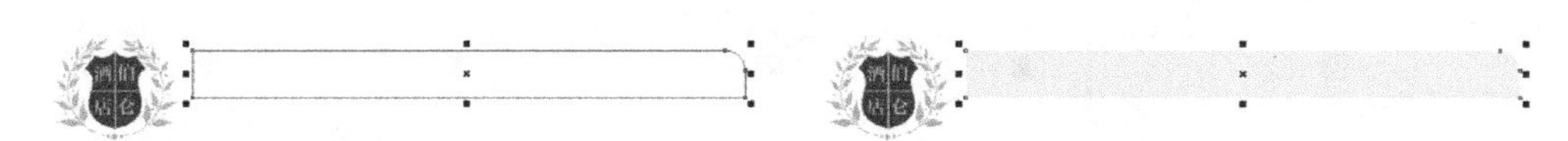

图 5-5　　图 5-6

步骤 4 选择“文本”工具，分别输入需要的文字。选择“选择”工具，在属性栏中分别选取适当的字体并设置文字大小，填充适当的颜色，效果如图 5-7 所示。

图 5-7

步骤 5 选择“选择”工具，选取文字“伯仑……”。选择“形状”工具，文字的编辑状态如图 5-8 所示，向左拖曳文字下方的图标调整字距，松开鼠标后，效果如图 5-9 所示。用相同的方法调整其他文字间距，效果如图 5-10 所示。

图 5-8　　图 5-9

图 5-10

步骤 6 选择“椭圆形”工具，按住 Ctrl 键的同时，绘制一个圆形。设置图形颜色的 CMYK 值为 0、20、40、40，填充图形，并去除图形的轮廓线，效果如图 5-11 所示。

步骤 7 选择“文本”工具，在圆形上输入需要的文字。选择“选择”工具，在属性栏中选取适当的字体并设置文字大小，填充文字为白色，效果如图 5-12 所示。

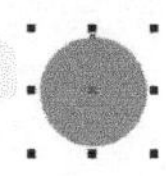

图 5-11　　图 5-12

步骤 8 选择“矩形”工具，绘制一个矩形。在属性栏中进行设置，如图 5-13 所示，按 Enter 键，效果如图 5-14 所示。设置图形颜色的 CMYK 值为 0、0、0、10，填充图形，并去除图形的轮廓线，效果如图 5-15 所示。

步骤 9 选择“文本”工具，分别输入需要的文字。选择“选择”工具，在属性栏中分别

选取适当的字体并设置文字大小，填充适当的颜色，效果如图 5-16 所示。

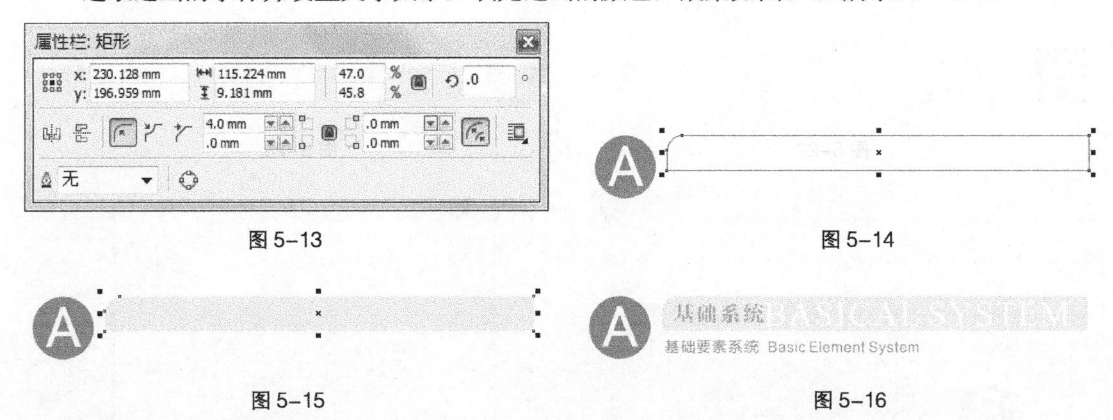

图 5–13　　图 5–14

图 5–15　　图 5–16

步骤 10　选择“选择”工具，选取文字“基础系统”。选择“形状”工具，向左拖曳文字下方的图标调整字距，松开鼠标后，效果如图 5-17 所示。用相同的方法分别调整其他文字间距，效果如图 5-18 所示。

图 5–17　　图 5–18

步骤 11　选择“2 点线”工具，绘制一条直线。在“CMYK 调色板”中“20%黑”色块上单击鼠标右键，填充直线，效果如图 5-19 所示。模板 A 制作完成，效果如图 5-20 所示。模板 A 部分表示 VI 手册中的基础部分。

图 5–19　　图 5–20

2. 制作模板 B

步骤 1　选择“文件 > 打开”命令，弹出“打开绘图”对话框。选择“Ch05 > 效果 > 伯仑酒店 VI 设计 > 模板 A”文件，单击“打开”按钮，效果如图 5-21 所示。

图 5–21

步骤 2　选择“文本”工具，选取需要更改的文字，如图 5-22 所示。输入需要的文字，并调整适当的位置，效果如图 5-23 所示。用上述方法，修改其他文字，并将文字拖曳到适当的位置，效果如图 5-24 所示，模板 B 制作完成，效果如图 5-25 所示。模板 B 部分表示 VI 手册中的应用部分。

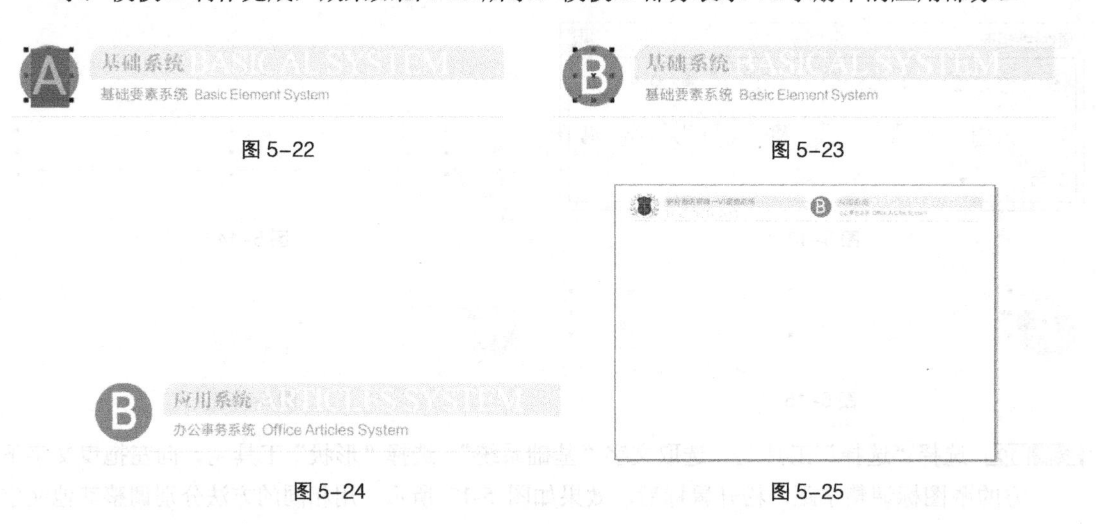

图 5-22　图 5-23　图 5-24　图 5-25

3. 标志制图

步骤 1　按 Ctrl+N 组合键，新建一个 A4 页面。选择“2 点线”工具，按住 Ctrl 键的同时，绘制一条直线，在“CMYK 调色板”中的“20%黑”色块上单击鼠标右键，填充直线。按住 Shift 键的同时，垂直向下拖曳直线，并在适当的位置上单击鼠标右键，复制直线，效果如图 5-26 所示。

步骤 2　选择“调和”工具，在两条直线之间应用调和，效果如图 5-27 所示。在属性栏中进行设置，如图 5-28 所示。按 Enter 键确认，效果如图 5-29 所示。

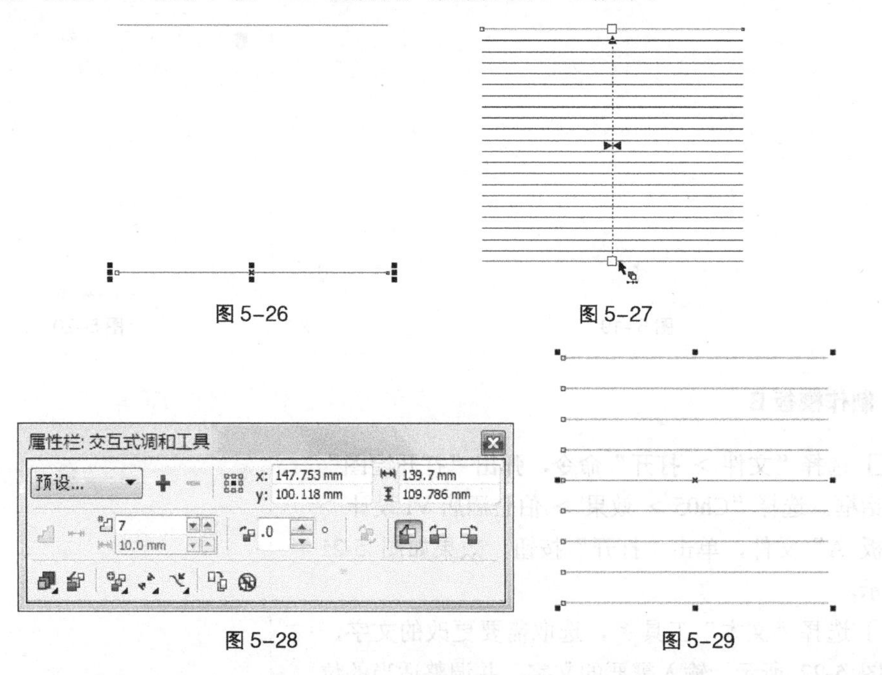

图 5-26　图 5-27　图 5-28　图 5-29

步骤 3　选择“选择”工具，选择“排列 > 变换 > 旋转”命令，弹出“变换”面板，选项的设置如图 5-30 所示。单击“应用”按钮，效果如图 5-31 所示。

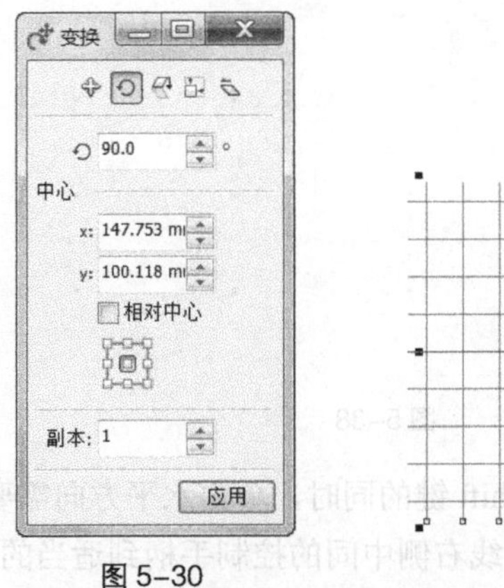

图 5-30

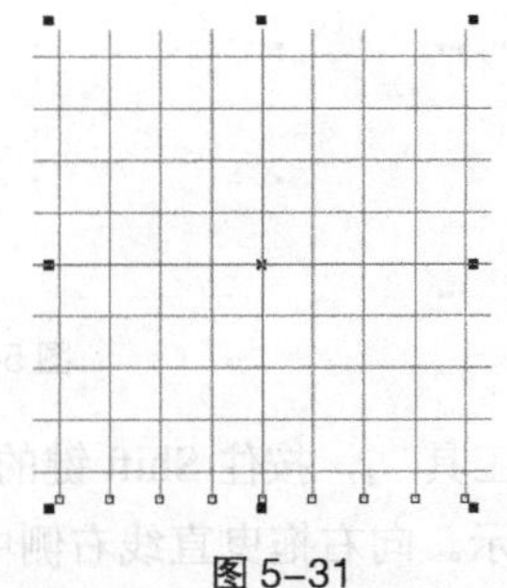

图 5-31

步骤 4 选择“选择”工具，用圈选的方法将两个图形同时选取，单击属性栏中的“对齐和分布”按钮，弹出“对齐与分布”面板，单击“左对齐”按钮和“顶端对齐”按钮，如图 5-32 所示，图形对齐效果如图 5-33 所示。

图 5-32

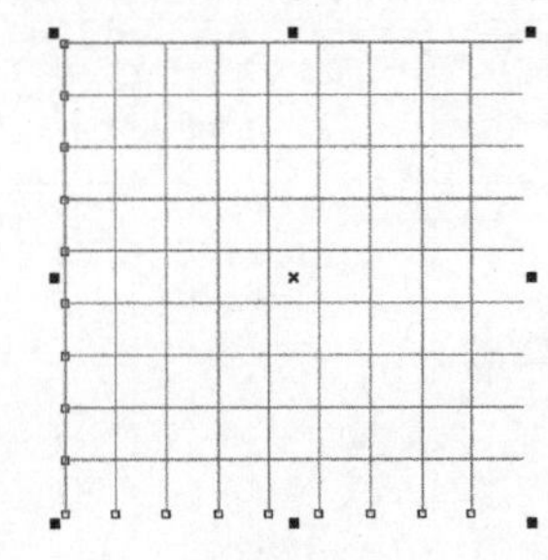

图 5-33

步骤 5 选择“选择”工具，分别调整两组调和图形的宽度到适当的位置，效果如图 5-34 所示。单击选取其中一组调和图形，按 Ctrl+K 组合键将图形进行拆分，再按 Ctrl+U 组合键取消图形的群组。用相同的方法，选取另一组调和图形，拆分并取消图形群组。

步骤 6 选择“选择”工具，按住 Shift 键的同时，单击垂直方向右侧的两条直线，将其同时选取，如图 5-35 所示。按住 Ctrl 键的同时，水平向右拖曳直线，并在适当的位置上单击鼠标右键，复制直线，效果如图 5-36 所示。

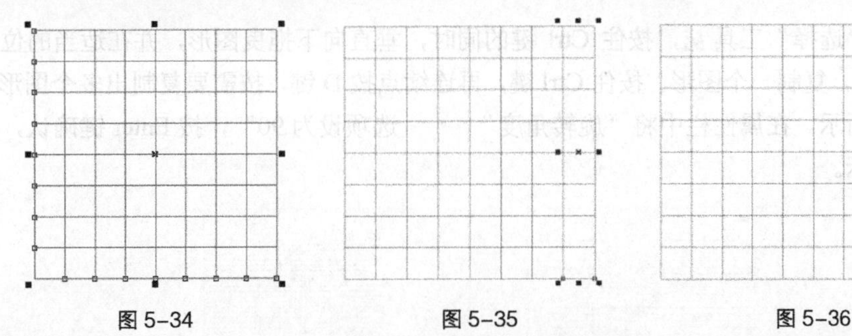

图 5-34　图 5-35　图 5-36

步骤 7 选择“选择”工具，选取再制出的一条直线，如图 5-37 所示，按 Delete 键将其删除。按住 Shift 键的同时，依次单击水平方向需要的几条直线，将其同时选取，如图 5-38 所示。向右拖曳直线左侧中间的控制手柄到适当的位置，调整直线的宽度，效果如图 5-39 所示。

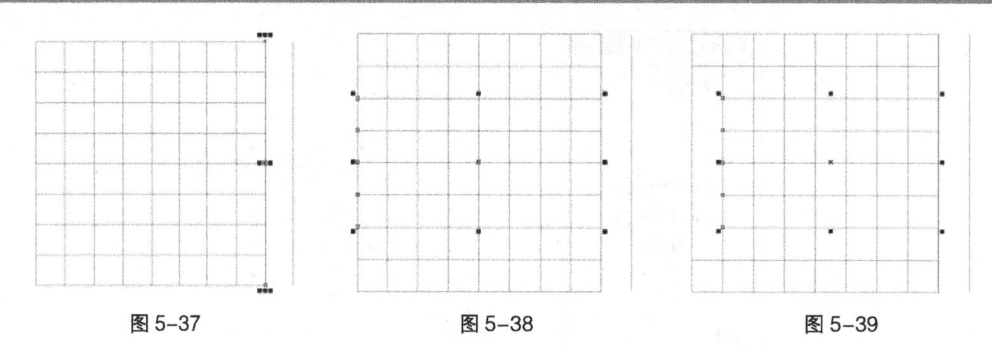

图 5-37　　图 5-38　　图 5-39

步骤 8　选择“选择”工具，按住 Shift 键的同时，单击水平方向需要的几条直线，将其同时选取，如图 5-40 所示。向右拖曳直线右侧中间的控制手柄到适当的位置，调整直线的宽度，如图 5-41 所示。

步骤 9　选择“选择”工具，用圈选的方法，将两条直线同时选取，如图 5-42 所示。选择“调和”工具，在两条直线之间应用调和，在属性栏中进行设置，如图 5-43 所示。按 Enter 键确认，效果如图 5-44 所示。

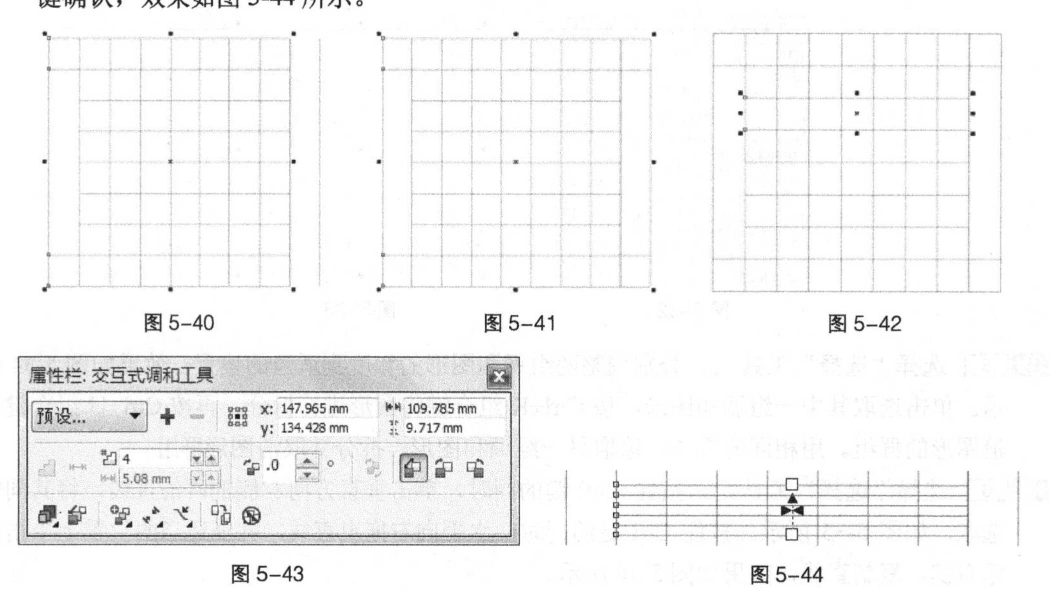

图 5-40　　图 5-41　　图 5-42

图 5-43　　图 5-44

步骤 10　选择“选择”工具，按住 Ctrl 键的同时，垂直向下拖曳图形，并在适当的位置上单击鼠标右键，复制一个图形。按住 Ctrl 键，再连续点按 D 键，按需要复制出多个图形，效果如图 5-45 所示。在属性栏中将“旋转角度” .0 °选项设为 90°，按 Enter 键确认，效果如图 5-46 所示。

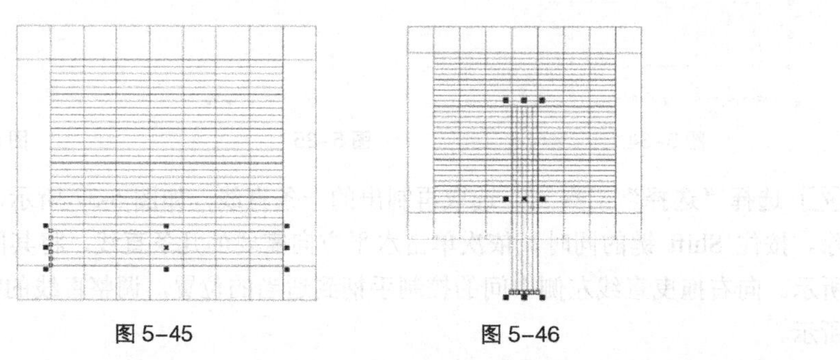

图 5-45　　图 5-46

步骤 11 选择“选择”工具，按住Shift键的同时，单击水平方向最上方的调和图形，将其同时选取，如图5-47所示。按T键，再按L键，使图形顶部左对齐，效果如图5-48所示。

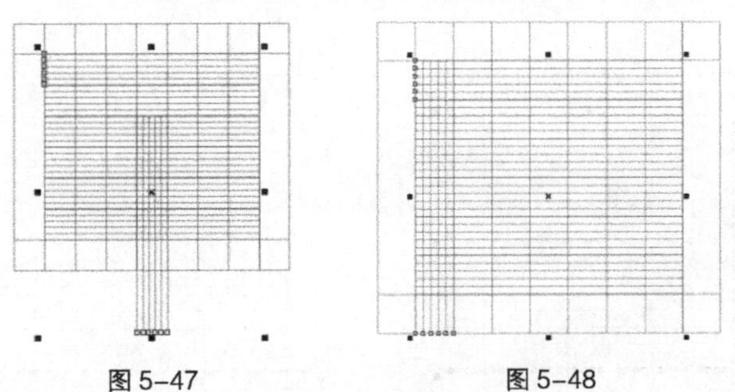

图5-47　　图5-48

步骤 12 选择“选择”工具，选取垂直方向左侧的调和图形，向上拖曳图形下方中间的控制手柄，调整图形高度，效果如图5-49所示。按住Ctrl键的同时，水平向右拖曳图形，并在适当的位置单击鼠标右键，复制一个图形。按住Ctrl键，再连续点按D键，按需要复制出多个图形，效果如图5-50所示。

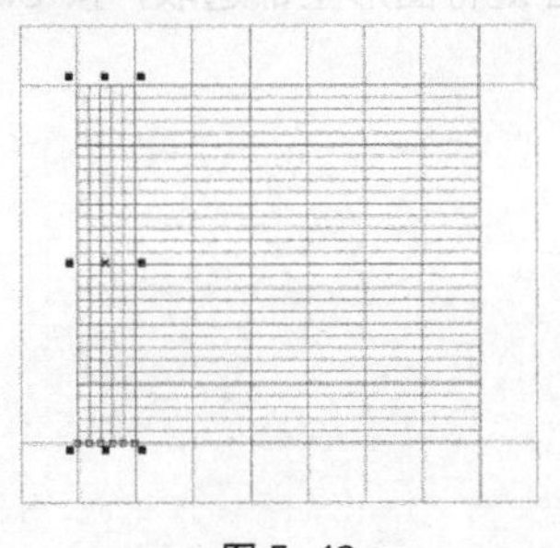

图5-49

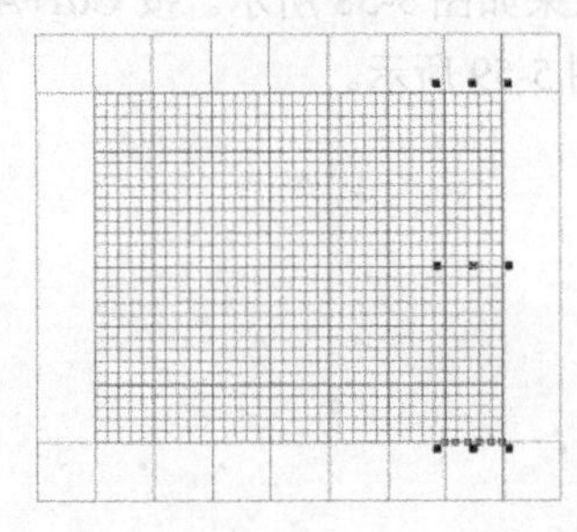

图5-50

步骤 13 选择“选择”工具，分别选取图形，按Ctrl+K组合键将图形拆分，再按Ctrl+U组合键将图形解组。在制作网格过程中，部分直线有重叠现象，分别选取水平方向重叠的直线，按Delete键将其删除，效果如图5-51所示。

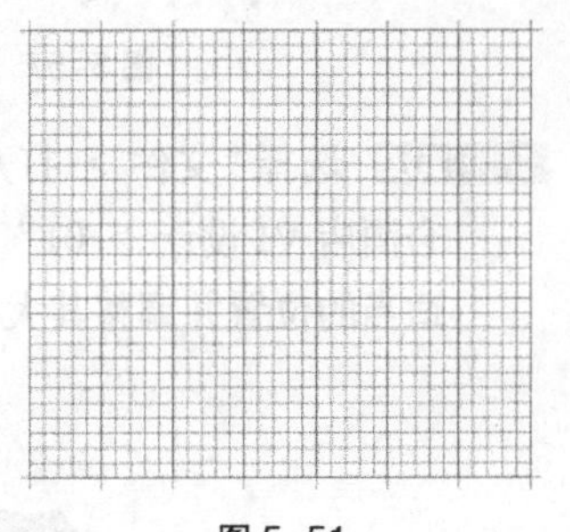

图5-51

步骤 14 选择“选择”工具，选取垂直方向的一条直线，如图5-52所示，按Shift+PageDown组合键将其置后。再次选取需要的直线，如图5-53所示，按Delete键删除直线。用相同的方法，分别选取垂直方向重叠的直线并将其删除，效果如图5-54所示。

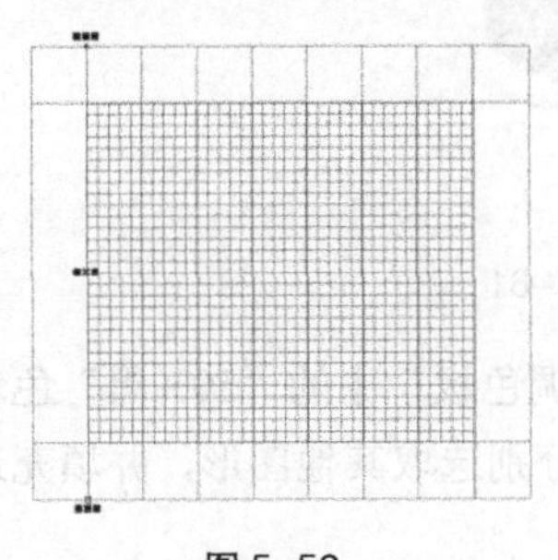

图5-52

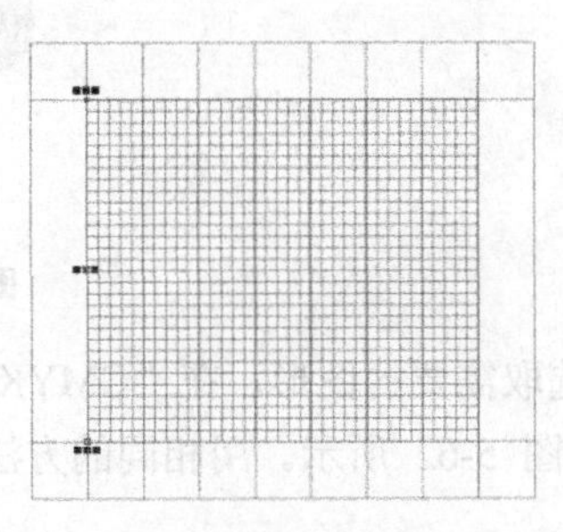

图5-53

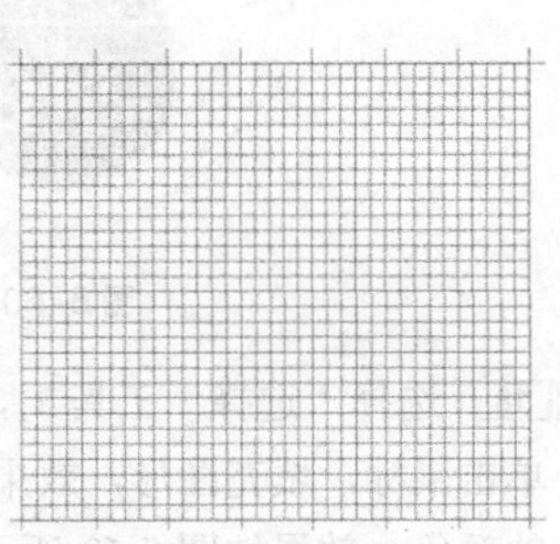

图5-54

步骤 15 选择"选择"工具，用圈选的方法将直线同时选取，如图 5-55 所示。在"CMYK 调色板"中的"20%黑"色块上单击鼠标右键，填充直线，按 Esc 键取消选取状态，如图 5-56 所示。

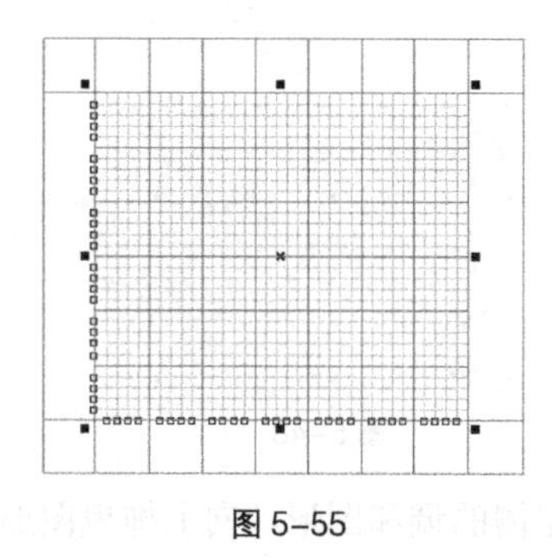
图 5-55

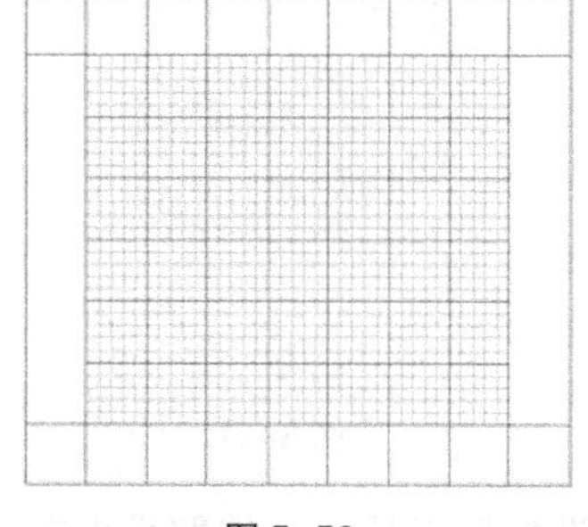
图 5-56

步骤 16 选择"矩形"工具，绘制一个矩形，在"CMYK 调色板"中的"20%黑"色块上单击鼠标，填充图形，并去除图形的轮廓线，效果如图 5-57 所示。按 Shift+PageDown 组合键将其置后，效果如图 5-58 所示。按 Ctrl+A 组合键将图形全部选取，按 Ctrl+G 组合键将其群组，效果如图 5-59 所示。

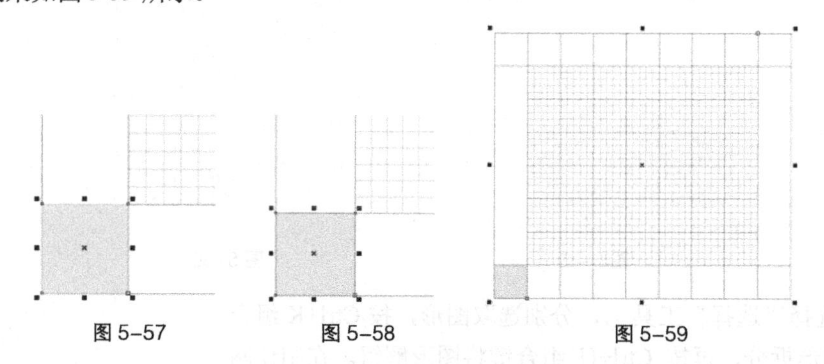
图 5-57　图 5-58　图 5-59

步骤 17 选择"文件 > 打开"命令，弹出"打开绘图"对话框，选择光盘中的"Ch05 > 素材 > 伯仑酒店 VI 设计 > 01"文件，效果如图 5-60 所示。选择"选择"工具，将标志图形拖曳到适当的位置并调整其大小，如图 5-61 所示。按 Ctrl+U 组合键，取消标志图形的群组效果。

图 5-60

图 5-61

步骤 18 选择"选择"工具，选取需要的图形，在"CMYK 调色板"中的"50%黑"色块上单击鼠标，填充图形，效果如图 5-62 所示。用相同的方法分别选取其他图形，并填充适当的颜色，效果如图 5-63 所示。

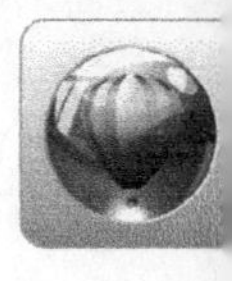

图 5-62

图 5-63

步骤 19 选择“选择”工具，使用圈选的方法将所有图形同时选中，将其粘贴到模板 A 中，并调整其位置和大小，如图 5-64 所示。选择“文本”工具，输入需要的文字。选择“选择”工具，在属性栏中选择合适的字体并设置文字大小。设置文字颜色的 CMYK 值为 0、20、40、40，填充文字，效果如图 5-65 所示。

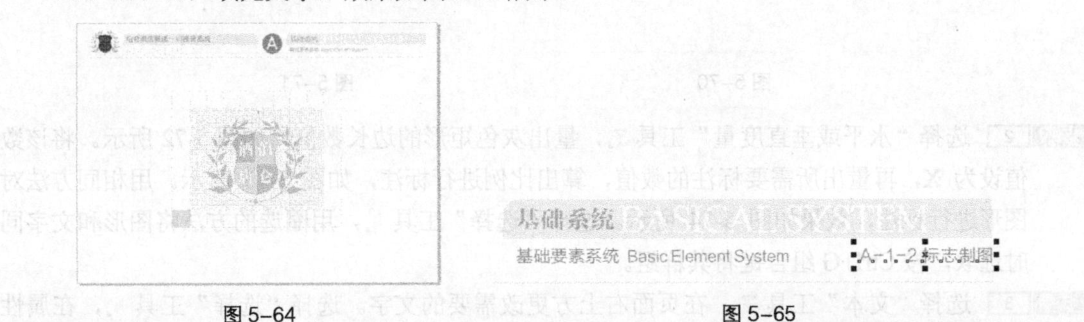

图 5-64　　图 5-65

步骤 20 选择“文本”工具，输入需要的文字。选择“选择”工具，在属性栏中选择合适的字体并设置文字大小，效果如图 5-66 所示。选择“文本 > 文本属性”命令，在弹出的面板中进行设置，如图 5-67 所示，按 Enter 键确认，效果如图 5-68 所示。标志制图制作完成，效果如图 5-69 所示。

图 5-66

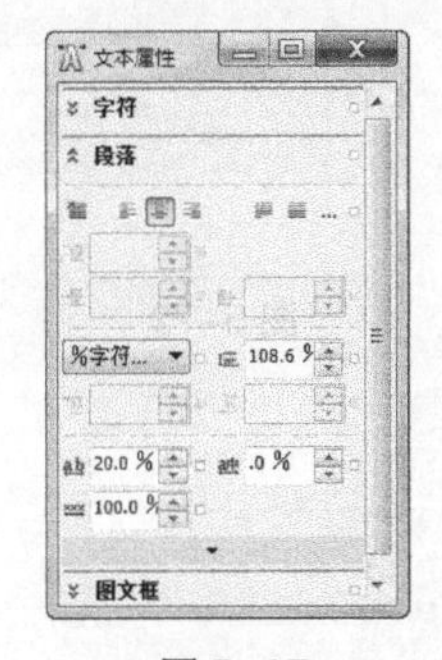

图 5-67

图 5-68

图 5-69

4. 标志组合规范

步骤 1 打开光盘中的“制作标志制图”文件，选择“选择”工具，选取需要的图形，调整图形的大小及位置，并删除不需要的文字，如图 5-70 所示。选择“选择”工具，选取标志图形，按 Shift+PageDown 组合键将其置于底层，效果如图 5-71 所示。

图 5-70　　图 5-71

步骤 2 选择“水平或垂直度量”工具，量出灰色矩形的边长数值，如图 5-72 所示。将该数值设为 X，再量出所需要标注的数值，算出比例进行标注，如图 5-73 所示。用相同方法对图形进行标注，效果如图 5-74 所示。选择“选择”工具，用圈选的方法将图形和文字同时选取，按 Ctrl+G 组合键将其群组。

步骤 3 选择“文本”工具，在页面右上方更改需要的文字。选择“选择”工具，在属性栏中选择合适的字体并设置文字大小，效果如图 5-75 所示。

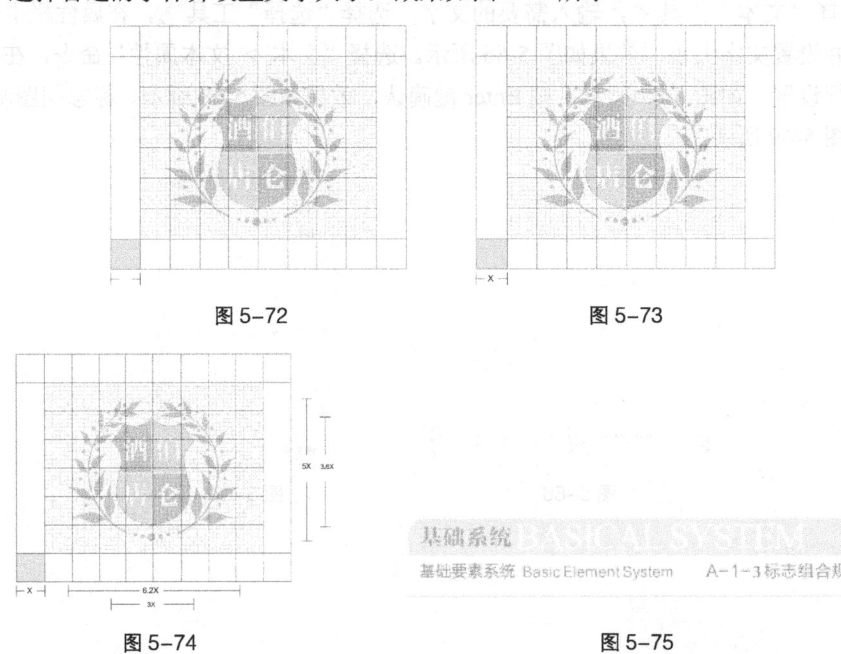

图 5-72　　图 5-73

图 5-74　　图 5-75

步骤 4 选择“文件 > 打开”命令，弹出“打开绘图”对话框，选择光盘中的“Ch05 > 素材 > 伯仑酒店 VI 设计 > 01”文件。选择“选择”工具，将标志图形拖曳到适当的位置并调整其大小，如图 5-76 所示。

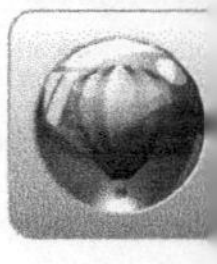

步骤 5 选择“文本”工具字，拖曳出一个文本框，输入需要的文字。选择“选择”工具，在属性栏中选择合适的字体并设置文字大小。选择“形状”工具，调整文字间距和行距，效果如图 5-77 所示。

图 5-76

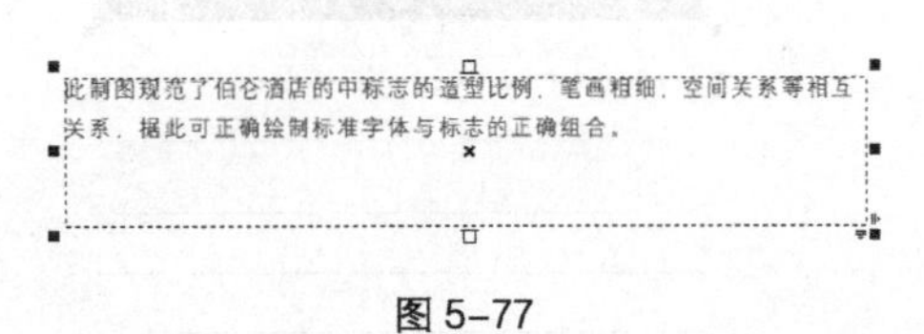

图 5-77

步骤 6 选择“文件 > 另存为”命令，弹出“保存绘图”对话框，将其命名为“标志组合规范”进行保存。标志组合规范制作完成，效果如图 5-78 所示。

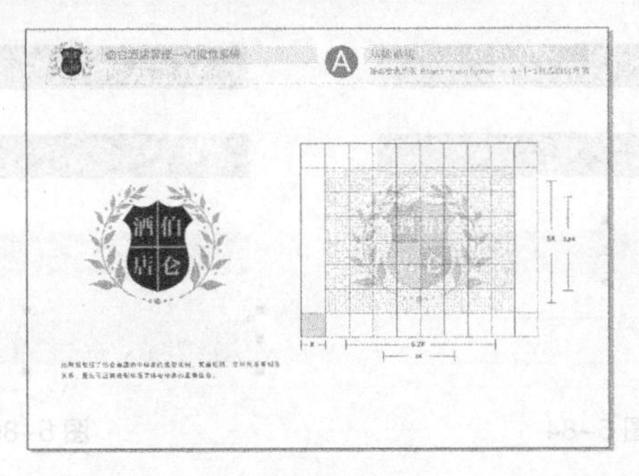

图 5-78

5. 标准色

步骤 1 按 Ctrl+N 组合键，新建一个 A4 页面。选择“矩形”工具，在页面中绘制一个矩形，如图 5-79 所示。

步骤 2 选择“选择”工具，按住 Ctrl 键，垂直向下拖曳图形，并在适当的位置单击鼠标右键，复制一个图形，效果如图 5-80 所示。按住 Ctrl 键，再连续点按两次 D 键，复制出两个图形，效果如图 5-81 所示。

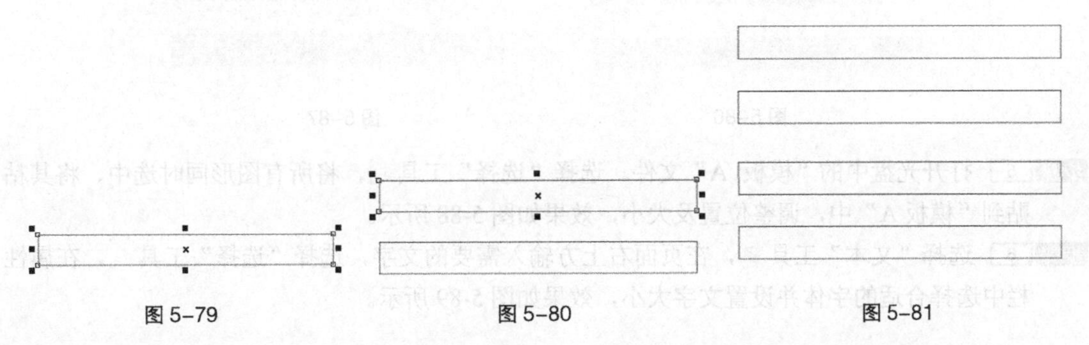

图 5-79　　图 5-80　　图 5-81

步骤 3 选择“选择”工具，选取需要的矩形，设置图形填充颜色的 CMYK 值为 35、100、

98、2，填充图形，并去除图形的轮廓线，效果如图 5-82 所示。单击选取第二个矩形，设置图形填充颜色的 CMYK 值为 95、52、95、25，填充图形，并去除图形的轮廓线，效果如图 5-83 所示。单击选取第三个矩形，设置图形填充颜色的 CMYK 值为 12、35、91、0，填充图形，并去除图形的轮廓线，效果如图 5-84 所示。再次单击选取最下方的矩形，设置图形填充颜色的 CMYK 值为 0、20、60、20，填充图形，并去除图形的轮廓线，效果如图 5-85 所示。

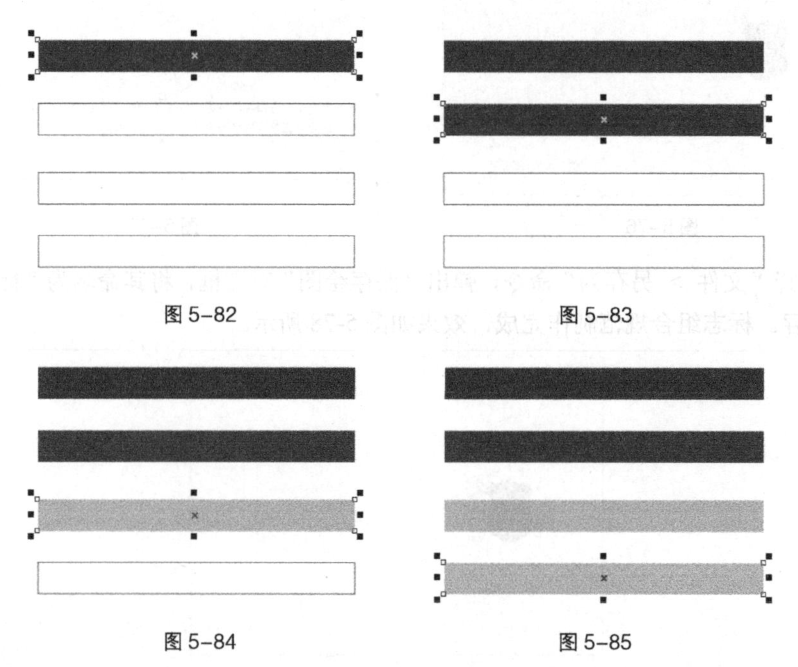

图 5-82　　图 5-83

图 5-84　　图 5-85

步骤 4　选择“文本”工具字，在适当位置输入矩形的 CMYK 颜色值。选择“选择”工具，在属性栏中选择合适的字体并设置文字大小，在“CMYK 调色板”中的“40%黑”色块上单击鼠标左键，填充文字，效果如图 5-86 所示。用相同的方法，在其他矩形下方输入矩形的 CMYK 数值，进行数值标注，效果如图 5-87 所示。

图 5-86　　图 5-87

步骤 5　打开光盘中的“模板 A”文件。选择“选择”工具，将所有图形同时选中，将其粘贴到“模板 A”中，调整位置及大小，效果如图 5-88 所示。

步骤 6　选择“文本”工具字，在页面右上方输入需要的文字，选择“选择”工具，在属性栏中选择合适的字体并设置文字大小，效果如图 5-89 所示。

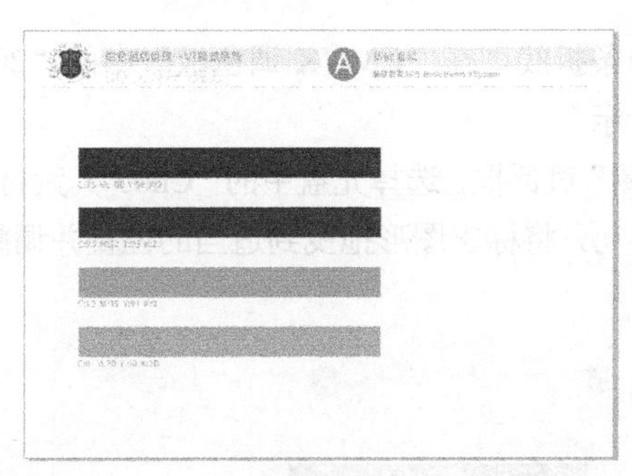

图5-88

图5-89

步骤 7 选择“2点线”工具，按住Ctrl键的同时，绘制一条直线，在“CMYK调色板”中的“20%黑”色块上单击鼠标右键，填充直线，如图5-90所示。按住Shift键的同时，垂直向下拖曳直线，并在适当的位置上单击鼠标右键，复制直线，效果如图5-91所示。

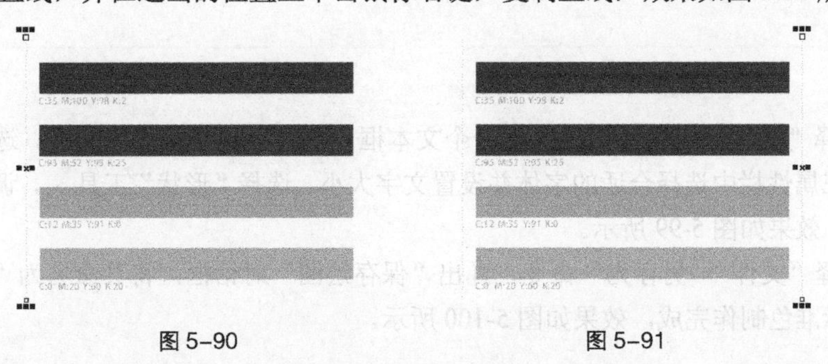

图5-90

图5-91

步骤 8 选择“调和”工具，在两条直线之间应用调和，效果如图5-92所示。在属性栏中进行设置，如图5-93所示，按Enter键确认，效果如图5-94所示。

步骤 9 选择“选择”工具，选取调和的直线，按Shift+PageDown组合键将其置于底层，效果如图5-95所示。用相同方法再次制作水平的调和直线，将其置于底层，如图5-96所示。

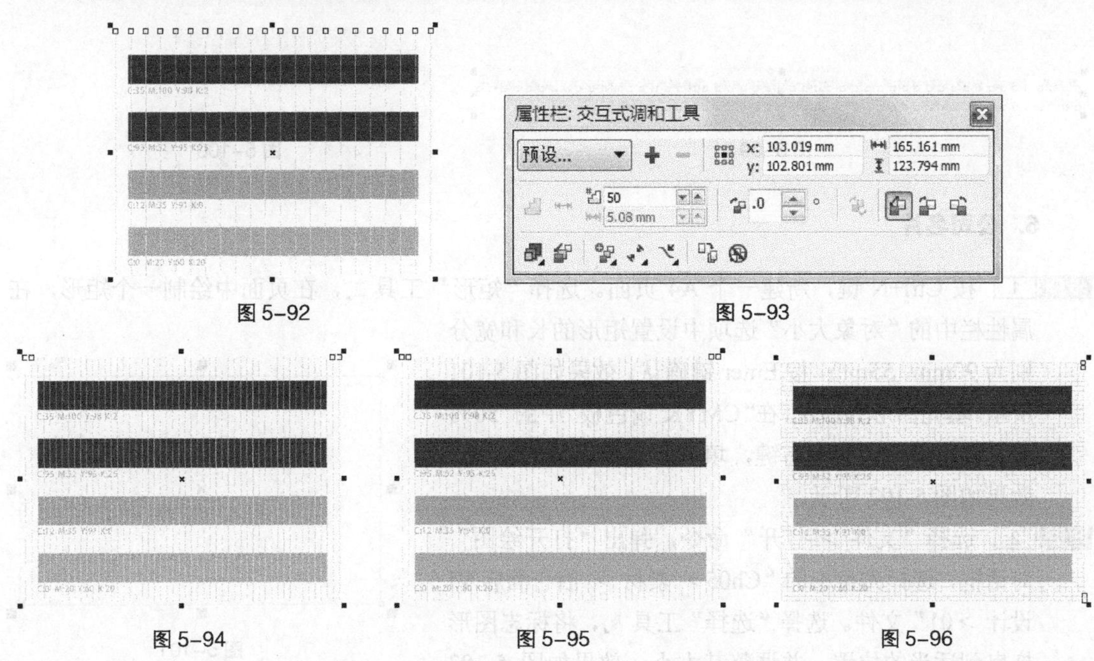

图5-92

图5-93

图5-94

图5-95

图5-96

步骤 10 选择“贝塞尔”工具，在页面中绘制一条折线，在“CMYK 调色板”中的“20%黑”色块上单击鼠标右键，填充直线，如图 5-97 所示。

步骤 11 选择“文件 > 打开”命令，弹出“打开绘图”对话框，选择光盘中的“Ch05 > 素材 > 伯仑酒店 VI 设计 > 01”文件。选择“选择”工具，将标志图形拖曳到适当的位置并调整其大小，如图 5-98 所示。

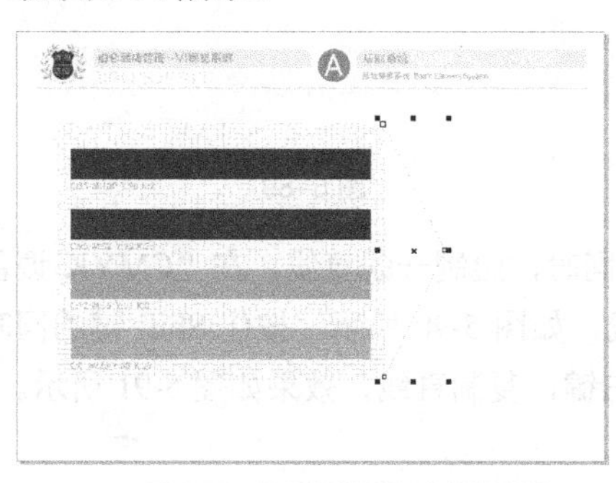

图 5-97

图 5-98

步骤 12 选择“文本”工具，拖曳出一个文本框，在其中输入需要的文字。选择“选择”工具，在属性栏中选择合适的字体并设置文字大小。选择“形状”工具，调整文字的间距和行距，效果如图 5-99 所示。

步骤 13 选择“文件 > 另存为”命令，弹出“保存绘图”对话框，将其命名为“标准色”进行保存。标准色制作完成，效果如图 5-100 所示。

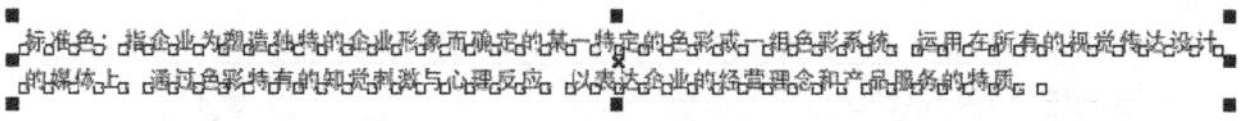

标准色：指企业为塑造独特的企业形象而确定的某一特定的色彩或一组色彩系统，运用在所有的视觉传达设计的媒体上，通过色彩特有的知觉刺激与心理反应，以表达企业的经营理念和产品服务的特质。

图 5-99

图 5-100

6. 公司名片

步骤 1 按 Ctrl+N 键，新建一个 A4 页面。选择“矩形”工具，在页面中绘制一个矩形，在属性栏中的“对象大小”选项中设置矩形的长和宽分别为 90mm、55mm，按 Enter 键确认，效果如图 5-101 所示。填充图形为白色，在“CMYK 调色板”中的“50%黑”色块上单击鼠标右键，填充图形轮廓线的颜色，效果如图 5-102 所示。

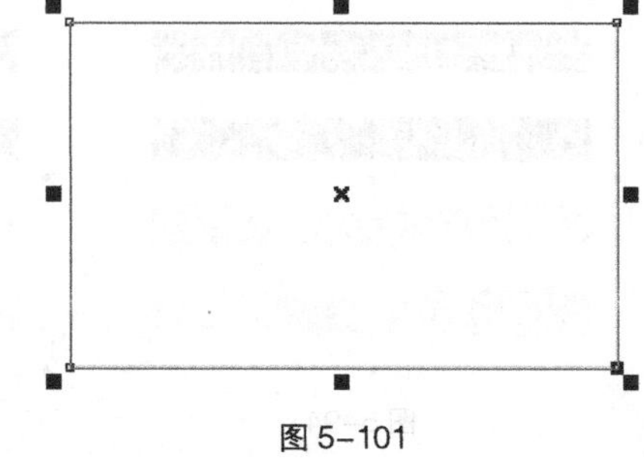

图 5-101

步骤 2 选择“文件 > 打开”命令，弹出“打开绘图”对话框，选择光盘中的“Ch05 > 素材 > 伯仑酒店 VI 设计 > 01”文件。选择“选择”工具，将标志图形拖曳到适当的位置，并调整其大小，效果如图 5-103

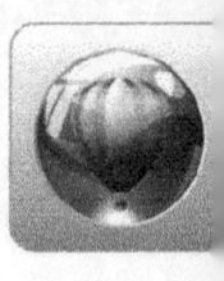

所示。

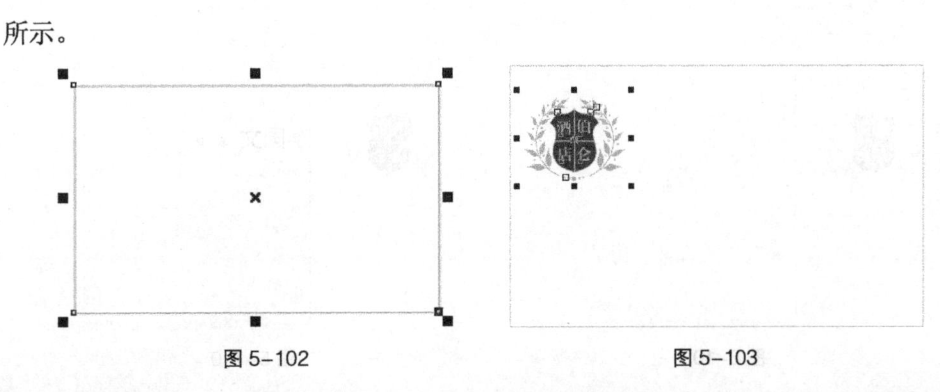

图 5-102　　图 5-103

步骤 3 选择“矩形”工具，绘制一个矩形，在属性栏中的“对象大小”选项中设置矩形的长和宽分别为58.5mm、2mm，按Enter键确认，效果如图5-104所示。设置图形填充颜色的CMYK值为0、20、60、20，填充图形，并去除图形的轮廓线，如图5-105所示。

图 5-104　　图 5-105

步骤 4 选择“选择”工具，按住Shift键，单击选取两个矩形，如图5-106所示。单击属性栏中的“对齐和分布”按钮，弹出“对齐与分布”面板，单击“右对齐”按钮和“底端对齐”按钮，如图5-107所示，图形的对齐效果如图5-108所示。

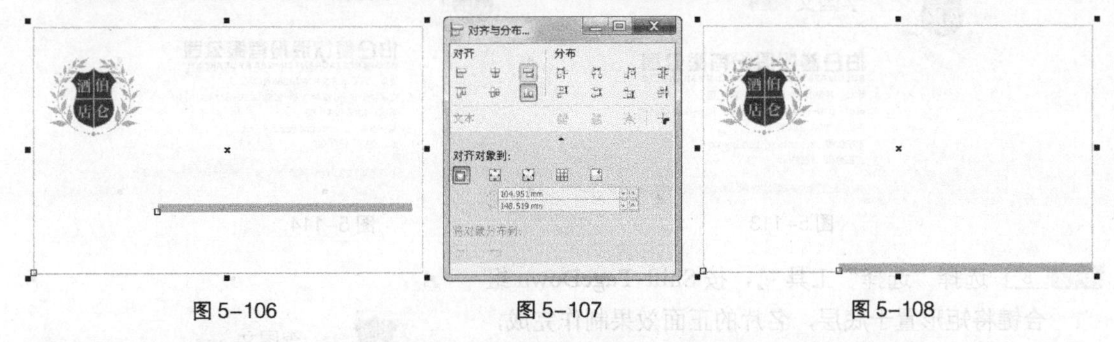

图 5-106　　图 5-107　　图 5-108

步骤 5 选择“选择”工具，拖曳出一条垂直参考线，如图5-109所示。选择“文本”工具，输入姓名和职务名称。选择“选择”工具，在属性栏中选择合适的字体并设置文字大小，效果如图5-110所示。

步骤 6 选择“文本”工具，输入所需文字。选择“选择”工具，在属性栏中选择合适的字体并设置文字大小，将文字拖曳到适当的位置，与参考线对齐，如图5-111所示。选择“文本”工具，拖曳出一个文本框，在标志文字的下方输入地址和联系方式。选择“选择”工具，在属性栏中选择合适的字体并设置文字大小，效果如图5-112所示。

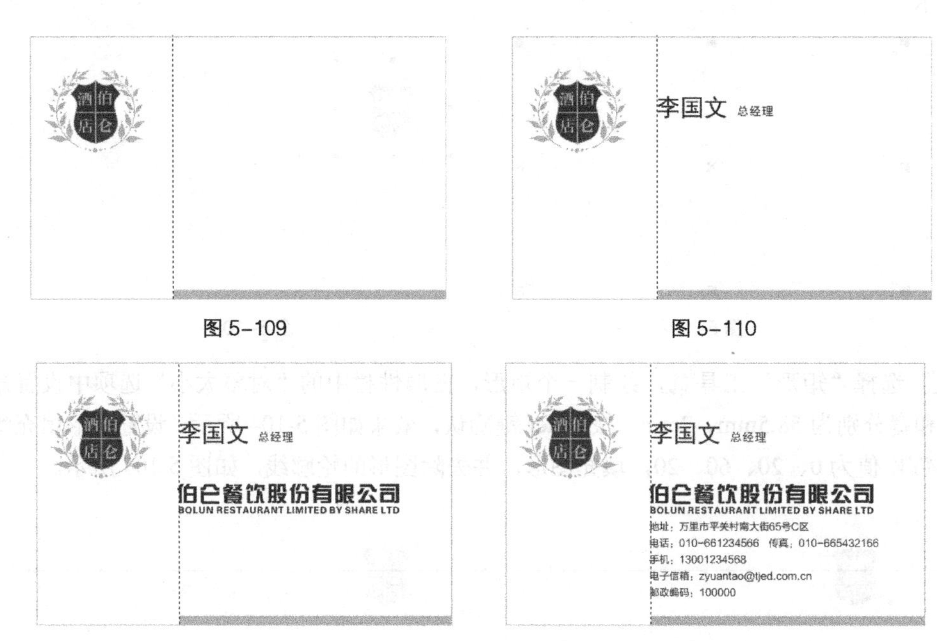

图 5-109　　图 5-110

图 5-111　　图 5-112

步骤 7 选择“选择”工具，选取参考线，按 Delete 键将其删除，如图 5-113 所示。选择“选择”工具，选取白色矩形，按数字键盘上的+键，复制图形，微调图形的位置，在“CMYK 调色板”中的“10%黑”色块上单击鼠标，填充图形，并去除图形的轮廓线，效果如图 5-114 所示。

图 5-113　　图 5-114

步骤 8 选择“选择”工具，按 Shift+PageDown 组合键将矩形置于底层，名片的正面效果制作完成，如图 5-115 所示。

图 5-115

步骤 9 选择“选择”工具，选取所需图形，按数字键盘上的+键，复制名片图形，将图形垂直向下拖曳到适当的位置，分别单击选取不需要的图形和文字，按 Delete 键将其删除，如图 5-116 所示。将标志拖曳到适当的位置并调整其大小，如图 5-117 所示。

图 5-116

图 5-117

步骤 10 选择“矩形”工具，在页面中绘制一个矩形，在属性栏中的“对象大小”选项中设置矩形的长和宽分别为58.5mm、1.5mm，按Enter键确认。设置图形填充颜色的CMYK值为0、20、60、20，填充图形，并去除图形的轮廓线，效果如图5-118所示。名片的背面效果制作完成。

图 5-118

步骤 11 根据“标志组合规范”中所讲的标注方法，对图形进行标注，名片正面图形效果如图5-119所示，名片背面图形效果如图5-120所示。

图 5-119

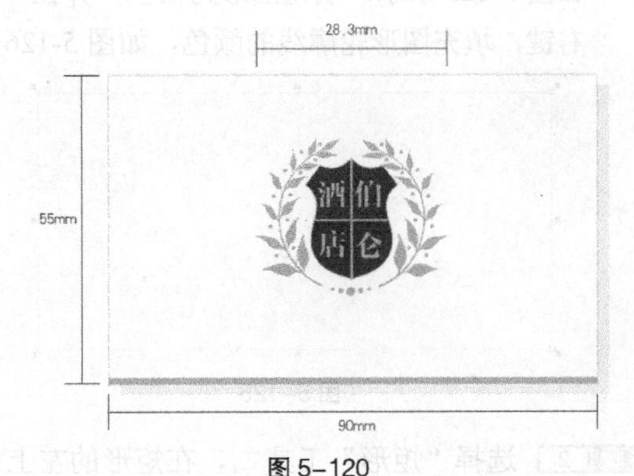

图 5-120

步骤 12 打开光盘中的“模板B”文件。选择“选择”工具，分别将名片图形粘贴到“模板B”中，将图形拖曳到适当的位置并调整其大小，如图5-121所示。选择“文本”工具，在页面右上方输入需要的文字。选择“选择”工具，在属性栏中选择合适的字体并设置文字大小，设置文字颜色的CMYK值为30、100、100、0，填充文字，效果如图5-122所示。

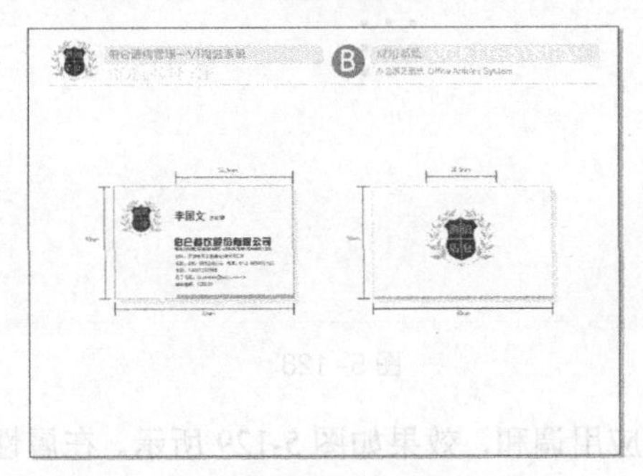

图 5-121

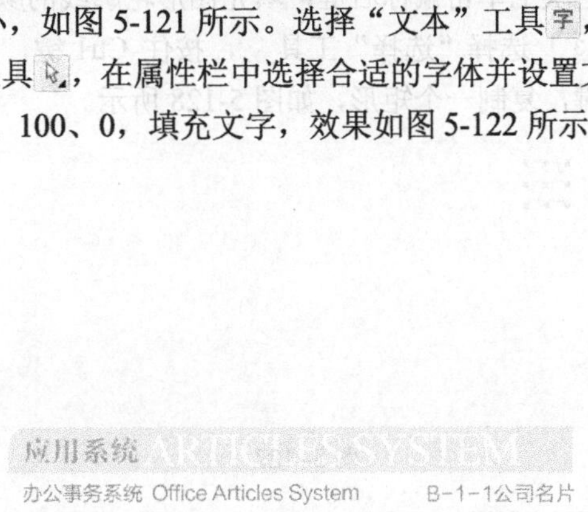

应用系统 ARTICLES SYSTEM
办公事务系统 Office Articles System B-1-1公司名片

图 5-122

步骤 13 选择“文本”工具字，拖曳出一个文本框，在其中输入需要的文字。选择“选择”工具，在属性栏中选择合适的字体并设置文字大小，效果如图 5-123 所示。公司名片制作完成，效果如图 5-124 所示。

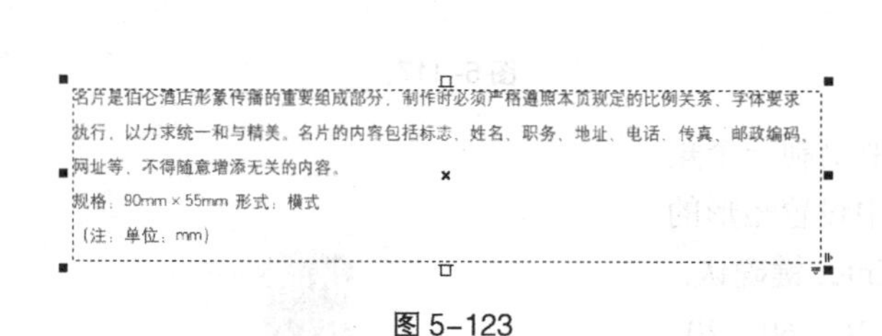

图 5-123

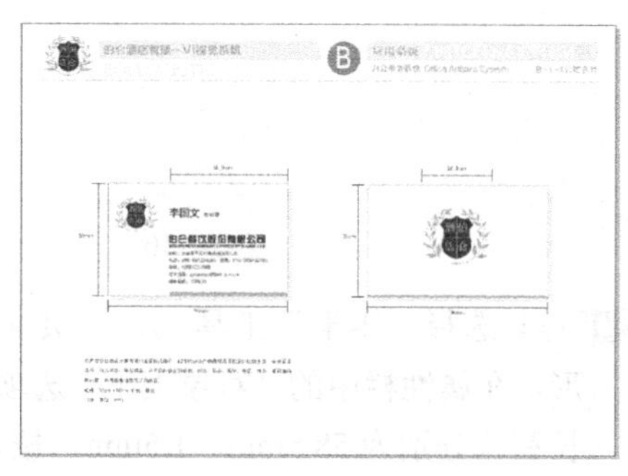

图 5-124

7. 信封

步骤 1 按 Ctrl+N 键，新建一个 A4 页面。选择“矩形”工具，在页面中绘制一个矩形，在属性栏中的“对象大小”选项中设置矩形的长和宽分别为 111mm、55mm，按 Enter 键确认，如图 5-125 所示。填充图形为白色，并在“CMYK 调色板”中的“70%黑”色块上单击鼠标右键，填充图形轮廓线的颜色，如图 5-126 所示。

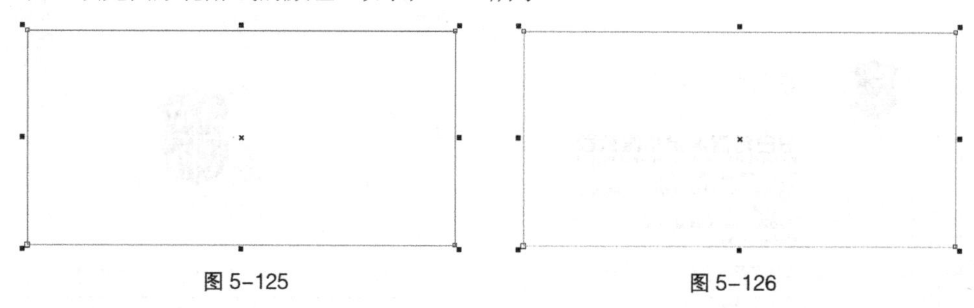

图 5-125　　图 5-126

步骤 2 选择“矩形”工具，在矩形的左上角绘制一个矩形，在属性栏中的“对象大小”选项中设置矩形的长和宽分别为 6mm、6mm，按 Enter 键。在“CMYK 调色板”中的“70%黑”色块上单击鼠标右键，填充图形轮廓线的颜色，如图 5-127 所示。

步骤 3 选择“选择”工具，按住 Ctrl 键，水平向右拖曳图形，并在适当的位置单击鼠标右键，复制一个矩形，如图 5-128 所示。

图 5-127　　图 5-128

步骤 4 选择“调和”工具，在两条正方形之间应用调和，效果如图 5-129 所示。在属性栏中进行设置，如图 5-130 所示，按 Enter 键确认，效果如图 5-131 所示。

步骤 5 选择“文件 > 打开”命令，弹出“打开绘图”对话框，选择光盘中的“Ch05 > 素材 > 伯仑酒店 VI 设计 > 01”文件。选择“选择”工具，将标志图形拖曳到适当的位置，并调整其大小，如图 5-132 所示。

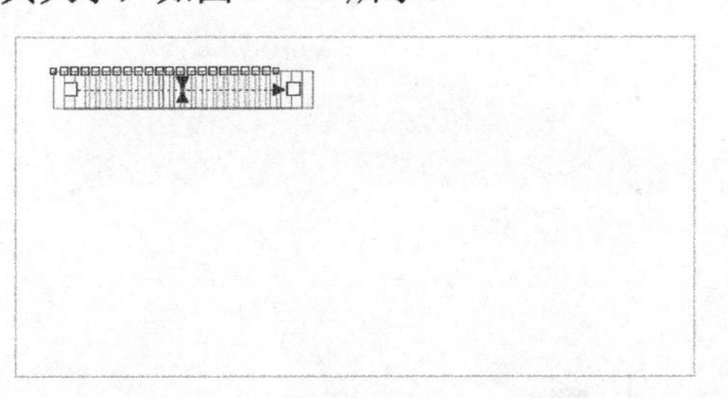

图 5-129

图 5-130

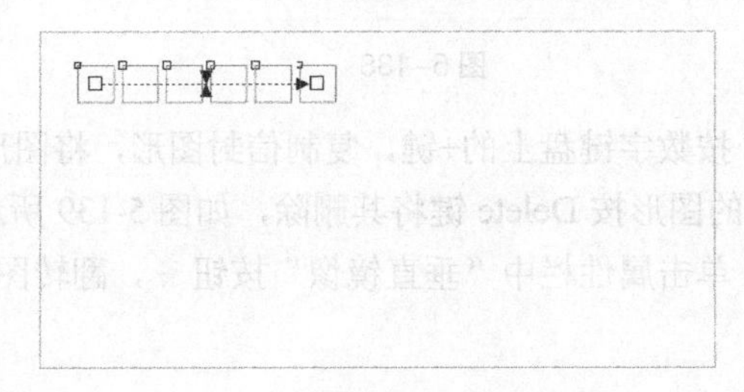

图 5-131

图 5-132

步骤 6 选择“矩形”工具，绘制一个矩形，设置图形填充颜色的 CMYK 值为 35、100、98、2，填充图形，并去除图形的轮廓线，如图 5-133 所示。选择“选择”工具，按住 Shift 键，水平向下拖曳图形，并在适当的位置单击鼠标右键，复制一个矩形。设置图形填充颜色的 CMYK 值为 95、52、95、25，填充图形，如图 5-134 所示。

图 5-133

图 5-134

步骤 7 选择“文本”工具，在信封右下角输入所需文字。选择“选择”工具，在属性栏中选择合适的字体并设置文字大小。在“CMYK 调色板”中的“50%黑”色块上单击鼠标，填充文字，如图 5-135 所示。用相同方法添加其他文字，如图 5-136 示。

图 5-135

图 5-136

步骤 8 选择“贝塞尔”工具，绘制一个不规则图形，按 Ctrl+Q 组合键将图形转换为曲线。选择“形状”工具，调整图形的节点，如图 5-137 所示。设置图形填充颜色的 CMYK 值为 0、20、60、20，填充图形，并去除图形的轮廓线，效果如图 5-138 所示。

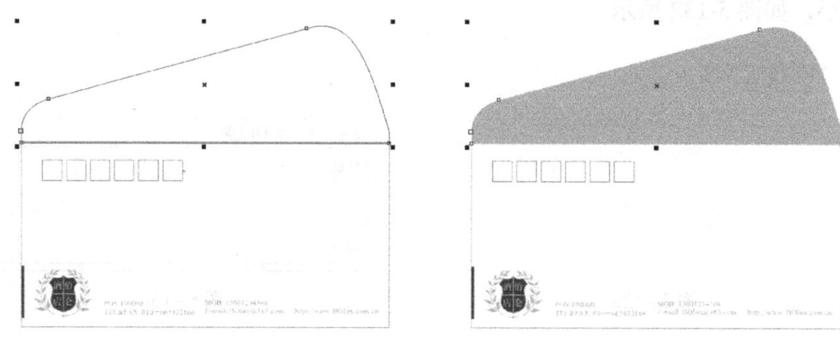

图 5-137　　图 5-138

步骤 9 选择“选择”工具，圈选所需图形，按数字键盘上的+键，复制信封图形，将图形垂直向右拖曳到适当的位置，单击选取不需要的图形按 Delete 键将其删除，如图 5-139 所示。

步骤 10 选择“选择”工具，选取所需图形，单击属性栏中“垂直镜像”按钮，翻转图形，并将其拖曳到适当位置，如图 5-140 所示。

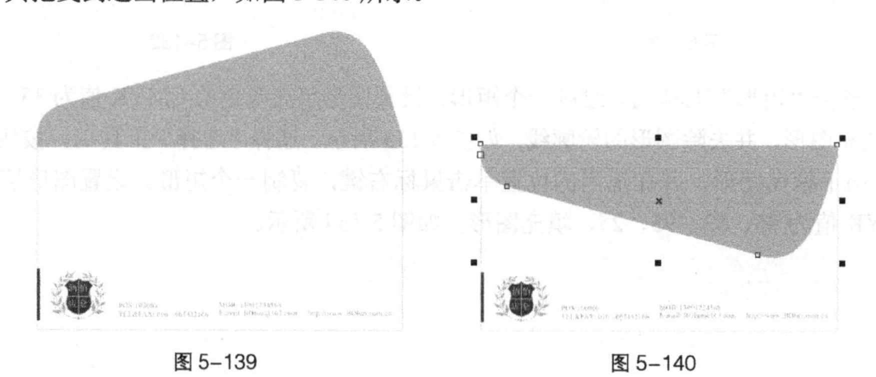

图 5-139　　图 5-140

步骤 11 打开光盘中的“模板 B”文件。选择“选择”工具，分别将信封图形粘贴到“模板 B”中，将图形拖曳到适当的位置并调整其大小，如图 5-141 所示。选择“文本”工具，在页面右上方输入需要的文字。选择“选择”工具，在属性栏中选择合适的字体并设置文字大小。设置文字颜色的 CMYK 值为 0、20、40、40，填充文字，效果如图 5-142 所示。

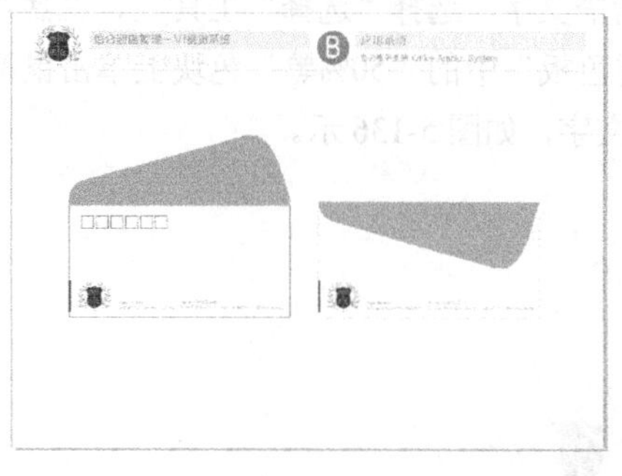

图 5-141　　图 5-142

步骤 12 选择“文本”工具，拖曳出一个文本框，在其中输入需要的文字。选择“选择”工

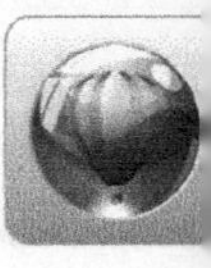

具 ，在属性栏中选择合适的字体并设置文字大小。在“CMYK 调色板”中的“60%黑”色块上单击鼠标，填充文字，效果如图 5-143 所示。公司信封制作完成，效果如图 5-144 所示。

5号信封
尺寸：22x11cm

图 5–143

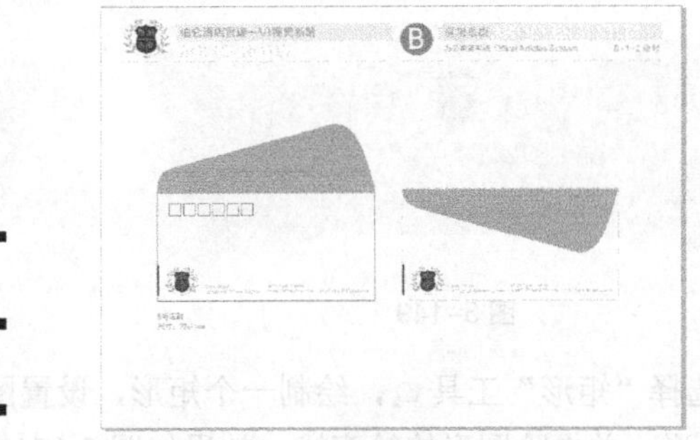

图 5–144

8. 纸杯

步骤 1 选择“文件 > 打开”命令，弹出“打开绘图”对话框，选择光盘中的“Ch05 > 效果 > 制作模版 B”文件，单击“打开”按钮，打开文件，如图 5-145 所示。

步骤 2 选择“贝塞尔”工具 ，绘制一个图形。在“CMYK 调色板”中的“20%黑”色块上单击鼠标右键，填充图形轮廓线，效果如图 5-146 所示。

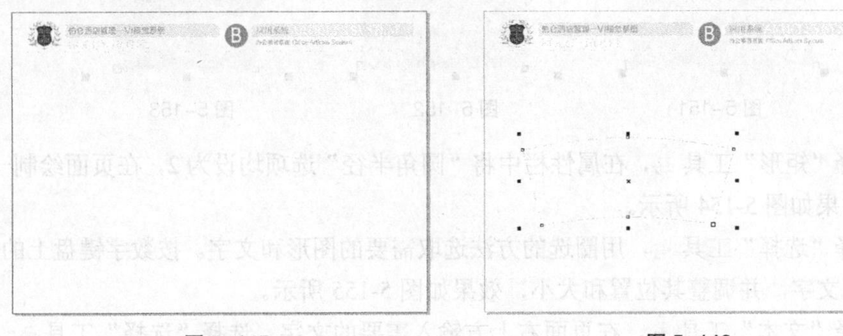

图 5–145　　图 5–146

步骤 3 选择“选择”工具 ，选取所需图形，按数字键盘上的+键复制扇形图形，将图形缩小到适当大小，如图 5-147 所示。设置图形颜色的 CMYK 值为 0、20、60、20，填充图形，如图 5-148 所示。

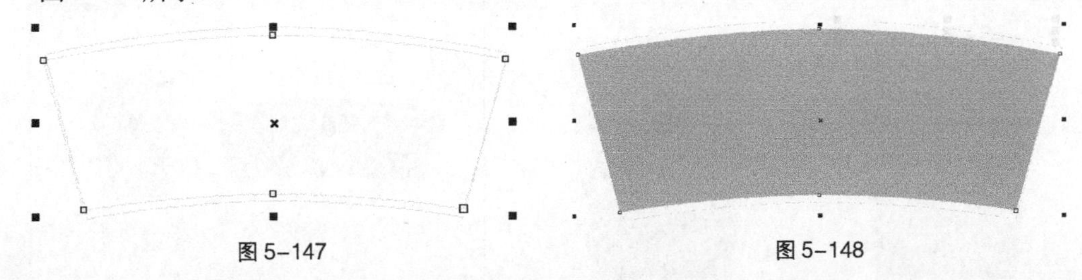

图 5–147　　图 5–148

步骤 4 选择“文件 > 打开”命令，弹出“打开绘图”对话框，选择光盘中的“Ch05 > 素材 > 伯仑酒店 VI 设计 > 01”文件。选择“选择”工具 ，将标志图形拖曳到适当的位置，并调整其大小，如图 5-149 所示。

步骤 5 选择“文本”工具 ，在页面中分别输入需要的文字。选择“选择”工具 ，在属性

栏中分别选择合适的字体并设置文字大小，将输入的文字同时选中，设置文字颜色的 CMYK 值为 8、22、58、0，填充文字，效果如图 5-150 所示。

图 5-149　　图 5-150

步骤 6 选择“矩形”工具，绘制一个矩形，设置图形颜色的 CMYK 值为 0、20、60、20，填充图形，并去除图形的轮廓线，效果如图 5-151 所示。

步骤 7 选择“形状”工具，水平向右拖曳左下角的节点到适当的位置，效果如图 5-152 所示。用相同的方法拖曳其他节点，效果如图 5-153 所示。

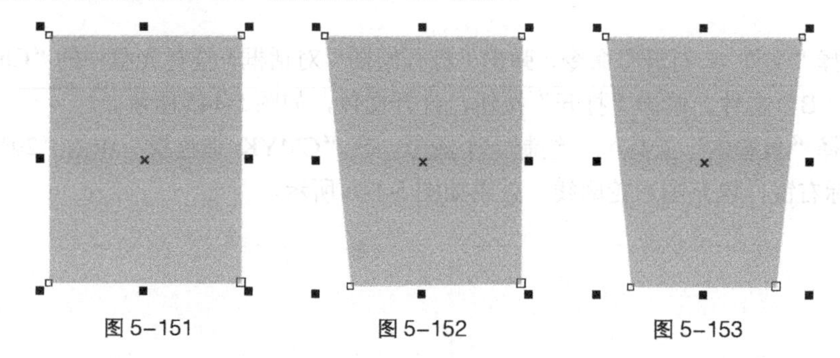

图 5-151　　图 5-152　　图 5-153

步骤 8 选择“矩形”工具，在属性栏中将“圆角半径”选项均设为 2，在页面绘制一个圆角矩形，效果如图 5-154 所示。

步骤 9 选择“选择”工具，用圈选的方法选取需要的图形和文字。按数字键盘上的+键，复制图形和文字，并调整其位置和大小，效果如图 5-155 所示。

步骤 10 选择“文本”工具，在页面右上方输入需要的文字。选择“选择”工具，在属性栏中选择合适的字体并设置文字大小，设置文字颜色的 CMYK 值为 0、20、40、40，填充文字，效果如图 5-156 所示。公司纸杯制作完成。

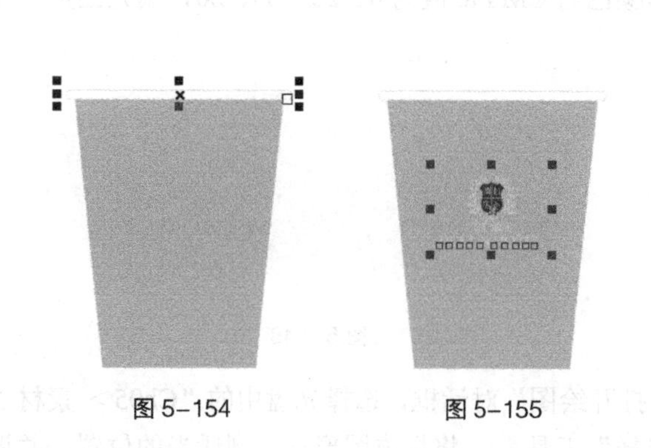

图 5-154　　图 5-155

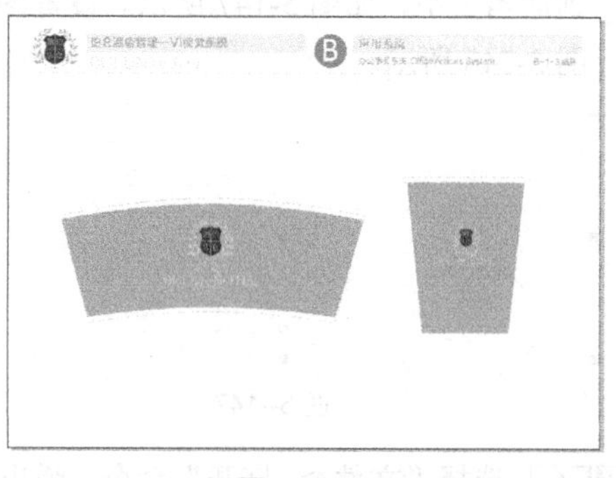

图 5-156

9. 文件夹

步骤 1 选择“文件 > 打开”命令，弹出“打开绘图”对话框，选择光盘中的“Ch05 > 效果 >

制作模版 B”文件，单击“打开”按钮，打开文件，效果如图 5-157 所示。

步骤 2 选择“矩形”工具，在页面绘制一个矩形。在“CMYK 调色板”中的“70%黑”色块上单击鼠标右键，填充图形轮廓线，效果如图 5-158 所示。

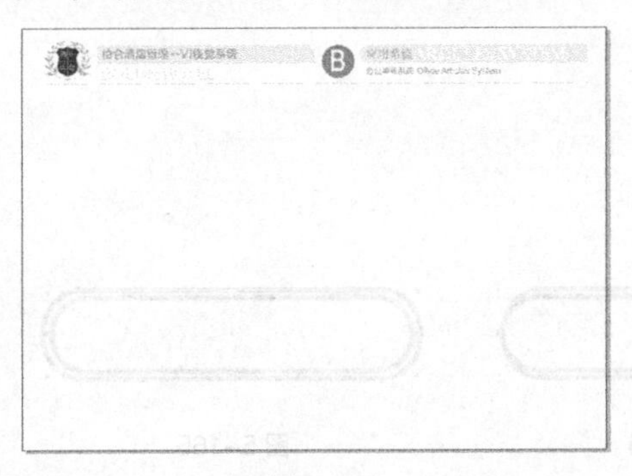

图 5-157

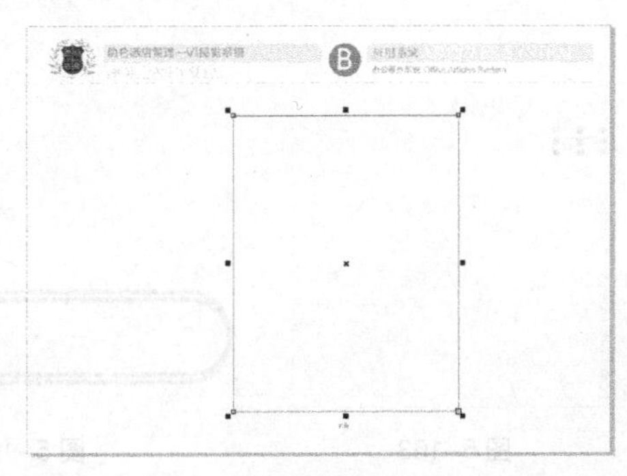

图 5-158

步骤 3 选择“两点线”工具，按住 Shift 键的同时，绘制一条直线，设置轮廓宽度为 0.1mm。在“CMYK 调色板”中的“70%黑”色块上单击鼠标右键，填充图形轮廓线，如图 5-159 所示。

步骤 4 选择“选择”工具，按数字键盘上的+键复制直线。按住 Shift 键的同时，向下拖曳复制的直线到适当的位置，效果如图 5-160 所示。

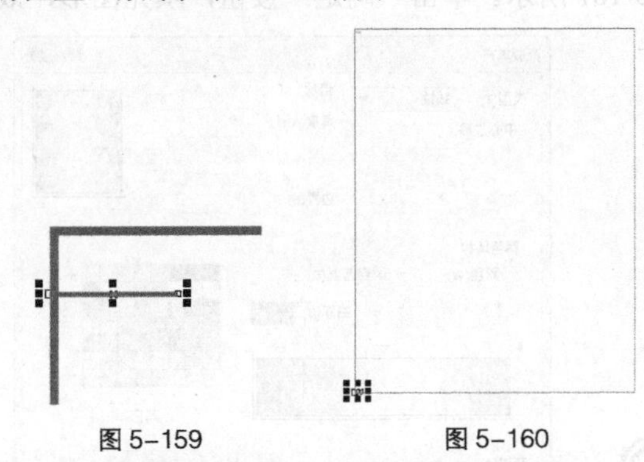

图 5-159　　图 5-160

步骤 5 选择“调和”工具，在两条直线之间应用调和，在属性栏中进行设置，如图 5-161 所示，按 Enter 键确认，效果如图 5-162 所示。

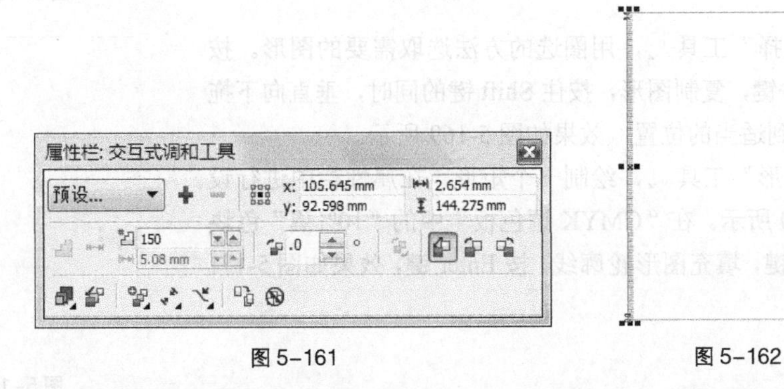

图 5-161　　图 5-162

步骤 6 选择“矩形”工具，在属性栏中将“圆角半径”选项均设为 2，绘制一个圆角矩形，

如图 5-163 所示。选择“选择”工具，按数字键盘上的+键复制圆角矩形。按住 Shift 键的同时，向下拖曳上方中间的控制手柄到适当的位置，将图形缩小，效果如图 5-164 所示。用相同的方法调整其他控制节点，效果如图 5-165 所示。

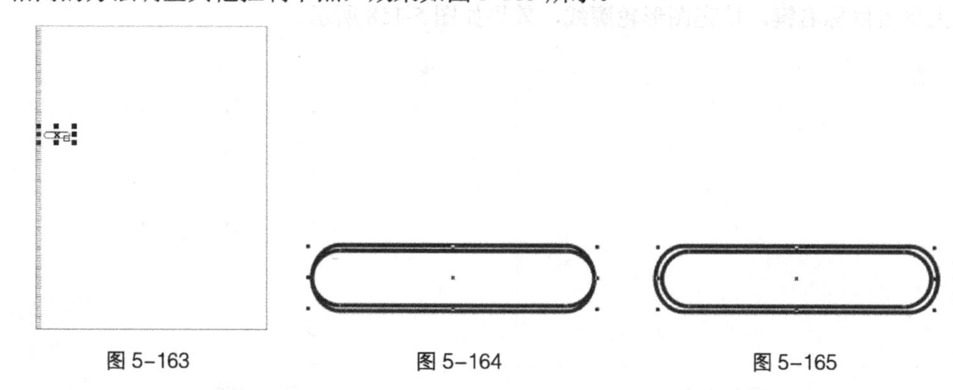

图 5-163　　图 5-164　　图 5-165

步骤 7 选择“选择”工具，按数字键盘上的+键，复制图形。按住 Shift 键的同时，向下拖曳上方中间的控制手柄到适当的位置，将图形缩小，效果如图 5-166 所示。

步骤 8 按 F11 键，弹出“渐变填充”对话框，在“类型”选项中选择“线性”，点选“自定义”单选框，在“位置”选项中分别输入 0、50、100 位置点，单击右下角的“其他”按钮，分别设置几个位置点颜色的 CMYK 值为 0（0、0、0、72）、50（0、0、0、0）、100（0、0、0、82），其他设置如图 5-167 所示。单击“确定”按钮，填充图形，效果如图 5-168 所示。

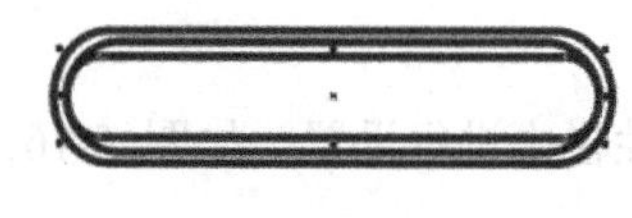

图 5-166

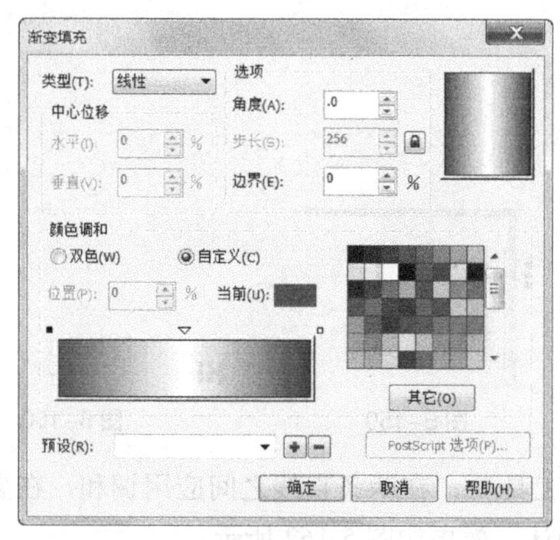

图 5-167

图 5-168

步骤 9 选择“选择”工具，用圈选的方法选取需要的图形。按数字键盘上的+键，复制图形，按住 Shift 键的同时，垂直向下拖曳复制的图形到适当的位置，效果如图 5-169 所示。

步骤 10 选择“矩形”工具，绘制一个矩形，在属性栏中进行设置，如图 5-170 所示。在“CMYK 调色板”中的“10%黑”色块上单击鼠标右键，填充图形轮廓线，按 Enter 键，效果如图 5-171 所示。

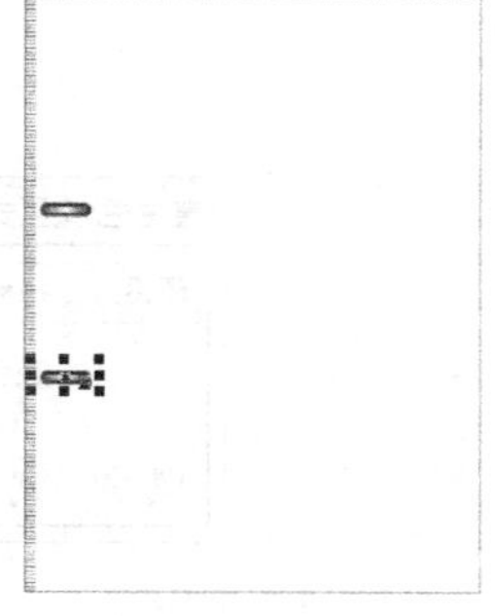

图 5-169

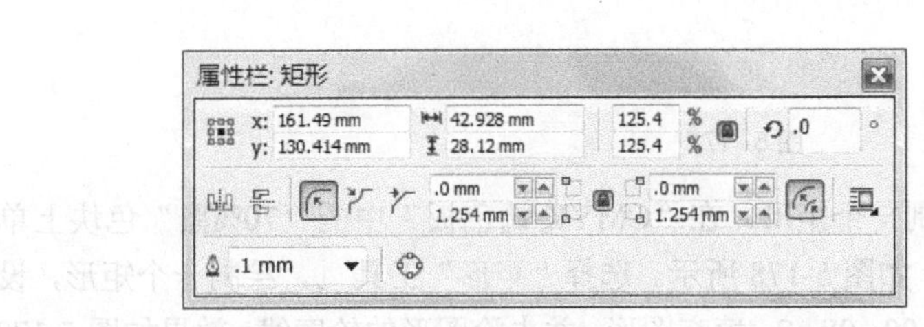

图 5-170

图 5-171

步骤 11 选择“矩形”工具□，绘制一个矩形，在“CMYK 调色板”中的“70%黑”色块上单击鼠标右键，填充图形轮廓线，效果如图 5-172 所示。选择“矩形”工具□，绘制一个矩形，设置图形颜色的 CMYK 值为 35、100、98、2，填充图形，并去除图形的轮廓线，效果如图 5-173 所示。再次绘制一个矩形，设置图形颜色的 CMYK 值为 0、20、60、20，填充图形，并去除图形的轮廓线，效果如图 5-174 所示。

步骤 12 选择“文本”工具字，输入需要的文字。选择“选择”工具，在属性栏中选择合适的字体并设置文字大小，效果如图 5-175 所示。

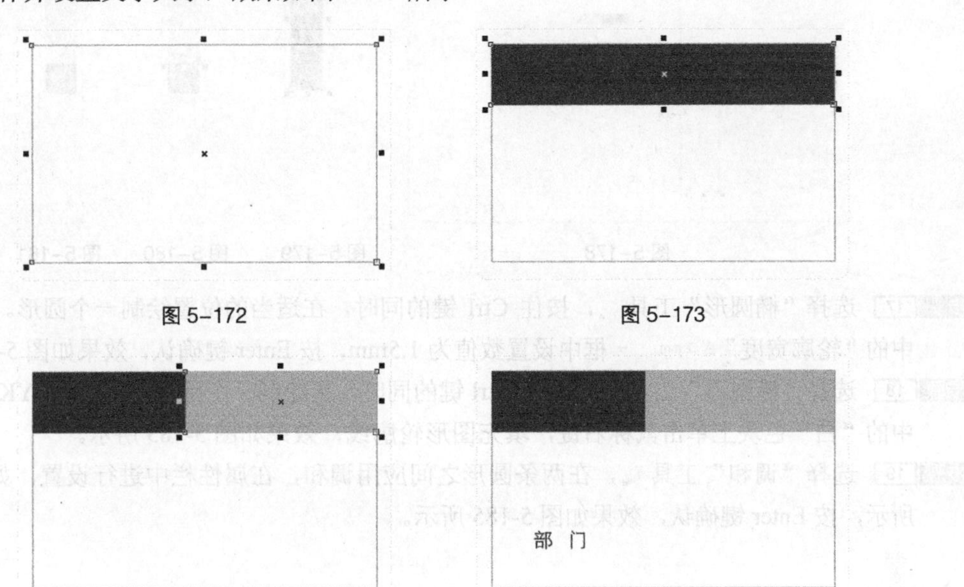

图 5-172　图 5-173

图 5-174　图 5-175

步骤 13 选择“两点线”工具，按住 Shift 键的同时绘制一条直线，设置轮廓宽度为 0.1mm，如图 5-176 所示。

步骤 14 选择“文本”工具字，输入需要的文字。选择“选择”工具，在属性栏中选择合适的字体并设置文字大小，效果如图 5-177 所示。

图 5-176

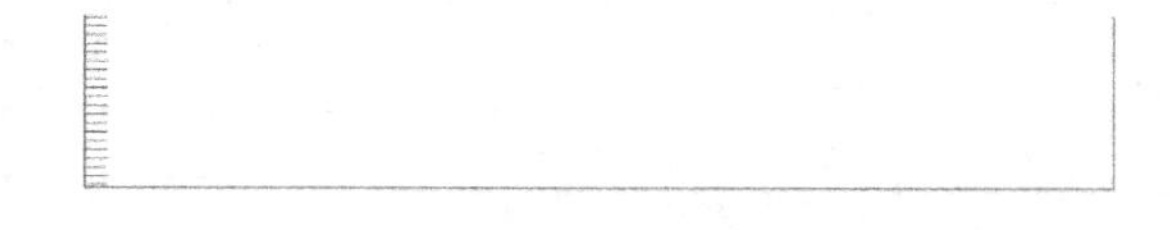

图 5-177

步骤 15 选择"矩形"工具，绘制一个矩形，在"CMYK 调色板"中的"70%黑"色块上单击鼠标右键，填充图形轮廓线，如图 5-178 所示。选择"矩形"工具，绘制一个矩形，设置图形颜色的 CMYK 值为 35、100、98、2，填充图形，并去除图形的轮廓线，效果如图 5-179 所示。再次绘制一个矩形，设置图形颜色的 CMYK 值为 0、20、60、20，填充图形，并去除图形的轮廓线，效果如图 5-180 所示。

步骤 16 选择"文件 > 打开"命令，弹出"打开绘图"对话框，选择光盘中的"Ch05 > 素材 > 伯仑酒店 VI 设计 > 01"文件。选择"选择"工具，将标志图形拖曳到适当的位置，并调整其大小，如图 5-181 所示。

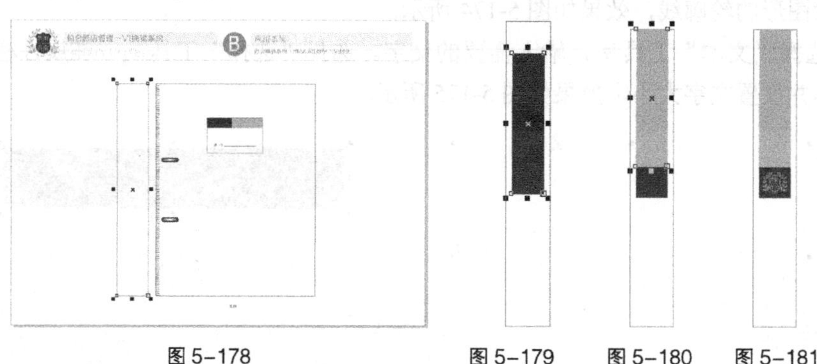

图 5-178　图 5-179　图 5-180　图 5-181

步骤 17 选择"椭圆形"工具，按住 Ctrl 键的同时，在适当的位置绘制一个圆形。在属性栏中的"轮廓宽度" .2 mm 框中设置数值为 1.5mm，按 Enter 键确认，效果如图 5-182 所示。

步骤 18 选择"椭圆形"工具，按住 Ctrl 键的同时，再绘制一个圆形。在"CMYK 调色板"中的"白"色块上单击鼠标右键，填充图形轮廓线，效果如图 5-183 所示。

步骤 19 选择"调和"工具，在两条圆形之间应用调和，在属性栏中进行设置，如图 5-184 所示，按 Enter 键确认，效果如图 5-185 所示。

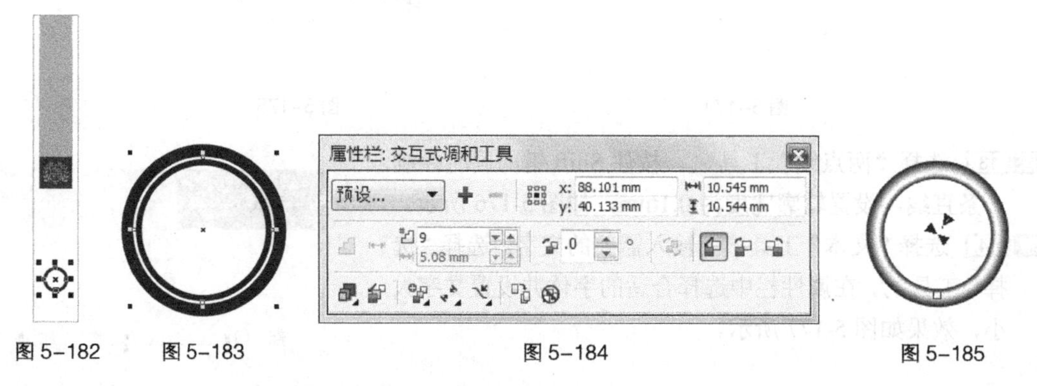

图 5-182　图 5-183　图 5-184　图 5-185

步骤 20 选择"文本"工具，输入需要的文字。选择"选择"工具，在属性栏中选择合适的字体并设置文字大小，效果如图 5-186 所示。

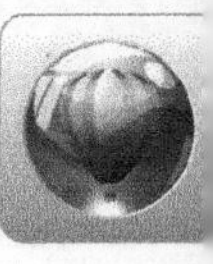

步骤 21 选择"文本"工具字，在页面右上方输入需要的文字。选择"选择"工具，在属性栏中选择合适的字体并设置文字大小，设置文字颜色的CMYK值为0、20、40、40，填充文字，效果如图5-187所示。公司文件夹制作完成。

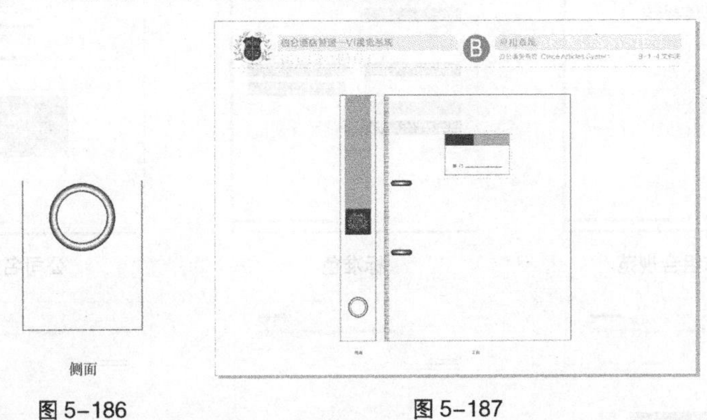

侧面

图5-186　　图5-187

5.2 龙祥科技发展有限公司 VI 设计

5.2.1 【案例分析】

本案例是为龙祥科技发展有限公司设计的 VI 系统，包括模板、标志制图、标志组合规范、标准色、公司名片、信封、纸杯和文件夹。在设计上要求能将企业文化与经营理念统一设计，利用整体表达体系传达给企业内部与公众，使其对企业产生一致的认同感，以形成良好的企业印象，从而促进企业产品和服务的销售。

5.2.2 【设计理念】

在设计制作过程中，通过A、B模板来区分VI系统的基础和应用部分；将标志制图、标志组合规范和标准色设计在表示基础部分的A模板中，使企业的标志、组合规范和颜色运用统一起来，以便在企业进行相关应用时更加规范；将公司名片、信封、纸杯和文件夹设计在表示应用部分的B模板中，使企业的整体表达和视觉传播更加充分，达到品牌宣传的效果。（最终效果参看光盘中的"Ch05 > 效果 > 龙祥科技发展有限公司 VI 设计"，见图5-188。）

模板 A

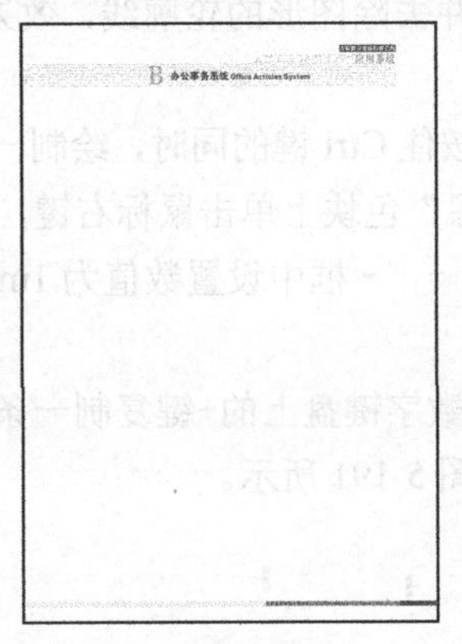

模板 B

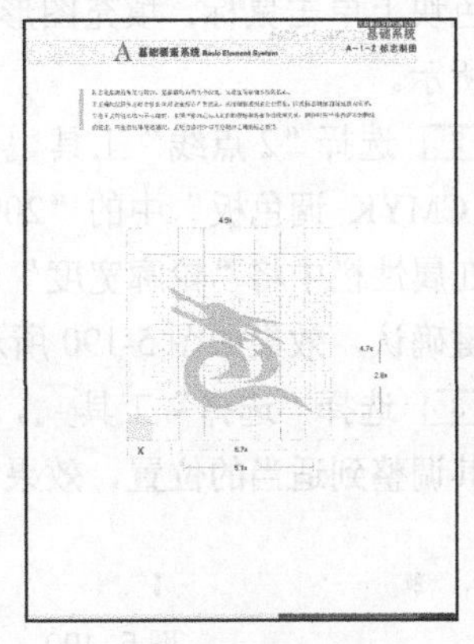

标志制图

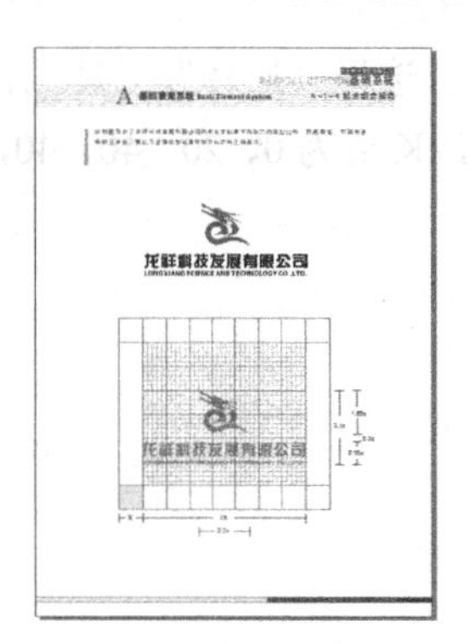

标志组合规范

标准色

公司名片

信封

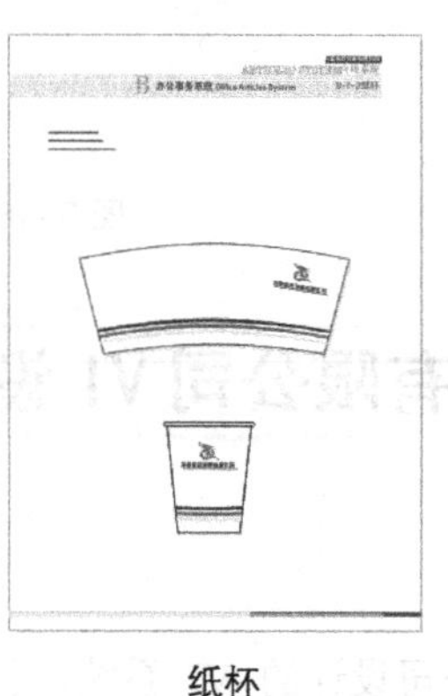

纸杯

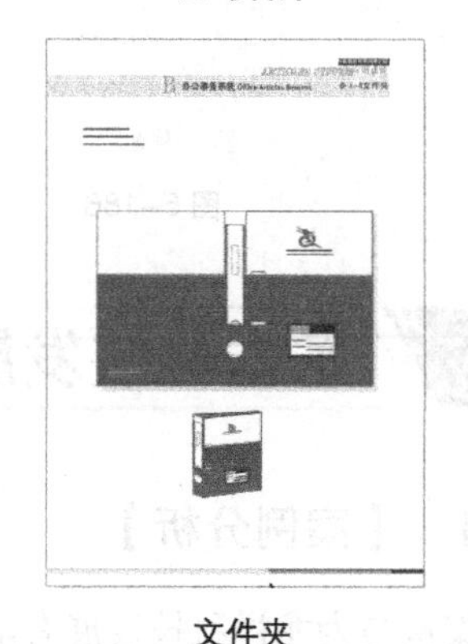

文件夹

图 5-188

5.2.3 【操作步骤】

CorelDRAW 应用

1. 制作模板 A

步骤 1 按 Ctrl+N 组合键，新建一个 A4 页面。双击“矩形”工具，绘制一个与页面大小相等的矩形。在“CMYK 调色板”中的“白”色块上单击鼠标，填充图形，并去除图形的轮廓线，效果如图 5-189 所示。

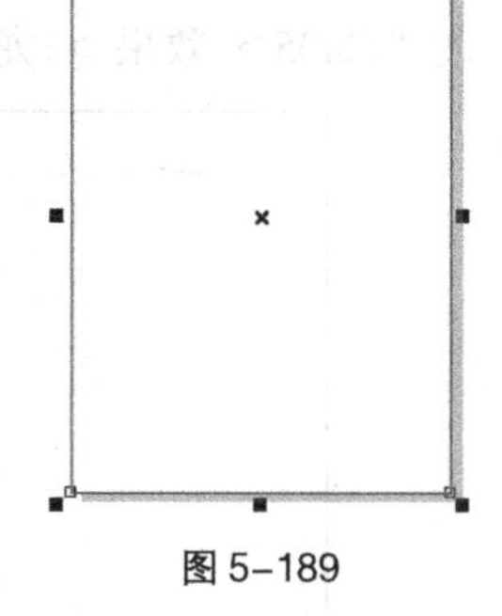

图 5-189

步骤 2 选择“2 点线”工具，按住 Ctrl 键的同时，绘制一条直线，在“CMYK 调色板”中的“20%黑”色块上单击鼠标右键，填充直线。在属性栏中将“轮廓宽度” .2 mm 框中设置数值为 1mm，按 Enter 键确认，效果如图 5-190 所示。

步骤 3 选择“选择”工具，按数字键盘上的+键复制一条直线，并将其调整到适当的位置，效果如图 5-191 所示。

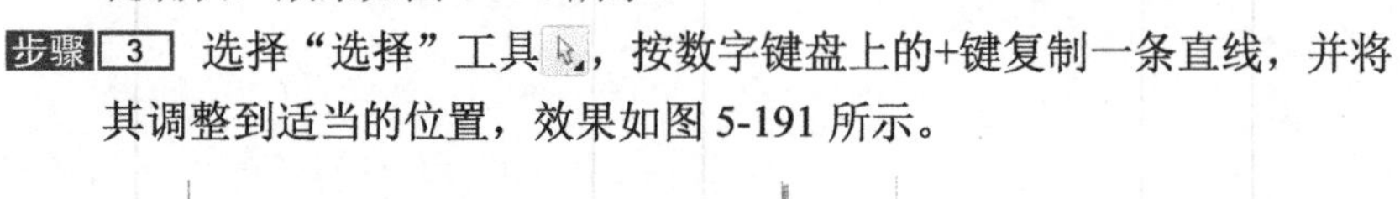

图 5-190　　图 5-191

步骤 4 选择“选择”工具，按住 Shift 键的同时，单击两条直线，将其同时选取，按 Ctrl+G 组合键将其群组。按住 Ctrl 键的同时，水平向下拖曳群组直线，并在适当的位置单击鼠标右键，复制直线，如图 5-192 所示。按住 Ctrl 键，再连续点按 D 键，按需要复制出多条直线，效果如图 5-193 所示。

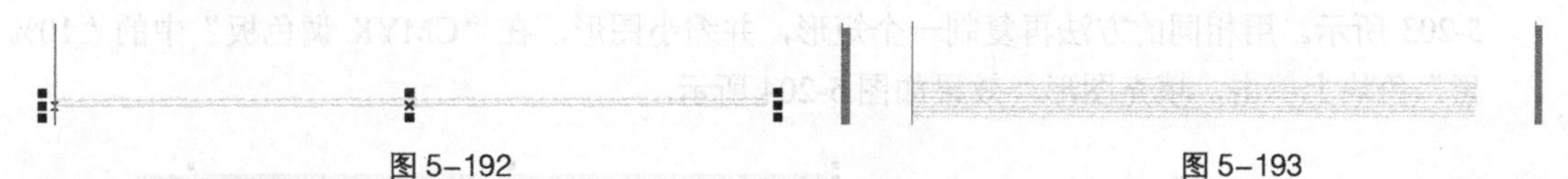

图 5-192　　图 5-193

步骤 5 选择“文本”工具，在页面中输入需要的文字。选择“选择”工具，在属性栏中选择合适的字体并设置文字大小，效果如图 5-194 所示。选择“文本”工具，选取所需要的文字，如图 5-195 所示，设置填充色为无，在“CMYK 调色板”中的“30%黑”色块上单击鼠标右键，填充文字的轮廓线，效果如图 5-196 所示。

步骤 6 选择“文本”工具，再次选取文字“基础系统”，在“CMYK 调色板”中的“青”色块上单击鼠标，填充文字，效果如图 5-197 所示。

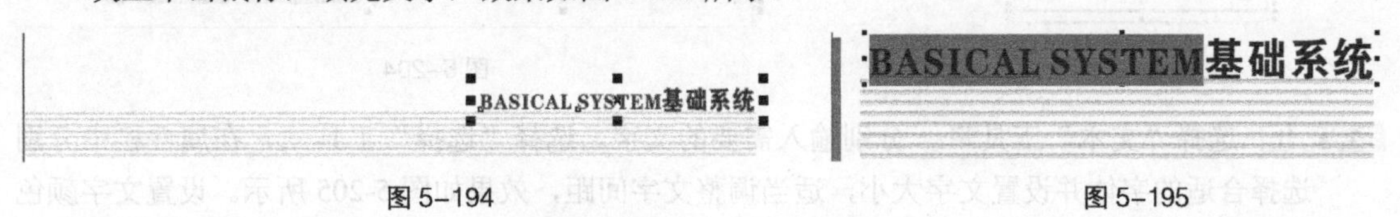

图 5-194　　图 5-195

图 5-196 　　图 5-197

步骤 7 选择“矩形”工具，绘制一个矩形，设置图形填充颜色的 CMYK 值为 95、67、21、9，填充图形，并去除图形的轮廓线，效果如图 5-198 所示。选择“文本”工具，输入需要的文字。选择“选择”工具，在属性栏中选择合适的字体并设置文字大小，填充文字为白色，效果如图 5-199 所示。

图 5-198　　图 5-199

步骤 8 选择“文本”工具，输入需要的文字。选择“选择”工具，在属性栏中选择合适的字体并设置文字大小。在“CMYK 调色板”中的“青”色块上单击，填充文字，效果如图 5-200 所示。选择“文本”工具，输入所需要的文字。选择“选择”工具，在属性栏中选择合适的字体并设置文字大小。设置文字颜色的 CMYK 值为 100、70、40、0，并填充文字，效果如图 5-201 所示。

图 5-200 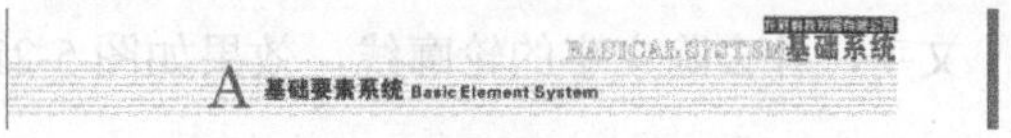　　图 5-201

步骤 9 选择“矩形”工具□，绘制一个矩形，设置图形填充颜色的 CMYK 值为 100、70、40、0，填充图形，并去除图形的轮廓线，效果如图 5-202 所示。

步骤 10 选择“选择”工具，按数字键盘上的+键复制一个图形，向内拖曳图形右边中间的控制手柄，缩小图形，在“CMYK 调色板”中的“青”色块上单击鼠标，填充图形，效果如图 5-203 所示。用相同的方法再复制一个矩形，并缩小图形，在“CMYK 调色板”中的“10%黑”色块上单击，填充图形，效果如图 5-204 所示。

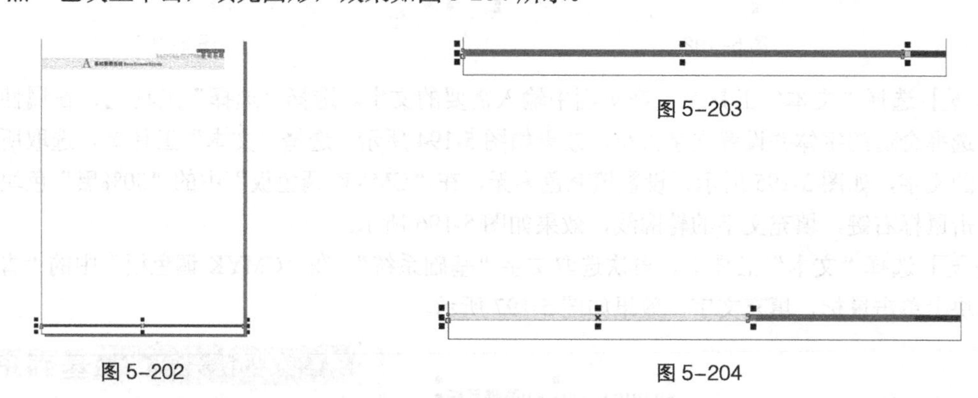

图 5-202　图 5-203　图 5-204

步骤 11 选择“文本”工具字，分别输入需要的文字。选择“选择”工具，在属性栏中分别选择合适的字体并设置文字大小，适当调整文字间距，效果如图 5-205 所示。设置文字颜色的 CMYK 值为 100、70、40、0，填充文字，效果如图 5-206 所示。模板 A 制作完成，效果如图 5-207 所示。模板 A 部分表示 VI 手册中的基础部分。

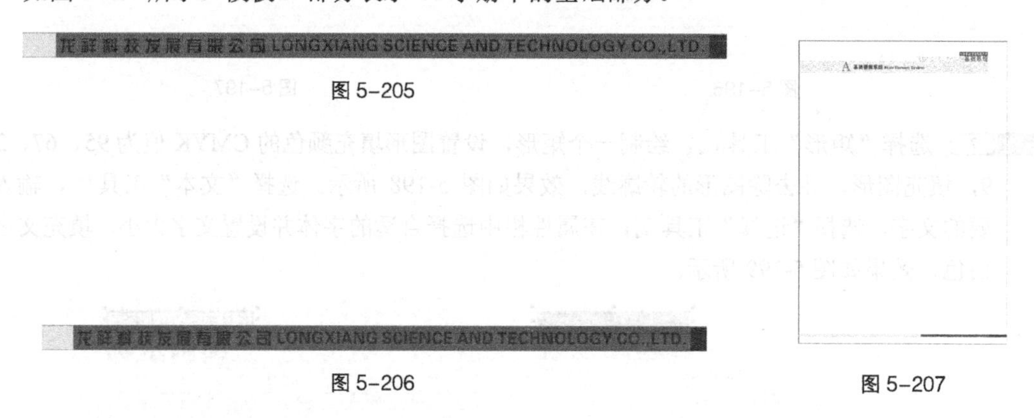

图 5-205　图 5-206　图 5-207

2. 制作模板 B

步骤 1 选择“文件 > 打开”命令，弹出“打开绘图”对话框。选择光盘中的“Ch05 > 效果 > 龙祥科技发展有限公司 VI 设计 > 模板 A”文件，单击“打开”按钮，打开文件，如图 5-208 所示。

步骤 2 选择“文本”工具字，选取需要更改的文字，如图 5-209 所示。输入新的文字，效果如图 5-210 所示。选取文字“应用系统”，设置文字颜色的 CMYK 值为 0、45、100、0，填充文字，并去除文字的轮廓线，效果如图 5-211 所示。

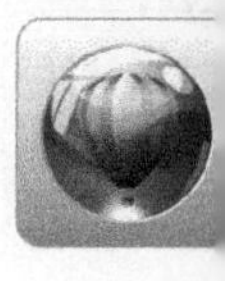

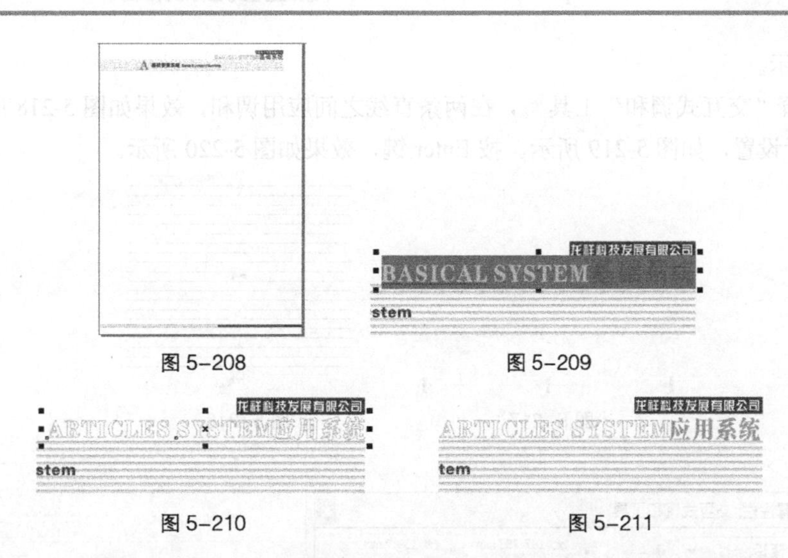

图 5-208　图 5-209

图 5-210　图 5-211

步骤 3 用上述方法修改其他文字，并将文字拖曳到适当的位置，如图 5-212 所示。选择“选择”工具，单击选取需要的矩形，设置矩形颜色的 CMYK 值为 0、100、100、33，填充图形，效果如图 5-213 所示。分别选取页面下方的矩形，并填充适当的颜色，如图 5-214 所示。

图 5-212　图 5-213

图 5-214

步骤 4 选择“选择”工具，选择矩形上的文字，设置文字颜色的 CMYK 值为 30、100、100、0，填充文字，如图 5-215 所示。模板 B 制作完成，效果如图 5-216 所示。模板 B 部分表示 VI 手册中的应用部分。

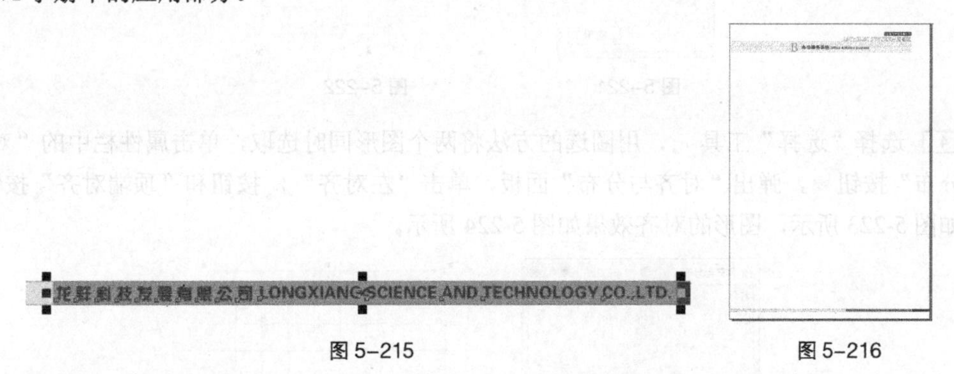

图 5-215　图 5-216

3. 标志制图

步骤 1 按 Ctrl+N 组合键，新建一个 A4 页面。选择“2 点线”工具，按住 Ctrl 键的同时，绘制一条直线，在“CMYK 调色板”中的“80%黑”色块上单击鼠标右键，填充直线。按住 Ctrl 键的同时，垂直向下拖曳直线，并在适当的位置上单击鼠标右键，复制直线，效果如图

5-217 所示。

步骤 2 选择“交互式调和”工具，在两条直线之间应用调和，效果如图 5-218 所示。在属性栏中进行设置，如图 5-219 所示。按 Enter 键，效果如图 5-220 所示。

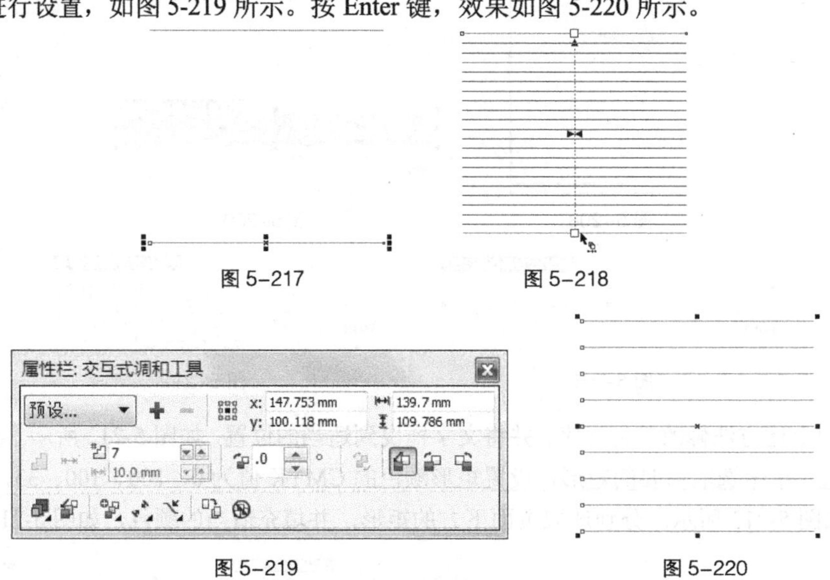

图 5-217　　图 5-218

图 5-219　　图 5-220

步骤 3 选择“选择”工具，选择“排列 > 变换 > 旋转”命令，弹出“变换”面板，选项的设置如图 5-221 所示。单击“应用”按钮，效果如图 5-222 所示。

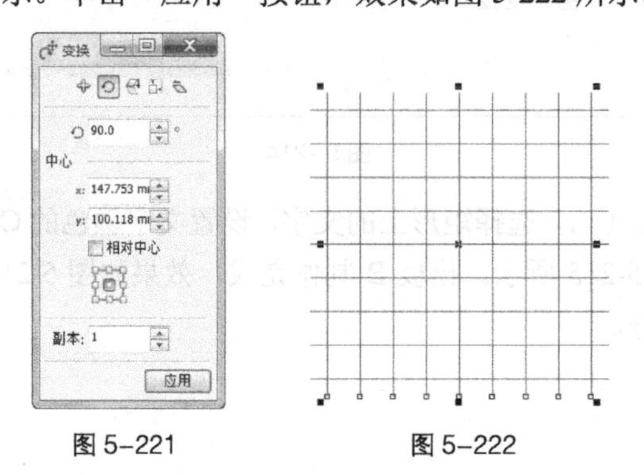

图 5-221　　图 5-222

步骤 4 选择“选择”工具，用圈选的方法将两个图形同时选取，单击属性栏中的“对齐和分布”按钮，弹出“对齐与分布”面板，单击“左对齐”按钮和“顶端对齐”按钮，如图 5-223 所示，图形的对齐效果如图 5-224 所示。

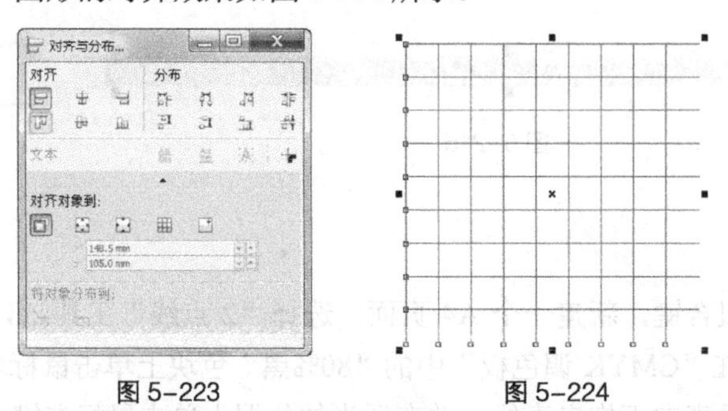

图 5-223　　图 5-224

步骤 5 选择“选择”工具，分别调整两组调和图形的长度到适当的位置，效果如图 5-225

所示。单击选取其中一组调和图形，按 Ctrl+K 组合键将图形进行拆分，再按 Ctrl+U 组合键取消图形的组合。用相同的方法，选取另一组调和图形，拆分并解组图形。

步骤 6 选择“选择”工具，按住 Shift 键的同时，单击垂直方向右侧的两条直线，将其同时选取，如图 5-226 所示。按住 Ctrl 键的同时，水平向右拖曳直线，并在适当的位置上单击鼠标右键，复制直线，效果如图 5-227 所示。

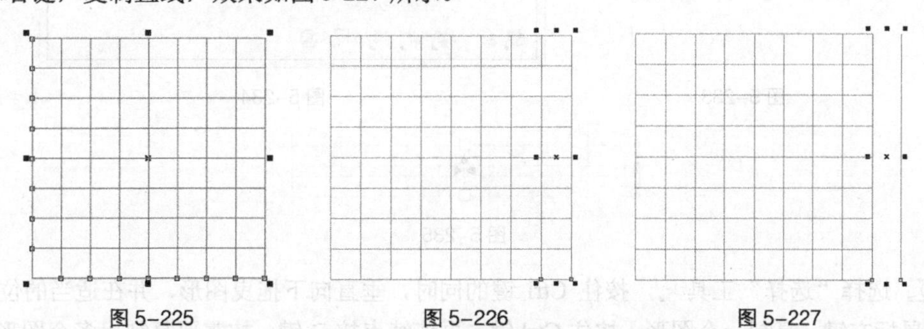

图 5-225　图 5-226　图 5-227

步骤 7 选择“选择”工具，选取复制出的一条直线，如图 5-228 所示，按 Delete 键将其删除。按住 Shift 键的同时，依次单击水平方向需要的几条直线，将其同时选取，如图 5-29 所示。向右拖曳直线左侧中间的控制手柄到适当的位置，调整直线的长度，效果如图 5-230 所示。

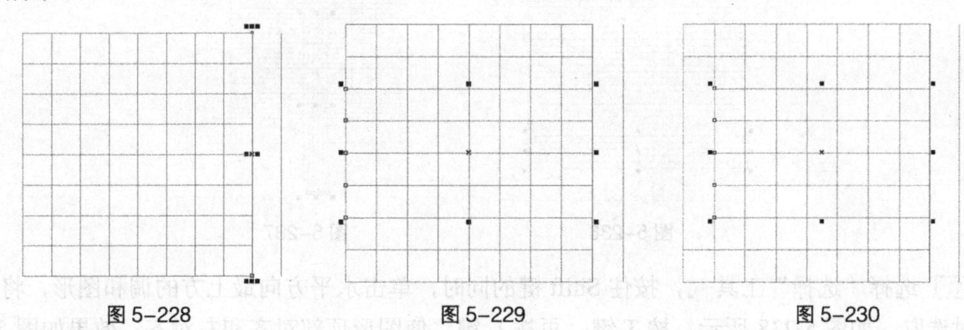

图 5-228　图 5-229　图 5-230

步骤 8 选择“选择”工具，按住 Shift 键的同时，单击水平方向需要的几条直线，将其同时选取，如图 5-231 所示。向右拖曳直线右侧中间的控制手柄到适当的位置，调整直线的长度，如图 5-232 所示。

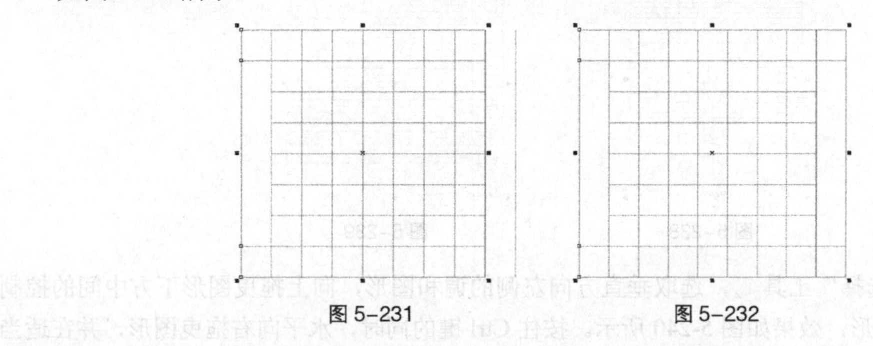

图 5-231　图 5-232

步骤 9 选择“选择”工具，用圈选的方法，将两条直线同时选取，如图 5-233 所示。选择“交互式调和”工具，在两条直线之间应用调和，在属性栏中进行设置，如图 5-234 所示，按 Enter 键，效果如图 5-235 所示。

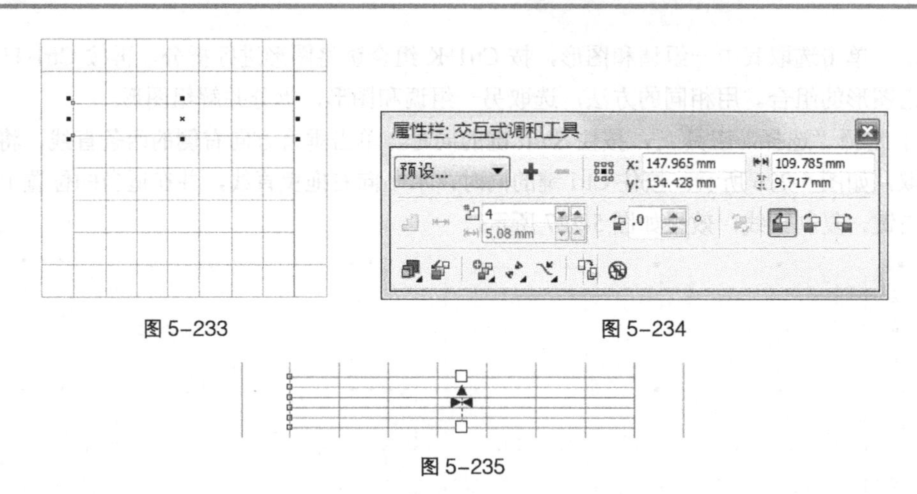

图 5-233　　图 5-234

图 5-235

步骤 10 选择“选择”工具，按住 Ctrl 键的同时，垂直向下拖曳图形，并在适当的位置上单击鼠标右键，复制一个图形。按住 Ctrl 键，再连续点按 D 键，按需要复制出多个图形，效果如图 5-236 所示。在属性栏中将“旋转角度”选项设为 90°，按 Enter 键确认，效果如图 5-237 所示。

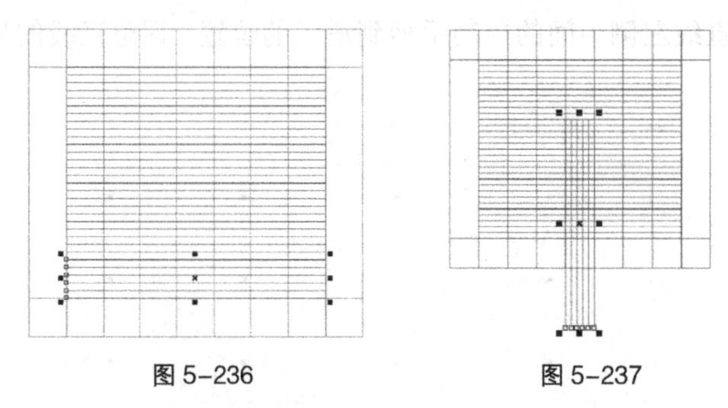

图 5-236　　图 5-237

步骤 11 选择“选择”工具，按住 Shift 键的同时，单击水平方向最上方的调和图形，将其同时选取，如图 5-238 所示。按 T 键，再按 L 键，使图形顶部对齐和左对齐，效果如图 5-239 所示。

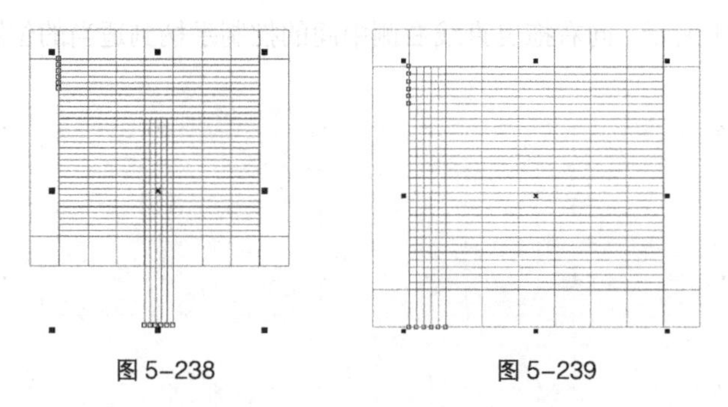

图 5-238　　图 5-239

步骤 12 选择“选择”工具，选取垂直方向左侧的调和图形，向上拖曳图形下方中间的控制手柄，缩小图形，效果如图 5-240 所示。按住 Ctrl 键的同时，水平向右拖曳图形，并在适当的位置单击鼠标右键，复制一个图形。按住 Ctrl 键，再连续点按 D 键，按需要复制出多个图形，效果如图 5-241 所示。

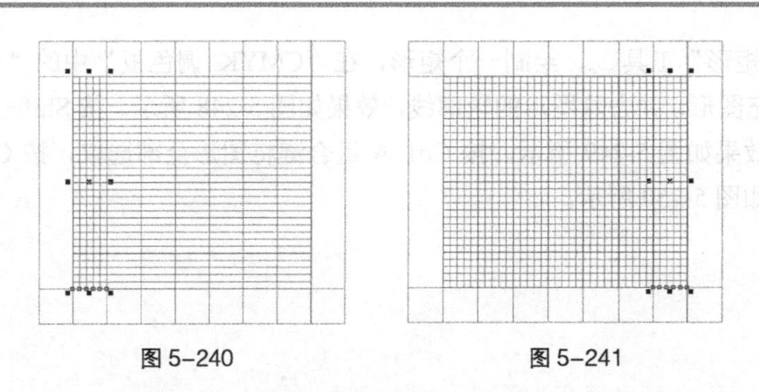

图 5-240　　图 5-241

步骤 13 选择“选择”工具，分别选取图形，按 Ctrl+K 组合键将图形拆分，再按 Ctrl+U 组合键将图形解组。在制作网格过程中，部分直线有重叠现象，分别选取水平方向重叠的直线，按 Delete 键将其删除，效果如图 5-242 所示。

步骤 14 选择“选择”工具，选取垂直方向的一条直线，如图 5-243 所示，按 Shift+PageDown 组合键将其置后。再次选取需要的直线，如图 5-244 所示，按 Delete 键删除直线。用相同的方法，分别选取垂直方向重叠的直线并将其删除，效果如图 5-245 所示。

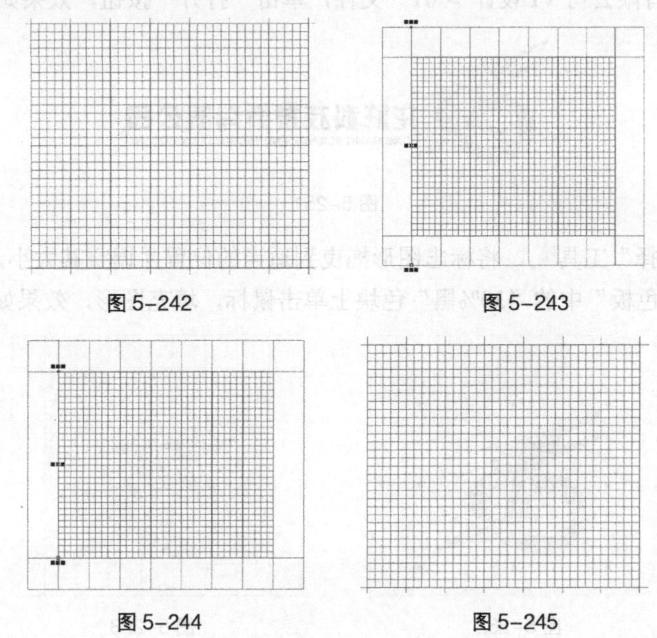

图 5-242　　图 5-243

图 5-244　　图 5-245

步骤 15 选择“选择”工具，用圈选的方法将直线同时选取，如图 5-246 所示。在“CMYK 调色板”中的“30%黑”色块上单击鼠标右键，填充直线，按 Esc 键取消选取状态，如图 5-247 所示。

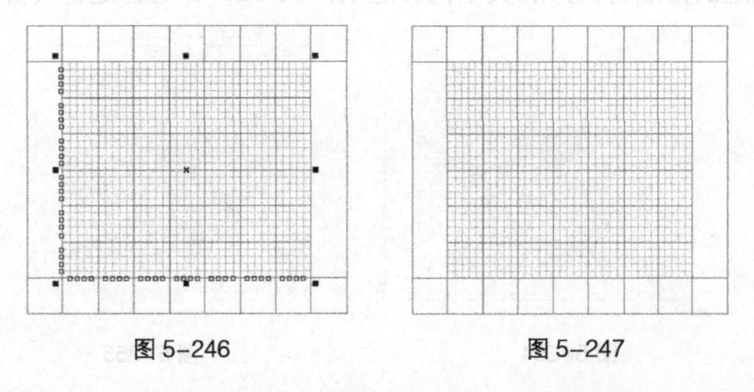

图 5-246　　图 5-247

步骤 16 选择“矩形”工具，绘制一个矩形，在“CMYK 调色板”中的“10%黑”色块上单击鼠标，填充图形，并去除图形的轮廓线，效果如图 5-248 所示。按 Shift+PageDown 组合键将其置后，效果如图 5-249 所示。按 Ctrl+A 组合键将图形全部选取，按 Ctrl+G 组合键将其群组，效果如图 5-250 所示。

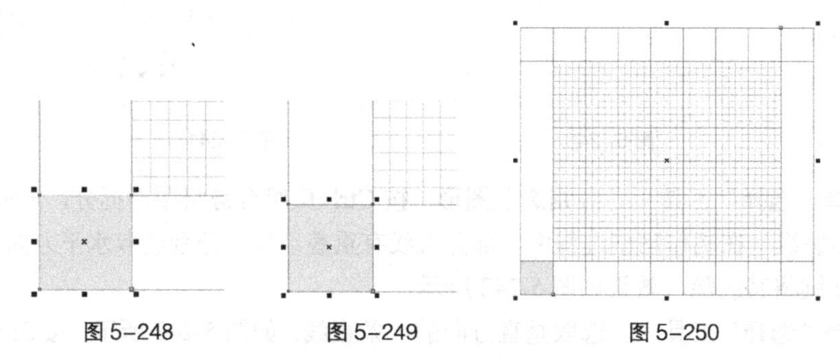

图 5-248　　图 5-249　　图 5-250

步骤 17 选择“文件 > 打开”命令，弹出“打开绘图”对话框。选择光盘中的“Ch05 > 素材 > 龙祥科技发展有限公司 VI 设计 > 01”文件，单击“打开”按钮，效果如图 5-251 所示。

图 5-251

步骤 18 选择“选择”工具，将标志图形拖曳到适当的位置并调整其大小，如图 5-252 所示。在“CMYK 调色板”中的“30%黑”色块上单击鼠标，填充图形，效果如图 5-253 所示。

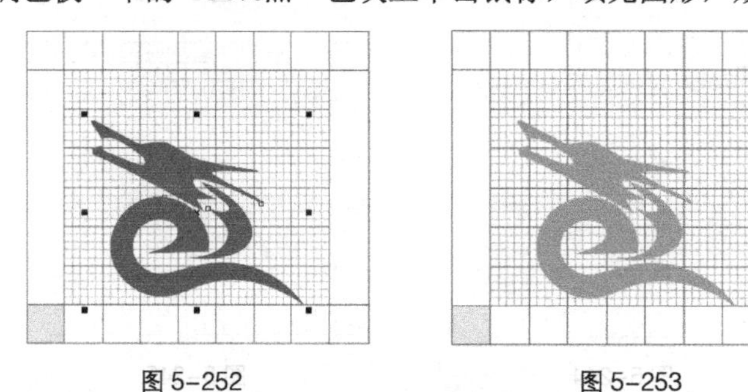

图 5-252　　图 5-253

步骤 19 选择“水平或垂直度量”工具，量出灰色矩形的边长数值，如图 5-254 所示。将该数值设为 X，再量出所需要标注的数值，算出比例进行标注，如图 5-255 所示。选择“选择”工具，用圈选的方法将图形和文字同时选取，按 Ctrl+G 组合键将其群组。

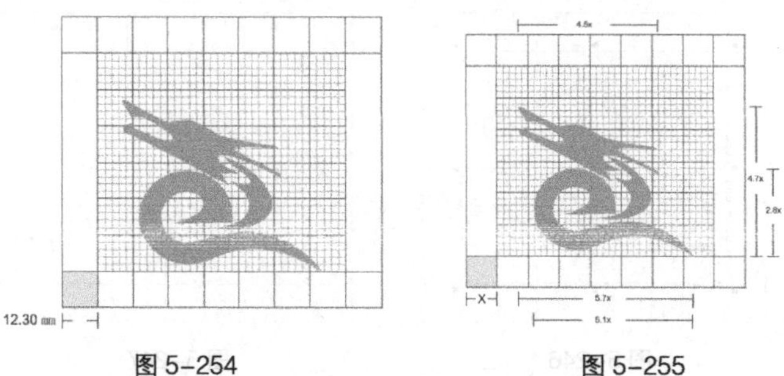

图 5-254　　图 5-255

步骤 20 选择“选择”工具，将群组图形粘贴到模板 A 中，将群组图形拖曳到适当的位置，并调整其大小，如图 5-256 所示。选择“文本”工具，输入需要的文字。选择“选择”工具，在属性栏中选择合适的字体并设置文字大小，效果如图 5-257 所示。

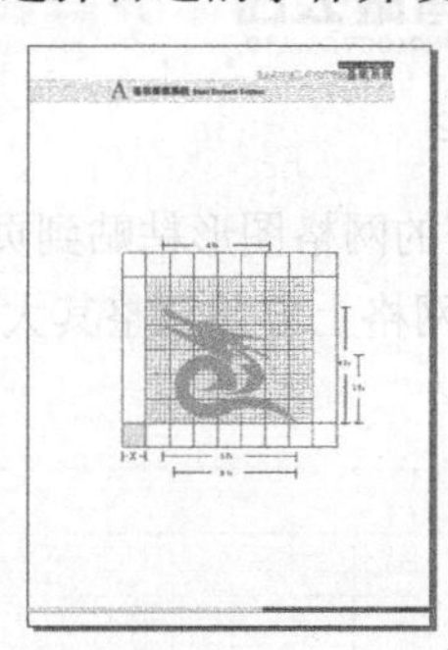

图 5-256

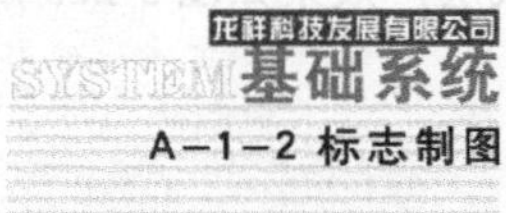

龙祥科技发展有限公司
SYSTEM基础系统
A-1-2 标志制图

图 5-257

步骤 21 选择“文本”工具，拖曳出一个文本框，在其中输入需要的文字。选择“选择”工具，在属性栏中选择合适的字体并设置文字大小。选择“形状”工具，适当调整文字的间距和行距，取消文字的选取状态，效果如图 5-258 所示。

标志是品牌的象征与精神，是品牌特点的集中表现，又是视觉识别系统的核心。
不正确地使用标志将会使公众对企业标志产生混乱，从而削弱或损害企业形象，因此标志制作的规范极为重要。
当电子文件输出成为不可能时，本图严格规定标志制作的规格和各部分的比例关系，制作时应严格按照本制图法
的规定，可根据具体使用情况，采用方格制图即可绘制出正确的标志图案。

图 5-258

步骤 22 选择“矩形”工具，在文字前方绘制一个矩形，在“CMYK 调色板”中的“30%黑”色块上单击鼠标，填充图形，并去除图形的轮廓线，效果如图 5-259 所示。标志制图制作完成，效果如图 5-260 所示。

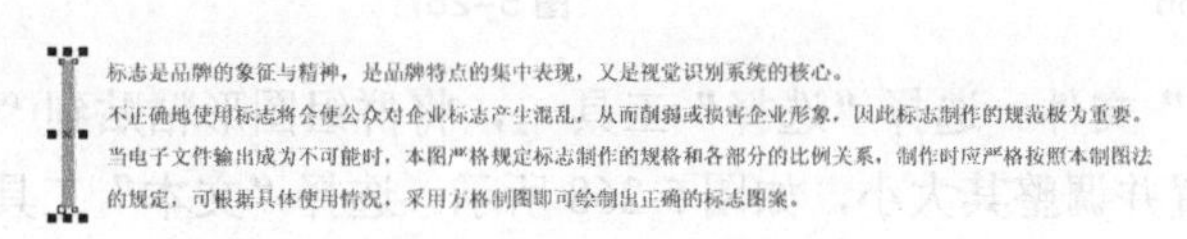

图 5-259

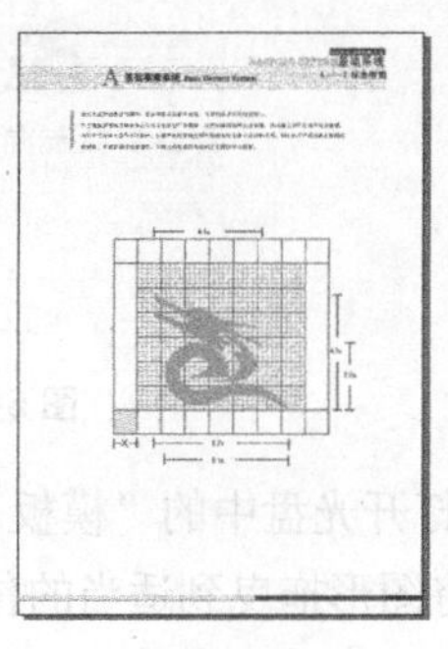

图 5-260

4. 标志组合规范

步骤 1 按 Ctrl+N 键，新建一个 A4 页面。选择“文件 > 打开”命令，弹出“打开绘图”对话框，选择光盘中的“Ch05 > 素材 >龙祥科技发展有限公司 VI 设计 > 01”文件，单击“打开”按钮。选择“选择”工具，将文字拖曳到标志图形的下方，如图 5-261 所示。

步骤 2 选择“选择”工具，用圈选的方法将标志和文字同时选取，按 Ctrl+G 键将其群组，如图 5-262 所示。按住 Alt 键的同时，拖曳鼠标到适当的位置，复制群组图形，设置填充颜色的 CMYK 值为 0、0、0、50，填充图形，效果如图 5-263 所示。

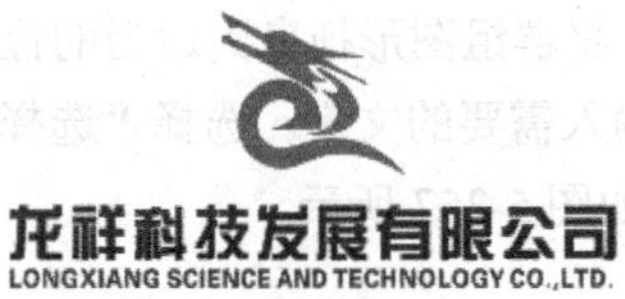

龙祥科技发展有限公司
LONGXIANG SCIENCE AND TECHNOLOGY CO.,LTD.

图 5-261

龙祥科技发展有限公司
LONGXIANG SCIENCE AND TECHNOLOGY CO.,LTD.

图 5-262

龙祥科技发展有限公司
LONGXIANG SCIENCE AND TECHNOLOGY CO.,LTD.

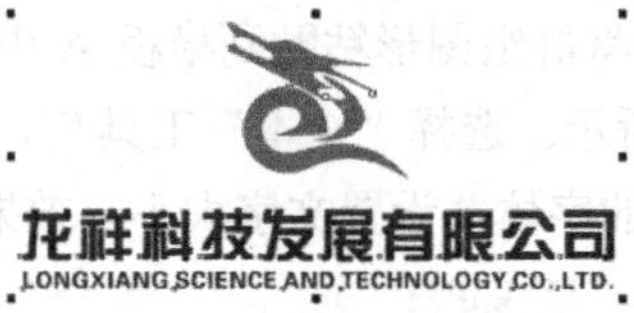

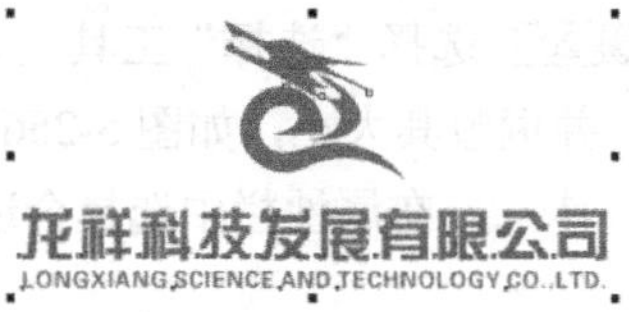

图 5-263

步骤 3 打开光盘中的“标志制图”文件，将绘制好的网格图形粘贴到页面中，如图 5-264 所示。选择“选择”工具，将复制出的标志拖曳到网格上方并调整其大小，按 Shift+PageDown 组合键，将其置于底层，效果如图 5-265 所示。

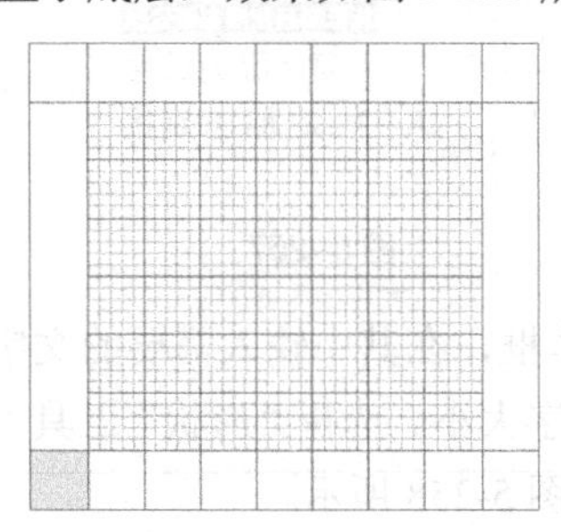

图 5-264

龙祥科技发展有限公司

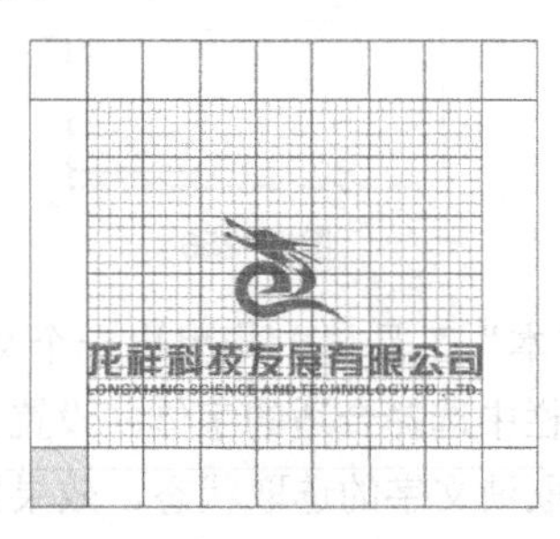

图 5-265

步骤 4 根据“标志制图”中所讲的标注方法，对图形进行标注，效果如图 5-266 所示。选择“选择”工具，用圈选的方法将图形和文字同时选取，按 Ctrl+G 组合键将其群组，效果如图 5-267 所示。

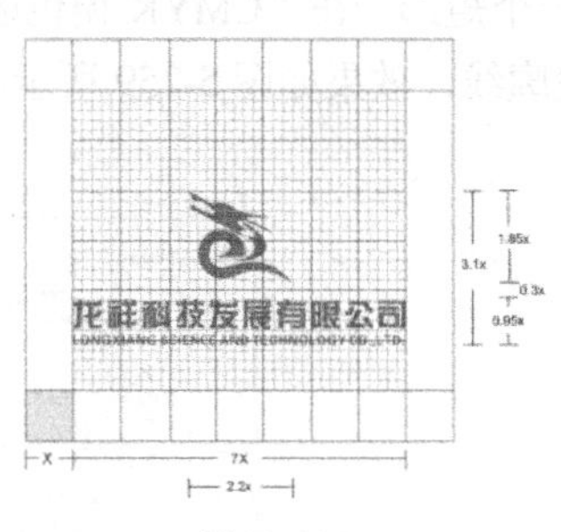

龙祥科技发展有限公司

图 5-266

龙祥科技发展有限公司

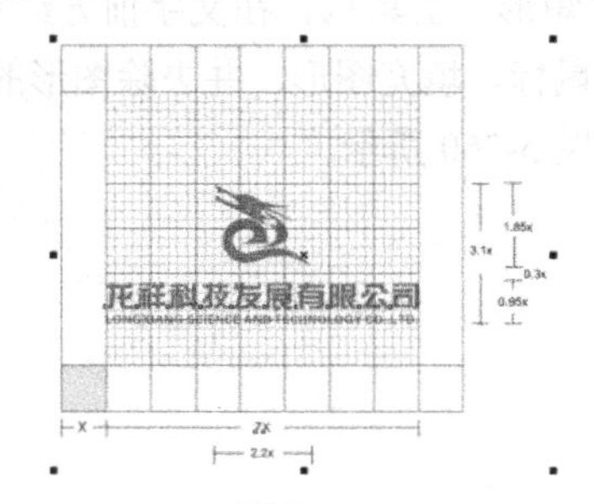

图 5-267

步骤 5 打开光盘中的“模板 A”文件。选择“选择”工具，将群组图形粘贴到“模板 A”中，将图形拖曳到适当的位置并调整其大小，如图 5-268 所示。选择“文本”工具，在页面右上方输入需要的文字。选择“选择”工具，在属性栏中选择合适的字体并设置文字大小，效果如图 5-269 所示。

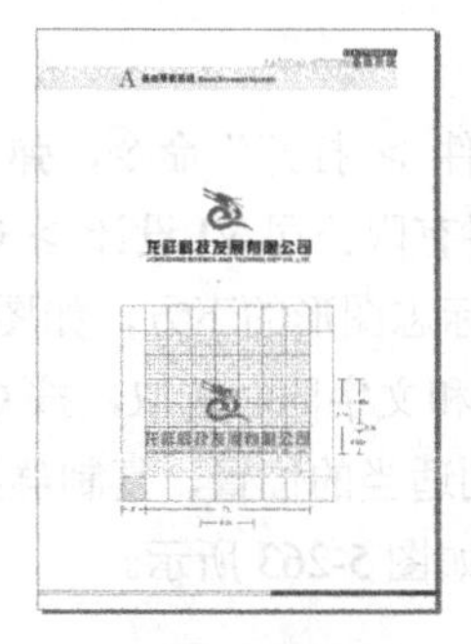

图 5-268

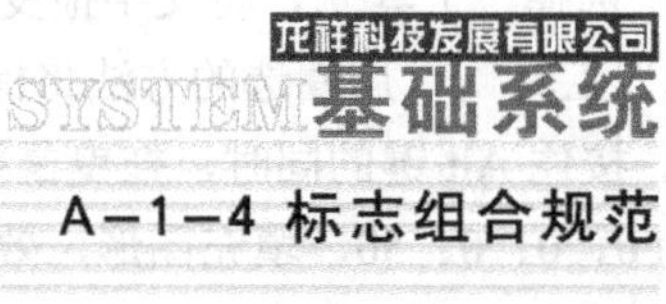

龙祥科技发展有限公司
SYSTEM基础系统
A-1-4 标志组合规范

图 5-269

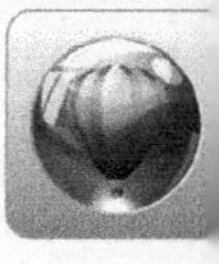

步骤 6 选择“文本”工具，拖曳出一个文本框，在其中输入需要的文字。选择“选择”工具，在属性栏中选择合适的字体并设置文字大小。选择“形状”工具，调整文字间距和行距，效果如图 5-270 所示。

此制图规范了龙祥科技发展有限公司的中英文标准字与标志的造型比例，笔画粗细，空间关系等相互关系，据此可正确绘制标准字体与标志的正确组合。

图 5-270

步骤 7 选择“矩形”工具，绘制一个矩形，在“CMYK 调色板”中的“30%黑”色块上单击鼠标，填充图形，并去除图形的轮廓线，效果如图 5-271 所示。

步骤 8 选择“文件 > 另存为”命令，弹出“保存绘图”对话框，将其命名为“标志组合规范”进行保存。标志组合规范制作完成，效果如图 5-272 所示。

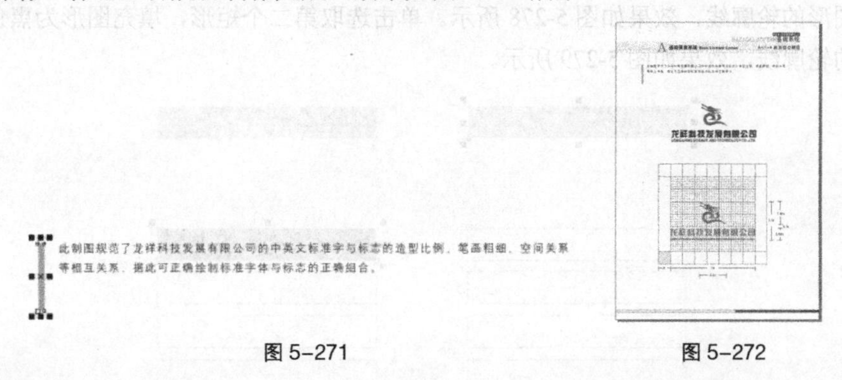

图 5-271　　图 5-272

5. 标准色

步骤 1 按 Ctrl+N 键，新建一个 A4 页面。选择“矩形”工具，在页面中绘制一个矩形，如图 5-273 所示。

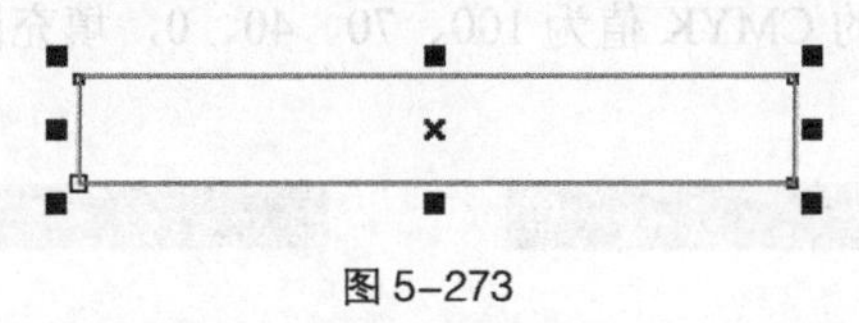

图 5-273

步骤 2 选择“选择”工具，按住 Shift 键，垂直向下拖曳图形，并在适当的位置单击鼠标右键，复制一个图形，效果如图 5-274 所示。按住 Ctrl 键，再连续点按两次 D 键，复制出两个图形，效果如图 5-275 所示。

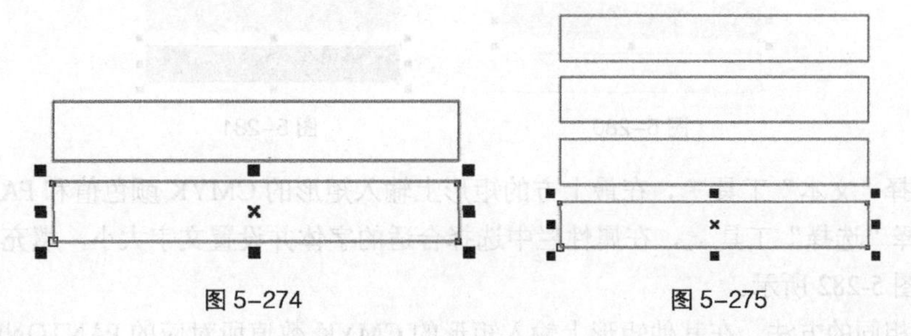

图 5-274　　图 5-275

步骤 3 选择“选择”工具，单击选取最上方的矩形，如图 5-276 所示。按住 Shift 键，垂直向上拖曳图形，并在适当的位置单击鼠标右键，复制图形，效果如图 5-277 所示。

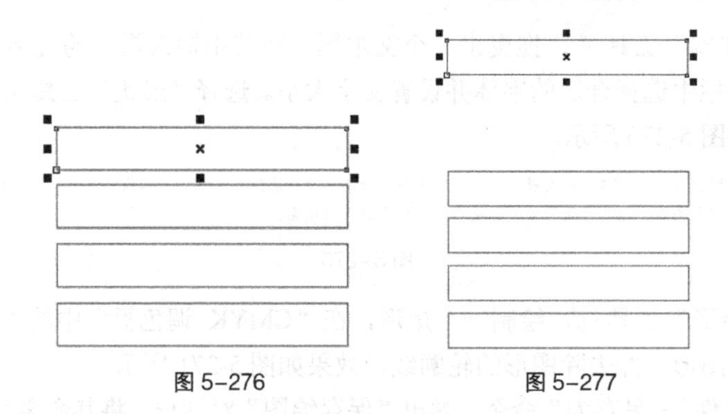

图 5-276　　图 5-277

步骤 4 选择“选择”工具，设置图形填充颜色的 CMYK 值为 100、0、0、0，填充图形，并去除图形的轮廓线，效果如图 5-278 所示。单击选取第二个矩形，填充图形为黑色，并去除图形的轮廓线，效果如图 5-279 所示。

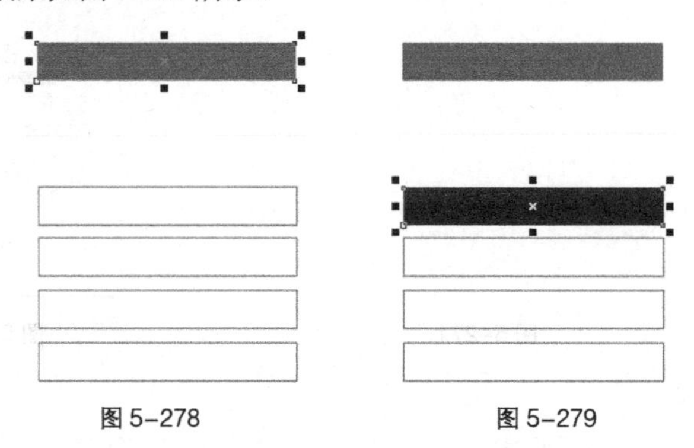

图 5-278　　图 5-279

步骤 5 选择“选择”工具，单击选取第四个矩形，设置图形填充颜色的 CMYK 值为 0、50、100、0，填充图形，并去除图形的轮廓线，效果如图 5-280 所示。再次单击选取最下方的矩形，设置图形填充颜色的 CMYK 值为 100、70、40、0，填充图形，并去除图形的轮廓线，效果如图 5-281 所示。

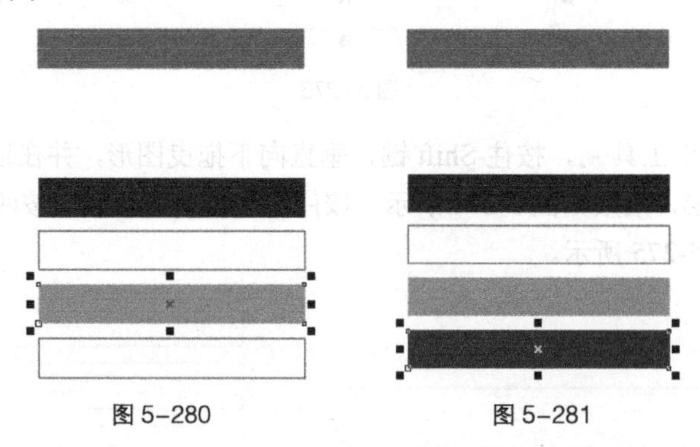

图 5-280　　图 5-281

步骤 6 选择“文本”工具，在最上方的矩形上输入矩形的 CMYK 颜色值和 PANTONE 颜色值。选择“选择”工具，在属性栏中选择合适的字体并设置文字大小，填充文字为白色，效果如图 5-282 所示。

步骤 7 用相同的方法，在其他矩形上输入矩形的 CMYK 数值所对应的 PANTONE 颜色数值，进行数值标注，效果如图 5-283 所示。选择“选择”工具，用圈选的方法将矩形和文字同时选取，按 Ctrl+G 键将其群组，如图 5-284 所示。用相同的方法，制作辅助色图形效果，将

其群组，如图 5-285 所示。

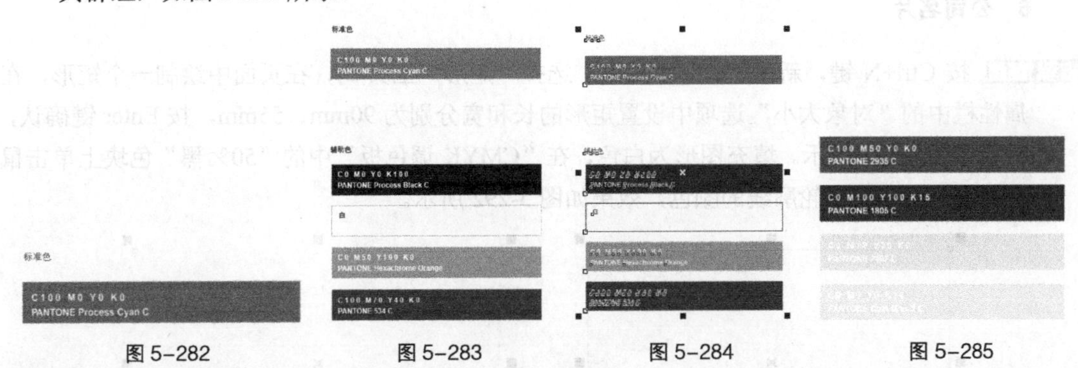

图 5-282　　图 5-283　　图 5-284　　图 5-285

步骤 8 打开光盘中的“模板 A”文件。选择“选择”工具，将群组图形分别粘贴到“模板 A”中，将图形拖曳到适当的位置并调整其大小，如图 5-286 所示。选择“文本”工具，在页面右上方输入需要的文字。选择“选择”工具，在属性栏中选择合适的字体并设置文字大小，效果如图 5-287 所示。

步骤 9 选择“文本”工具，拖曳出一个文本框，在其中输入需要的文字。选择“选择”工具，在属性栏中选择合适的字体并设置文字大小。选择“形状”工具，调整文字的间距和行距，效果如图 5-288 所示。

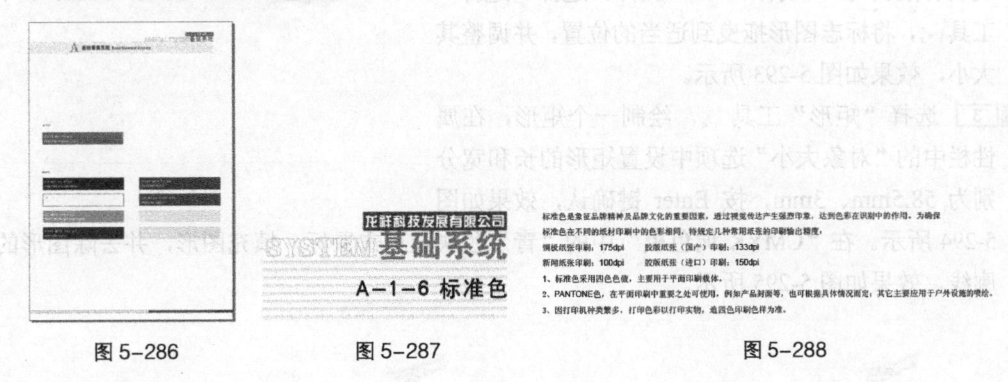

图 5-286　　图 5-287　　图 5-288

步骤 10 选择“矩形”工具，绘制一个矩形，在“CMYK 调色板”中的“30%黑”色块上单击鼠标，填充图形，并去除图形的轮廓线，效果如图 5-289 所示。标准色制作完成，效果如图 5-290 所示。

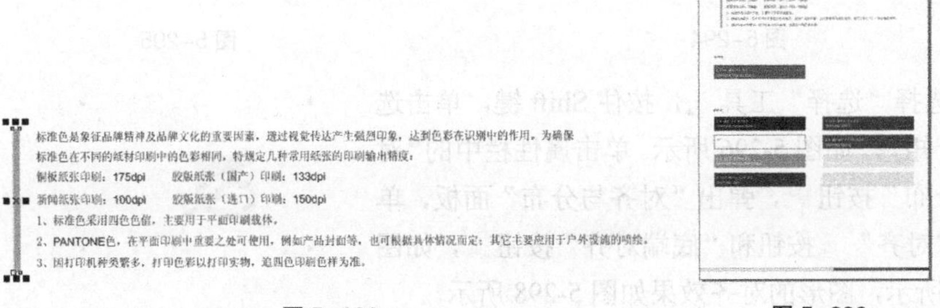

图 5-289　　图 5-290

6. 公司名片

步骤 1 按 Ctrl+N 键，新建一个 A4 页面。选择“矩形”工具，在页面中绘制一个矩形，在属性栏中的“对象大小”选项中设置矩形的长和宽分别为 90mm、55mm，按 Enter 键确认，效果如图 5-291 所示。填充图形为白色，在“CMYK 调色板”中的“50%黑”色块上单击鼠标右键，填充图形轮廓线的颜色，效果如图 5-292 所示。

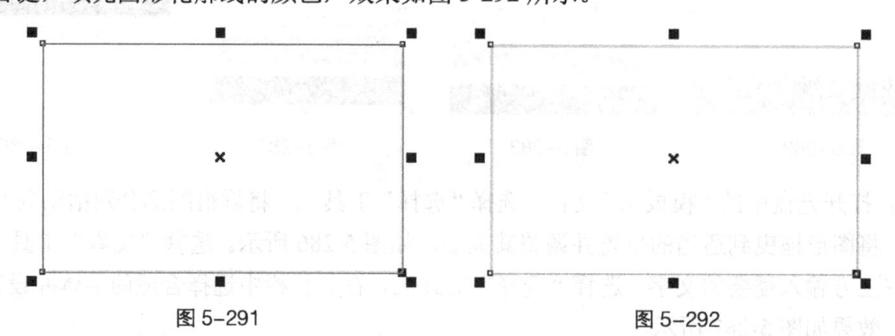

图 5-291　　图 5-292

步骤 2 选择“文件 > 打开”命令，弹出“打开绘图”对话框，选择光盘中的“Ch05 > 素材 >龙祥科技发展有限公司 VI 设计 >01”文件。选择“选择”工具，将标志图形拖曳到适当的位置，并调整其大小，效果如图 5-293 所示。

图 5-293

步骤 3 选择“矩形”工具，绘制一个矩形，在属性栏中的“对象大小”选项中设置矩形的长和宽分别为 58.5mm、3mm，按 Enter 键确认，效果如图 5-294 所示。在“CMYK 调色板”中的“青”色块上单击鼠标，填充图形，并去除图形的轮廓线，效果如图 5-295 所示。

图 5-294

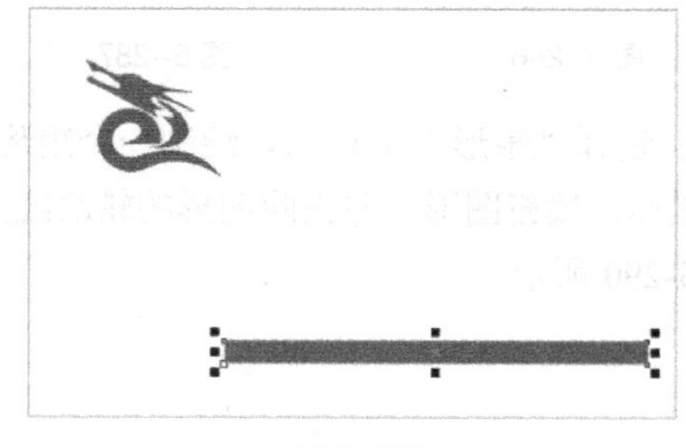

图 5-295

步骤 4 选择“选择”工具，按住 Shift 键，单击选取两个矩形，如图 5-296 所示。单击属性栏中的“对齐和分布”按钮，弹出“对齐与分布”面板，单击“右对齐”按钮和“底端对齐”按钮，如图 5-297 所示，图形的对齐效果如图 5-298 所示。

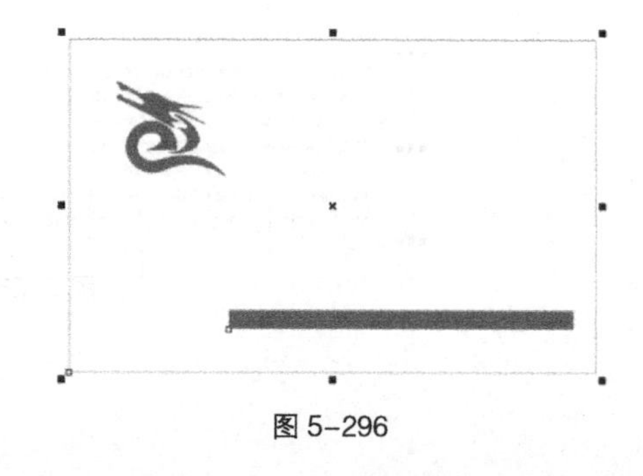

图 5-296

图 5-297

图 5-298

步骤 5 选择“选择”工具，拖曳出一条垂直参考线，如图 5-299 所示。选择“文本”工具，输入姓名和职务名称。选择“选择”工具，在属性栏中选择合适的字体并设置文字大小，效果如图 5-300 所示。

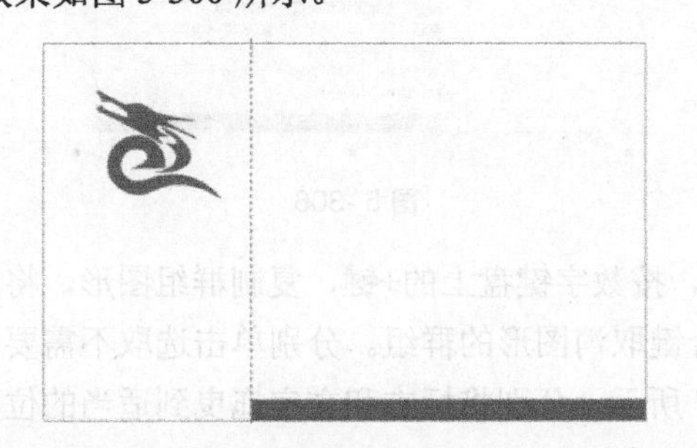

图 5-299

图 5-300

步骤 6 选择“选择”工具，选取空白处的标志文字，将文字拖曳到适当的位置，与参考线对齐，如图 5-301 所示。选择“文本”工具，拖曳出一个文本框，在标志文字的下方输入地址和联系方式。选择“选择”工具，在属性栏中选择合适的字体并设置文字大小，效果如图 5-302 所示。

图 5-301

图 5-302

步骤 7 选择“选择”工具，选取参考线，按 Delete 键将其删除，如图 5-303 所示。选择“选择”工具，选取白色矩形，按数字键盘上的+键，复制图形，微调图形的位置，在“CMYK 调色板”中的“10%黑”色块上单击鼠标，填充图形，并去除图形的轮廓线，效果如图 5-304 所示。

步骤 8 选择“选择”工具，按 Shift+PageDown 组合键将矩形置于底层，如图 5-305 所示。选择“选择”工具，用圈选的方法将图形和文字同时选取，按 Ctrl+G 组合键将其群组。名片的正面效果制作完成，如图 5-306 所示。

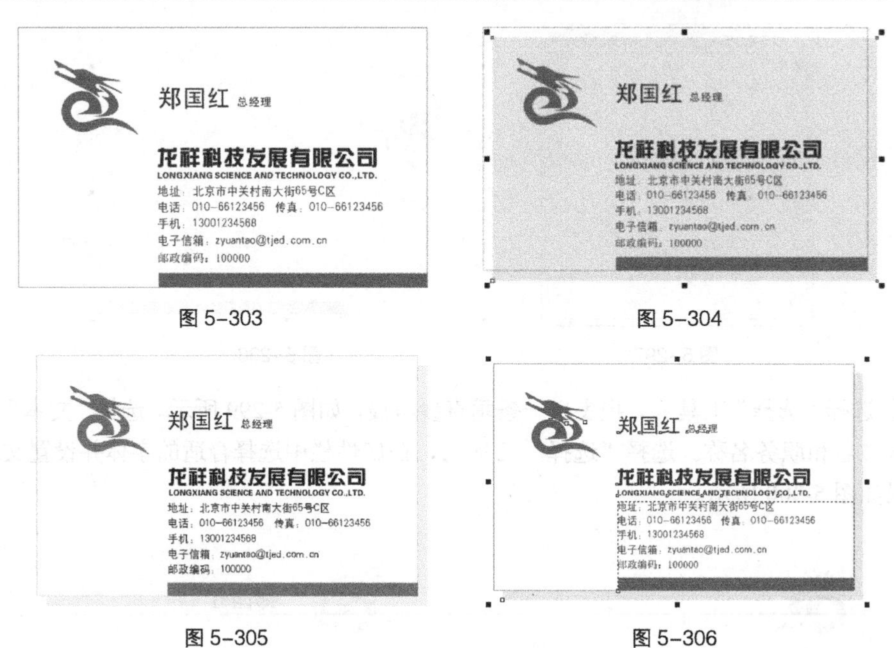

图 5-303　　图 5-304

图 5-305　　图 5-306

步骤 9　选择“选择”工具，选取所需图形，按数字键盘上的+键，复制群组图形，将图形垂直向下拖曳到适当的位置，按 Ctrl+U 组合键取消图形的群组。分别单击选取不需要的图形和文字，按 Delete 键将其删除，如图 5-307 所示。分别将标志和文字拖曳到适当的位置并调整其大小，如图 5-308 所示。

图 5-307

图 5-308

步骤 10　选择“选择”工具，选取白色矩形，在“CMYK 调色板”中的“青”色块上单击鼠标，填充图形，将标志和文字分别填充为白色，效果如图 5-309 所示。

步骤 11　选择“矩形”工具，在页面中绘制一个矩形，在属性栏中的“对象大小”选项中设置矩形的长和宽分别为 58.5mm、3mm，按 Enter 键确认，填充矩形为白色，并去除图形的轮廓线，效果如图 5-310 所示。

图 5-309

图 5-310

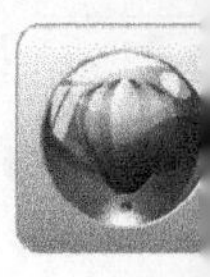

步骤 12 选择“文本”工具字，输入需要的文字。选择“选择”工具，在属性栏中选择合适的字体并设置文字大小，填充文字为白色，效果如图 5-311 所示。选择“选择”工具，用圈选的方法将图形和文字同时选取，按 Ctrl+G 组合键将其群组。名片的背面效果制作完成，如图 5-312 所示。

图 5-311

图 5-312

步骤 13 根据“标志制图”中所讲的标注方法，对图形进行标注。选择“选择”工具，用圈选的方法将图形和文字同时选取，按 Ctrl+G 组合键将其群组。名片正面图形效果如图 5-313 所示，名片背面图形效果如图 5-314 所示。

图 5-313

图 5-314

步骤 14 打开光盘中的“模板 B”文件。选择“选择”工具，分别将名片图形粘贴到“模板 B”中，将图形拖曳到适当的位置并调整其大小，如图 5-315 所示。选择“文本”工具字，在页面右上方输入需要的文字。选择“选择”工具，在属性栏中选择合适的字体并设置文字大小，设置文字颜色的 CMYK 值为 30、100、100、0，填充文字，效果如图 5-316 所示。

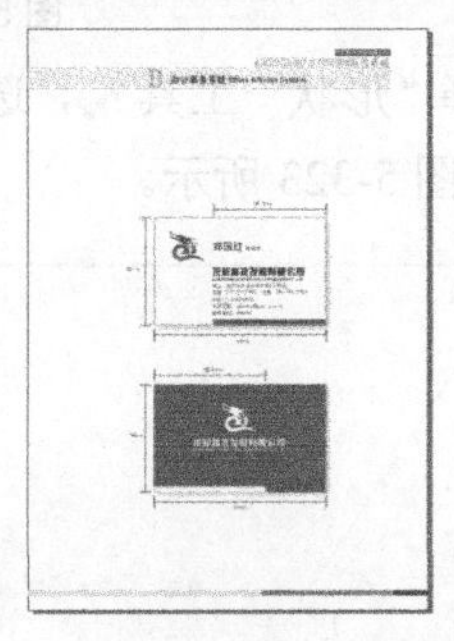

图 5-315

图 5-316

步骤 15 选择“文本”工具字，拖曳出一个文本框，在其中输入需要的文字。选择“选择”工具，在属性栏中选择合适的字体并设置文字大小，效果如图 5-317 所示。公司名片制作完成，效果如图 5-318 所示。

名片是龙祥科技发展有限公司形象传播的重要组成部分，制作时必须严格遵照本页规定的比例关系、字体要求执行，以力求统一和与精美。名片的内容包括标志、姓名、职务、地址、电话、传真、邮政编码、网址等，不得随意增添无关的内容。

规格：90mm×55mm 形式：横式

（注：单位：mm）

图 5-317

图 5-318

7. 信封

步骤 1 按 Ctrl+N 组合键，新建一个 A4 页面。选择“矩形”工具，在页面中绘制一个矩形，在属性栏中的“对象大小”选项中设置矩形的长和宽分别为 220mm、110mm，按 Enter 键确认，效果如图 5-319 所示。填充图形为白色，并在“CMYK 调色板”中的“80%黑”色块上单击鼠标右键，填充图形轮廓线的颜色，效果如图 5-320 所示。

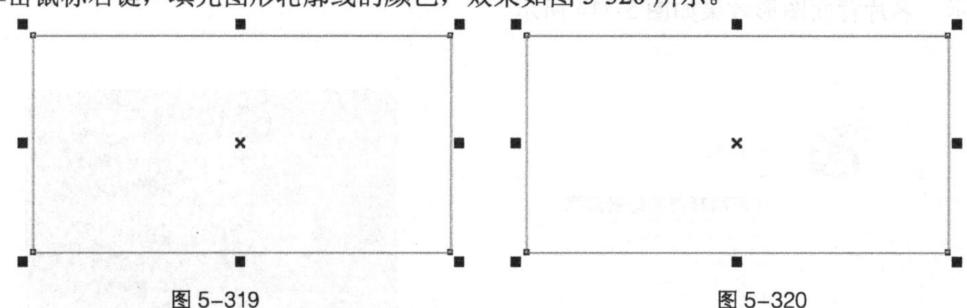

图 5-319　　图 5-320

步骤 2 选择“选择”工具，在数字键盘上按+键复制一个矩形，将复制图形拖曳到页面空白处。选取原矩形，在数字键盘上按+键复制一个矩形，向左拖曳复制图形右边中间的控制手柄到适当的位置，在“CMYK 调色板”中的“50%黑”色块上单击鼠标右键，填充图形轮廓线的颜色，效果如图 5-321 所示。

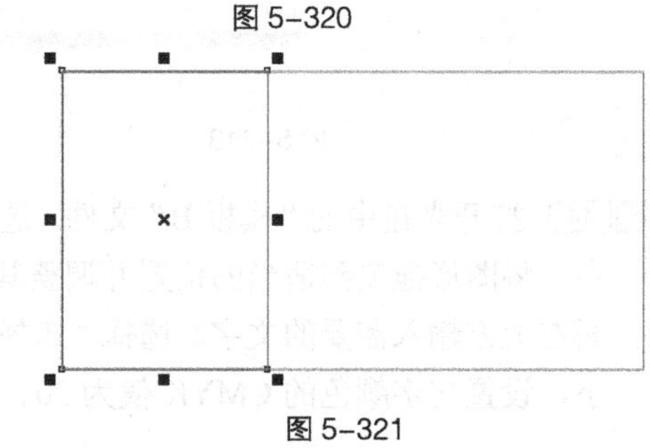

图 5-321

步骤 3 按 Ctrl+Q 组合键，将图形转换为曲线。选择“形状”工具，选取矩形右上角的节点，如图 5-322 所示，按 Delete 键删除节点，效果如图 5-323 所示。

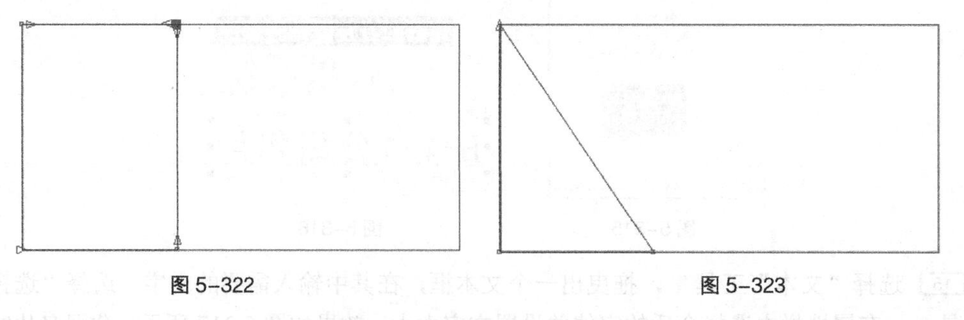

图 5-322　　图 5-323

步骤 4 选择“形状”工具，在图形上双击鼠标，添加一个节点，如图 5-324 所示。拖曳节点到适当的位置，如图 5-325 所示。再次在图形上双击鼠标，添加一个节点，如图 5-326 所示。选取图形右下方的节点，拖曳到左下方节点处，如图 5-327 所示。

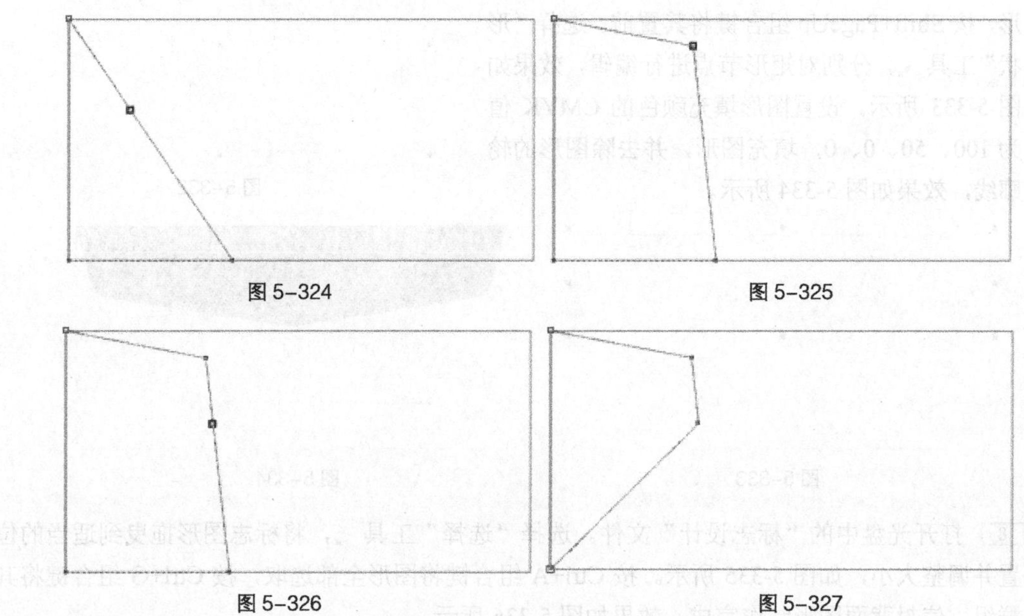
图 5-324　图 5-325

图 5-326　图 5-327

步骤 5 选择“形状”工具，用圈选的方法将两个节点同时选取，如图 5-328 所示。单击属性栏中的“转换直线为曲线”按钮，将其转换为曲线节点。选择“形状”工具，选取曲线节点，节点周围出线控制手柄，分别调整手柄到适当的位置，效果如图 5-329 所示。

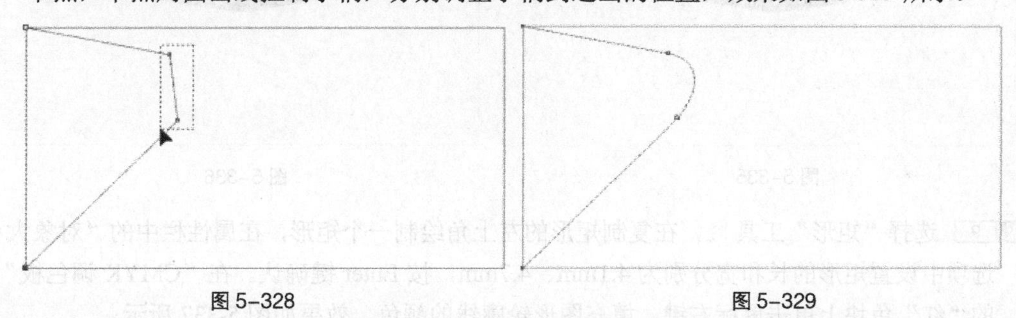
图 5-328　图 5-329

步骤 6 选择“选择”工具，在数字键盘上按+键复制一个图形，单击属性栏中的“水平镜像”按钮，水平翻转复制的图形，并拖曳到适当的位置，效果如图 5-330 所示。选择“贝塞尔”工具，绘制一条曲线，在“CMYK 调色板”中的“50%黑”色块上单击鼠标右键，填充轮廓线的颜色，效果如图 5-331 所示。

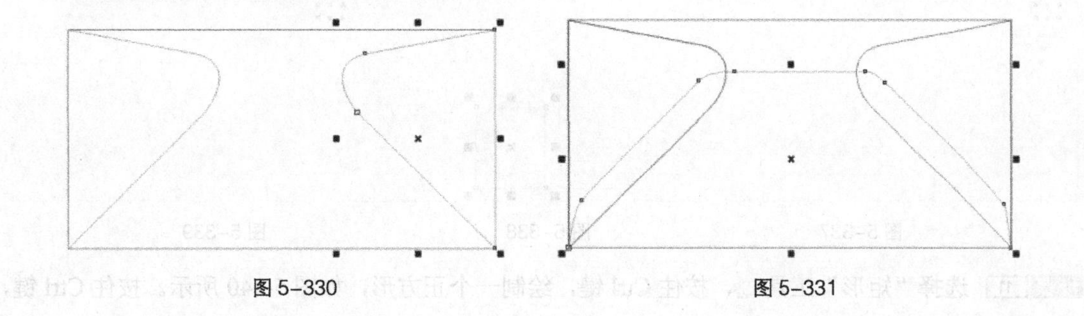
图 5-330　图 5-331

步骤 7 选择“选择”工具，单击选取矩形，如图 5-332 所示。在数字键盘上按+键复制一个矩形，按 Shift+PageUp 组合键将其置前。选择“形状”工具，分别对矩形节点进行编辑，效果如图 5-333 所示。设置图形填充颜色的 CMYK 值为 100、50、0、0，填充图形，并去除图形的轮廓线，效果如图 5-334 所示。

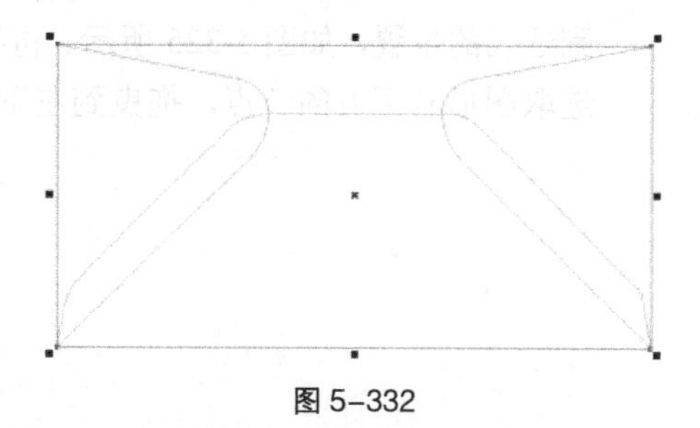
图 5-332

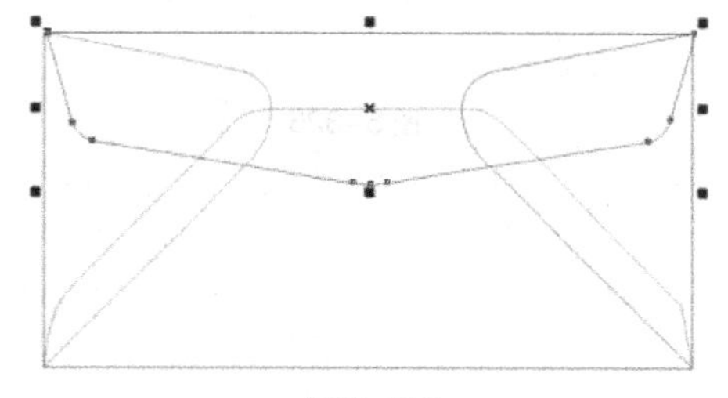
图 5-333

图 5-334

步骤 8 打开光盘中的“标志设计”文件。选择“选择”工具，将标志图形拖曳到适当的位置并调整大小，如图 5-335 所示。按 Ctrl+A 组合键将图形全部选取，按 Ctrl+G 组合键将其群组。信封背面图形制作完成，效果如图 5-336 所示。

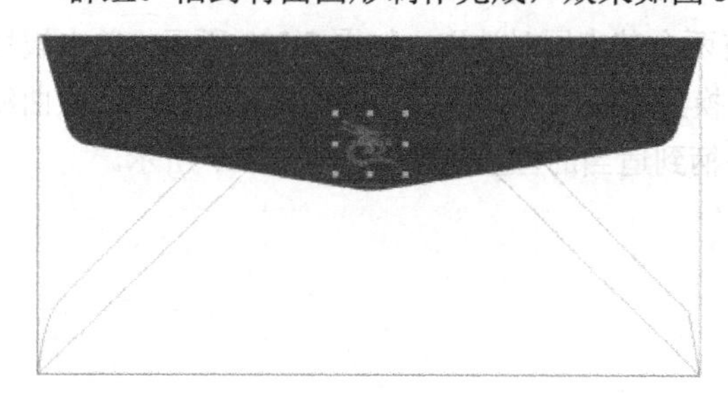
图 5-335

图 5-336

步骤 9 选择“矩形”工具，在复制矩形的左上角绘制一个矩形，在属性栏中的“对象大小”选项中设置矩形的长和宽分别为 4.1mm、4.7mm，按 Enter 键确认。在“CMYK 调色板”中的“红”色块上单击鼠标右键，填充图形轮廓线的颜色，效果如图 5-337 所示。

步骤 10 选择“选择”工具，按住 Ctrl 键，水平向右拖曳图形，并在适当的位置单击鼠标右键，复制一个矩形，效果如图 5-338 所示。按住 Ctrl 键，再连续点按 4 次 D 键，按需要复制出 4 个矩形，效果如图 5-339 所示。

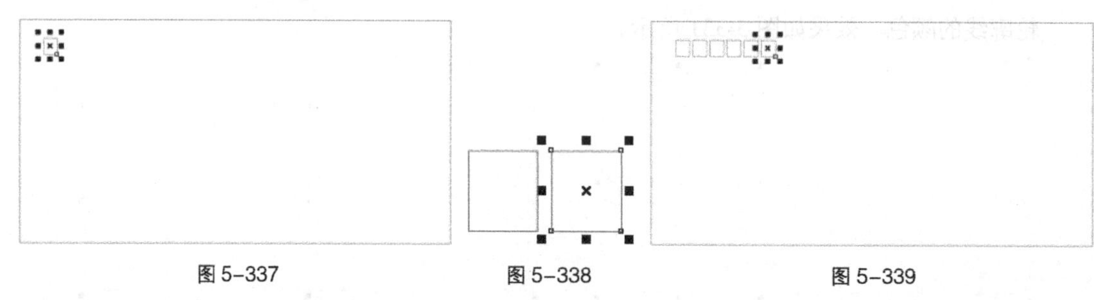
图 5-337　图 5-338　图 5-339

步骤 11 选择“矩形”工具，按住 Ctrl 键，绘制一个正方形，如图 5-340 所示。按住 Ctrl 键，

拖曳正方形左边中间的控制点到相对的边，并单击鼠标右键，水平镜像并复制图形，效果如图 5-341 所示。

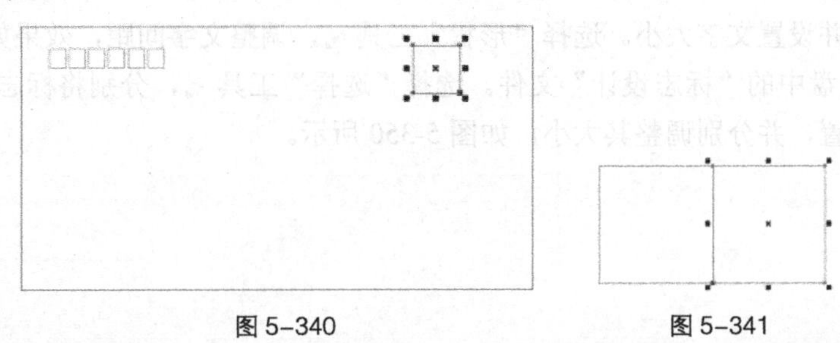

图 5-340　　图 5-341

步骤 12　按 Ctrl+Q 组合键，将图形转换为曲线。选择“形状”工具，用圈选的方法将图形左侧的两个节点同时选取，如图 5-342 所示。单击属性栏中的“断开曲线”按钮，断开节点，如图 5-343 所示。

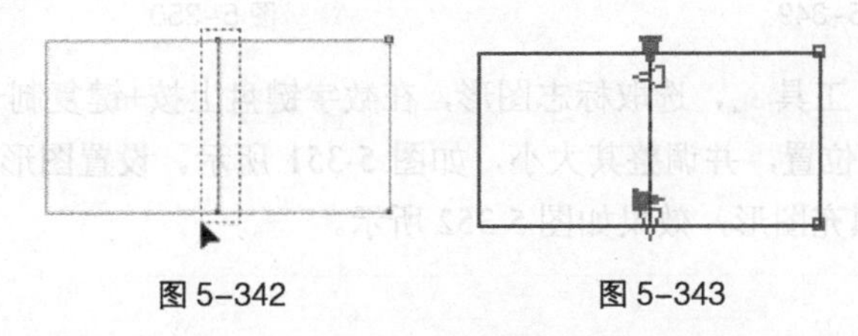

图 5-342　　图 5-343

步骤 13　选择“选择”工具，按 Ctrl+K 组合键将图形进行拆分，效果如图 5-344 所示。选取拆分后的直线，如图 5-345 所示，按 Delete 键将其删除。

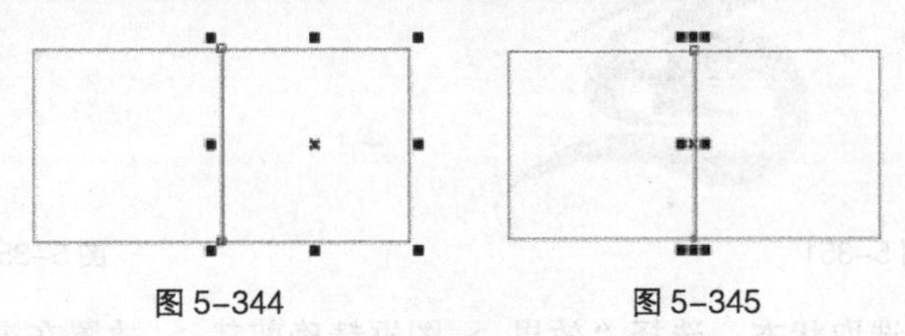

图 5-344　　图 5-345

步骤 14　选择“选择”工具，单击选取需要的矩形，如图 5-346 所示。按 F12 键，弹出“轮廓笔”对话框，在“样式”选项中选择需要的线形，其他选项的设置如图 5-347 所示，单击“确定”按钮，效果如图 5-348 所示。

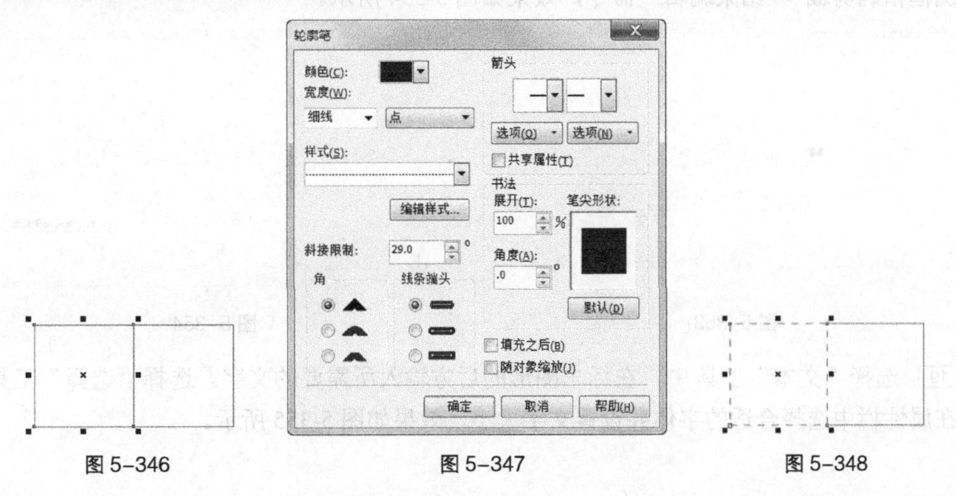

图 5-346　　图 5-347　　图 5-348

步骤 15 选择“文本”工具，分别输入需要的文字。选择“选择”工具，在属性栏中选择合适的字体并设置文字大小。选择“形状”工具，调整文字间距，效果如图 5-349 所示。

步骤 16 打开光盘中的“标志设计”文件。选择“选择”工具，分别将标志图形和文字拖曳到适当的位置，并分别调整其大小，如图 5-350 所示。

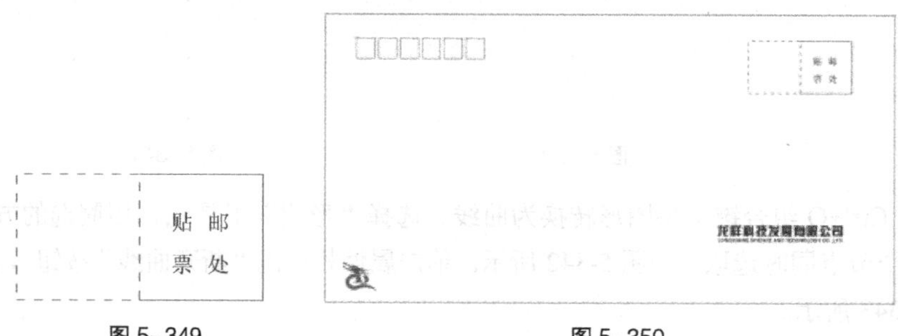

图 5-349　　图 5-350

步骤 17 选择“选择”工具，选取标志图形，在数字键盘上按+键复制一个图形，将复制出的图形拖曳到适当的位置，并调整其大小，如图 5-351 所示。设置图形填充颜色的 CMYK 值为 0、0、0、5，填充图形，效果如图 5-352 所示。

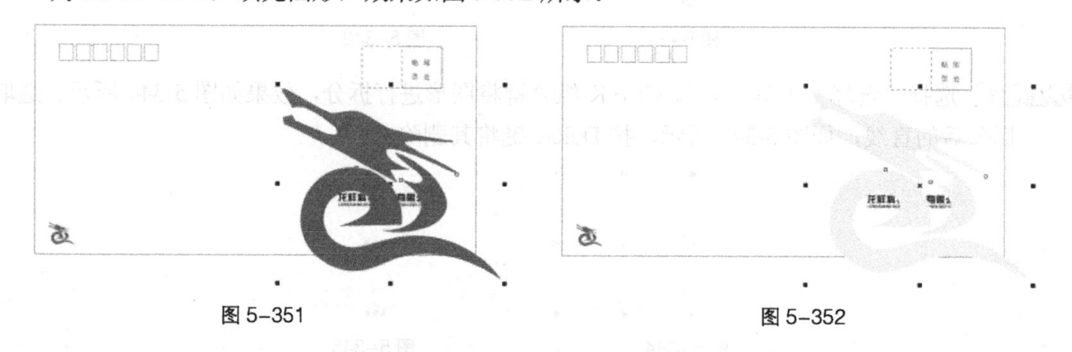

图 5-351　　图 5-352

步骤 18 保持图形的选取状态，选择“效果 > 图框精确剪裁 > 放置在容器中”命令，鼠标的指针变为黑色箭头形状，在矩形上单击，如图 5-353 所示。将标志图形置入到矩形背景中。选择“效果 > 图框精确剪裁 > 编辑内容”命令，将图形移动到适当的位置。选择“效果 > 图框精确剪裁 > 结束编辑”命令，效果如图 5-354 所示。

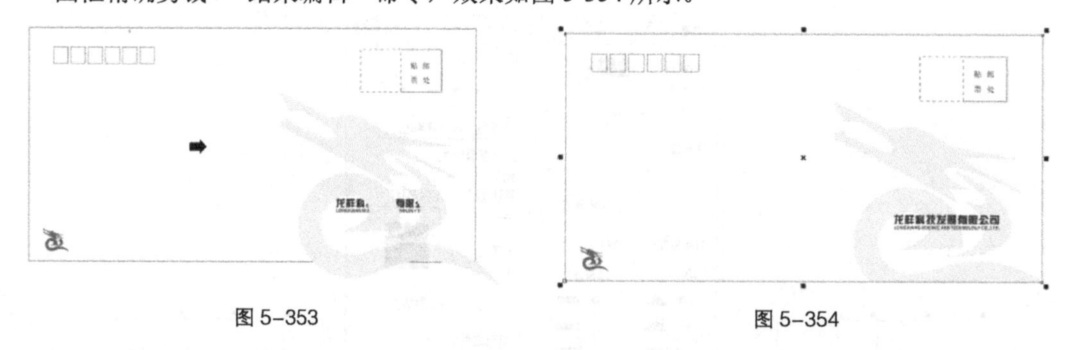

图 5-353　　图 5-354

步骤 19 选择“文本”工具，在标志图形的后方输入所需要的文字。选择“选择”工具，在属性栏中选择合适的字体并设置文字大小，效果如图 5-355 所示。

图 5-355

步骤 20 选择“手绘”工具，按住 Ctrl 键绘制一条直线，在属性栏中将“描边粗细”选项设为 1，效果如图 5-356 所示。选择“选择”工具，在数字键盘上按+键，复制一条直线。在属性栏中将“描边粗细”选项设为 0.25，并将其垂直向下拖曳到适当的位置，效果如图 5-357 所示。

图 5-356　　图 5-357

步骤 21 选择“文本”工具，拖曳出一个文本框，在信封右下角处输入联系方式。选择“选择”工具，在属性栏中选择合适的字体并设置文字大小，效果如图 5-358 所示。选择“矩形”工具，在页面右侧绘制一个矩形，如图 5-359 所示。

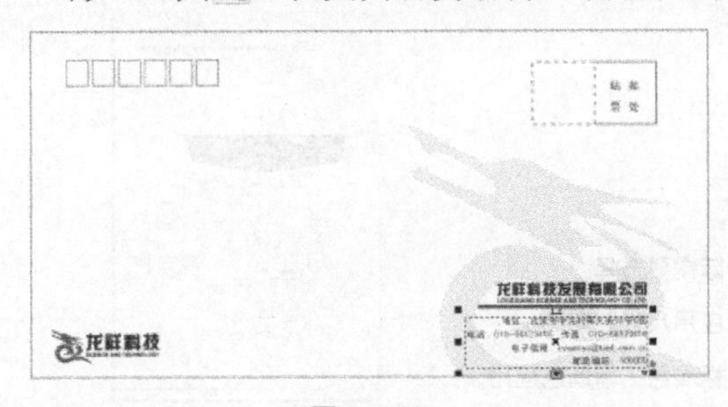

图 5-358

图 5-359

步骤 22 选择“选择”工具，在属性栏中的“轮廓样式选择器”中选取需要的轮廓样式，其他选项的设置如图 5-360 所示，按 Enter 键确认，效果如图 5-361 所示。

步骤 23 选择“矩形”工具，在矩形下方再次绘制一个矩形，通过属性栏设置将其调整为圆角矩形，效果如图 5-362 所示。使用“贝塞尔”工具和“文本”工具，在圆角矩形左侧绘制出的效果如图 5-363 所示。

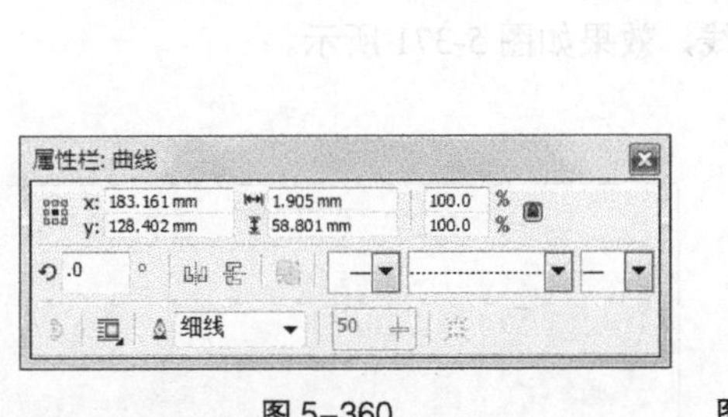

图 5-360　　图 5-361　　图 5-362　　图 5-363

步骤 24 根据“标志制图”中所讲的标注方法，对图形进行标注。选择“选择”工具，用圈选的方法将图形和文字同时选取，按 Ctrl+G 组合键将其群组，信封的正面效果如图 5-364 所示。

步骤 25 打开光盘中的“模板 B”文件。选择“选择”工具，将信封的正面和背面图形粘贴到“模板 B”中，分别拖曳图形到适当的位置并调整其大小，如图 5-365 所示。

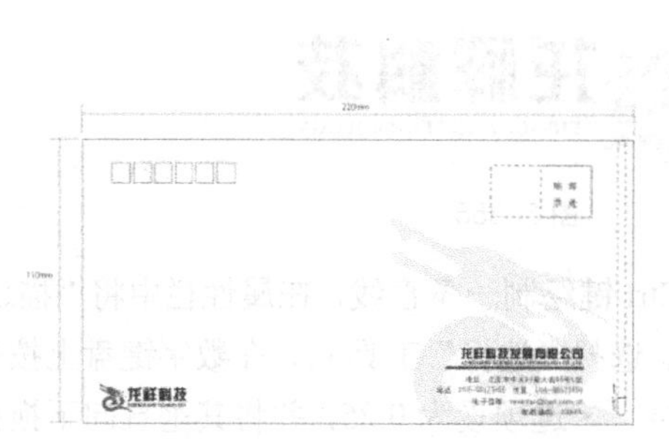

图 5-364

图 5-365

步骤 26 选择“文本”工具，输入需要的文字。选择“选择”工具，在属性栏中选择合适的字体并设置文字大小，设置文字填充颜色的 CMYK 值为 30、100、100、0，填充文字，效果如图 5-366 所示。

步骤 27 选择“文本”工具，拖曳出一个文本框，在其中输入需要的文字。选择“选择”工具，在属性栏中选择合适的字体并设置文字大小，效果如图 5-367 所示。信封制作完成，效果如图 5-368 所示。

图 5-366

材质：根据实际需要选择。

规格：按实际应用尺寸制定。

色彩：按规定标准色、辅助色应用。

图 5-367

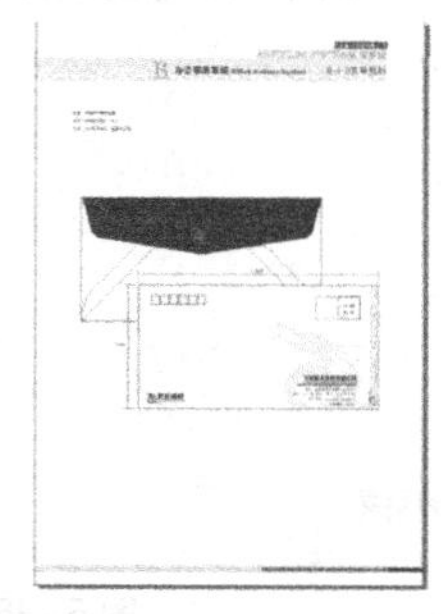

图 5-368

8. 纸杯

步骤 1 选择“文件 > 打开”命令，弹出“打开绘图”对话框，选择光盘中的“Ch05 > 效果 > 制作模版 B”文件，单击“打开”按钮，效果如图 5-369 所示。

步骤 2 选择“贝塞尔”工具，绘制一个图形。在“CMYK 调色板”中的“70%黑”色块上单击鼠标右键，填充图形轮廓线，效果如图 5-370 所示。设置图形颜色的 CMYK 值为 0、0、0、10，填充图形，并去除图形的轮廓线，效果如图 5-371 所示。

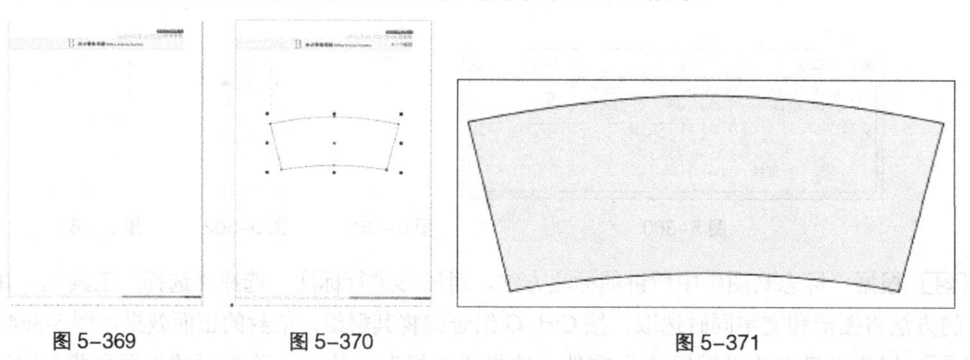

图 5-369　图 5-370　图 5-371

步骤 3 选择“选择”工具，选取扇形，向右拖曳扇形到适当的位置，单击鼠标右键，复制

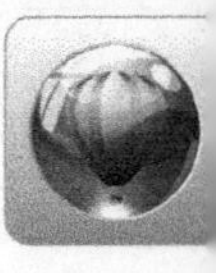

图形，效果如图 5-372 所示。选择“贝塞尔”工具，绘制一个图形。设置图形颜色的 CMYK 值为 100、70、40、0，填充图形，并去除图形的轮廓线，效果如图 5-373 所示。用相同方法复制两个图形并分别设置图形颜色的 CMYK 值为 100、0、0、0 和 0、0、0、10，填充图形，效果如图 5-374 所示。

步骤 4 选择“文件 > 打开”命令，弹出“打开绘图”对话框，选择光盘中的“Ch05 > 素材 > 龙祥科技发展有限公司 VI 设计 > 01”文件。选择“选择”工具，将标志图形拖曳到适当的位置，并调整其大小，效果如图 5-375 所示。

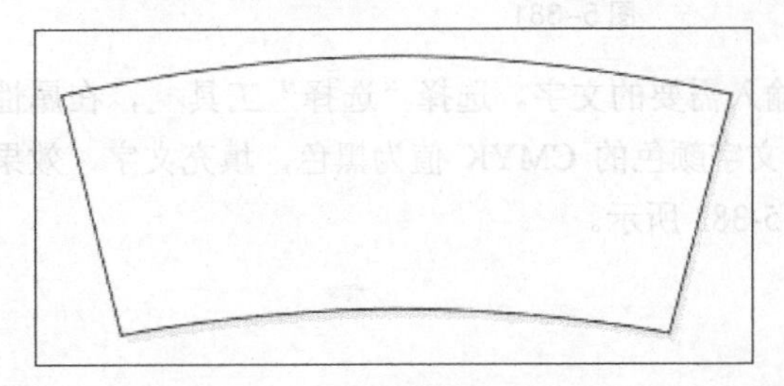

图 5-372

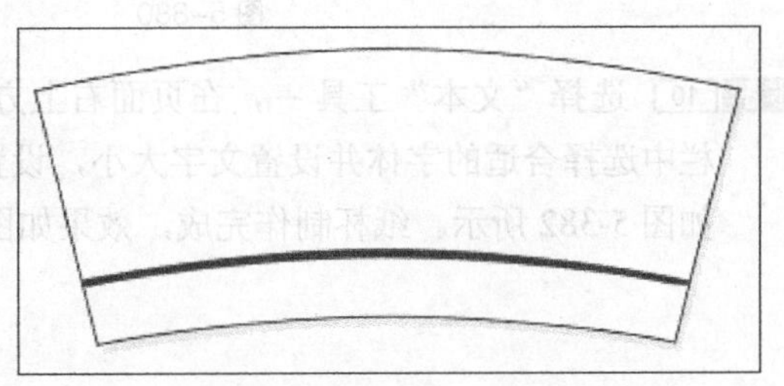

图 5-373

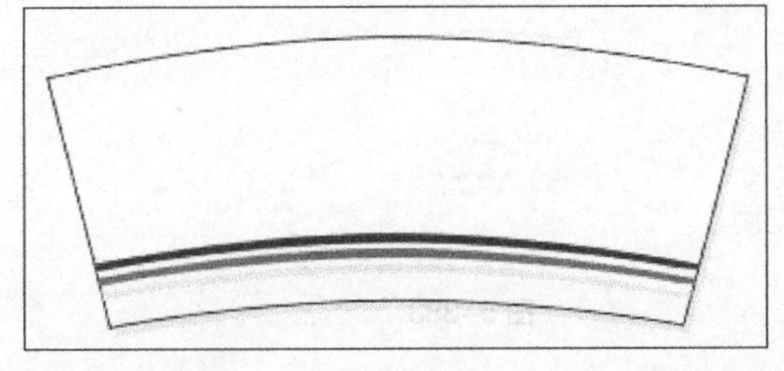

图 5-374

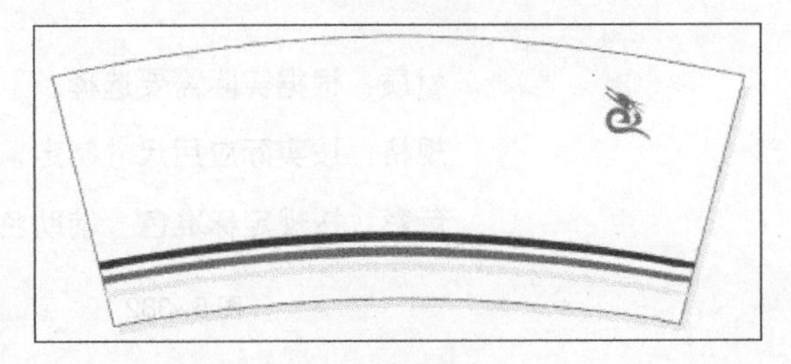

图 5-375

步骤 5 选择“文本”工具，分别输入需要的文字。选择“选择”工具，分别在属性栏中选取适当的字体并设置文字大小。设置文字颜色为黑色，填充文字，效果如图 5-376 所示。

步骤 6 选择“矩形”工具，绘制一个矩形，设置图形颜色的 CMYK 值为白色，填充图形，并去除图形的轮廓线，效果如图 5-377 所示。

步骤 7 选择“形状”工具，水平向右拖曳左下角的节点到适当的位置，效果如图 5-378 所示。用相同的方法拖曳其他节点，效果如图 5-379 所示。

图 5-376

图 5-377

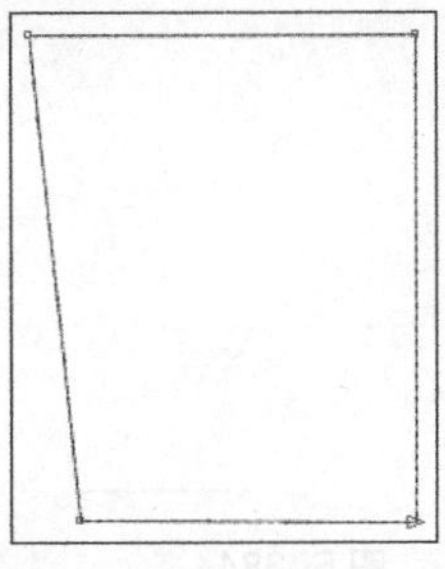

图 5-378

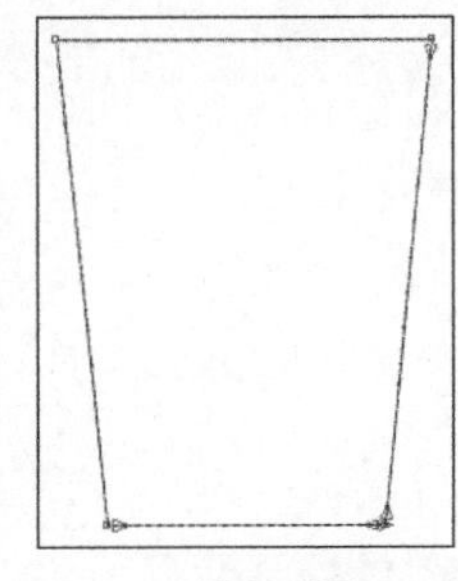

图 5-379

步骤 8 选择“矩形”工具，在属性栏中将“圆角半径”选项均设为 2，绘制一个圆角矩形，效果如图 5-380 所示。

步骤 9 选择“选择”工具，用圈选的方法选取需要的图形和文字。按数字键盘上的+键复制图形和文字，并调整其位置和大小，效果如图 5-381 所示。

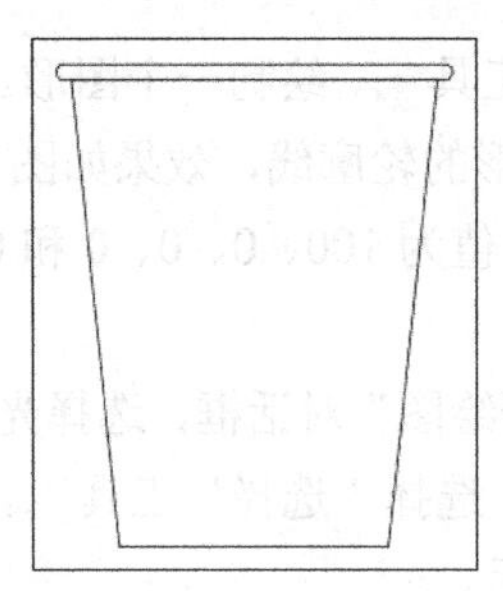

图 5-380

图 5-381

步骤 10 选择“文本”工具字，在页面右上方输入需要的文字。选择“选择”工具，在属性栏中选择合适的字体并设置文字大小，设置文字颜色的 CMYK 值为黑色，填充文字，效果如图 5-382 所示。纸杯制作完成，效果如图 5-383 所示。

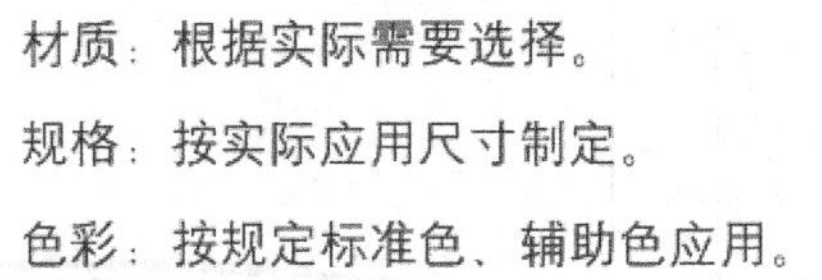

材质：根据实际需要选择。

规格：按实际应用尺寸制定。

色彩：按规定标准色、辅助色应用。

图 5-382

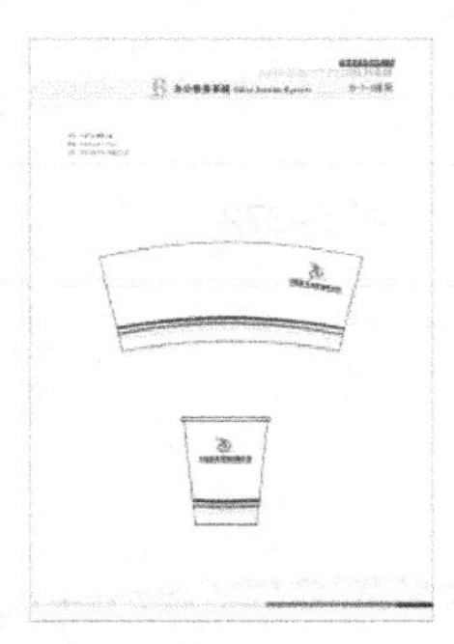
图 5-383

9. 文件夹

步骤 1 选择“文件 > 打开”命令，弹出“打开绘图”对话框，选择光盘中的“Ch05 > 效果 > 制作模版 B”文件，单击“打开”按钮，效果如图 5-384 所示。

步骤 2 选择“矩形”工具，绘制矩形。在“CMYK 调色板”中的黑色块上单击鼠标右键，填充图形轮廓线，效果如图 5-385 所示。

图 5-384

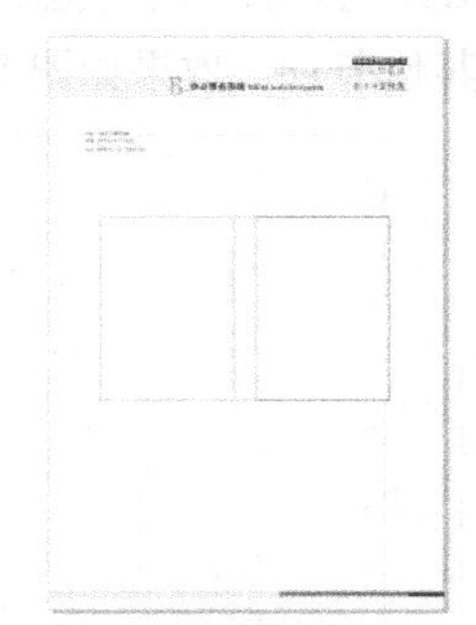
图 5-385

步骤 3 选择“矩形”工具，绘制矩形。在“CMYK 调色板”中的“10%黑”色块上单击鼠标左键，并去除图形轮廓线，效果如图 5-386 所示。

步骤 4 选择“选择”工具，选中灰色矩形，单击鼠标右键，在弹出的快捷菜单中选择“顺序 > 到页面后面”命令，调整之后的效果如图 5-387 所示。

图 5-386　　图 5-387

步骤 5　选择"矩形"工具□，在属性栏中将"圆角半径"选项均设为 2，绘制一个圆角矩形，如图 5-388 所示。选择"选择"工具，按数字键盘上的+键复制圆角矩形。按住 Shift 键的同时，向下拖曳上方中间的控制手柄到适当的位置，将图形缩小，效果如图 5-389 所示。用相同的方法调整其他控制节点，效果如图 5-390 所示。

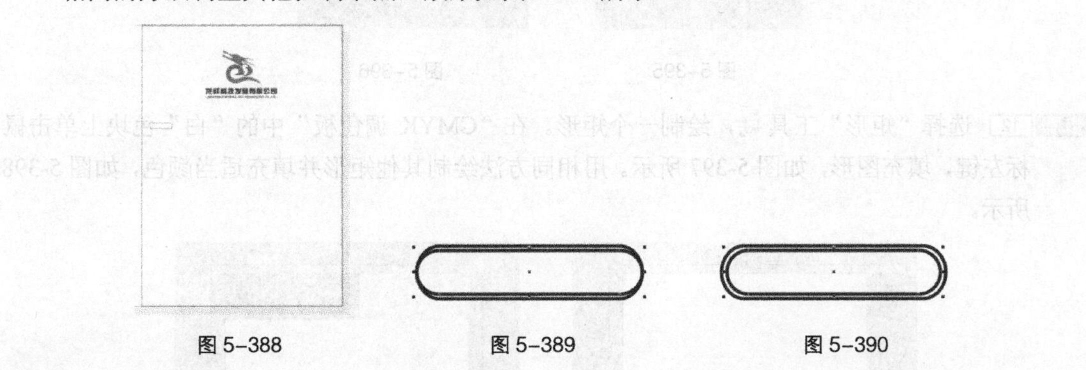

图 5-388　　图 5-389　　图 5-390

步骤 6　选择"选择"工具，按数字键盘上的+键，复制图形。按住 Shift 键的同时，向下拖曳上方中间的控制手柄到适当的位置，将图形缩小，效果如图 5-391 所示。

步骤 7　按 Shift+F11 组合键，弹出"均匀填充"对话框，点选"模型"单选框，设置颜色的 CMYK 值为 16、9、8、0，单击"确定"按钮，填充图形，效果如图 5-392 所示。

图 5-391　　图 5-392

步骤 8　选择"选择"工具，用圈选的方法选取需要的图形。按数字键盘上的+键复制图形，垂直向下拖曳图形到适当的位置，效果如图 5-393 所示。

步骤 9　选择"矩形"工具□，绘制一个矩形。在"CMYK 调色板"中的"70%黑"色块上单击鼠标左键，并去除图形轮廓线，效果如图 5-394 所示。

图 5-393　　图 5-394

步骤 10 选择“矩形”工具，绘制一个矩形。设置图形颜色的 CMYK 值为 100、0、0、0，填充图形，并去除图形轮廓线，效果如图 5-395 所示。

步骤 11 选择“矩形”工具，绘制一个矩形。在“CMYK 调色板”中的“70%黑”色块上单击鼠标右键，填充图形轮廓线，效果如图 5-396 所示。

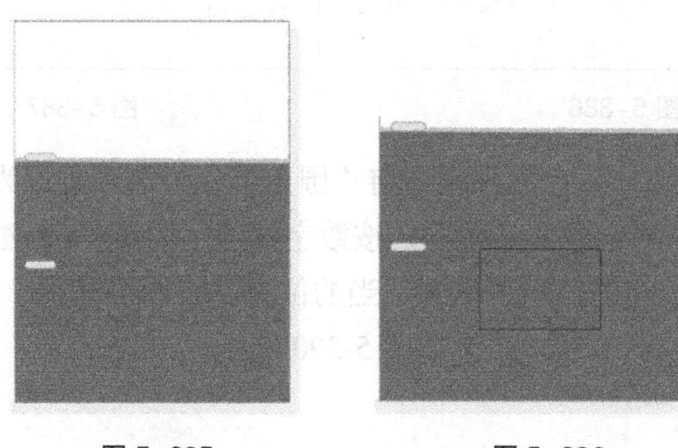

图 5-395　　图 5-396

步骤 12 选择“矩形”工具，绘制一个矩形。在“CMYK 调色板”中的“白”色块上单击鼠标左键，填充图形，如图 5-397 所示。用相同方法绘制其他矩形并填充适当颜色，如图 5-398 所示。

图 5-397

图 5-398

步骤 13 选择“文本”工具，分别输入需要的文字。选择“选择”工具，分别在属性栏中选取适当的字体并设置文字大小，效果如图 5-399 所示。选择“2 点线”工具，绘制两条直线，效果如图 5-400 所示。

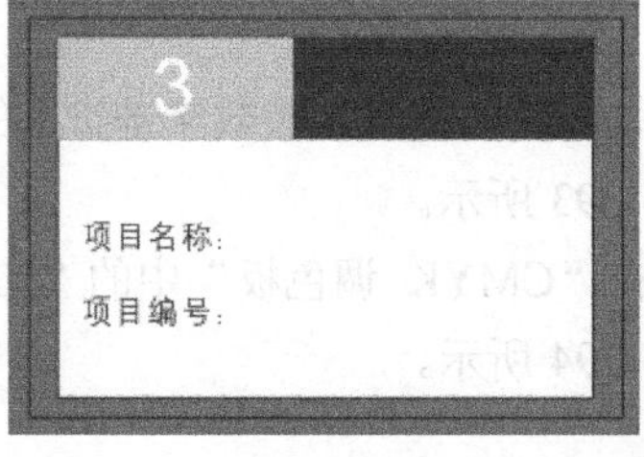

图 5-399

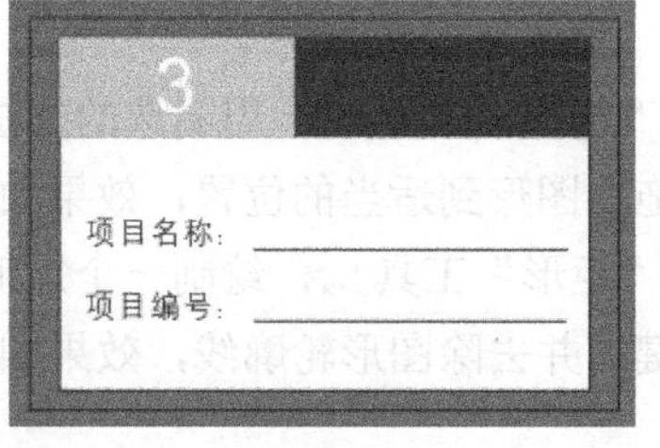

图 5-400

步骤 14 选择“文件 > 打开”命令，弹出“打开绘图”对话框，选择光盘中的“Ch05 > 素材 > 龙祥科技发展有限公司 VI 设计 > 01”文件。选择“选择”工具，将标志图形拖曳到适当的位置，并调整其大小，效果如图 5-401 所示。

步骤 15 选择“矩形”工具，用相同方法绘制需要的图形，效果如图 5-402 所示。选择“文本”工具，分别输入需要的文字。选择“选择”工具，分别在属性栏中选取适当的字体并设置文字大小，效果如图 5-403 所示。

图5-401

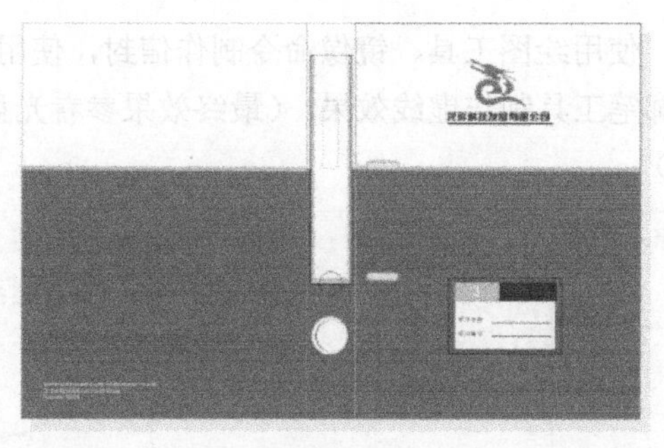

图5-402

图5-403

步骤 16 选择“选择”工具，用圈选的方法选取需要的图形。按数字键盘上的+键复制图形，垂直向下拖曳图形到适当的位置，在对象上单击鼠标左键，使其处于旋转状态，如图5-404所示。向上拖曳右方中间的控制手柄到适当的位置，倾斜图形，效果如图5-405所示。用相同的方法制作需要的图形，调整其大小，并填充适当的颜色，效果如图5-406所示。

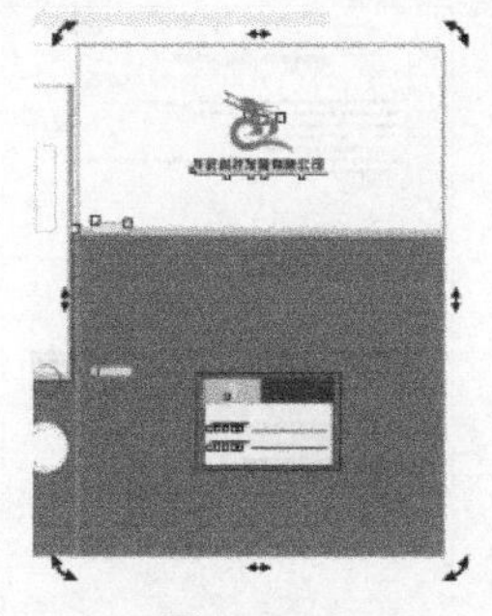

图5-404

图5-405

图5-406

步骤 17 选择“矩形”工具，绘制一个矩形。在“CMYK调色板”中的“40%黑”色块上单击鼠标左键，填充图形颜色，并在“CMYK调色板”中的黑色块上单击鼠标右键，填充图形轮廓线，效果如图5-407所示。单击鼠标右键，在弹出的快捷菜单中选择“顺序 >到页面后面”命令，效果如图5-408所示。文件夹制作完成，效果如图5-409所示。

图5-407

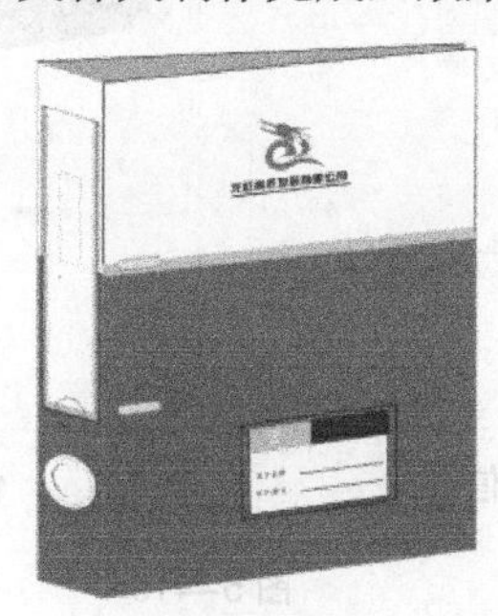

图5-408

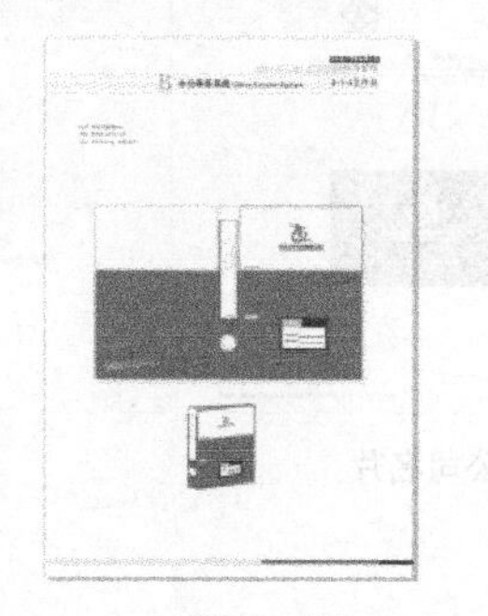

图5-409

5.3 综合演练——天鸿达VI设计

使用手绘工具、文本工具和填充工具制作添加模板，使用矩形工具绘制装饰图形，使用手绘工具、调和工具和对齐与分布命令制作网格，使用水平或垂直度量工具对图形进行标注，使用图

框精确剪裁命令制作信纸底图，使用绘图工具、镜像命令制作信封，使用形状工具对矩形的节点进行编辑，使用矩形工具、轮廓笔工具制作虚线效果。（最终效果参看光盘中的“Ch05 > 效果 > 天鸿达 VI 设计”，见图 5-410。）

模板 A

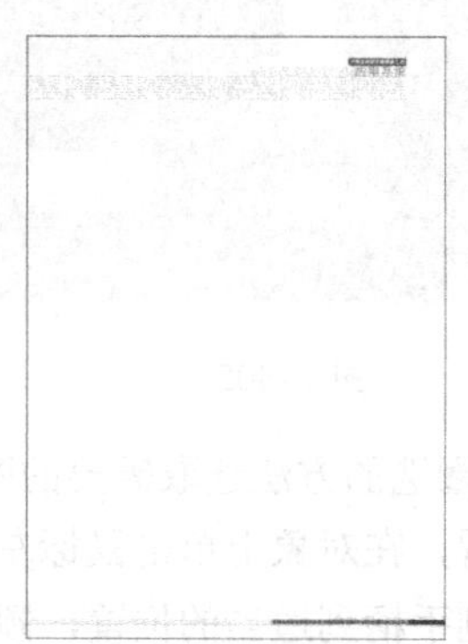

模板 B

标志制图

标志组合规范

标志墨稿与反白应用规范

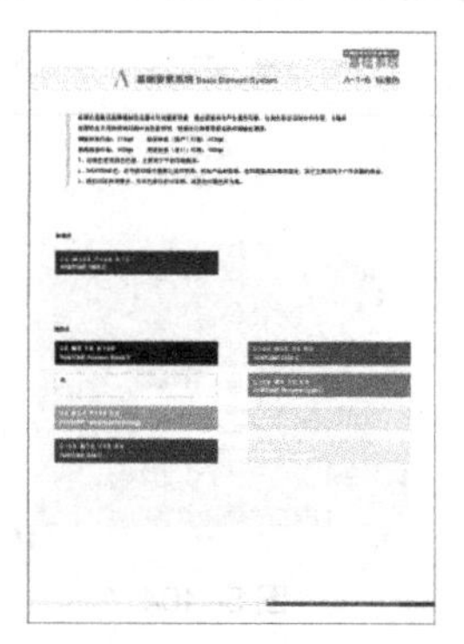

标准色

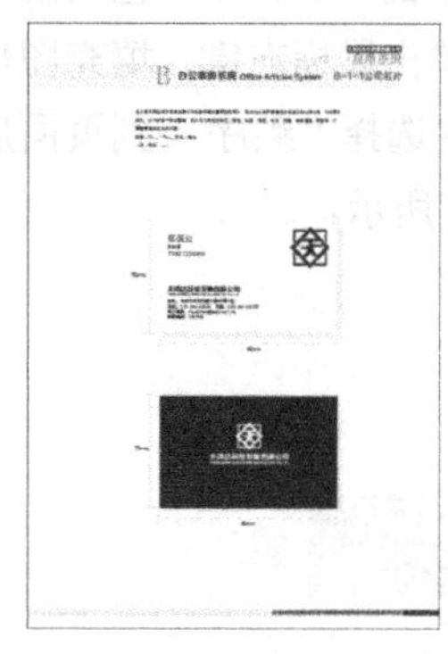

公司名片

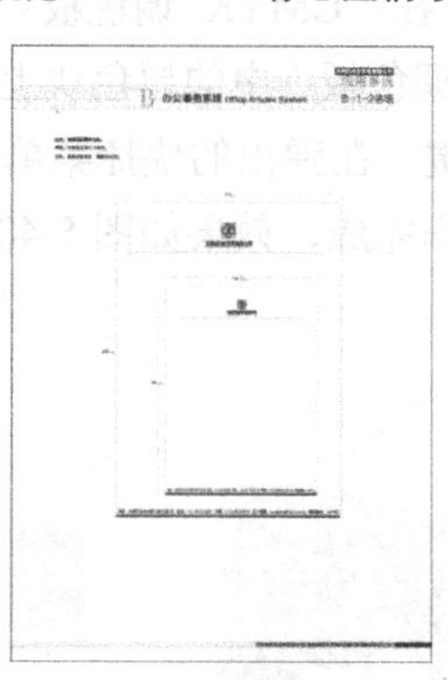

信纸

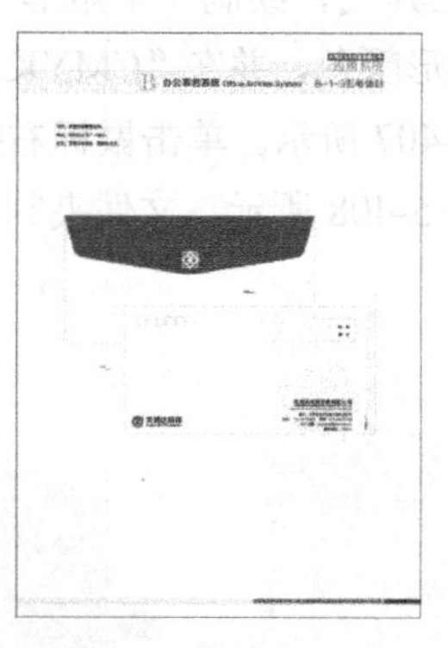

信封

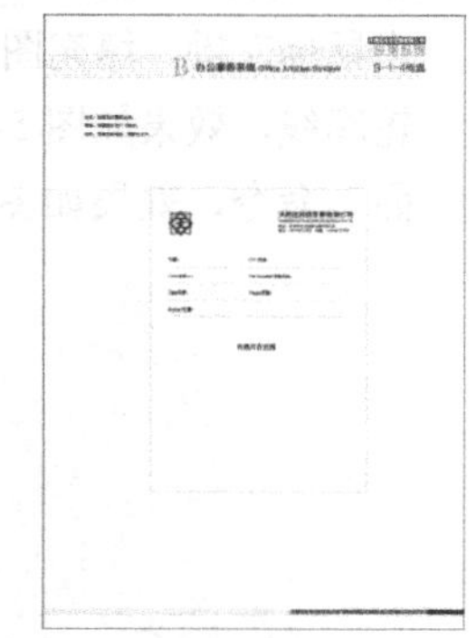

传真

图 5-410

第6章 宣传单设计

宣传单是直销广告的一种，对宣传活动和促销商品有着重要的作用。宣传单通过派送、邮递等形式，可以有效地将信息传达给目标受众。众多的企业和商家都希望通过宣传单来宣传自己的产品，传播自己的文化。本章以摄像产品宣传单设计为例，讲解宣传单的设计方法和制作技巧。

课堂学习目标

- 在 Photoshop 软件中制作宣传单底图
- 在 CorelDRAW 软件中添加产品及其他相关信息

6.1 摄像产品宣传单设计

6.1.1 【案例分析】

由于人们生活水平的提高，摄像机已经成为许多家庭必备的数码电子产品。本案例是为一款最新上市的摄像制作的宣传单，设计要求要表现出最新款产品的科技感与时尚感。

6.1.2 【设计理念】

宣传单的背景使用绿色渐变的效果，清新自然的风格符合产品特色，以摄像机的照片作为宣传主体，整齐有序的对图片进行编排，文字设计在页面中视觉效果强烈，立体的文字效果使画面更具质感，网格的添加使宣传单独具特色。（最终效果参看光盘中的“Ch06 > 效果 > 摄像产品宣传单设计 > 摄像产品宣传单”，见图 6-1。）

图 6–1

6.1.3 【操作步骤】

Photoshop 应用

1. 制作背景底图

步骤 1 按 Ctrl+O 组合键，打开光盘中的“Ch06 > 素材 > 摄像产品宣传单设计 > 01”文件，

如图 6-2 所示。单击“图层”控制面板下方的“创建新图层”按钮，生成新的图层并将其命名为“色块”。

步骤 2 将前景色设为草绿色（其 R、G、B 的值分别为 139、251、117）。按 Alt+Delete 组合键，用前景色填充图层，效果如图 6-3 所示。在“图层”控制面板上方，将“色块”图层的混合模式选项设为“正片叠底”，图像效果如图 6-4 所示。

图 6-2

图 6-3

图 6-4

步骤 3 单击“图层”控制面板下方的“添加图层蒙版”按钮，为“色块”图层添加蒙版，如图 6-5 所示。

步骤 4 将前景色设为黑色。选择“画笔”工具，在属性栏中单击“画笔”选项右侧的按钮，在弹出的画笔选择面板中选择需要的画笔形状，如图 6-6 所示。在图像窗口中的人物及周边上进行涂抹，效果如图 6-7 所示。

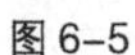

图 6-5

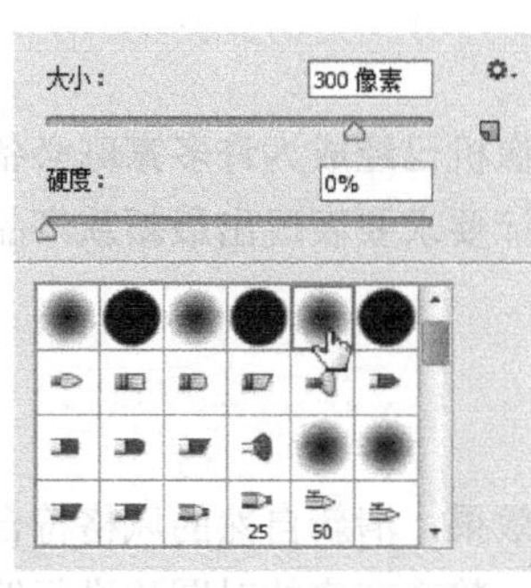

图 6-6

图 6-7

步骤 5 按 Ctrl+Shift+S 组合键，弹出“存储为”对话框，将其命名为“宣传单底图”，保存图像为 TIFF 格式，单击“保存”按钮，弹出“TIFF 选项”对话框，单击“确定”按钮，将图像保存。

CorelDRAW 应用

2. 制作背景网格

步骤 1 打开 CorelDRAW X6 软件，按 Ctrl+N 组合键，新建一个 A4 页面。选择“文件 > 导入”命令，弹出“导入”对话框。选择光盘中的“Ch06 > 效果 > 摄像产品宣传单设计 > 宣传单底图”文件，单击“导入”按钮，在页面中单击导入图片，按 P 键，图片在页面中居中对

齐，如图 6-8 所示。

步骤 2 选择“图纸”工具，在属性栏中的设置如图 6-9 所示，按 Enter 键确认，然后在页面中按住鼠标左键不放，在适当的位置拖曳出一个网格图形，效果如图 6-10 所示。在“CMYK 调色板”中的“白”色块上单击鼠标右键，填充图纸的轮廓线，效果如图 6-11 所示。

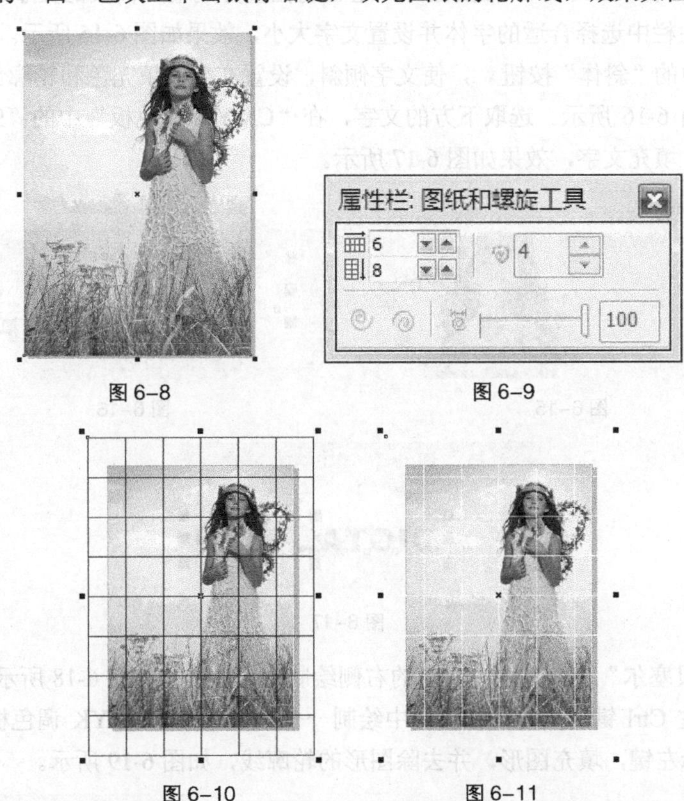

图 6–8　　图 6–9

图 6–10　　图 6–11

步骤 3 双击“矩形”工具，绘制一个与页面大小相等的矩形，按 Shift+PageUp 组合键将其置于顶层，如图 6-12 所示。选择“选择”工具，选取图纸图形。选择“效果 > 图框精确剪裁 > 置于图文框内部”命令，鼠标指针变为黑色箭头形状，在矩形上单击鼠标左键，如图 6-13 所示，将其置入到矩形中，并去除矩形的轮廓线，效果如图 6-14 所示。

图 6–12　　图 6–13　　图 6–14

提示 使用精确剪裁命令后，若需要内置对象与容器对象居中，可以选择“效果 > 图框精确

剪裁 > 内容居中”命令，则可以将内置对象与容器居中对齐。

3. 制作标志图形

步骤 1 选择“文本”工具，在页面上方适当的位置分别输入需要的文字。选择“选择”工具，在属性栏中选择合适的字体并设置文字大小，效果如图 6-15 所示。选取上方的文字，单击属性栏中的“斜体”按钮，使文字倾斜，设置文字的填充色和轮廓色为白色，填充文字，效果如图 6-16 所示。选取下方的文字，在“CMYK 调色板”中的“90%黑”色块上单击鼠标左键，填充文字，效果如图 6-17 所示。

图 6-15

图 6-16

图 6-17

步骤 2 选择“贝塞尔”工具，在文字的右侧绘制一条曲线，如图 6-18 所示。选择“椭圆形”工具，按住 Ctrl 键的同时，在页面中绘制一个圆形，在“CMYK 调色板”中的“红”色块上单击鼠标左键，填充图形，并去除图形的轮廓线，如图 6-19 所示。

图 6-18

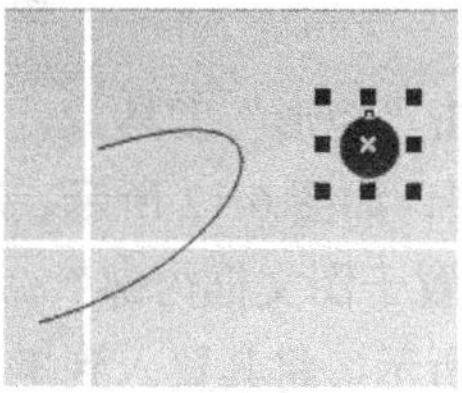

图 6-19

步骤 3 在适当的位置再绘制一个圆形，在“CMYK 调色板”中的“黄”色块上单击鼠标左键，填充图形，并去除图形的轮廓线，效果如图 6-20 所示。

步骤 4 选择“调和”工具，将光标在两个圆形之间拖曳，如图 6-21 所示，并在属性栏中进行设置，如图 6-22 所示，按 Enter 键，效果如图 6-23 所示。

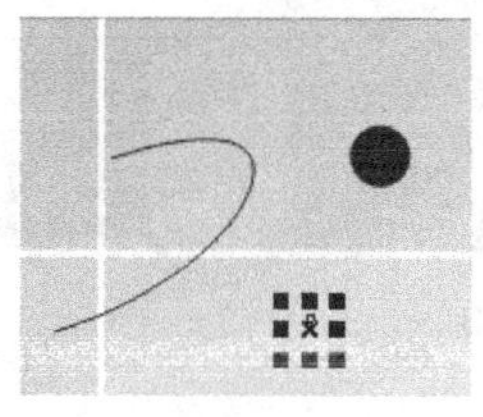
图 6-20

图 6-21

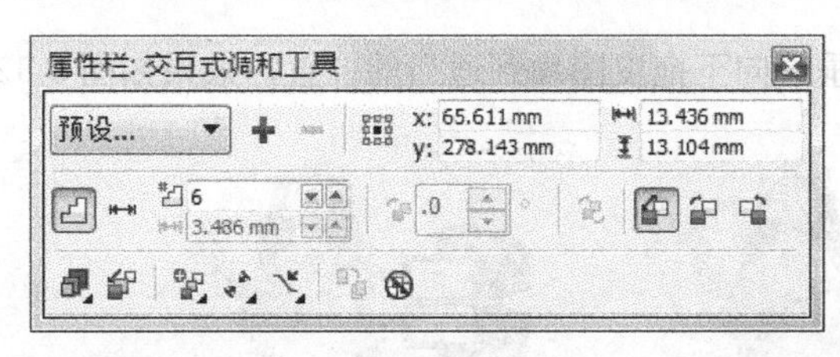

图 6-22

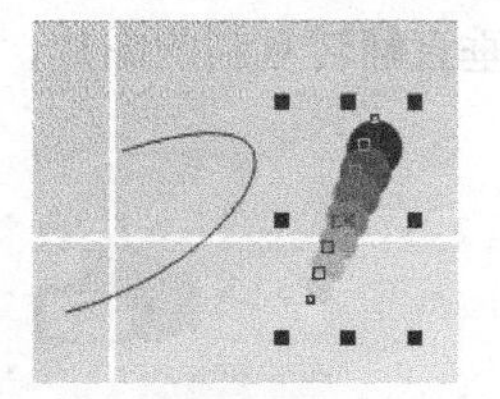

图 6-23

步骤 5 选择"选择"工具，选取调和图形，单击属性栏中的"路径属性"按钮，在弹出的下拉菜单中选择"新路径"命令，如图 6-24 所示，鼠标指针变为黑色的弯曲箭头，用弯曲箭头在路径上单击，如图 6-25 所示，调和图形沿路径进行调和，效果如图 6-26 所示。

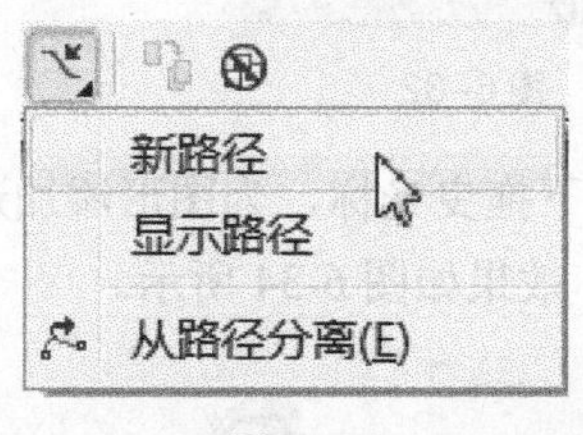

图 6-24

图 6-25

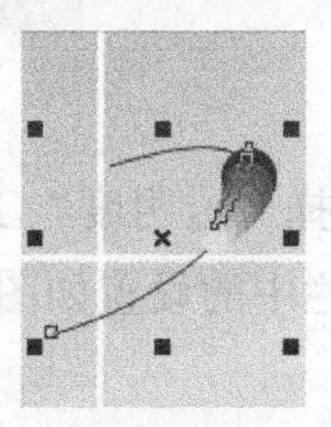

图 6-26

步骤 6 选择"选择"工具，选取调和图形，单击属性栏中的"更多调和选项"按钮，在弹出的下拉菜单中勾选"沿全路径调和"复选框，如图 6-27 所示，调和图形沿路径均匀分布，效果如图 6-28 所示。按 Esc 键，取消选取状态。选取路径，如图 6-29 所示，在"CMYK 调色板"中的"无填充"按钮⊠上单击鼠标右键，取消路径的填充，效果如图 6-30 所示。

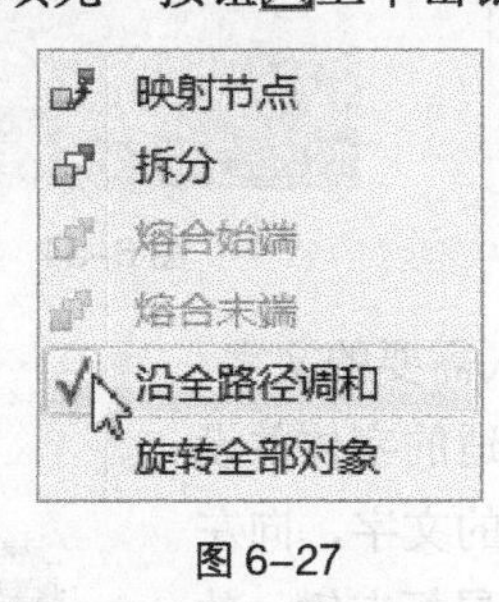

图 6-27

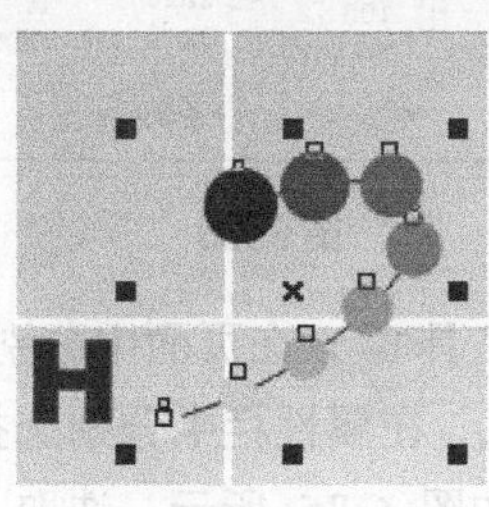

图 6-28

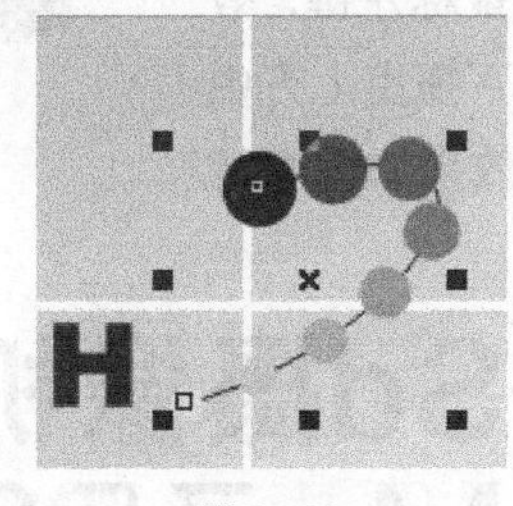

图 6-29

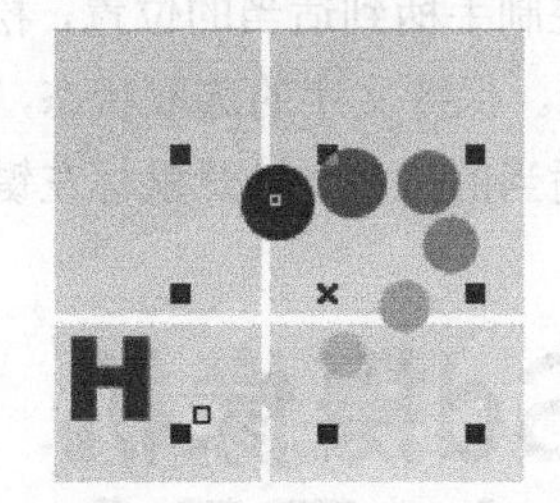

图 6-30

4. 制作图片的倒影效果

步骤 1 选择"文件 > 导入"命令，弹出"导入"对话框。选择光盘中的"Ch06 > 素材 > 摄像产品宣传单设计 > 02"文件，单击"导入"按钮，在页面中单击导入图片，将其拖曳到适当的位置并调整其大小，效果如图 6-31 所示。

步骤 2 选择"选择"工具，按数字键盘上的+键复制图片。单击属性栏中的"垂直镜像"按

钮 ，垂直翻转复制的图片，垂直向下拖曳图片到适当的位置，效果如图 6-32 所示。

图 6-31

图 6-32

步骤 3 选择“透明度”工具 ，在图形对象上从上到下拖曳光标，为图形添加透明度效果，在属性栏中的设置如图 6-33 所示，按 Enter 键确认，效果如图 6-34 所示。

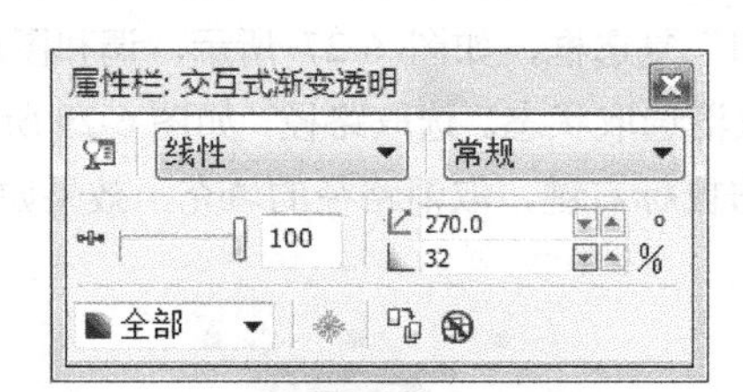

图 6-33

图 6-34

步骤 4 选择“文本”工具 字 ，在页面中分别输入需要的文字。选择“选择”工具 ，在属性栏中分别选择合适的字体并设置文字大小，效果如图 6-35 所示。选取上方的文字，向左拖曳右侧中间的控制手柄到适当的位置，松开鼠标左键，效果如图 6-36 所示。保持文字的选取状态，向下拖曳上方中间的控制手柄到适当的位置，松开鼠标左键，效果如图 6-37 所示。

图 6-35

Sd摄像机
Mv750

图 6-36

Sd摄像机
Mv750

图 6-37

步骤 5 再次单击文字，使其处于旋转状态，向右拖曳上边中间的控制手柄到适当的位置，松开鼠标左键，效果如图 6-38 所示。选取下方的文字，使用相同的方法制作文字倾斜效果，并设置文字颜色的 CMYK 值为 0、80、100、0，填充文字，效果如图 6-39 所示。

图 6-38

图 6-39

5. 添加产品介绍

步骤 1 选择“矩形”工具□，在属性栏中的设置如图 6-40 所示，按住 Ctrl 键的同时，在页面中适当的位置绘制一个矩形，填充图形为白色，并去除图形的轮廓线，效果如图 6-41 所示。

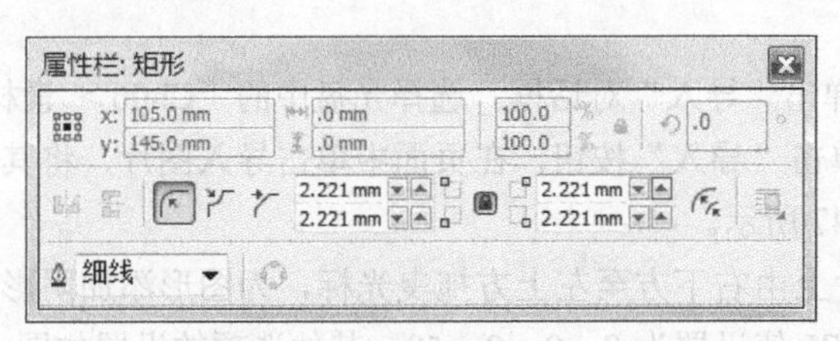

图 6-40

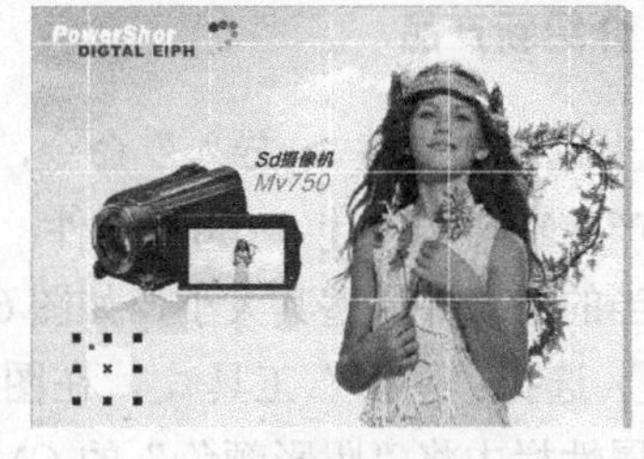

图 6-41

步骤 2 选择“选择”工具，按住 Ctrl 键的同时，水平向右拖曳图形到适当的位置并单击鼠标右键，复制图形。按住 Ctrl 键的同时，再连续点按 D 键，按需要复制出 3 个图形，效果如图 6-42 所示。选择“文件 > 导入”命令，弹出“导入”对话框。选择光盘中的“Ch06 > 素材 > 摄像产品宣传单设计 > 03”文件，单击“导入”按钮，在页面中单击导入图片，将其拖曳到适当的位置并调整其大小，效果如图 6-43 所示。

图 6-42

图 6-43

步骤 3 选择“效果 > 图框精确剪裁 > 置于图文框内部”命令，鼠标指针变为黑色箭头形状，在圆角矩形上单击，如图 6-44 所示，将图片置入到圆角矩形中，效果如图 6-45 所示。按 Ctrl+I 组合键，弹出“导入”对话框，分别选择光盘中的“Ch06 > 素材 > 摄像产品宣传单设计 > 04、05、06、07”文件，单击“导入”按钮，在页面中单击导入图片，分别拖曳图片到适当的位置并调整其大小，使用相同的方法制作出如图 6-46 所示的图框精确剪裁效果。

图 6-44

图 6-45

图 6-46

6. 介绍新产品

步骤 1 选择"文件 > 导入"命令，弹出"导入"对话框。选择光盘中的"Ch06 > 素材 > 摄像产品宣传单设计 > 08"文件，单击"导入"按钮，在页面中单击导入图片，将其拖曳到适当的位置并调整其大小，如图 6-47 所示。

步骤 2 选择"阴影"工具，在图片上由右下方至左上方拖曳光标，为图形添加阴影效果。在属性栏中将"阴影颜色"的 CMYK 值设置为 0、0、0、50，其他选项的设置如图 6-48 所示，按 Enter 键，效果如图 6-49 所示。

图 6-47

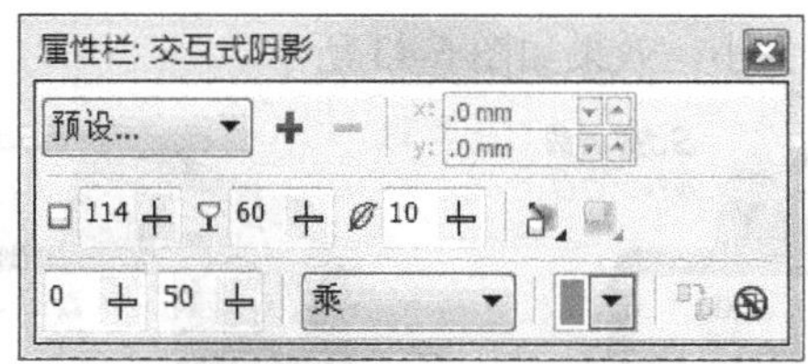

图 6-48

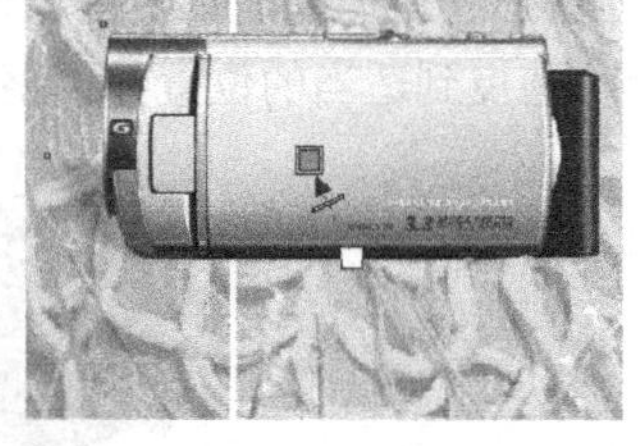

图 6-49

步骤 3 选择"折线"工具，在页面中绘制一条折线，在属性栏中设置相应的轮廓宽度，如图 6-50 所示。按 Shift+F12 组合键，弹出"轮廓颜色"对话框，选项的设置如图 6-51 所示，单击"确定"按钮，填充折线，效果如图 6-52 所示。

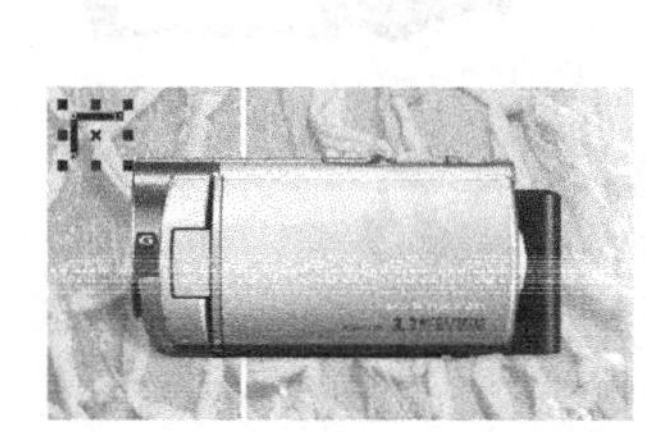

图 6-50

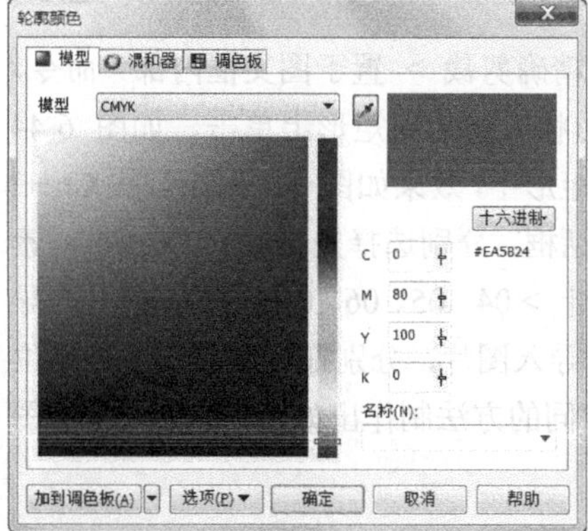

图 6-51

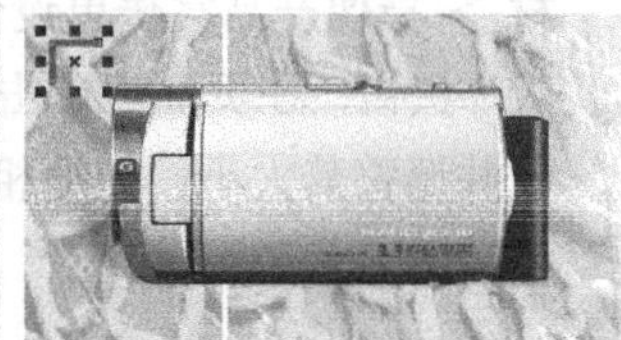

图 6-52

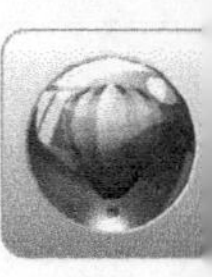

步骤 4 选择“选择”工具，按数字键盘上的+键复制一条折线。拖曳复制的折线到适当的位置，如图 6-53 所示。单击属性栏中的“水平镜像”按钮，水平翻转复制的折线，效果如图 6-54 所示。

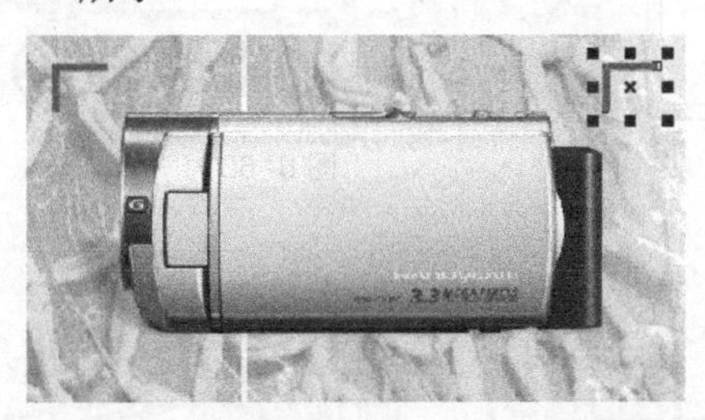

图 6-53

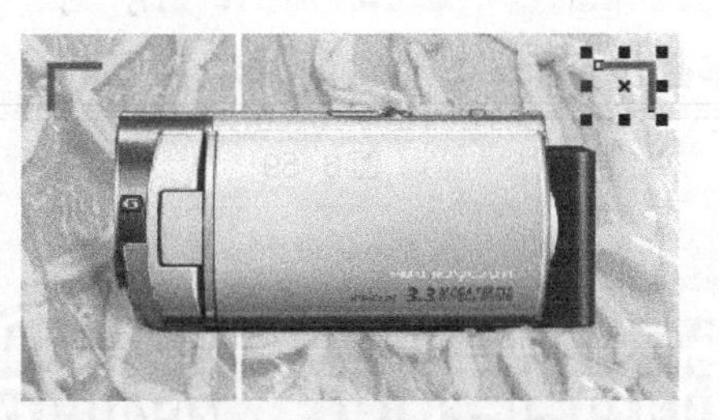

图 6-54

步骤 5 选择“选择”工具，圈选上方的两条折线，按数字键盘上的+键，复制图形，并将其拖曳到适当的位置，如图 6-55 所示。单击属性栏中的“垂直镜像”按钮，垂直翻转复制的图形，效果如图 6-56 所示。

图 6-55

图 6-56

步骤 6 选择“文本”工具，分别在页面中输入需要的文字。选择“选择”工具，在属性栏中分别选择合适的字体并设置文字大小，效果如图 6-57 所示。选择“形状”工具，选取上方的文字，向左拖曳文字下方的图标，调整文字的间距，并填充文字为白色，效果如图 6-58 所示。

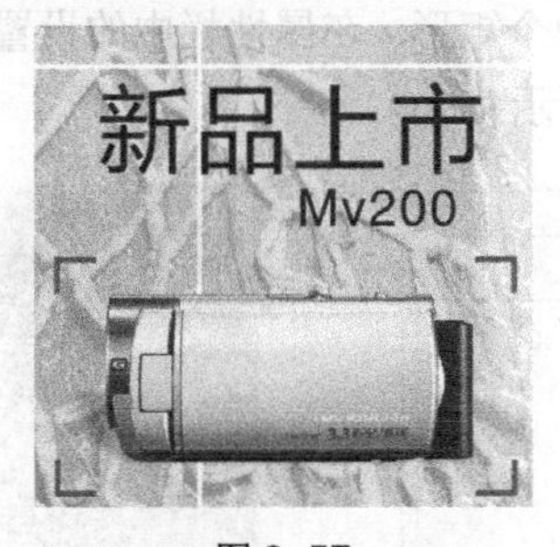

图 6-57

图 6-58

步骤 7 选择“选择”工具，选取文字。选择“轮廓图”工具，在文字上拖曳光标，为文字添加轮廓化效果。在属性栏中将“填充色”选项的 CMYK 值设置为 0、80、100、0，其他选项的设置如图 6-59 所示，按 Enter 键确认，效果如图 6-60 所示。

步骤 8 选择“封套”工具，在属性栏中单击“非强制模式”按钮，在文字对象上单击选取需要的节点，如图 6-61 所示，按住鼠标左键，拖曳节点的控制点到适当的位置以调整曲线的弯曲度，松开鼠标后，效果如图 6-62 所示。用相同的方法调整其他节点的控制点到适当的位置，效果如图 6-63 所示。

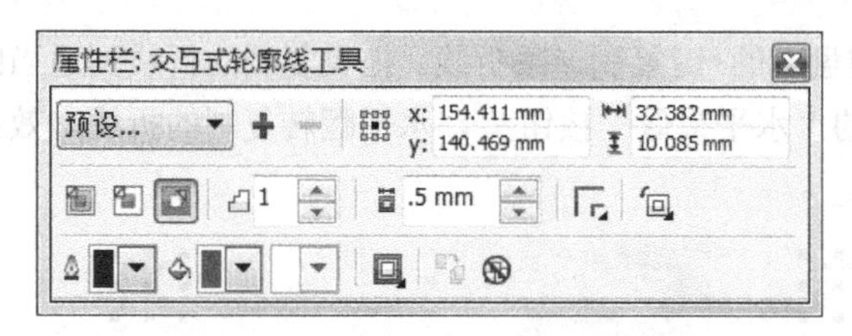

图 6-59

图 6-60

图 6-61

图 6-62

图 6-63

7. 绘制记忆卡及其他信息

步骤 1 选择“矩形”工具，在页面外绘制一个图形，在属性栏中的设置如图 6-64 所示，按 Enter 键，效果如图 6-65 所示。设置图形颜色的 CMYK 值为 100、50、0、0，填充图形，并去除图形的轮廓线，效果如图 6-66 所示。

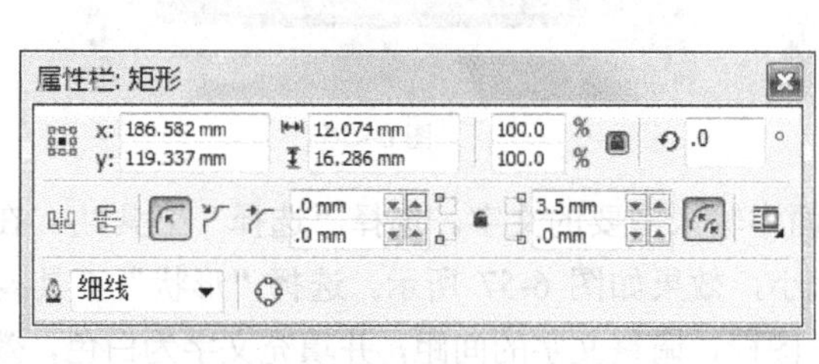

图 6-64

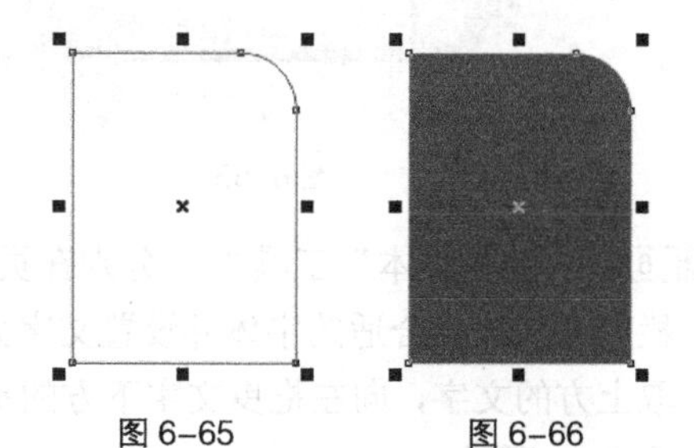

图 6-65 图 6-66

步骤 2 选择“矩形”工具，在适当的位置绘制一个矩形，在属性栏中的设置如图 6-67 所示，按 Enter 键，填充图形为黑色，效果如图 6-68 所示。

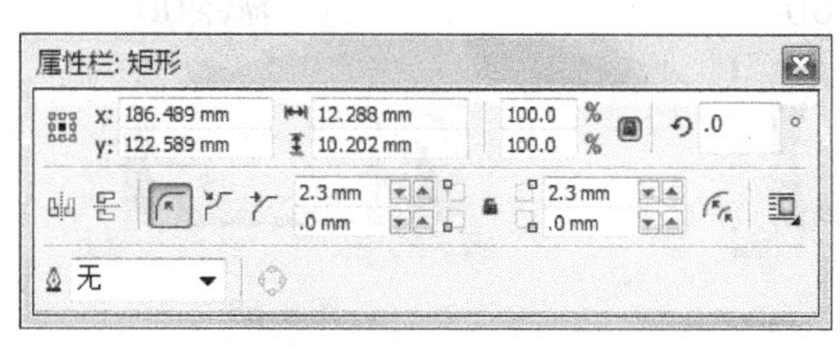

图 6-67

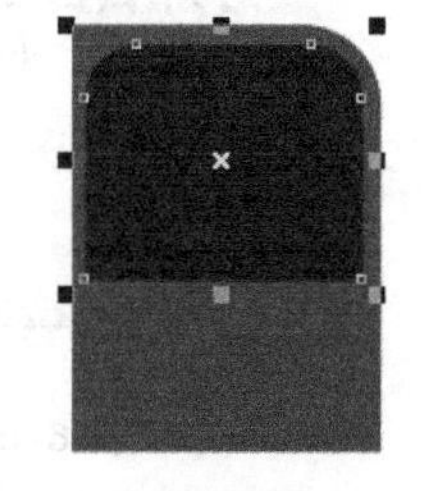

图 6-68

步骤 3 选择“透明度”工具，在图形对象上从上到下拖曳光标，为图形添加透明度效果，在属性栏中的设置如图 6-69 所示，按 Enter 键确认，效果如图 6-70 所示。

步骤 4 选择“手绘”工具，按住 Ctrl 键的同时，绘制一条直线，在“CMYK 调色板”中的“白”色块上单击鼠标右键，填充直线，如图 6-71 所示。选择“选择”工具，按住 Ctrl 键的同时，按住鼠标左键垂直向下拖曳直线，并在适当的位置上单击鼠标右键，复制一条直线，如图 6-72 所示。按住 Ctrl 键的同时，再连续点按 D 键，按需要复制出多条直线，效果如图

6-73 所示。

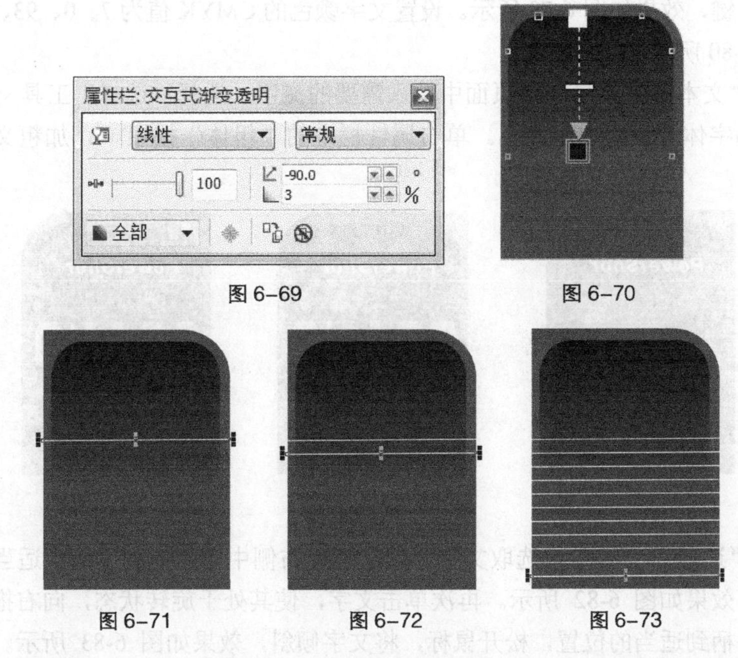

图 6-69　图 6-70

图 6-71　图 6-72　图 6-73

步骤 5 选择"选择"工具，用圈选的方法选取所有的直线，按 Ctrl+G 组合键将其群组，效果如图 6-74 所示。选择"透明度"工具，在属性栏中的设置如图 6-75 所示，按 Enter 键，效果如图 6-76 所示。

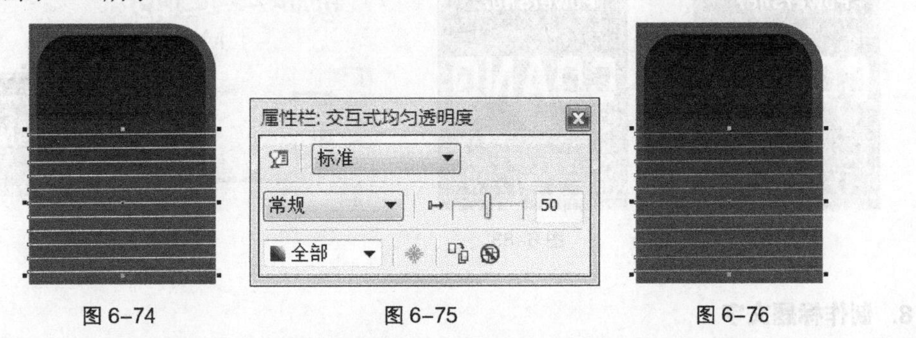

图 6-74　图 6-75　图 6-76

步骤 6 选择"文本"工具，分别在页面中输入需要的文字。选择"选择"工具，在属性栏中分别选择合适的字体并设置文字大小，如图 6-77 所示。选取上方的文字，单击属性栏中的"斜体"按钮，将文字倾斜，并填充文字为白色，效果如图 6-78 所示。

图 6-77　图 6-78

步骤 7 选择“选择”工具，选取下方的方字，向左拖曳右侧中间的控制手柄到适当的位置，松开鼠标左键，效果如图 6-79 所示。设置文字颜色的 CMYK 值为 7、0、93、0，填充文字，效果如图 6-80 所示。

步骤 8 选择“文本”工具，在页面中输入需要的文字。选择“选择”工具，在属性栏中选择合适的字体并设置文字大小。单击属性栏中的“粗体”按钮，加粗文字，效果如图 6-81 所示。

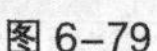
图 6-79

图 6-80

图 6-81

步骤 9 选择“选择”工具，选取文字，向左拖曳右侧中间的控制手柄到适当的位置，松开鼠标左键，效果如图 6-82 所示。再次单击文字，使其处于旋转状态，向右拖曳文字上边中间的控制手柄到适当的位置，松开鼠标，将文字倾斜，效果如图 6-83 所示。用圈选的方法选取刚输入的文字和图形，将其拖曳到页面中适当的位置，效果如图 6-84 所示。

图 6-82

图 6-83

图 6-84

8. 制作标题文字

步骤 1 选择“文本”工具，在页面中分别输入需要的文字。选择“选择”工具，在属性栏中分别选择合适的字体并设置文字大小，效果如图 6-85 所示。选取中间的文字，按数字键盘上的+键复制一组文字。按左右方向键微调文字到适当的位置，效果如图 6-86 所示。

图 6-85

图 6-86

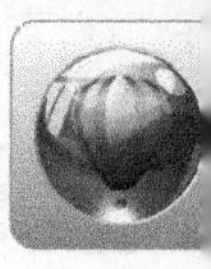

步骤 2 按F11键，弹出“渐变填充”对话框，点选“双色”单选框，将“从”选项颜色的CMYK的值设置为0、0、0、0，“到”选项颜色的CMYK的值设置为0、0、100、0，其他选项的设置如图6-87所示。单击“确定”按钮，填充文字，效果如图6-88所示。

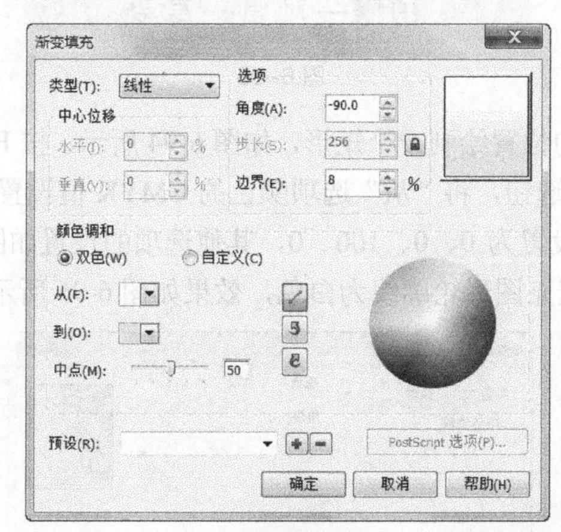

图6-87

图6-88

步骤 3 选择“贝塞尔”工具，在页面中绘制一个不规则的图形，如图6-89所示。按F11键，弹出“渐变填充”对话框，点选“双色”单选钮，将“从”选项颜色的CMYK值设置为0、100、100、0，“到”选项颜色的CMYK值设置为0、0、100、0，其他选项的设置如图6-90所示，单击“确定”按钮，填充图形，并去除图形的轮廓线，效果如图6-91所示。

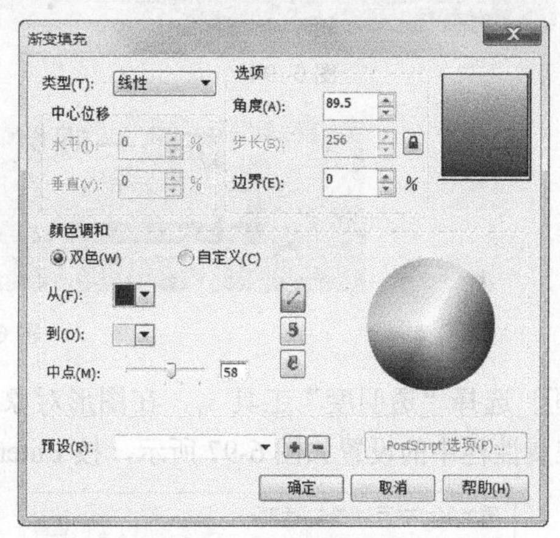

图6-89

图6-90

图6-91

步骤 4 选择“效果 > 图框精确剪裁 > 置于图文框内部”命令，鼠标指针变为黑色箭头形状，在渐变文字上单击，如图6-92所示，将其置入到文字中，效果如图6-93所示。

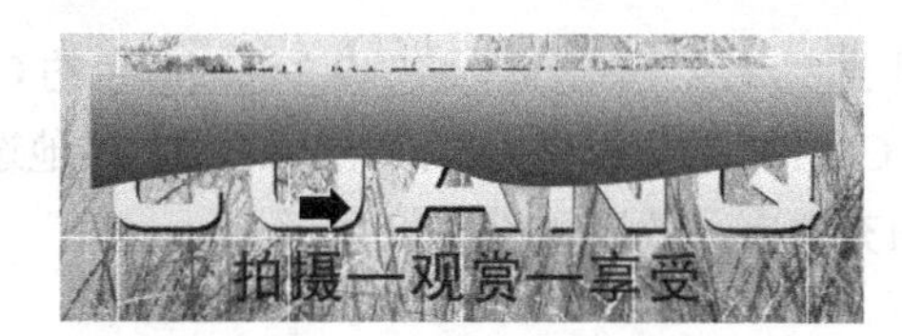

图 6-92

图 6-93

步骤 5 选择“矩形”工具，在页面中适当的位置绘制一个矩形，如图 6-94 所示。按 F11 键，弹出“渐变填充”对话框，点选“双色”单选钮，将“从”选项颜色的 CMYK 值设置为 25、100、75、0，“到”选项颜色的 CMYK 值设置为 0、0、100、0，其他选项的设置如图 6-95 所示。单击“确定”按钮，填充图形，并填充图形轮廓线为白色，效果如图 6-96 所示。

图 6-94

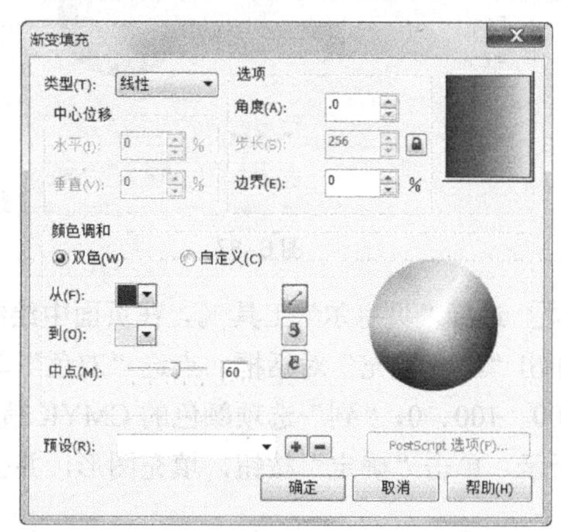

图 6-95

图 6-96

步骤 6 选择“透明度”工具，在图形对象上从左向右拖曳光标，为图形添加透明度效果，在属性栏中的设置如图 6-97 所示，按 Enter 键，效果如图 6-98 所示。

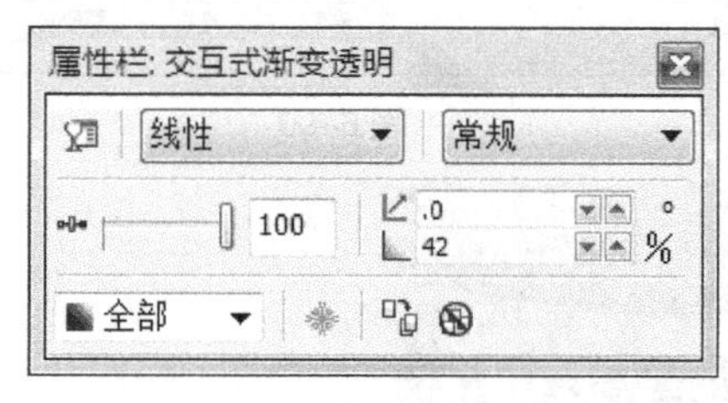

图 6-97

图 6-98

步骤 7 选择“文本”工具，在页面中输入需要的文字。选择“选择”工具，在属性栏中选择合适的字体并设置文字大小，填充文字为白色，效果如图 6-99 所示。

步骤 8 选择“文本”工具，在适当的位置插入光标，如图 6-100 所示。选择“文本 > 插入符号字符”命令，在弹出的面板中进行设置，如图 6-101 所示，单击“插入”按钮，在光标处插入字符，效果如图 6-102 所示。选取插入的字符，在属性栏中设置适当的大小，效果如

图 6-103 所示。

图 6-99

图 6-100

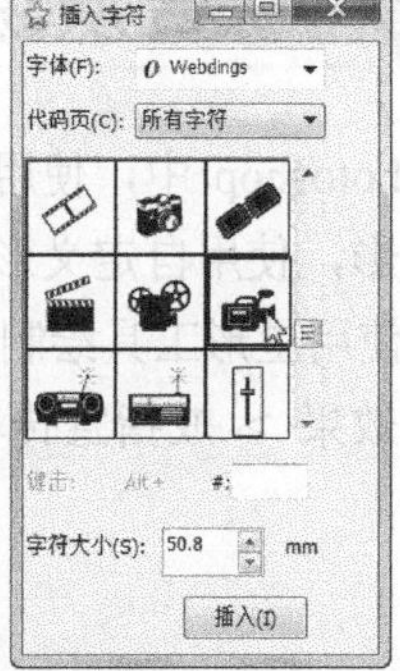

图 6-101

图 6-102

图 6-103

提示 在“插入字符”面板中，单击选取需要的字符，并按住鼠标将其拖曳到绘制页面中，松开鼠标，即可将符号添加到页面中成为图形。

步骤 9 使用相同的方法添加需要的字符，效果如图 6-104 所示。选择“选择”工具，按住 Shift 键的同时，单击渐变矩形，将其与文字同时选取，按 E 键，进行水平居中对齐，效果如图 6-105 所示。

图 6-104

图 6-105

步骤 10 选择“文本”工具，在页面中输入需要的文字。选择“选择”工具，在属性栏中选择合适的字体并设置文字大小，效果如图 6-106 所示。按 Esc 键，取消选取状态。摄像产品宣传单制作完成，效果如图 6-107 所示。

图 6-106

图 6-107

6.2 综合演练——戒指宣传单设计

在 Photoshop 中，使用羽化命令制作图形的模糊效果，使用圆角矩形工具和高斯模糊命令制作戒指投影，使用自定义形状工具绘制装饰花形。在 CorelDRAW 中，使用文本和绘图工具制作宣传语，使用星形工具绘制标志图形，使用文本工具添加其他文字效果。（最终效果参看光盘中的“Ch06 > 效果 > 戒指宣传单设计 > 戒指宣传单”，见图 6-108。）

图 6-108

第7章 广告设计

广告以多样的形式出现在城市中，是城市商业发展的写照，它通过电视、报纸和霓虹灯等媒介来发布。好的广告要强化视觉冲击力，抓住观众的视线。广告是重要的宣传媒体之一，具有实效性强、受众广泛、宣传力度大的特点。本章以汽车广告为例，讲解广告的设计方法和制作技巧。

课堂学习目标

- 在 Photoshop 软件中制作广告的背景和底图
- 在 CorelDRAW 软件中添加商标、标题及其他宣传信息

7.1 汽车广告设计

7.1.1 【案例分析】

本案例是为汽车公司设计制作的汽车产品广告。这是一部既适合商务办公，又适合郊游旅行的多功能 SUV 汽车。广告设计在突出广告宣传主体的同时，展示出车型强大的功能。

7.1.2 【设计理念】

在设计制作过程中先从背景入手，通过背景图中的大厦和汽车的对比突出汽车主体，给人震撼感。通过小图的展示可以让人们更详细地了解汽车的功能。通过广告语和其他文字的编排，使整个广告更突出、更张扬。（最终效果参看光盘中的“Ch07 > 效果 > 汽车广告设计 > 汽车广告”，见图 7-1。）

图 7-1

7.1.3 【操作步骤】

Photoshop 应用

1. 制作背景和底图

步骤 1 按 Ctrl+N 组合键，新建一个文件：宽度为 29.7 厘米，高度为 21 厘米，分辨率为 200 像素/英寸，颜色模式为 RGB，背景内容为白色，单击“确定”按钮。

步骤 2 按 Ctrl＋O 组合键，打开光盘中的“Ch07 > 素材 > 汽车广告设计 > 01”文件，选择“移动”工具，将图片拖曳到图像窗口中的适当位置，效果如图 7-2 所示，在“图层”控制面板中生成新的图层并将其命名为“底图”。按 Ctrl＋O 组合键，打开光盘中的“Ch07 > 素材 > 汽车广告设计 > 02、03、04”文件，选择“移动”工具，分别将图片拖曳到图像窗口中的适当位置，效果如图 7-3 所示，在“图层”控制面板中分别生成新的图层并将其命名为“网格”“暗影”和“建筑物”，如图 7-4 所示。

图 7-2

图 7-3

图 7-4

步骤 3 将“建筑物”图层拖曳到“图层”控制面板下方的“创建新图层”按钮上进行复制，生成新的图层并重新命名为“模糊效果”，如图 7-5 所示。选择“滤镜 > 模糊 > 动感模糊”命令，在弹出的对话框中进行设置，如图 7-6 所示。单击“确定”按钮，效果如图 7-7 所示。

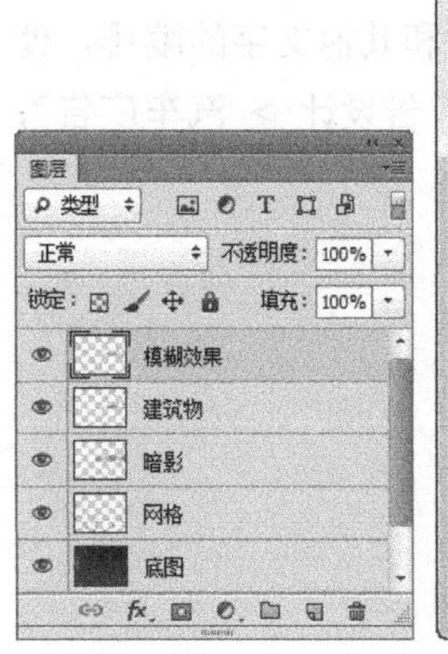

图 7-5

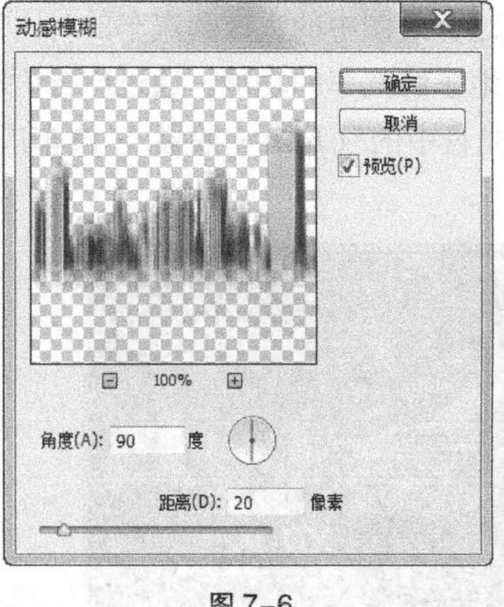

图 7-6

图 7-7

步骤 4 在“图层”控制面板中将“模糊效果”图层拖曳至“建筑物”图层的下方，如图 7-8 所示，图像效果如图 7-9 所示。单击面板下方的“添加图层蒙版”按钮，为“模糊图层”

图层添加蒙版，如图 7-10 所示。

图 7-8

图 7-9

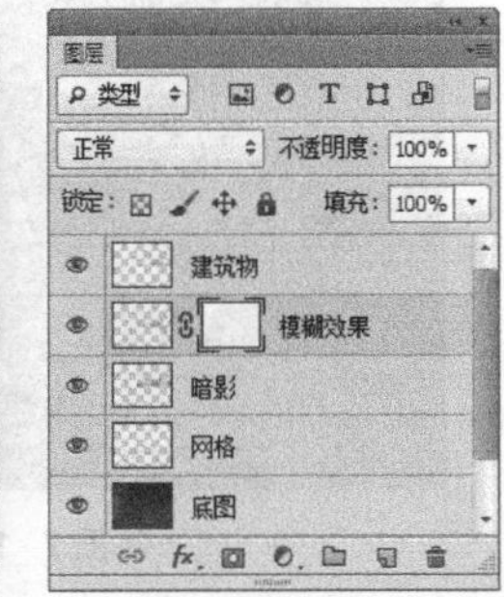

图 7-10

步骤 5 选择"矩形选框"工具，在图像窗口中绘制一个矩形选区，如图 7-11 所示。将前景色设为黑色，按 Alt+Delete 组合键，用前景色填充选区，按 Ctrl+D 组合键取消选框，效果如图 7-12 所示。

图 7-11

图 7-12

步骤 6 选中并调出"建筑物"图层的选区，再单击"图层"控制面板下方的"创建新的填充或调整图层"按钮，在弹出的菜单中选择"色相/饱和度"命令，在"图层"控制面板中生成"色相/饱和度 1"图层，如图 7-13 所示，同时在弹出的"色相/饱和度"面板中进行设置，如图 7-14 所示，按 Enter 键确认操作，效果如图 7-15 所示。

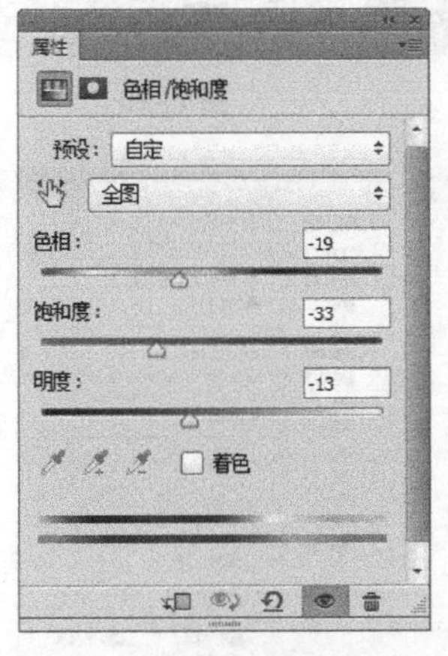

图 7-13

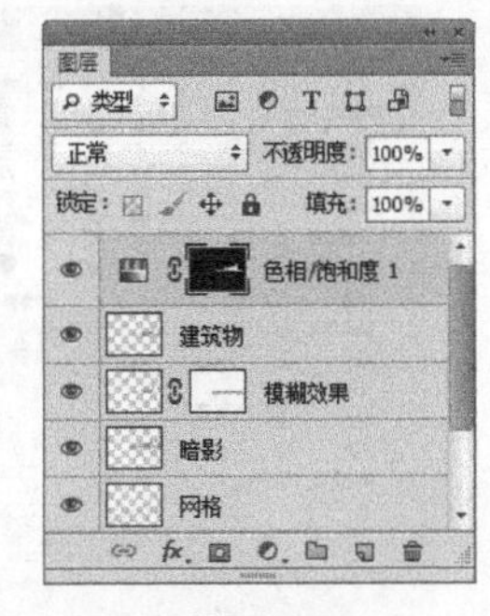

图 7-14

图 7-15

步骤 7 按 Ctrl+O 组合键，打开光盘中的"Ch07 > 素材 > 汽车广告设计 > 05"文件，选择"移动"工具，将图片拖曳到图像窗口中适当的位置，如图 7-16 所示，在"图层"控制面板中生成新的图层并将其命名为"光线"。将"光线"图层的"不透明度"选项设为 50%，图像效果如图 7-17 所示。

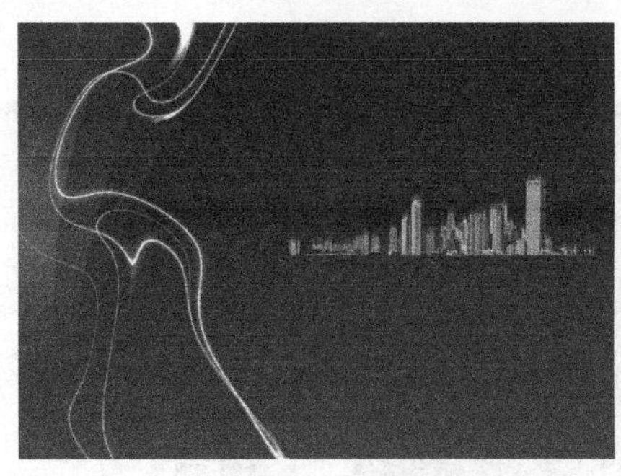

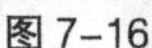
图 7-16

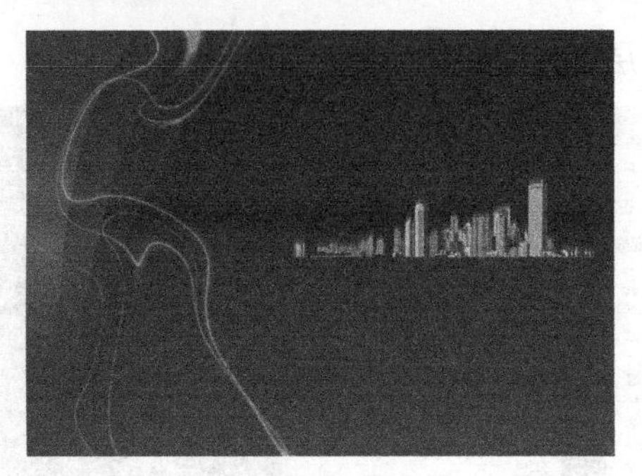
图 7-17

步骤 8 按 Ctrl+O 组合键，打开光盘中的“Ch07 > 素材 > 汽车广告设计 > 06”文件，选择“移动”工具，将图片拖曳到图像窗口中的左侧，在“图层”控制面板中生成新的图层并命名为“汽车”。单击面板下方的“添加图层蒙版”按钮，为“汽车”图层添加蒙版。选择“渐变”工具，将渐变色设为从黑色到白色，在汽车图片倒影部分拖曳渐变色，效果如图 7-18 所示。

步骤 9 按 Ctrl+O 组合键，打开光盘中的“Ch07 > 素材 > 汽车广告设计 > 07、08、09、10”文件，选择“移动”工具，分别将图片拖曳到图像窗口中的右下方，效果如图 7-19 所示。在“图层”控制面板中分别生成新的图层，并将其命名为“图片 1”、“图片 2”、“图片 3”和“图片 4”，如图 7-20 所示。

图 7-18

图 7-19

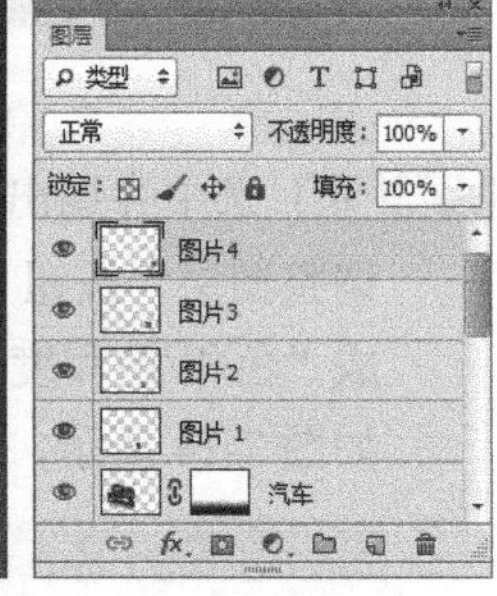

图 7-20

步骤 10 新建图层并将其命名为“星星”，将前景色设为白色。选择“画笔”工具，单击属性栏中的“切换画笔面板”按钮，弹出“画笔”控制面板，选择“画笔笔尖形状”选项，在弹出的相应面板中进行设置，如图 7-21 所示。选择“形状动态”选项，切换到相应面板中进行设置，如图 7-22 所示。选择“散布”选项，切换到相应面板中进行设置，如图 7-23 所示。在图像中绘制图形，效果如图 7-24 所示。

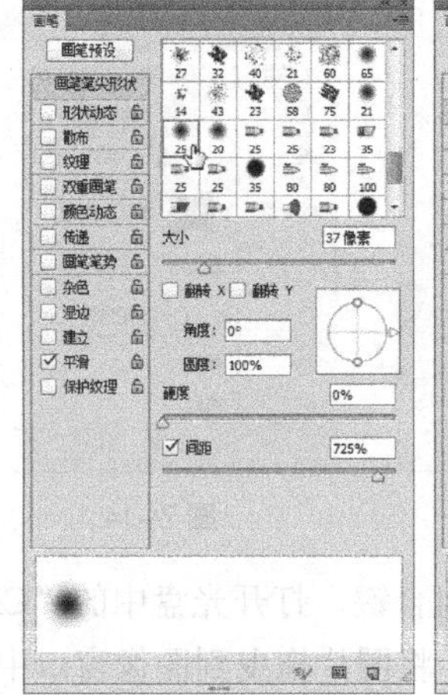

图 7-21

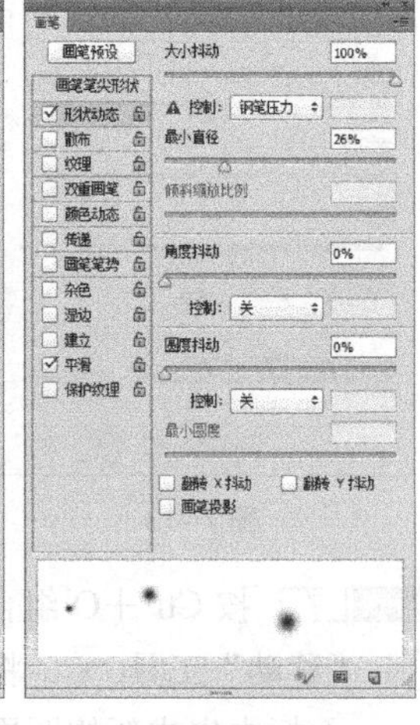

图 7-22

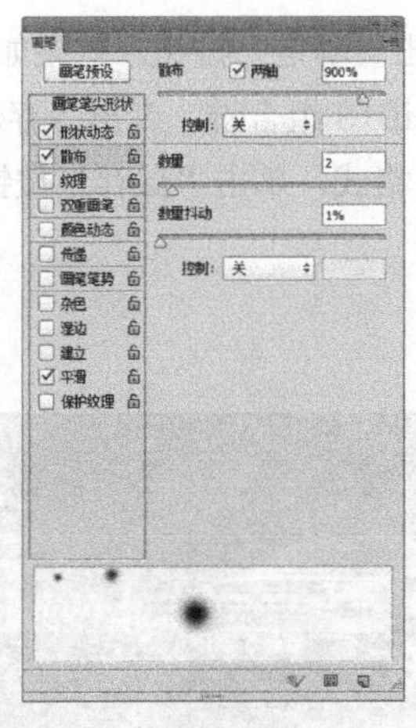

图 7-23

图 7-24

步骤 11 选择"横排文字"工具 T，输入需要的白色文字，选取文字，在属性栏中选择合适的字体并设置大小，效果如图 7-25 所示，在"图层"控制面板中生成新的文字图层。按 Ctrl+T 组合键，弹出"字符"面板，将"设置所选字符的字距调整" VA 0 选项设置为 20，其他选项的设置如图 7-26 所示，按 Enter 键确定操作，效果如图 7-27 所示。

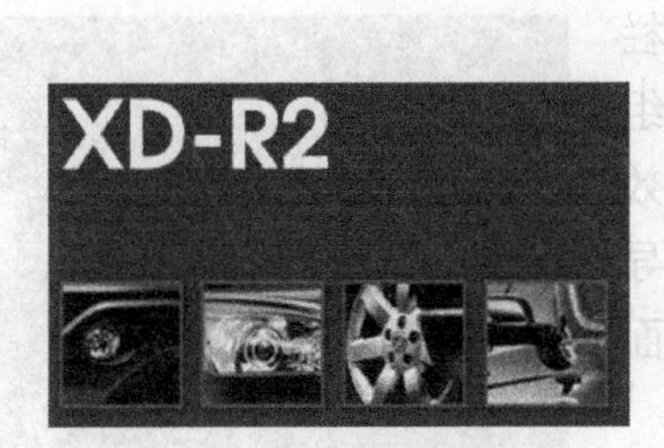

图 7-25

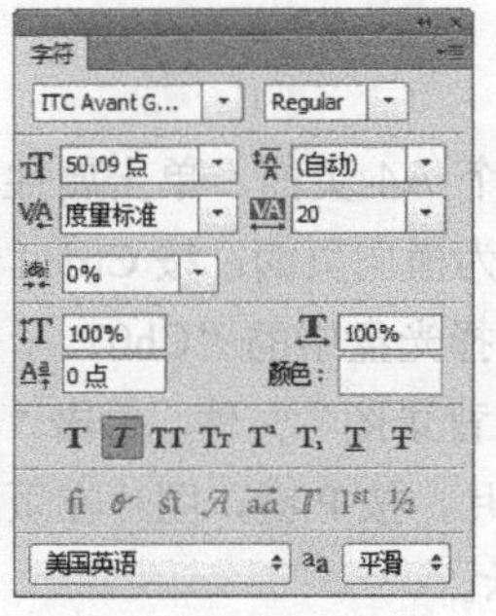

图 7-26

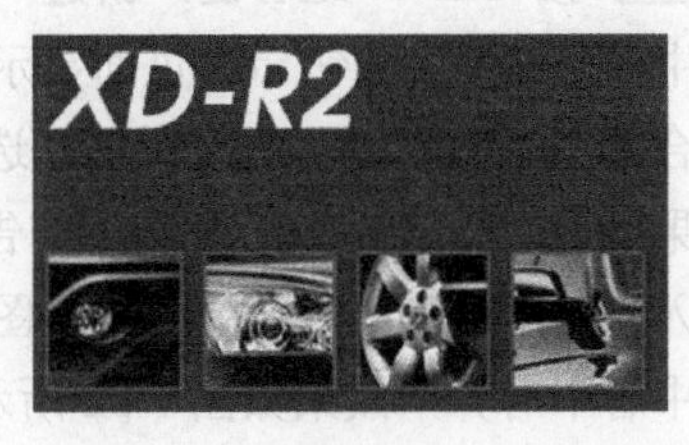

图 7-27

步骤 12 单击"图层"控制面板下方的"添加图层样式"按钮 fx，在弹出的菜单中选择"投影"命令，弹出"图层样式"对话框，选项的设置如图 7-28 所示；单击"斜面和浮雕"选项，切换到相应的面板中进行设置，如图 7-29 所示。

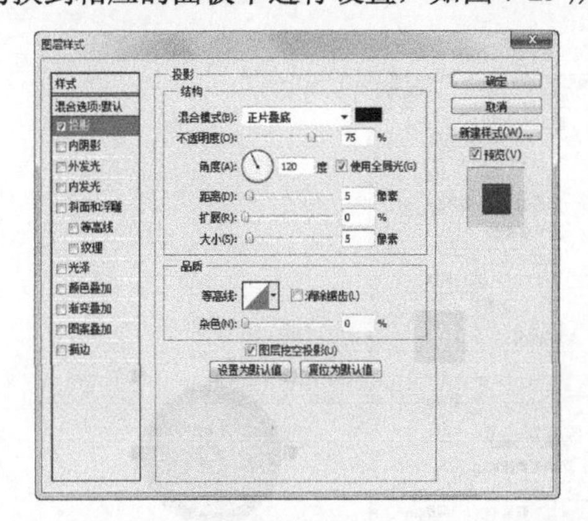

图 7-28

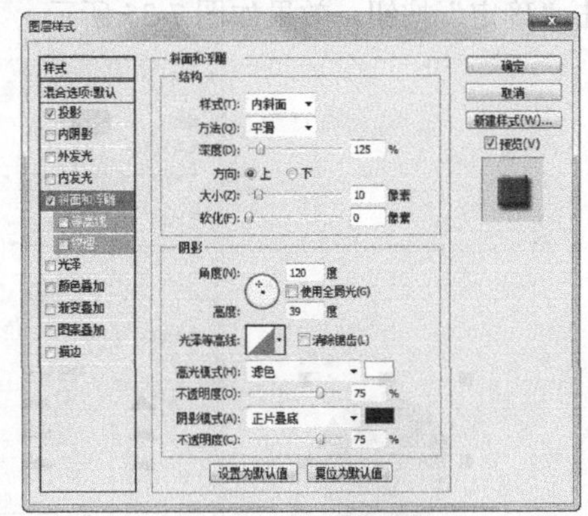

图 7-29

步骤 13 单击"描边"选项，切换到相应的面板，将描边颜色设为深绿色（其 R、G、B 的值分别为 34、51、76），其他选项的设置如图 7-30 所示。单击“确定”按钮，效果如图 7-31 所示。

步骤 14 按 Ctrl+Shift+E 组合键合并可见图层。按 Ctrl+Shift+S 组合键，弹出“存储为”对话框，将其命名为“汽车广告背景图”，保存图像为“TIFF”格式，单击“保存”按钮将图像保存。

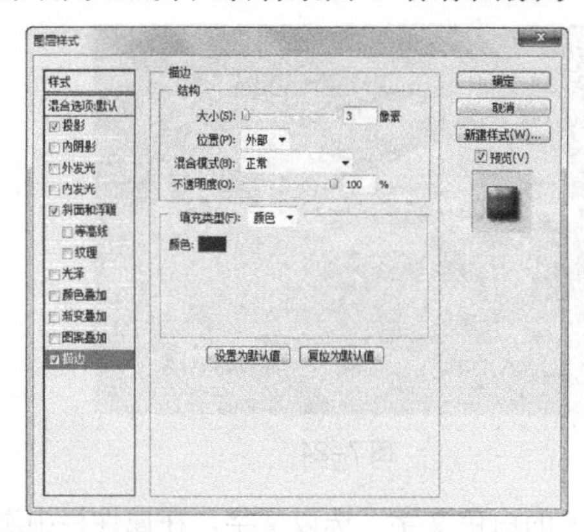

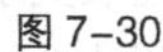
图 7-30

图 7-31

CorelDRAW 应用

2. 添加商标和广告标题

步骤 1 按 Ctrl+N 组合键，新建一个 A4 页面。单击属性栏中的“横向”按钮，页面显示为横向页面。按 Ctrl+I 组合键，弹出“导入”对话框，选择光盘中的“Ch07 > 效果 > 汽车广告设计 > 汽车广告背景图”文件，单击“导入”按钮，在页面中单击导入图片，按 P 键，图片在页面中居中对齐，效果如图 7-32 所示。

图 7-32

步骤 2 选择“椭圆形”工具，按住 Ctrl 键的同时，在页面外绘制一个圆形，设置图形填充色的 CMYK 值为 0、70、100、0，填充图形，效果如图 7-33 所示。按 F12 键，弹出“轮廓笔”对话框，在“颜色”选项中设置轮廓线颜色的 CMYK 值为 0、100、100、60，其他选项的设置如图 7-34 所示。单击“确定”按钮，效果如图 7-35 所示。

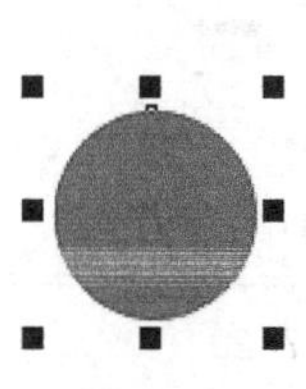
图 7-33

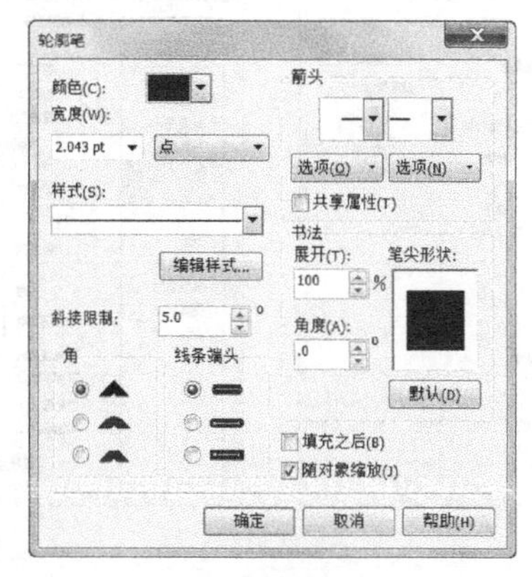

图 7-34

图 7-35

步骤 3 选择“贝塞尔”工具，在刚绘制的圆形上方绘制一个箭头图形，如图 7-36 所示。设置图形填充色的 CMYK 值为 0、100、100、60，填充图形，并去除图形的轮廓线，效果如图 7-37 所示。选择“选择”工具，用圈选的方法将所绘制的图形同时选取，并将其拖至页面中适当的位置，效果如图 7-38 所示。

图 7-36　　图 7-37

图 7-38

步骤 4 选择“文本”工具，在适当的位置分别输入需要的文字。选择“选择”工具，在属性栏中分别选择合适的字体并设置文字大小，填充文字为白色，效果如图 7-39 所示。选择“文本”工具，在适当的位置输入需要的文字。选择“选择”工具，在属性栏中选择合适的字体并设置文字大小，设置文字填充色的 CMYK 值为 0、70、100、0，填充文字，效果如图 7-40 所示。

图 7-39

图 7-40

3. 添加内容文字

步骤 1 选择“文本”工具，在页面的左下方分别输入需要的文字。选择“选择”工具，在属性栏中分别选择合适的字体并设置文字大小，填充文字为白色，效果如图 7-41 所示。

步骤 2 选择“文本”工具，在页面适当的位置分别输入需要的英文。选择“选择”工具，在属性栏中分别选择合适的字体并设置文字大小，填充文字为白色，效果如图 7-42 所示。

图 7-41

图 7-42

步骤 3 选择“文本”工具字，在页面适当的位置输入需要的文字。选择“选择”工具，在属性栏中选择合适的字体并设置文字大小，填充文字为白色，效果如图 7-43 所示。使用相同的方法输入其余文字，效果如图 7-44 所示。汽车广告制作完成，效果如图 7-45 所示。

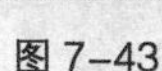
图 7-43

图 7-44

图 7-45

7.2 综合演练——房地产广告设计

在 Photoshop 中，使用画笔工具、色彩平衡命令和色相/饱和度命令制作背景效果，使用钢笔工具、直线工具和图层样式命令制作琵琶效果。在 CorelDRAW 中，使用椭圆形工具绘制图形，使用文本工具输入广告文字。（最终效果参看光盘中的“Ch07 > 效果 > 房地产广告设计 > 房地产广告”，见图 7-46。）

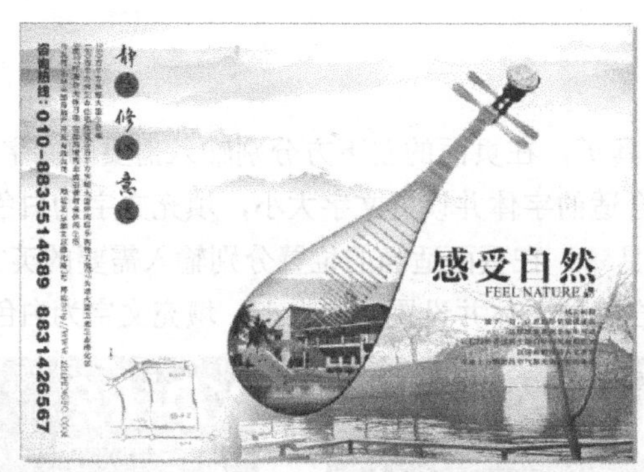

图 7-46

7.3 综合演练——空调广告设计

在 Photoshop 中，使用椭圆形工具绘制圆形，使用添加图层样式命令为圆形添加投影和描边。在 CorelDRAW 中，使用矩形工具绘制文字底图，使用文本工具添加标题文字，使用星形工具绘制装饰图形，使用文本工具添加宣传文字。（最终效果参看光盘中的“Ch07 > 效果 > 空调广告设计 > 空调广告”，见图 7-47。）

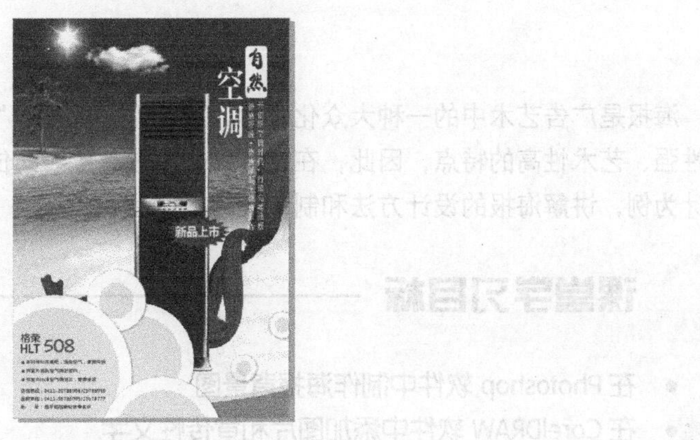

图 7-47

第8章 海报设计

海报是广告艺术中的一种大众化载体，又名“招贴”或“宣传画”。由于海报具有尺寸大、远视性强、艺术性高的特点，因此，在宣传媒介中占有重要的位置。本章以洗衣机海报和茶艺海报设计为例，讲解海报的设计方法和制作技巧。

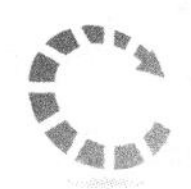

课堂学习目标

- 在 Photoshop 软件中制作海报背景图
- 在 CorelDRAW 软件中添加图片和宣传性文字

8.1 洗衣机海报设计

8.1.1 【案例分析】

本案例是为某洗衣机厂商推销其产品而设计制作的海报，主要以介绍产品的型号和功能特点为主。在海报设计上要表现出产品新颖独特的强大功能。

8.1.2 【设计理念】

在设计制作过程中先从背景入手，通过蓝天白云和飘动的衣服，体现出产品强大的洁净功能。通过水珠、装饰图形和人物的添加，使画面更加生动活泼，同时揭示出公司以人为本的经营理念。通过产品图片显示洗衣机的外观。通过文字的编排介绍产品的功能和优势。（最终效果参看光盘中的“Ch08 > 效果 > 洗衣机海报设计 > 洗衣机海报”，见图 8-1。）

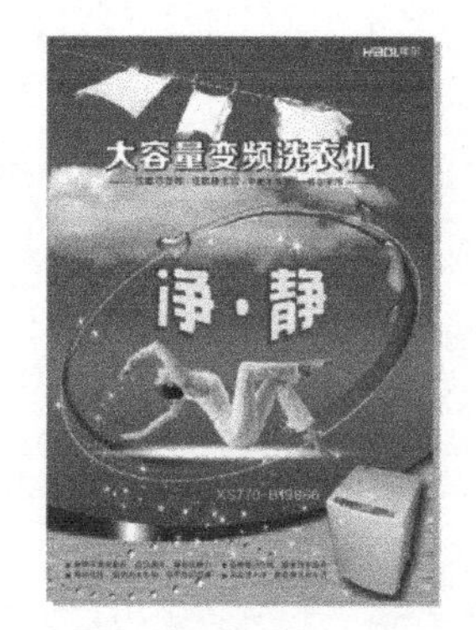

图 8-1

8.1.3 【操作步骤】

Photoshop 应用

1. 制作背景效果

步骤 1 按 Ctrl+N 组合键，新建一个文件：宽度为 21 厘米，高度为 30 厘米，分辨率为 200 像素/英寸，颜色模式为RGB，背景内容为白色，单击“确定”按钮。

步骤 2 选择“渐变”工具，单击属性栏中的“点按可编辑渐变”按钮，弹出“渐变编辑器”对话框，在“位置”选项中分别输入0、50、100三个位置点，分别设置三个位置点颜色的RGB值为0（62、63、105），50（83、169、227），100（75、58、108），如图8-2所示，单击“确定”按钮。单击属性栏中的“线性渐变”按钮，按住Shift键的同时，在图像窗口中从上向下拖曳渐变色，效果如图8-3所示。

步骤 3 按Ctrl+O组合键，打开光盘中的“Ch08 > 素材 > 洗衣机海报设计 > 01”文件，选择“移动”工具，将图片拖曳到图像窗口中适当的位置并调整其大小，效果如图8-4所示，在“图层”控制面板中生成新的图层并将其命名为“底图”。

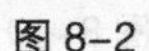
图8-2

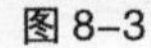
图8-3

图8-4

2. 添加图片效果

步骤 1 按Ctrl+O组合键，打开光盘中的“Ch08 > 素材 > 洗衣机海报设计 > 02”文件，选择“移动”工具，将洗衣机图片拖曳到图像窗口的右下方并调整其大小，效果如图8-5所示，在“图层”控制面板中生成新的图层并将其命名为“洗衣机”。单击控制面板下方的“添加图层样式”按钮fx，在弹出的菜单中选择“投影”命令，在弹出的“图层样式”对话框中进行设置，如图8-6所示。单击“确定”按钮，效果如图8-7所示。

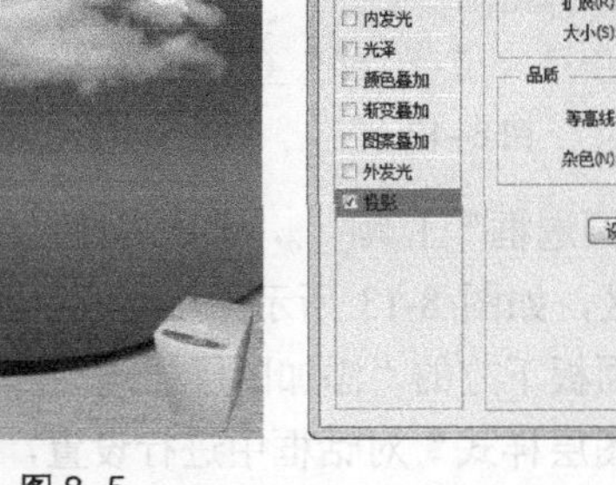

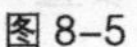
图8-5

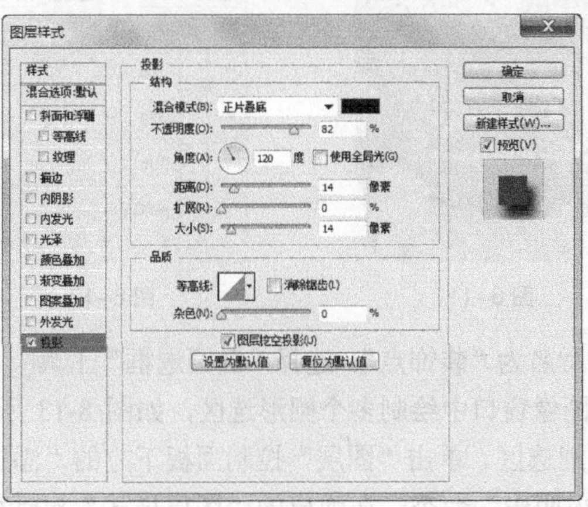

图8-6

图8-7

步骤 2 按 Ctrl+O 组合键，打开光盘中的“Ch08 > 素材 > 洗衣机海报设计 > 03”文件，选择“移动”工具，将素材图片拖曳到图像窗口中适当的位置，效果如图 8-8 所示，在“图层”控制面板中生成新的图层并将其命名为“装饰图形”。

步骤 3 新建图层并将其命名为“星光”。将前景色设为白色。选择“画笔”工具，单击属性栏中的“切换画笔面板”按钮，弹出“画笔”控制面板，选中“画笔笔尖形状”选项，切换到相应的面板，选择需要的画笔形状，其他选项的设置如图 8-9 所示。在属性栏中将“不透明度”选项设为 100，“流量”选项设为 100，在图像窗口中绘制图形。用相同的方法分别在“画笔”控制面板中设置画笔的大小，在图像窗口中绘制图形，效果如图 8-10 所示。

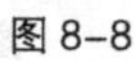

图 8-8

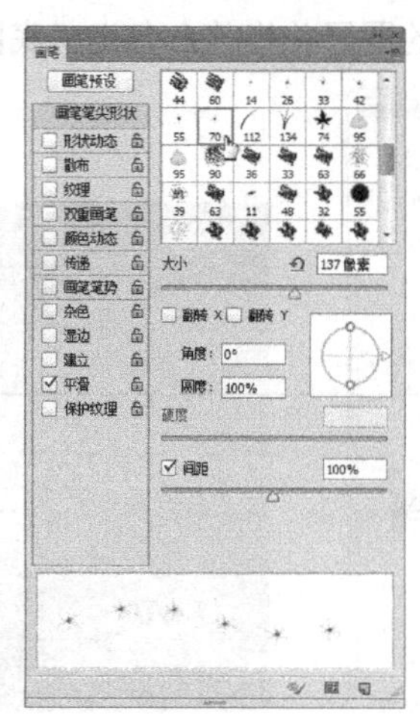

图 8-9

图 8-10

步骤 4 按 Ctrl+O 组合键，打开光盘中的“Ch08 > 素材 > 洗衣机海报设计 > 04、05”文件，选择“移动”工具，分别将素材图片拖曳到图像窗口中适当的位置并调整其大小，效果如图 8-11 所示，在“图层”控制面板中分别生成新的图层并将其命名为“人物”和“水泡”，如图 8-12 所示。

图 8-11

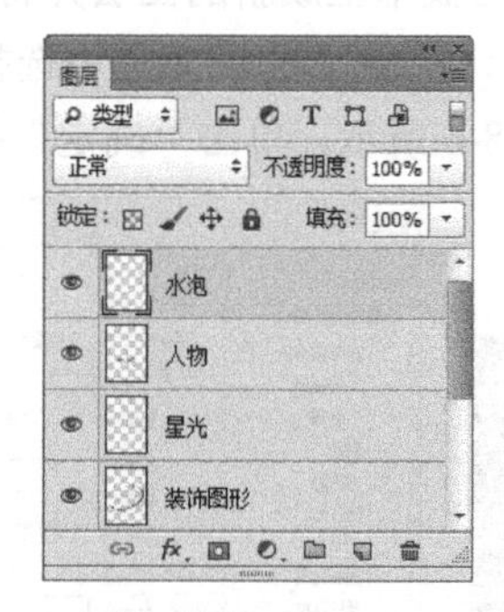

图 8-12

步骤 5 新建图层并将其命名为“装饰点”。选择“椭圆选框”工具，选中属性栏中的“添加到选区”按钮，在图像窗口中绘制多个圆形选区，如图 8-13 所示。填充选区为白色，然后按 Ctrl+D 组合键取消选区。单击“图层”控制面板下方的“添加图层样式”按钮，在弹出的菜单中选择“内阴影”命令，在弹出的“图层样式”对话框中进行设置，如图 8-14 所示。单击“确定”按钮，图像效果如图 8-15 所示。

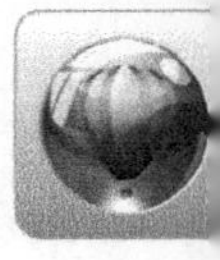

步骤 6 选择“移动”工具，选取装饰点图形，按住 Alt 键的同时，拖曳图形到适当的位置，复制图形。按 Ctrl+T 组合键，在图形周围出现变换框，在变换框中单击鼠标右键，在弹出的快捷菜单中选择“水平翻转”命令。再次单击鼠标右键，在弹出的快捷菜单中选择“垂直翻转”命令，按 Enter 键确认操作，效果如图 8-16 所示。

步骤 7 按 Ctrl+Shift+S 组合键，弹出“存储为”对话框，将其命名为“洗衣机广告背景图”，保存图像为“TIFF”格式，单击“保存”按钮将图像保存。

图 8–13

图 8–14

图 8–15

图 8–16

CorelDRAW 应用

3. 添加文字

步骤 1 按 Ctrl+N 组合键，新建一个 A4 页面。按 Ctrl+I 组合键，弹出“导入”对话框，选择光盘中的“Ch08 > 效果 > 洗衣机海报设计 > 洗衣机海报背景图”文件，单击“导入”按钮，在页面中单击导入图片，按 P 键，图片在页面中居中对齐，效果如图 8-17 所示。

图 8–17

步骤 2 选择“文本”工具，在页面中的右上角输入需要的文字。选择“选择”工具，在属性栏中选择合适的字体并设置文字大小，填充文字为白色，效果如图 8-18 所示。选择“选择”工具，选取白色文字，按 Ctrl+Q 组合键，将文字转换为曲线，如图 8-19 所示。选择“形状”工具，选择字母“L”最右边的两个节点，拖曳节点到适当的位置，如图 8-20 所示，松开鼠标左键，并取消文字的选取状态，文字效果如图 8-21 所示。

图 8-18

图 8-19

图 8-20

图 8-21

步骤 3 选择"文本"工具，在适当的位置输入需要的文字。选择"选择"工具，在属性栏中选择合适的字体并设置文字大小，填充文字为白色，如图 8-22 所示。选择"形状"工具，选取需要的文字，向左拖曳文字下方的图标，如图 8-23 所示，松开鼠标左键，调整文字的字距，效果如图 8-24 所示。

图 8-22

图 8-23

图 8-24

步骤 4 选择"文本"工具，输入需要的文字。选择"选择"工具，在属性栏中选择合适的字体并设置文字大小，填充文字为白色，效果如图 8-25 所示。选取白色文字，选择"轮廓图"工具，在文字对象中拖曳光标，为文字添加轮廓线效果，在属性栏中将"填充色"选项颜色的 CMYK 值设为 100、20、0、50，其他选项的设置如图 8-26 所示，按 Enter 键确认操作，效果如图 8-27 所示。

图 8-25

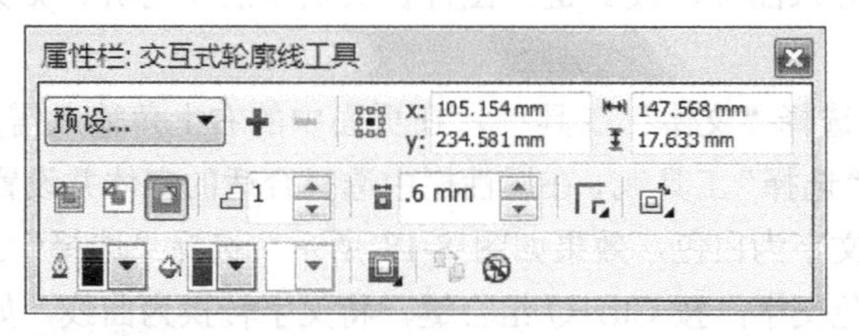

图 8-26

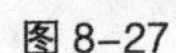
图 8-27

步骤 5 选择“文本”工具字，输入需要的文字。选择“选择”工具，在属性栏中选择合适的字体并设置文字大小，设置文字填充色的 CMYK 值为 100、20、0、50，填充文字，效果如图 8-28 所示。选择“椭圆形”工具，按住 Ctrl 键的同时，在适当的位置绘制一个圆形，设置图形填充色的 CMYK 值为 100、20、0、50，填充图形，并去除图形的轮廓线，效果如图 8-29 所示。

图 8-28 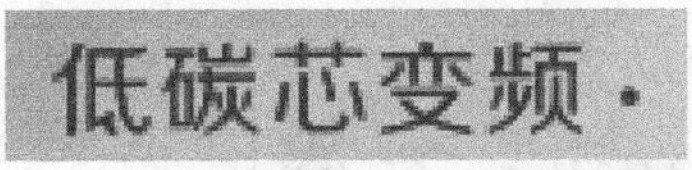　　图 8-29

步骤 6 使用上述相同的方法输入其余文字并绘制需要的圆形，效果如图 8-30 所示。选择“矩形”工具，分别在适当的位置绘制两个矩形。选择“选择”工具，将绘制的两个矩形同时选中，设置图形填充色的 CMYK 值为 100、20、0、50，填充图形，效果如图 8-31 所示。

图 8-30 　　图 8-31

4. 制作变形文字

步骤 1 选择“文本”工具字，输入需要的文字。选择“选择”工具，在属性栏中选择合适的字体并设置文字大小。在“CMYK 调色板”中的“黄”色块上单击鼠标左键，填充文字，效果如图 8-32 所示。选择“文本”工具字，选中黄色文字，单击“文本”属性栏中的“字符格式化”按钮，在弹出的“字符格式化”面板中将“字距调整范围”选项设为-35%，如图 8-33 所示，按 Enter 键确认操作，文字效果如图 8-34 所示。

图 8-32

图 8-33

图 8-34

步骤 2 选择“封套”工具，选取文字上需要的节点，如图 8-35 所示，拖曳节点到适当的位置，如图 8-36 所示，松开鼠标左键，效果如图 8-37 所示。

图 8-35

图 8-36

图 8-37

步骤 3 选择"阴影"工具，在变形文字对象中由上至下拖曳光标，为文字添加阴影效果，如图 8-38 所示。在属性栏中的设置如图 8-39 所示，按 Enter 键确认操作，效果如图 8-40 所示。

图 8-38

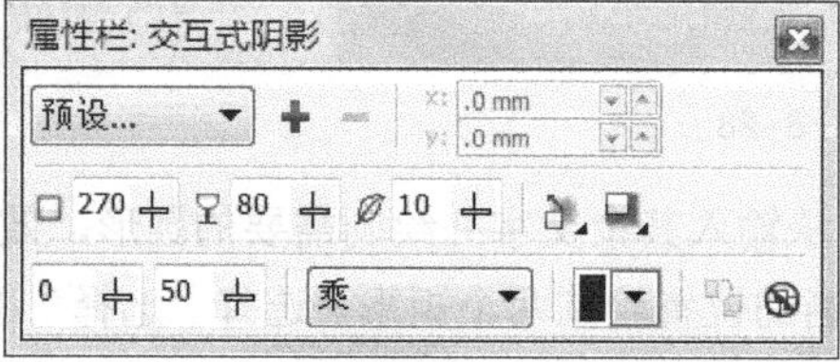

图 8-39

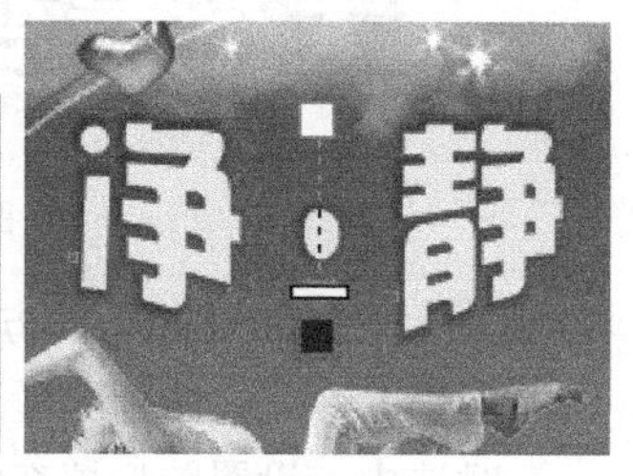

图 8-40

步骤 4 选择"文本"工具，在适当的位置输入需要的文字。选择"选择"工具，在属性栏中选择合适的字体并设置文字大小，填充文字为白色，如图 8-41 所示。选择"文本"工具，输入需要的文字。选择"选择"工具，在属性栏中选择合适的字体并设置文字大小，设置文字填充色的 CMYK 值为 100、20、0、50，填充文字，效果如图 8-42 所示。

图 8-41

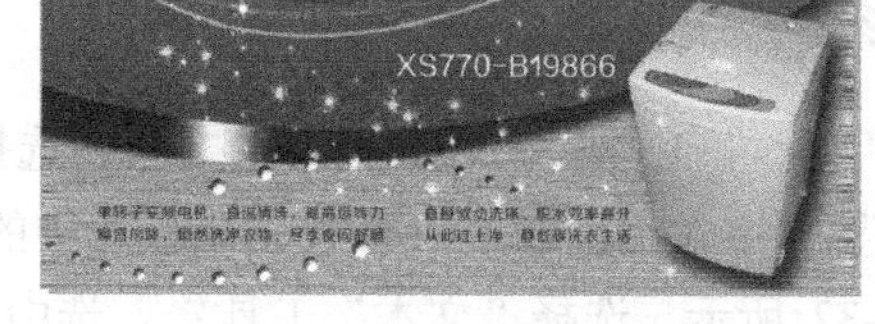

图 8-42

步骤 5 选择"椭圆形"工具，按住 Ctrl 键的同时，在适当的位置绘制一个圆形，设置图形填充色的 CMYK 值为 100、20、0、50，填充图形并去除图形的轮廓线，效果如图 8-43 所示。用相同的方法绘制其余圆形，效果如图 8-44 所示。洗衣机海报制作完成，效果如图 8-45 所示。

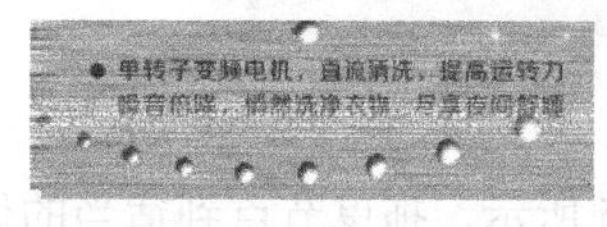

图 8-43

图 8-44

图 8-45

8.2 茶艺海报设计

8.2.1 【案例分析】

本案例要求制作一款博览会海报，博览会的主题是中华茶艺，所以海报要求要能够表现中华传统文化，将博览会的主旨信息能够表现清楚，并且展现茶艺的魅力，达到宣传的目的，吸引人们关注此次活动。

8.2.2 【设计理念】

在设计制作过程中，海报的背景使用具有意境的山水图片，搭配书法文字，并且使用茶艺相关的图片进行装饰，使整个海报表现出深厚的文化氛围，海报主题使用中国传统的书法字体，更加烘托了海报的氛围，活动相关内容在海报中心位置，清晰明确，让人一目了然。（最终效果参看光盘中的“Ch08 > 效果 > 茶艺海报设计 > 茶艺海报”，见图 8-46。）

图 8-46

8.2.3 【操作步骤】

Photoshop 应用

1. 处理背景图片

步骤 1 按 Ctrl+O 组合键，打开光盘中的“Ch08 > 素材 > 茶艺海报设计 > 01、02”文件，如图 8-47 所示。选择“移动”工具，将 02 茶叶图片拖曳到图像窗口中适当的位置，效果如图 8-48 所示，在“图层”控制面板中生成新的图层并将其命名为“茶叶”。

图 8-47

图 8-48

步骤 2 单击“图层”控制面板下方的“添加图层蒙版”按钮，为“茶叶”图层添加蒙版，如图 8-49 所示。选择“渐变”工具，单击属性栏中的“点按可编辑渐变”按钮，弹出“渐变编辑器”对话框，将渐变色设为由黑色到白色，单击“确定”按钮，在图像窗口中从左上方向右下方拖曳渐变色，如图 8-50 所示，松开鼠标后，效果如图 8-51 所示。

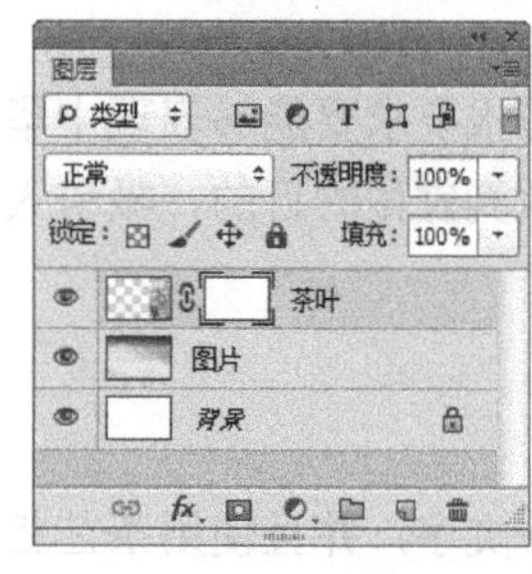

图 8-49

图 8-50

图 8-51

2. 添加并编辑背景文字

步骤 1 双击打开光盘中的“Ch08 > 素材 > 茶艺海报设计 > 记事本”文件，按 Ctrl+A 组合键，选取文档中所有的文字，单击鼠标右键，在弹出的快捷菜单中选择“复制”命令，复制文字，如图 8-52 所示。返回 Photoshop 页面中，选择“直排文字”工具，在属性栏中选择合适的字体并设置文字大小，并在页面中单击插入光标，粘贴文字，效果如图 8-53 所示。在“图层”控制面板中生成新的文字图层。

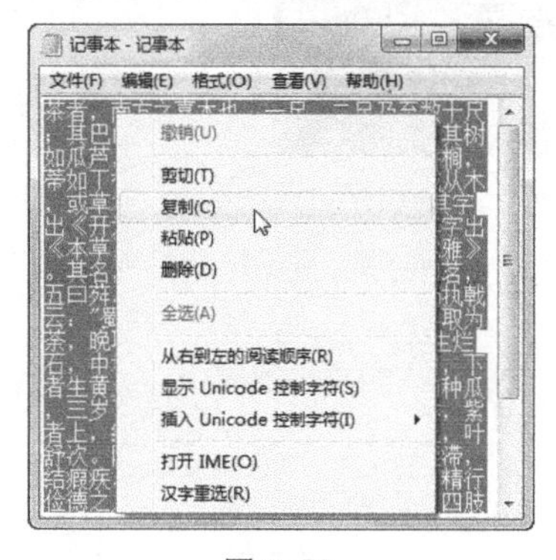

图 8-52

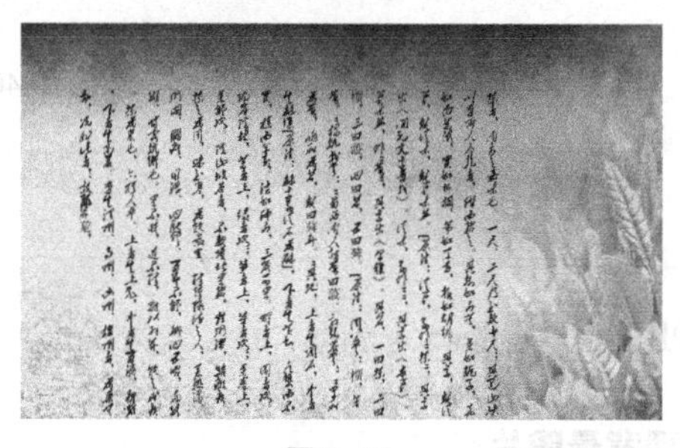

图 8-53

步骤 2 选择属性栏中的“切换字符和段落面板”工具，弹出“字符”控制面板，选项的设置如图 8-54 所示，按 Enter 键确认，文字效果如图 8-55 所示。

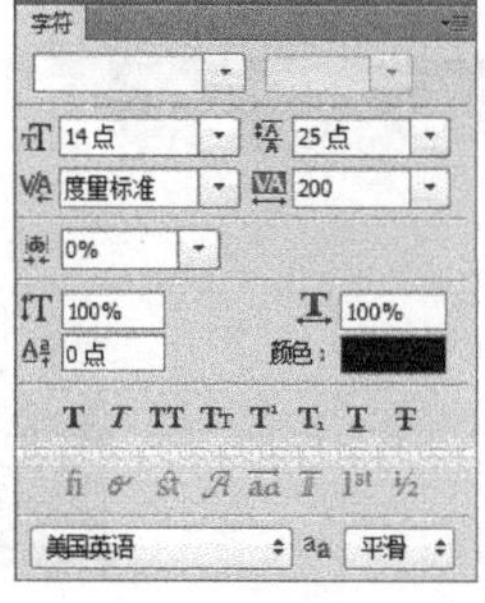

图 8-54

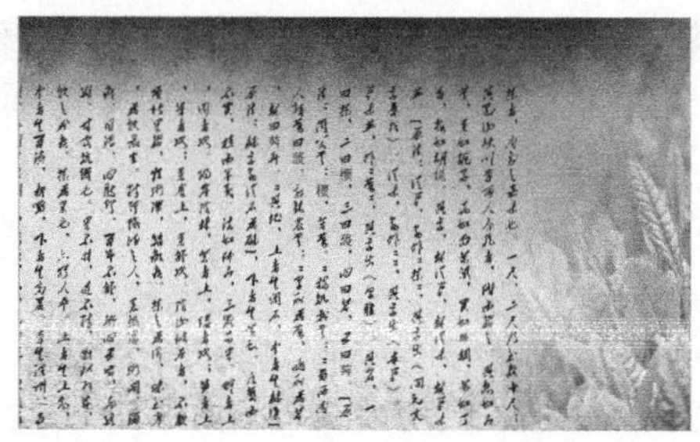

图 8-55

步骤 3 在“图层”控制面板上方，将文字图层的混合模式选项设为“柔光”，“不透明度”选项设为40%，如图8-56所示，图像窗口中的效果如图8-57所示。

图8-56

图8-57

3. 添加并编辑图片

步骤 1 按Ctrl+O组合键，打开光盘中的“Ch08 > 素材 > 茶艺海报设计 > 03”文件，选择“移动”工具，将风景图片拖曳到图像窗口中适当的位置，如图8-58所示，在“图层”控制面板中生成新的图层并将其命名为“山川”。单击“图层”控制面板下方的“添加图层蒙版”按钮，为“山川”图层添加蒙版，如图8-59所示。

图8-58 图8-59

步骤 2 选择“画笔”工具，在属性栏中单击“画笔”选项右侧的按钮，弹出画笔选择面板，在面板中选择需要的画笔形状，如图8-60所示。在图像窗口中拖曳鼠标擦除不需要的图像，效果如图8-61所示。

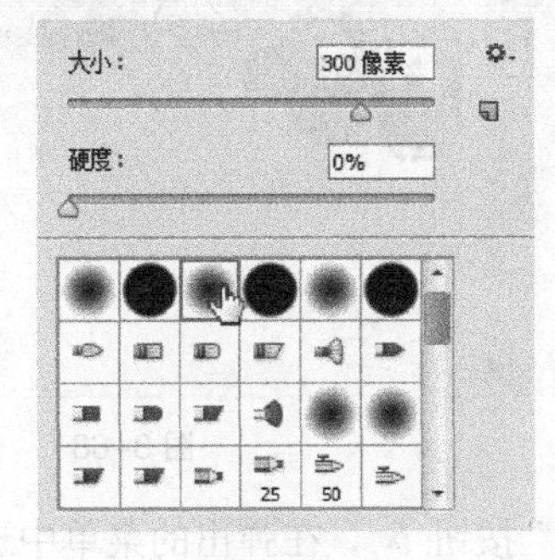

图8-60

图8-61

步骤 3 在“图层”控制面板上方，将“山川”图层的混合模式选项设为“柔光”，“不透明度”选项设为80%，如图8-62所示，图像效果如图8-63所示。

图 8-62

图 8-63

步骤 4 按 Ctrl+O 组合键，打开光盘中的“Ch08 > 素材 > 茶艺海报设计 > 04”文件，选择“移动”工具，将墨迹图片拖曳到图像窗口中适当的位置，如图 8-64 所示。在“图层”控制面板中生成新的图层并将其命名为“墨”。

步骤 5 在“图层”控制面板中，将“墨”图层的混合模式选项设为“减去”，“不透明度”选项设为 20%，效果如图 8-65 所示。

图 8-64

图 8-65

步骤 6 将“墨”图层拖曳到控制面板下方的“创建新图层”按钮上进行复制，生成新的图层“墨 副本”，将“墨 副本”图层的混合模式选项设为“叠加”，“不透明度”项设为 20%，如图 8-66 所示，图像效果如图 8-67 所示。

步骤 7 按 Ctrl+O 组合键，打开光盘中的“Ch08 > 素材 > 茶艺海报设计 > 05”文件，选择“移动”工具，将茶碗图片拖曳到图像窗口中适当的位置，如图 8-68 所示，在“图层”控制面板中生成新的图层并将其命名为“茶碗”。

图 8-66

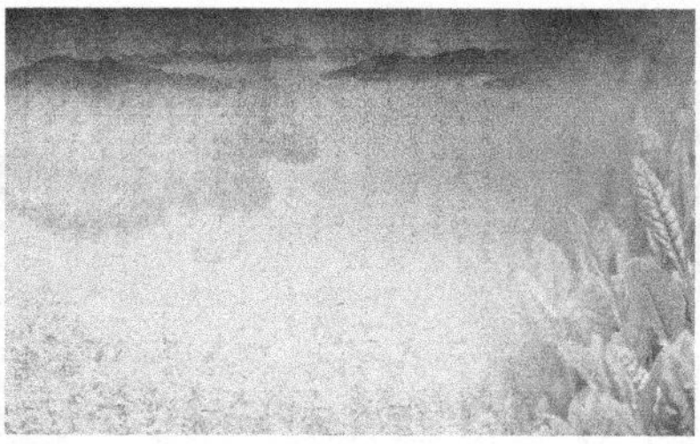

图 8-67

图 8-68

步骤 8 单击“图层”控制面板下方的“添加图层样式”按钮，在弹出的菜单中选择“投影”命令，弹出“图层样式”对话框，选项的设置如图 8-69 所示，单击“确定”按钮，效果如图 8-70 所示。

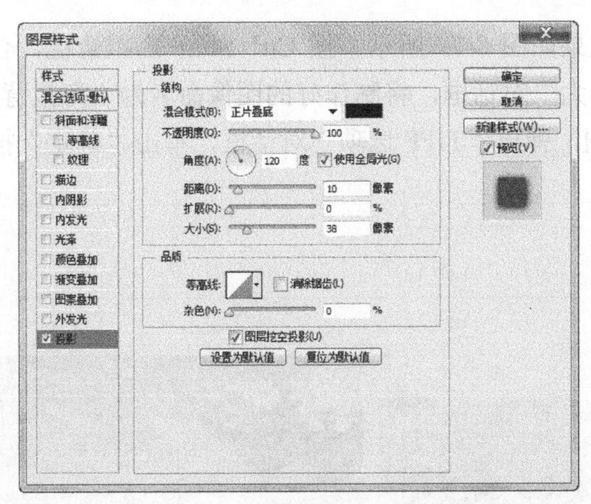

图 8-69

图 8-70

步骤 9 按 Ctrl+O 组合键，打开光盘中的“Ch08 > 素材 > 茶艺海报设计 > 06”文件，选择“移动”工具，将茶图片拖曳到图像窗口中适当的位置，如图 8-71 所示，在“图层”控制面板中生成新的图层并将其命名为“茶”。在“图层”控制面板中，将“茶”图层的混合模式选项设为“正片叠底”，效果如图 8-72 所示。

图 8-71

图 8-72

步骤 10 新建图层并将其命名为“线条烟”。将前景色设为白色。选择“画笔”工具，在属性栏中单击“画笔”选项右侧的按钮，弹出画笔选择面板，选择需要的画笔形状，如图 8-73 所示，并在图像窗口中拖曳鼠标绘制线条，效果如图 8-74 所示。

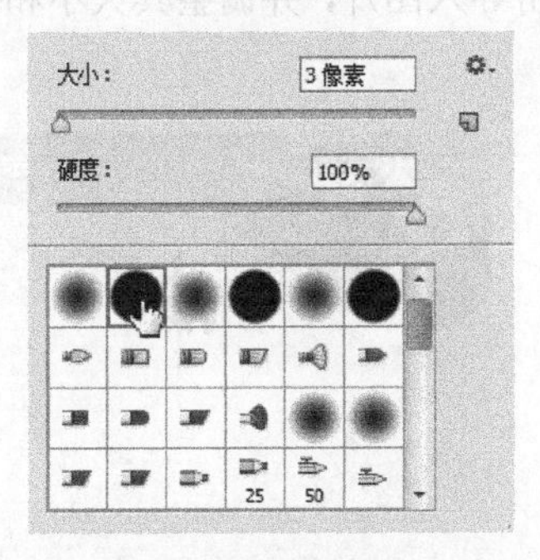

图 8-73

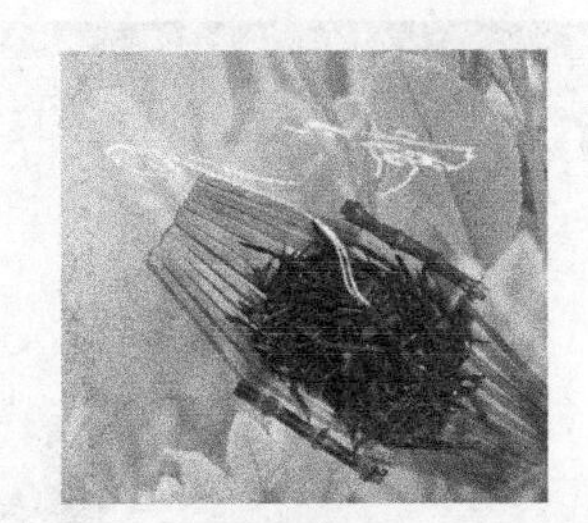

图 8-74

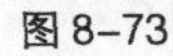

步骤 11 将“线条烟”图层拖曳到控制面板下方的“创建新图层”按钮上进行复制，生成新的图层并将其命名为“模糊烟”，拖曳到“线条烟”图层的下方。选择“滤镜>模糊>高斯模糊”命令，在弹出的对话框中进行设置，如图 8-75 所示，单击“确定”按钮。选择“移动”工具，将模糊图形拖曳到适当的位置，效果如图 8-76 所示。

步骤 12 茶艺海报背景图制作完成，效果如图 8-77 所示。按 Ctrl+Shift+E 组合键，合并可见图层。按 Ctrl+S 组合键，弹出“存储为”对话框，将制作好的图像命名为“海报背景图”，保存为 TIFF 格式，单击“保存”按钮，弹出“TIFF 选项”对话框，单击“确定”按钮将图像保存。

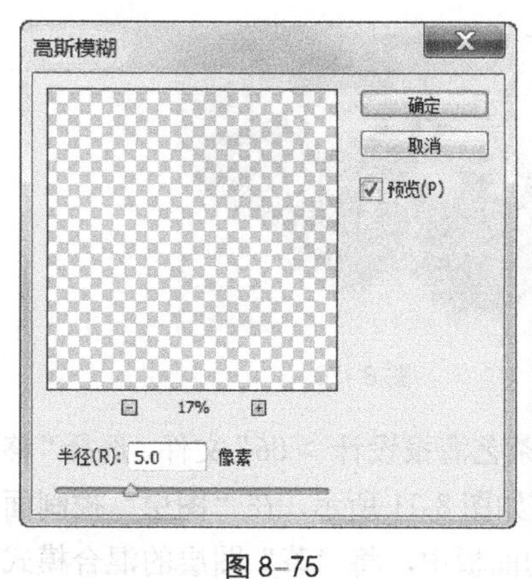

图 8-75

图 8-76

图 8-77

CorelDRAW 应用

4. 导入并编辑标题文字

步骤 1 打开 CorelDRAW X6 软件，按 Ctrl+N 组合键，新建一个页面。在属性栏中的“页面度量”选项中分别设置宽度为 250mm，高度为 150mm，按 Enter 键确定操作，页面显示尺寸为设置的大小。

步骤 2 按 Ctrl+I 组合键，弹出“导入”对话框，选择光盘中的“Ch08 > 效果 > 茶艺海报设计 > 海报背景图”文件，单击“导入”按钮，在页面中单击导入图片。按 P 键，图片在页面中居中对齐，效果如图 8-78 所示。

步骤 3 按 Ctrl+I 组合键，弹出“导入”对话框，选择光盘中的“Ch08 > 素材 > 茶艺海报设计 > 07”文件，单击“导入”按钮，在页面中单击导入图片，并调整其大小和位置，效果如图 8-79 所示。

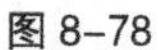

图 8-78

图 8-79

步骤 4 选择“位图 > 模式 > 黑白”命令，弹出“转换为 1 位”对话框，选项的设置如图 8-80 所示，单击“确定”按钮，效果如图 8-81 所示。

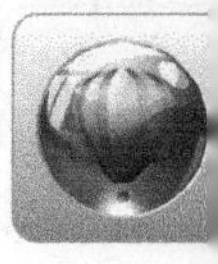

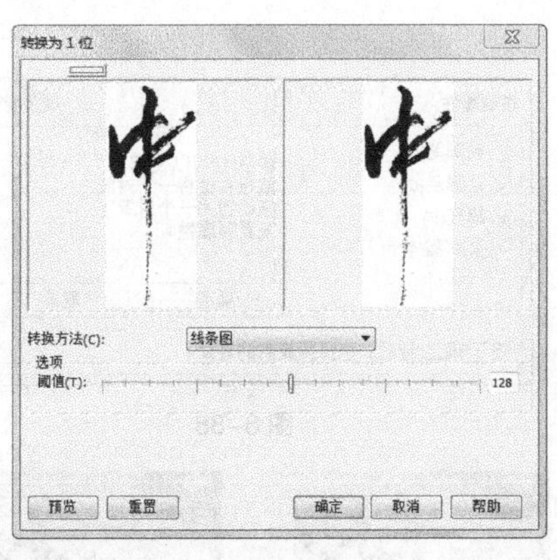

图 8-80

图 8-81

步骤 5 按 Ctrl+I 组合键，弹出“导入”对话框，同时选择光盘中的“Ch08 > 素材 > 茶艺海报设计 > 08、09、10”文件，单击“导入”按钮，在页面中分别单击导入图片，并分别调整其位置和大小，效果如图 8-82 所示。使用相同的方法转换图形，效果如图 8-83 所示。

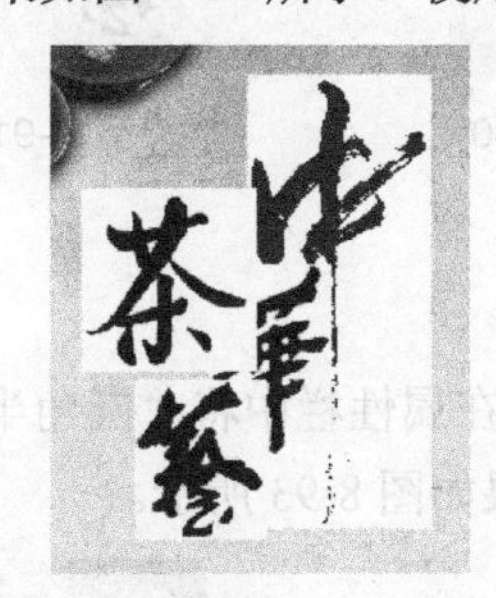

图 8-82

图 8-83

步骤 6 选择“选择”工具，选取“中”字，在“CMYK 调色板”中的“无填充”按钮⊠上单击，取消图形填充，效果如图 8-84 所示。选择“轮廓色”工具，弹出“轮廓色”对话框，设置轮廓颜色的 CMYK 值为 95、55、95、50，如图 8-85 所示，单击“确定”按钮，效果如图 8-86 所示。

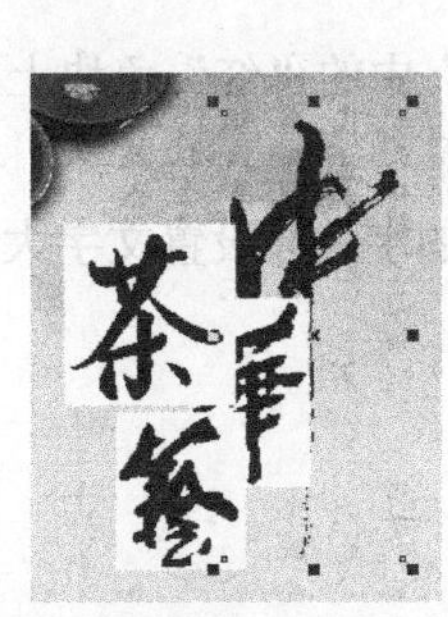

图 8-84

图 8-85

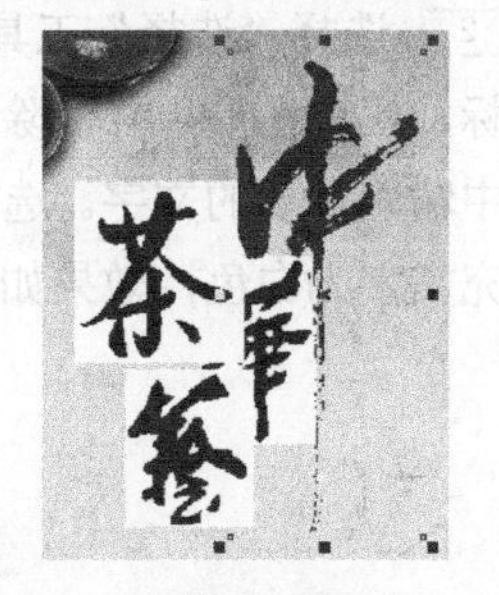

图 8-86

步骤 7 选择“选择”工具，选取“茶”字，如图 8-87 所示。选择“编辑 > 复制属性自”命令，弹出“复制属性”对话框，选项的设置如图 8-88 所示，单击“确定”按钮，鼠标指针变为黑色箭头形状，并在“中”字上单击，如图 8-89 所示，属性被复制，效果如图 8-90 所示。使用相同的方法，制作出图 8-91 所示的效果。

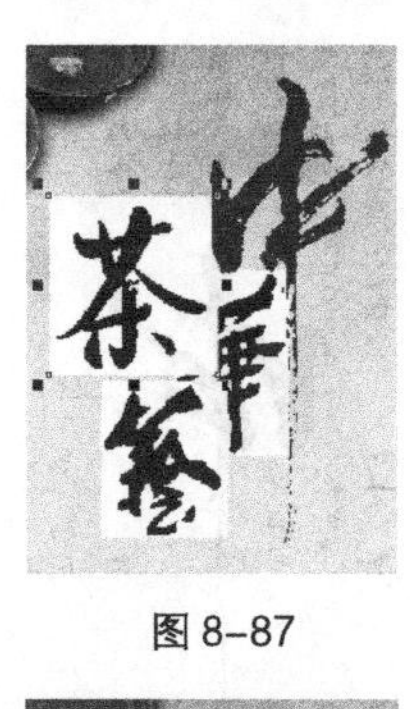

图 8-87

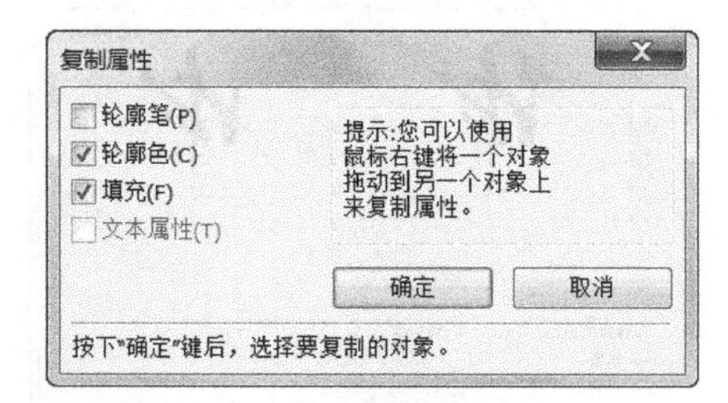

图 8-88

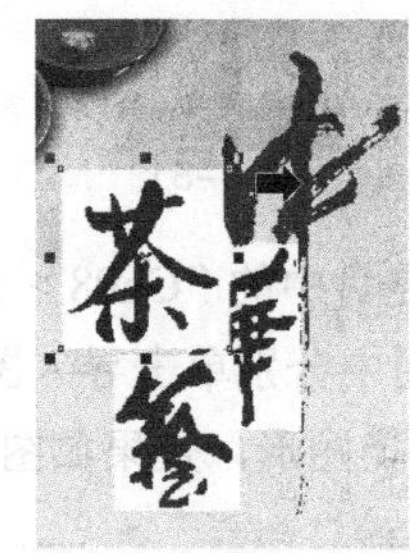
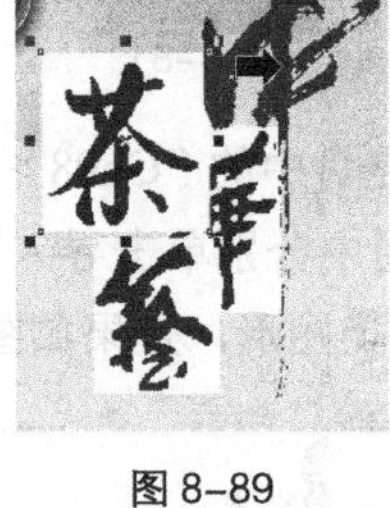

图 8-89

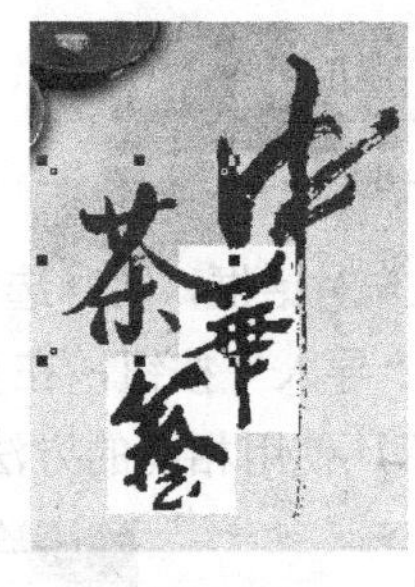

图 8-90

图 8-91

5. 制作印章效果

步骤 1 选择“矩形”工具，绘制一个矩形，在属性栏中将“圆角半径”选项的数值均设为4mm，如图 8-92 所示，按 Enter 键确认，效果如图 8-93 所示。

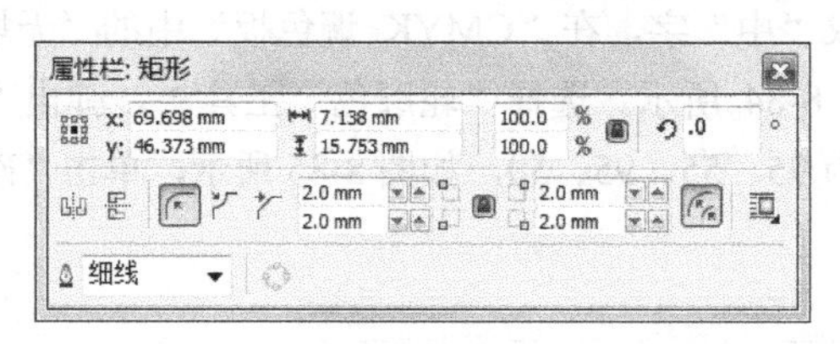

图 8-92

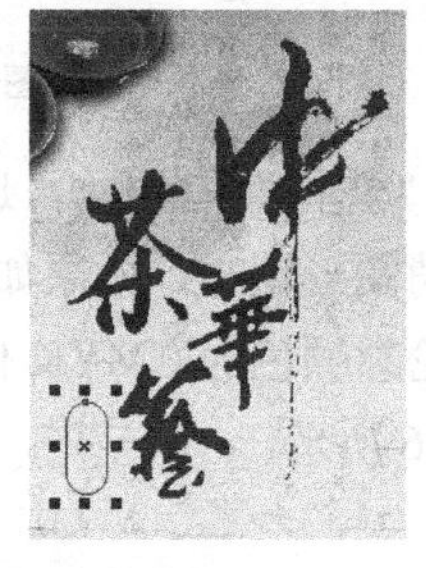

图 8-93

步骤 2 选择“选择”工具，选取圆角矩形，在“CMYK 调色板”中的“红”色块上单击鼠标，填充图形，并去除图形的轮廓线，效果如图 8-94 所示。选择“文本”工具，在页面中输入需要的文字。选择“选择”工具，在属性栏中选择合适的字体并设置文字大小，填充文字为白色，效果如图 8-95 所示。

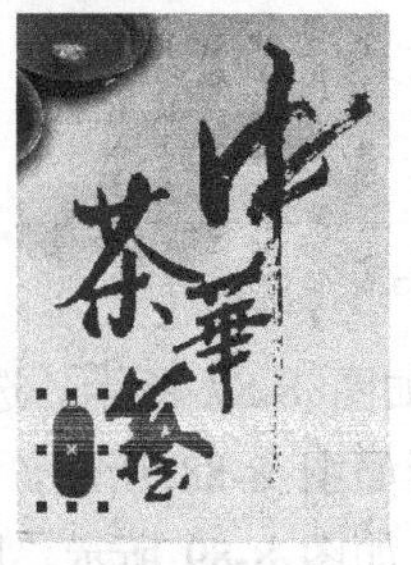

图 8-94

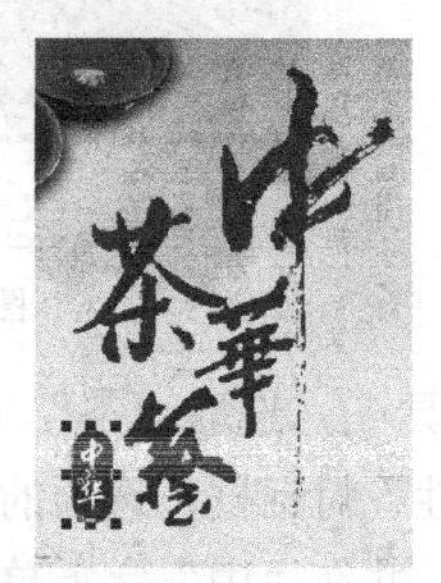

图 8-95

6. 添加展览日期及相关信息

步骤 1 选择“文本”工具字，分别输入需要的文字。选择“选择”工具，在属性栏中分别选择合适的字体并设置文字大小，效果如图 8-96 所示。选择文字“Chinese Tea Art”。选择“形状”工具，向左拖曳文字下方的图标到适当的位置，调整文字的字距，效果如图 8-97 所示。用相同的方法调整其他文字的字距，效果如图 8-98 所示。

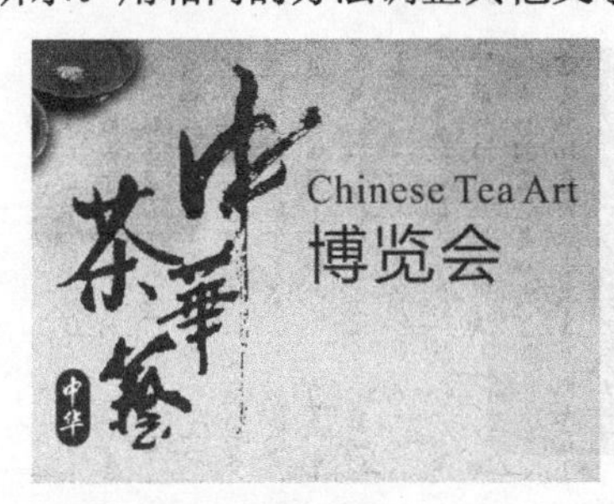

图 8-96

图 8-97

图 8-98

步骤 2 选择“文本”工具字，在页面中输入需要的文字。选择“选择”工具，在属性栏中选择合适的字体并设置文字大小，设置文字颜色的 CMYK 值为 0、100、100、30，填充文字，效果如图 8-99 所示。选择“手绘”工具，按住 Ctrl 键，绘制一条直线，在属性栏中的“轮廓宽度” .2 mm 框中设置数值为 1pt，按 Enter 键确认，效果如图 8-100 所示。

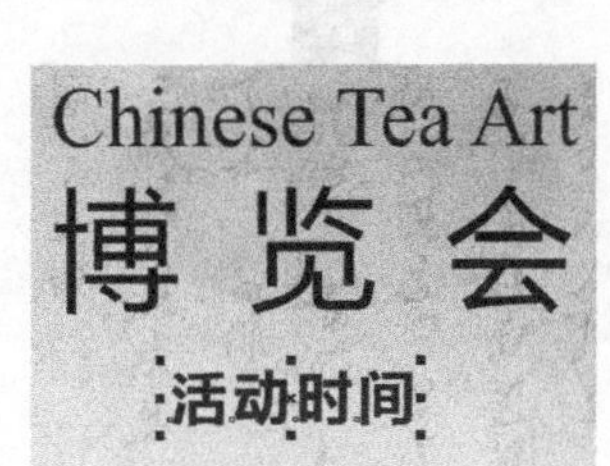

图 8-99

图 8-100

步骤 3 选择“文本”工具字，在直线右侧输入需要的文字。选择“选择”工具，在属性栏中选择合适的字体并设置文字大小，如图 8-101 所示。选择“形状”工具，向下拖曳文字下方的图标，调整文字的行距，效果如图 8-102 所示。用相同的方法制作出直线左侧的文字效果，如图 8-103 所示。

图 8-101

图 8-102

图 8-103

7. 制作展览标志图形

步骤 1 选择“椭圆形”工具，按住 Ctrl 键，在页面的空白处绘制一个圆形，填充图形为黑色，并去除轮廓线，效果如图 8-104 所示。选择“矩形”工具，在圆形的下面绘制一个矩形，填充图形为黑色，并去除轮廓线，效果如图 8-105 所示。选择“选择”工具，用圈选的方法，将圆形和矩形同时选取，按 C 键，进行垂直居中对齐。

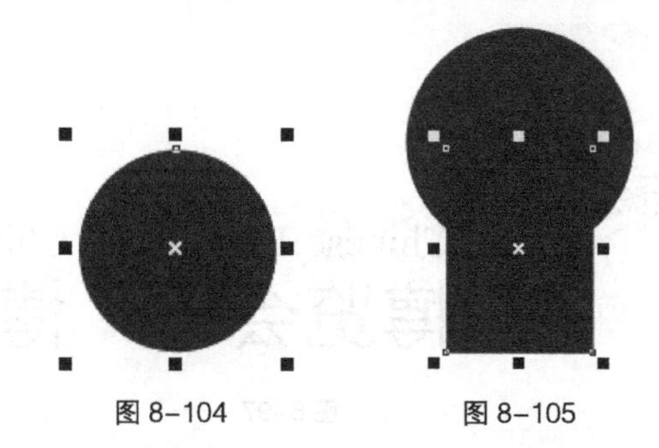

图 8-104　　图 8-105

步骤 2 选择“椭圆形”工具，在矩形的下方绘制一个椭圆形，填充图形为黑色，并去除轮廓线，效果如图 8-106 所示。选择“选择”工具，用圈选的方法，将 3 个图形同时选取，按 C 键，进行垂直居中对齐。单击属性栏中的“合并”按钮，将图形全部合并在一起，效果如图 8-107 所示。

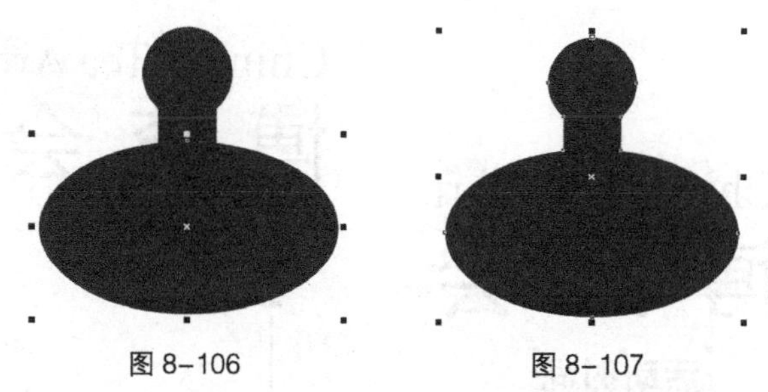

图 8-106　　图 8-107

步骤 3 选择“椭圆形”工具，绘制一个椭圆形，填充图形为黄色，并去除图形的轮廓线，效果如图 8-108 所示。选择“选择”工具，选取椭圆形，按住 Ctrl 键的同时，水平向右拖曳图形，并在适当的位置上单击鼠标右键，复制一个图形，效果如图 8-109 所示。

步骤 4 选择“选择”工具，用圈选的方法，将其同时选取，单击属性栏中的“移除前面对象”按钮，将 3 个图形剪切为一个图形，效果如图 8-110 所示。

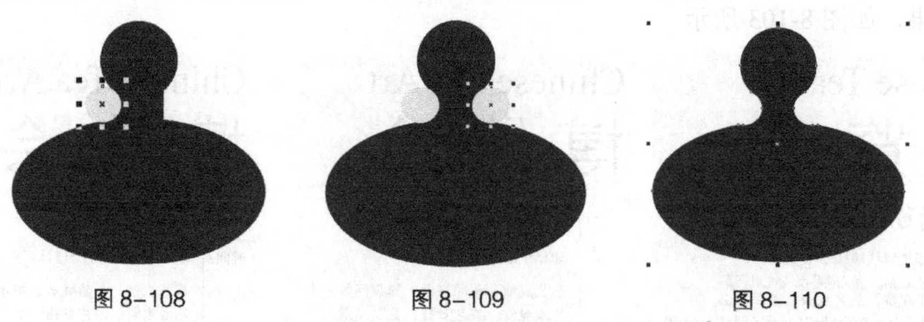

图 8-108　　图 8-109　　图 8-110

步骤 5 选择“矩形”工具，在椭圆形上面绘制一个矩形，效果如图 8-111 所示。选择“选择”工具，用圈选的方法，将修剪后的图形和矩形同时选取，单击属性栏中的“移除前面对象”

按钮，将两个图形剪切为一个图形，效果如图 8-112 所示。

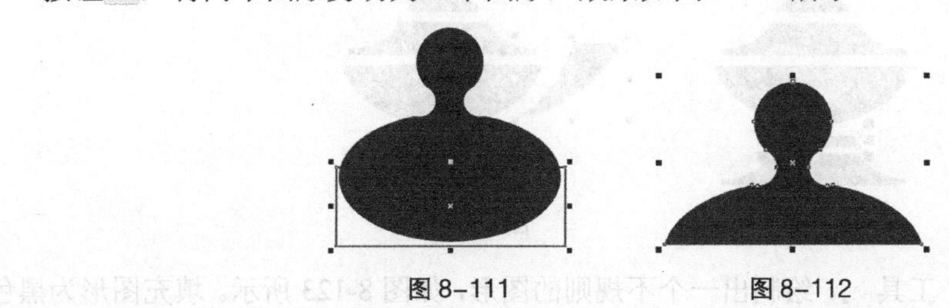

图 8–111　　图 8–112

步骤 6 选择"矩形"工具，在页面中绘制一个矩形，效果如图 8-113 所示。选择"椭圆形"工具，在矩形的左边绘制一个椭圆形，在"CMYK 调色板"中的"黄"色块上单击鼠标右键，填充轮廓线，效果如图 8-114 所示。选择"选择"工具，选取椭圆形，按住 Ctrl 键的同时，水平向右拖曳图形，并在适当的位置上单击鼠标右键，复制一个图形，效果如图 8-115 所示。

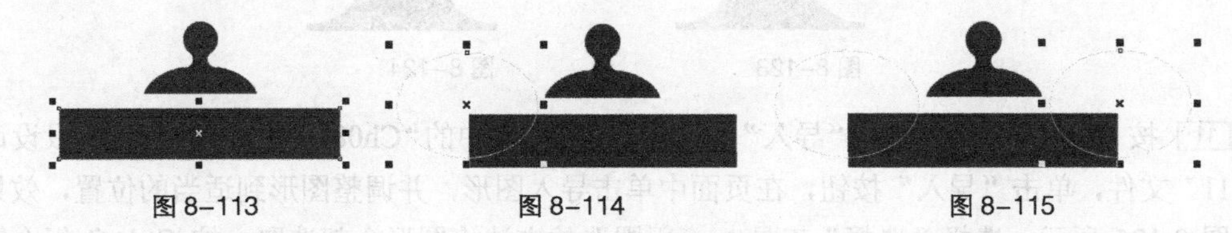

图 8–113　　图 8–114　　图 8–115

步骤 7 选择"选择"工具，按住 Shift 键，依次单击矩形和两个椭圆形，将其同时选取，然后单击属性栏中的"移除前面对象"按钮，将 3 个图形剪切为一个图形，效果如图 8-116 所示。按住 Ctrl 键的同时，垂直向下拖曳图形，在适当的位置上单击鼠标右键，复制一个图形，效果如图 8-117 所示。

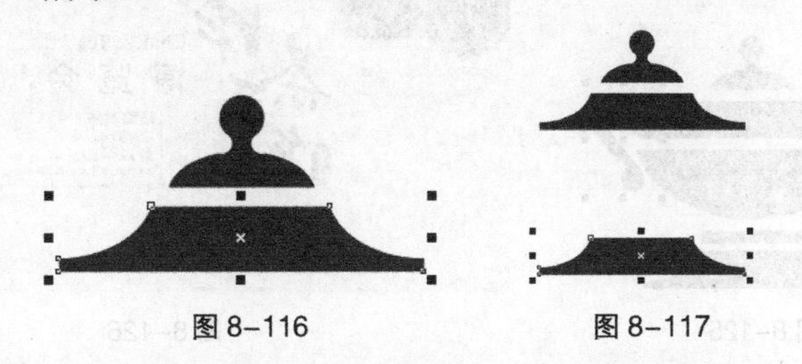

图 8–116　　图 8–117

步骤 8 选择"椭圆形"工具，绘制一个椭圆形，填充图形为黑色，并去除图形的轮廓线，效果如图 8-118 所示。选择"矩形"工具，在椭圆形的上面绘制一个矩形，效果如图 8-119 所示。使用相同方法制作出如图 8-120 所示的效果。

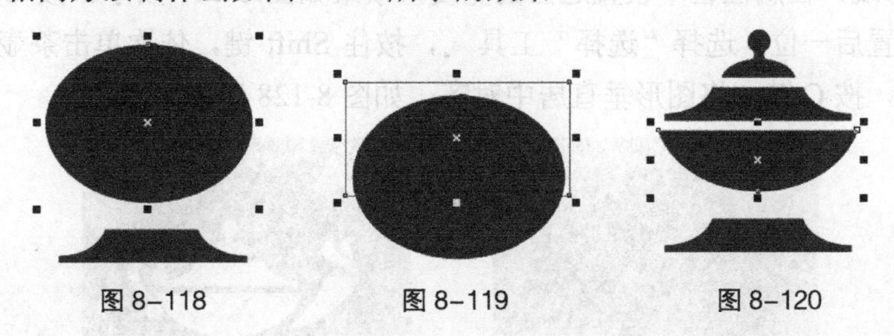

图 8–118　　图 8–119　　图 8–120

步骤 9 选择"矩形"工具，在半圆形的下方绘制一个矩形，填充图形为黑色，并去除图形的轮廓线，效果如图 8-121 所示。选择"选择"工具，用圈选的方法，将图形全部选取，按 C 键，进行垂直居中对齐。使用相同的方法制作出如图 8-122 所示的效果。

图 8-121

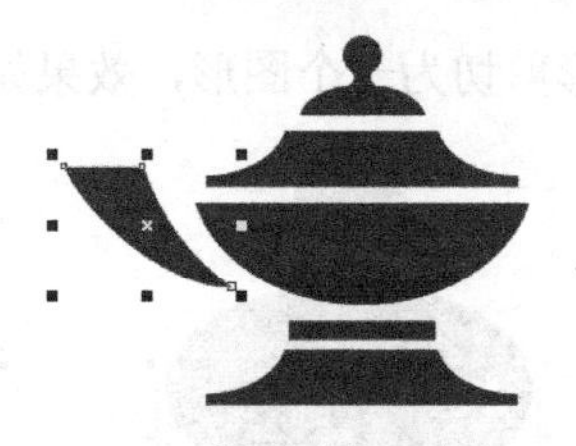

图 8-122

步骤 10 选择“贝塞尔”工具，绘制出一个不规则的图形，如图 8-123 所示。填充图形为黑色，并去除图形的轮廓线，使用相同的方法绘制出如图 8-124 所示的效果。

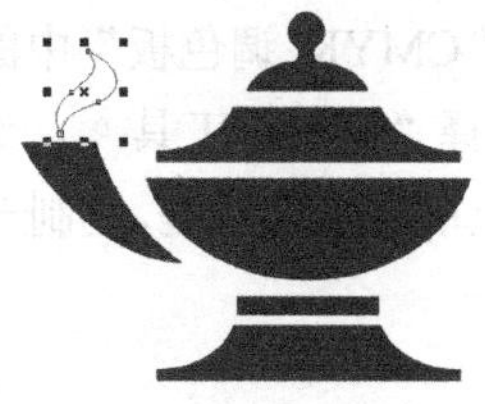

图 8-123

图 8-124

步骤 11 按 Ctrl+I 组合键，弹出“导入”对话框，选择光盘中的“Ch08 > 素材 > 茶艺海报设计 > 11”文件，单击“导入”按钮，在页面中单击导入图形，并调整图形到适当的位置，效果如图 8-125 所示。选择“选择”工具，用圈选的方法将图形全部选取，按 Ctrl+G 组合键将其群组，拖曳图形到适当的位置，并调整其大小，填充图形为白色，效果如图 8-126 所示。

图 8-125

图 8-126

步骤 12 选择“椭圆形”工具，按住 Ctrl 键，在茶壶图形上绘制一个圆形，设置图形填充颜色的 CMYK 值为 95、55、95、30，填充图形。设置轮廓线颜色的 CMYK 值为 100、0、100、0，填充轮廓线，在属性栏中设置适当的宽度，效果如图 8-127 所示。按 Ctrl+PageDown 组合键，将其置后一位。选择“选择”工具，按住 Shift 键，依次单击茶壶图形和圆形，将其同时选取，按 C 键，将图形垂直居中对齐，如图 8-128 所示。

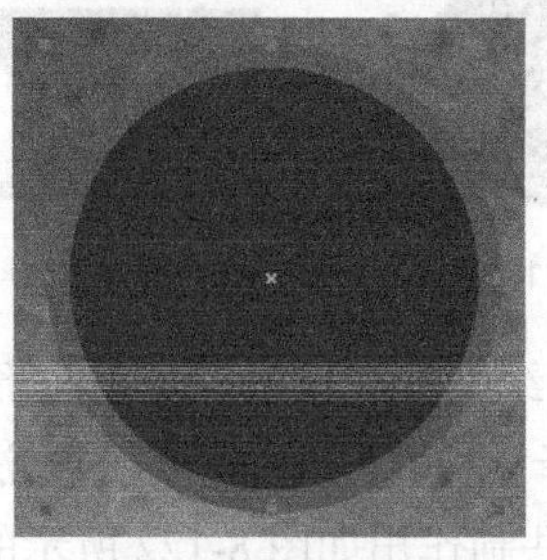

图 8-127

图 8-128

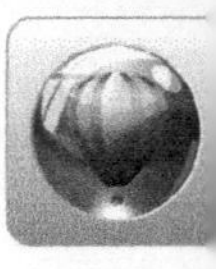

步骤 13 选择“椭圆形”工具，按住 Ctrl 键，绘制一个圆形，填充轮廓线颜色的 CMYK 值为 40、0、100、0，在属性栏中设置适当的轮廓宽度，效果如图 8-129 所示。

步骤 14 选择“文本”工具，输入需要的文字。选择“选择”工具，在属性栏中选择合适的字体并设置文字大小，效果如图 8-130 所示。

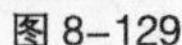

图 8-129

图 8-130

步骤 15 保持文字的选取状态，选择“文本 > 使文本适合路径”命令，将光标置于圆形轮廓线上方并单击，如图 8-131 所示，文本自动绕路径排列，效果如图 8-132 所示。在属性栏中进行设置，如图 8-133 所示，按 Enter 键确认，效果如图 8-134 所示。

图 8-131

图 8-132

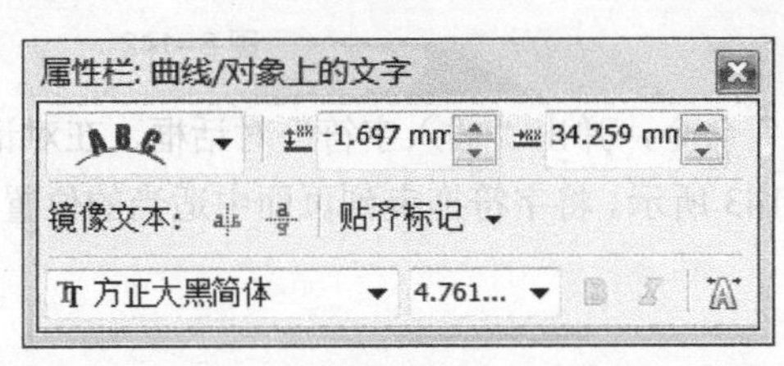

图 8-133

图 8-134

步骤 16 选择“文本”工具，在页面中输入需要的英文。选择“选择”工具，在属性栏中选择合适的字体并设置文字大小，效果如图 8-135 所示。

步骤 17 选择“文本 > 使文本适合路径”命令，将光标置于圆形轮廓线下方单击，如图 8-136 所示，文本自动绕路径排列，效果如图 8-137 所示。

图 8-135

图 8-136

图 8-137

步骤 18 在属性栏中单击“水平镜像文本”按钮和“垂直镜像文本”按钮，其他选项的设置如图 8-138 所示，按 Enter 键确认，效果如图 8-139 所示。

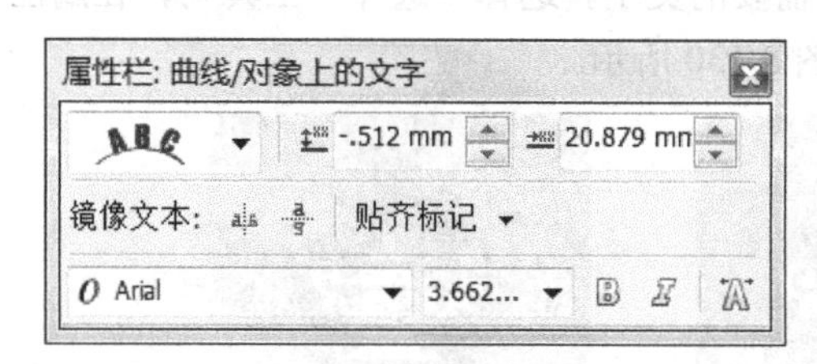

图 8-138

图 8-139

步骤 19 选择“选择”工具，用圈选的方法将标志图形全部选取，按 Ctrl+G 组合键将其群组，效果如图 8-140 所示。

步骤 20 选择“文本”工具，在页面中输入需要的文字。选择“选择”工具，在属性栏中选择合适的字体并设置文字大小，如图 8-141 所示。选择“形状”工具，向下拖曳文字下方的图标，调整文字的行距，效果如图 8-142 所示。

图 8-140

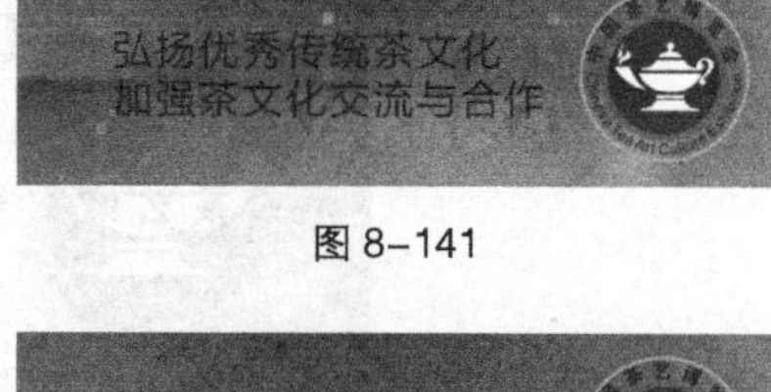

图 8-141

图 8-142

步骤 21 选择“文本 > 插入符号字符”命令，弹出“插入字符”对话框，在对话框中按需要进行设置并选择需要的字符，如图 8-143 所示。将字符拖曳到页面中适当的位置并调整其大小，效果如图 8-144 所示。

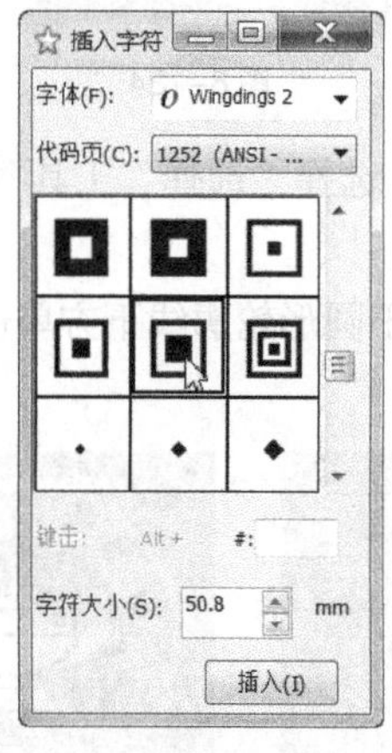

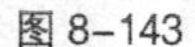
图 8-143

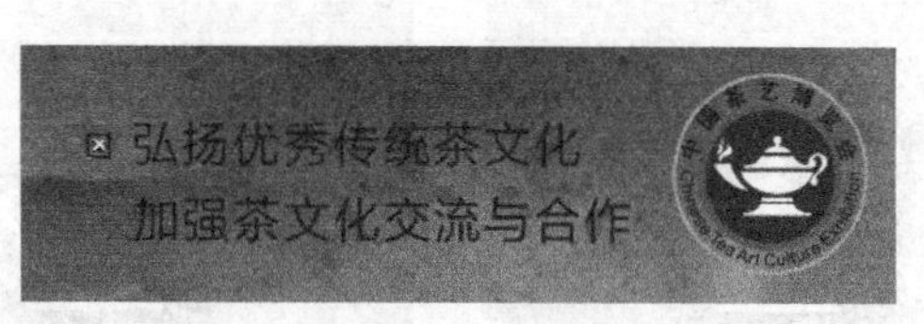

图 8-144

步骤 22 选取字符，设置字符颜色的 CMYK 值为 95、35、95、30，填充字符，效果如图 8-145 所示。用相同的方法制作出另一个字符图形，效果如图 8-146 所示。

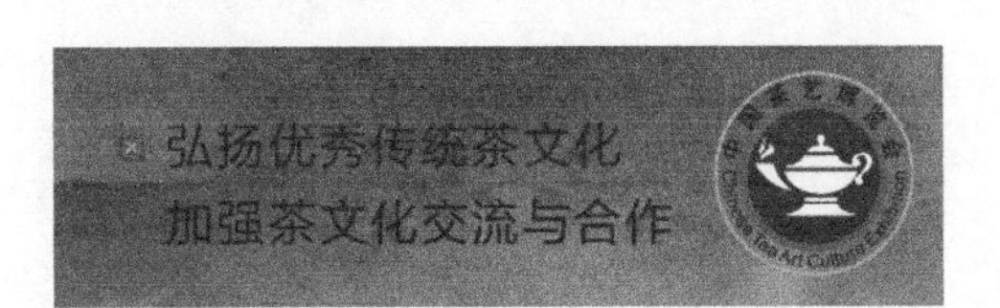

图 8–145

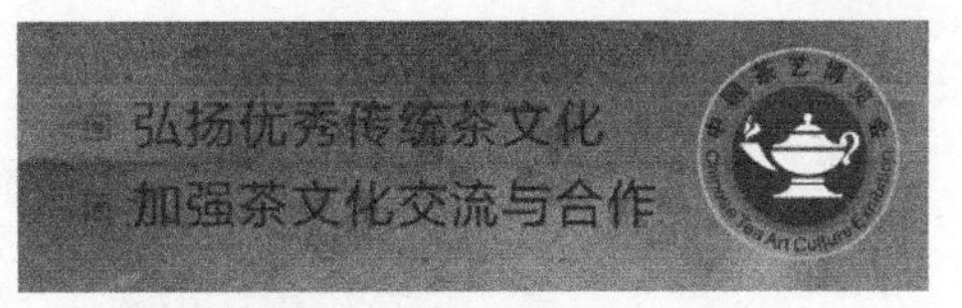

图 8–146

步骤 23 茶艺海报制作完成，效果如图 8-147 所示。按 Ctrl+S 组合键，弹出“保存图形”对话框，将制作好的图像命名为“茶艺海报”，保存为 CDR 格式，单击“保存”按钮将图像保存。

图 8–147

8.3 综合演练——流行音乐会海报设计

在 CorelDRAW 中，使用矩形工具、透明度工具、添加透视和图框精确剪裁命令制作背景效果，使用椭圆形工具、阴影工具和星形工具制作装饰图形，使用文本工具添加宣传文字，使用形状工具、轮廓图工具和渐变填充工具制作变形文字。（最终效果参看光盘中的“Ch08 > 效果 > 流行音乐会海报设计 > 流行音乐会海报”，见图 8-148。）

图 8–148

第9章 书籍装帧设计

精美的书籍装帧设计可以带给读者更多的阅读乐趣。一本好书是好的内容和好的书籍装帧的完美结合。本章主要讲解的是书籍的封面设计。封面设计包括书名、色彩、装饰元素，以及作者和出版社名称等内容。本章以化妆美容书籍封面为例，讲解封面的设计方法和制作技巧。

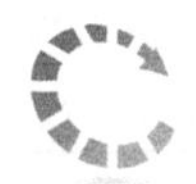

课堂学习目标

- 在 Photoshop 中制作书籍封面的底图
- 在 CorelDRAW 中添加相关内容和出版信息

9.1 化妆美容书籍封面设计

9.1.1 【案例分析】

本案例是为美容书籍制作封面。本书是以美妆为主，介绍女性四季妆容搭配，并且有美容专家讲解美妆的技巧与方法，设计要求表现出美妆的形象、色彩等元素并营造出强烈的视觉效果。

9.1.2 【设计理念】

通过白色的背景和黄色的填充图案表现出美妆的多姿多彩。通过美人与花朵的装饰为封面营造出青春、美丽的氛围。使用可爱的卡通字体使封面更具趣味，通过灵活的设计与编排使整个封面效果年轻时尚、绚丽多彩。（最终效果参看光盘中的“Ch09 > 效果 > 化妆美容书籍封面设计 > 化妆美容书籍封面”，见图 9-1。）

图 9-1

9.1.3 【操作步骤】

Photoshop 应用

1. 制作背景底图

步骤 1 按 Ctrl+N 组合键，新建一个文件：宽度为 46.6cm，高度为 26.6cm，分辨率为 150 像素/英寸，颜色模式为 RGB，背景内容为白色，单击“确定”按钮。选择“视图 > 新建参考线”命令，弹出“新建参考线”对话框，设置如图 9-2 所示，单击“确定”按钮，效果如图 9-3 所示。用相同的方法，在 26.3cm 处新建一条水平参考线，效果如图 9-4 所示。

步骤 2 选择“视图 > 新建参考线”命令，弹出“新建参考线”对话框，设置如图 9-5 所示，单击“确定”按钮，效果如图 9-6 所示。用相同的方法，分别在 22.3cm、24.3cm、46.3cm 处新建垂直参考线，效果如图 9-7 所示。

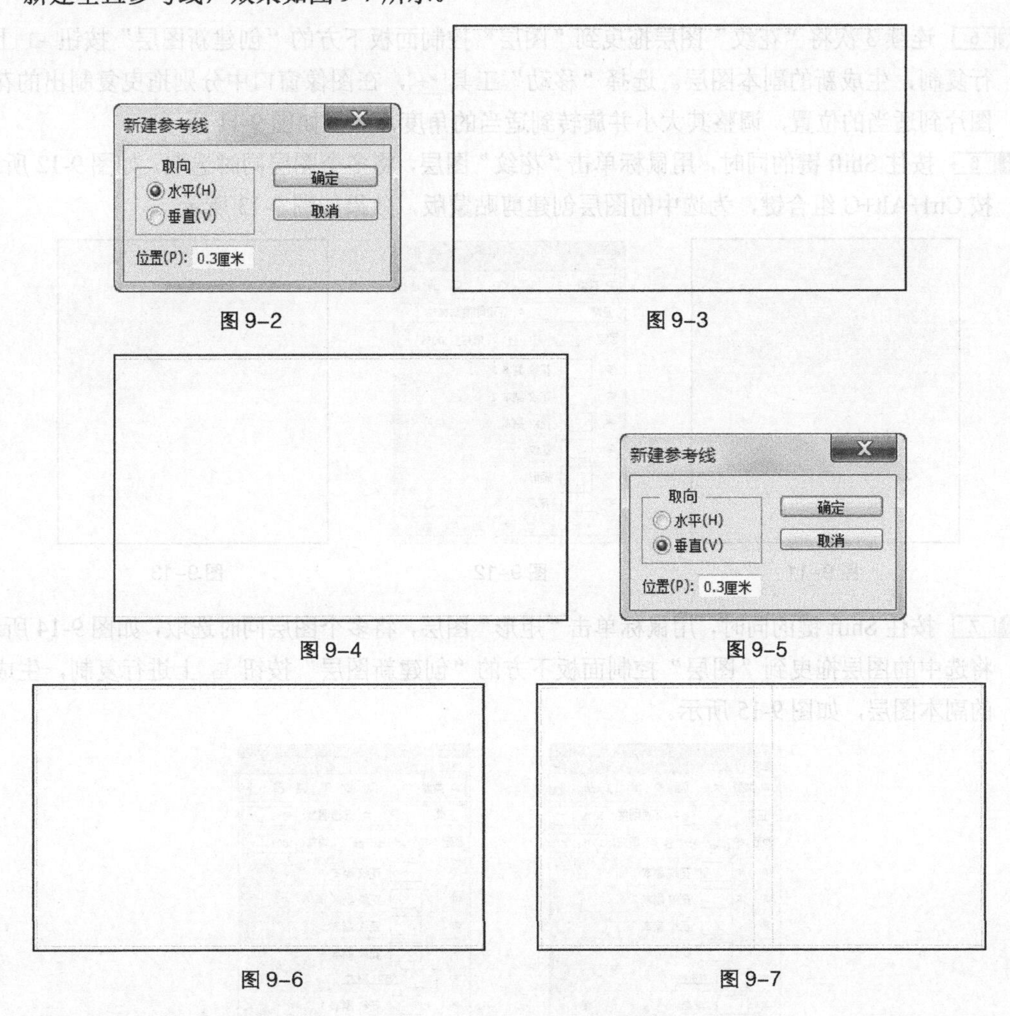

图 9-2 图 9-3

图 9-4 图 9-5

图 9-6 图 9-7

步骤 3 新建图层并将其命名为“矩形”。将前景色设为橘黄色（其 R、G、B 的值分别为 249、190、34）。选择“矩形”工具，在属性栏中的“选择工具模式”选项中选择“像素”，在图像窗口中适当的位置绘制一个矩形，效果如图 9-8 所示。

步骤 4 按 Ctrl+O 组合键，打开光盘中的“Ch09 > 素材 > 化妆美容书籍封面设计 > 01”文件，选择“移动”工具，将图片拖曳到图像窗口中的适当位置，效果如图 9-9 所示，在“图层”控制面板中生成新的图层并将其命名为“花纹”。在“图层”控制面板中，将“花纹”图层的“不透明度”选项设为 50%，图像效果如图 9-10 所示。

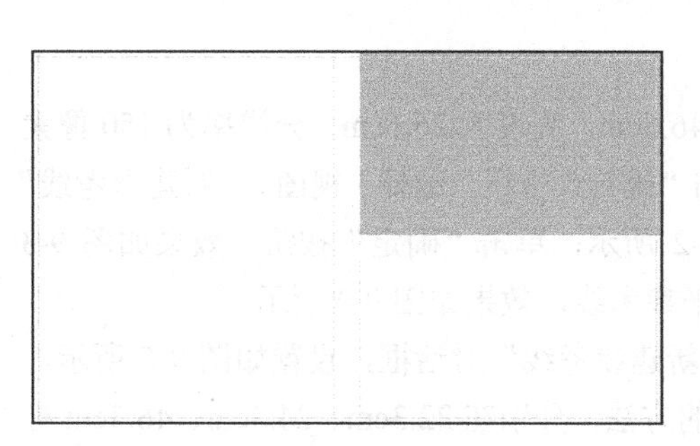
图 9-8

图 9-9

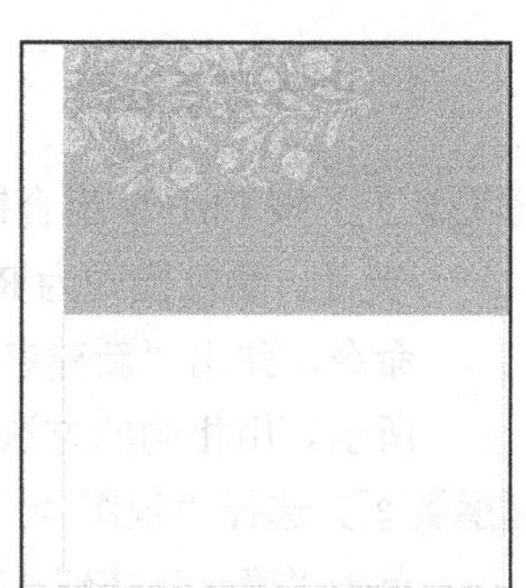
图 9-10

步骤 5 连续 3 次将“花纹”图层拖曳到“图层”控制面板下方的“创建新图层”按钮上进行复制，生成新的副本图层。选择“移动”工具，在图像窗口中分别拖曳复制出的花纹图片到适当的位置，调整其大小并旋转到适当的角度，效果如图 9-11 所示。

步骤 6 按住 Shift 键的同时，用鼠标单击“花纹”图层，将多个图层同时选取，如图 9-12 所示。按 Ctrl+Alt+G 组合键，为选中的图层创建剪贴蒙版，效果如图 9-13 所示。

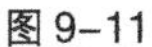
图 9-11

图 9-12

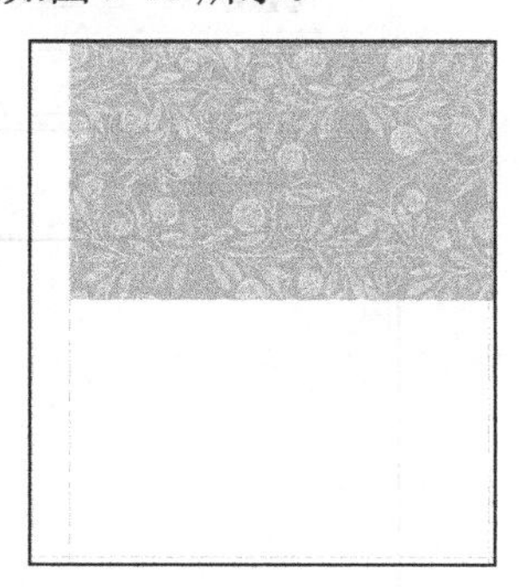
图 9-13

步骤 7 按住 Shift 键的同时，用鼠标单击“矩形”图层，将多个图层同时选取，如图 9-14 所示。将选中的图层拖曳到“图层”控制面板下方的“创建新图层”按钮上进行复制，生成新的副本图层，如图 9-15 所示。

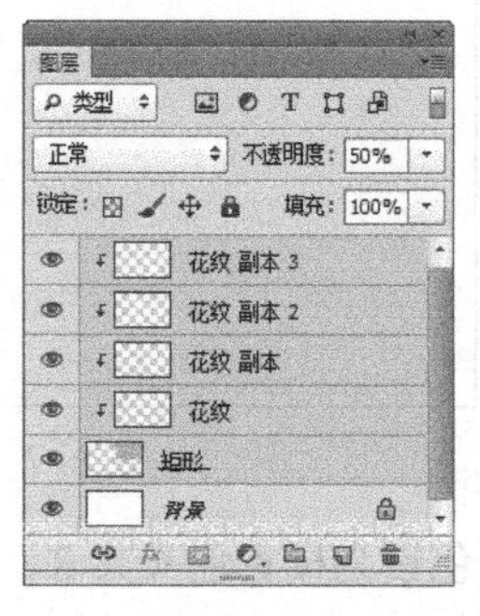

图 9-14

图 9-15

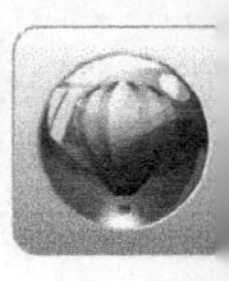

步骤 8 选择“移动”工具，按住Shift键的同时，在图像窗口中水平拖曳复制出的图片到适当的位置，效果如图9-16所示。分别选取需要的花纹图片将其拖曳到适当的位置，调整大小并旋转到适当的角度，效果如图9-17所示。

图9-16　　图9-17

步骤 9 新建图层并将其命名为“矩形2”。将前景色设为橘黄色（其R、G、B的值分别为249、190、34）。选择“矩形”工具，在图像窗口中适当的位置拖曳光标绘制一个矩形，效果如图9-18所示。

步骤 10 新建图层并将其命名为“底纹”。将前景色设为淡灰色（其R、G、B的值分别为253、238、232）。选择“矩形”工具，在图像窗口中适当的位置拖曳光标绘制一个矩形，如图9-19所示。

图9-18　　图9-19

步骤 11 新建图层生成“图层1”。将前景色设为米白色（其R、G、B的值分别为255、253、240）。选择“椭圆”工具，按住Shift键的同时，绘制一个圆形，效果如图9-20所示。选择“矩形选框”工具，按住Shift键的同时，绘制选区，如图9-21所示。按住Alt键的同时，单击“图层1”左侧的眼睛图标，隐藏“图层1”以外的所有图层。

图9-20

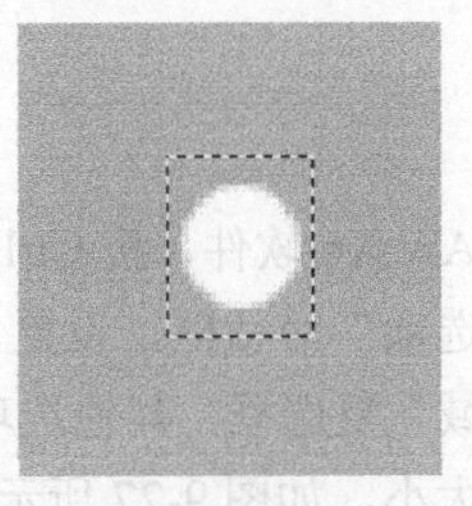

图9-21

步骤 12 选择“编辑 > 定义图案”命令，弹出“图案名称”对话框，选项的设置如图9-22所示，单击“确定”按钮。将“图层1”删除，按Ctrl+D组合键取消选区，并将其他所有隐藏的图层全部显示。

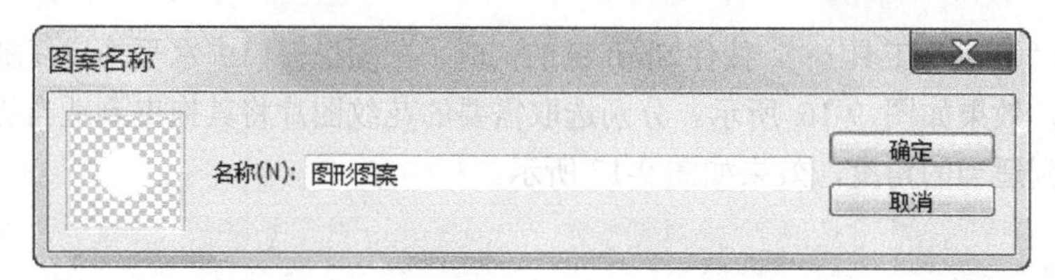

图 9-22

步骤 13 单击"图层"控制面板下方的"创建新的填充或调整图层"按钮 ，在弹出的菜单中选择"图案"命令，在"图层"控制面板中生成"图案填充 1"图层，同时弹出"图案填充"对话框，设置如图 9-23 所示，单击"确定"按钮，效果如图 9-24 所示。按 Ctrl+Alt+G 组合键，为该图层创建剪贴蒙版，效果如图 9-25 所示。

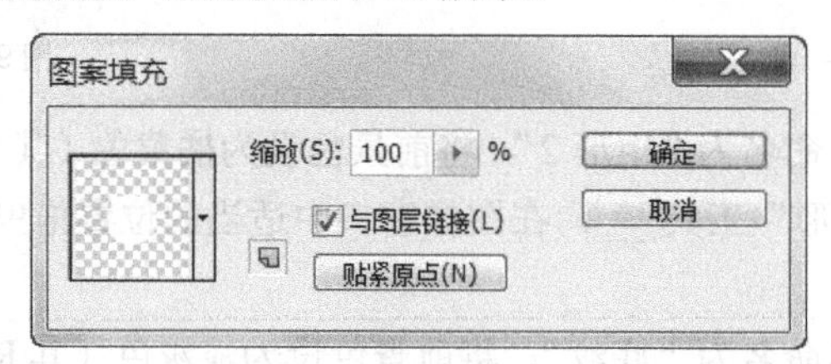

图 9-23

图 9-24　　图 9-25

步骤 14 按 Ctrl+; 组合键，隐藏参考线。按 Ctrl+Shift+E 组合键，合并可见图层。按 Ctrl+S 组合键，弹出"存储为"对话框，将制作好的图像命名为"化妆美容书籍封面底图"，保存为 JPG 格式。单击"保存"按钮，弹出"JPG"对话框，再单击"确定"按钮将图像保存。

CorelDRAW 应用

2. 制作封面效果

步骤 1 打开 CorelDRAW X6 软件，按 Ctrl+N 组合键，新建一个页面。选择"布局 > 页面设置"命令，弹出"选项"对话框，设置"宽度"选项为 460mm，"高度"选项为 260mm，勾选"显示出血区域"复选框，其他选项的设置如图 9-26 所示。单击"确定"按钮，页面尺寸显示为设置的大小，如图 9-27 所示。

步骤 2 按 Ctrl+J 组合键，弹出"选项"对话框，在"辅助线"设置区中选择"垂直"选项，在文字框中设置数值为 220mm，如图 9-28 所示。单击"添加"按钮，在页面中添加一条垂直辅助线，再添加 240mm 的垂直辅助线，单击"确定"按钮，效果如图 9-29 所示。

图 9-26

图 9-27

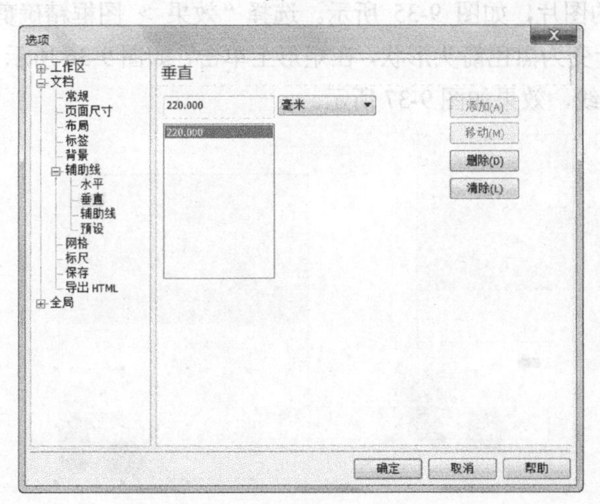

图 9-28

图 9-29

步骤 3 选择“文件 > 导入”命令，弹出“导入”对话框。选择光盘中的“Ch09 > 效果 > 制作化妆美容书籍封面 > 化妆美容书籍封面底图”文件，单击“导入”按钮，在页面中单击导入图片，如图 9-30 所示。按 P 键，图片在页面中居中对齐，效果如图 9-31 所示。

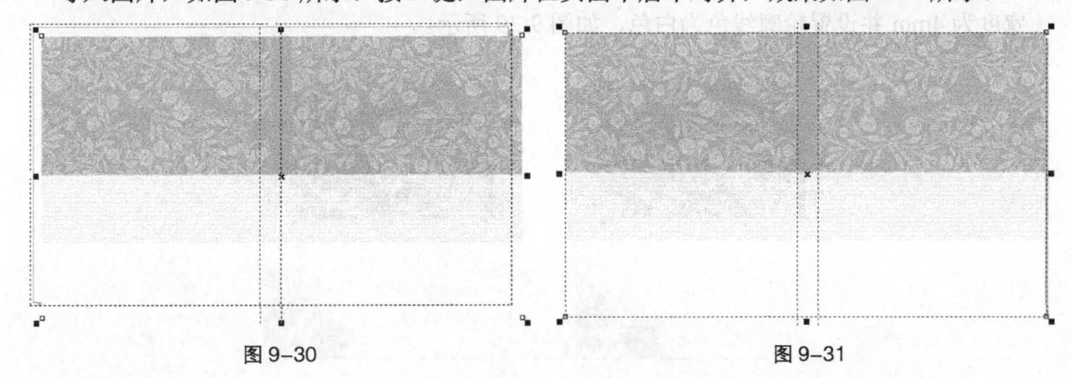

图 9-30　　　　图 9-31

步骤 4 选择“矩形”工具□，在页面中绘制一个矩形，如图 9-32 所示。选择“文件 > 导入”命令，弹出“导入”对话框。选择光盘中的“Ch09 > 素材 > 化妆美容书籍封面设计 > 02”文件，单击“导入”按钮，在页面中单击导入图片并调整图片位置，如图 9-33 所示。

步骤 5 选择“选择”工具，按数字键盘上+键，复制图片，拖曳复制的图片到适当的位置，并调整其大小，如图 9-34 所示。

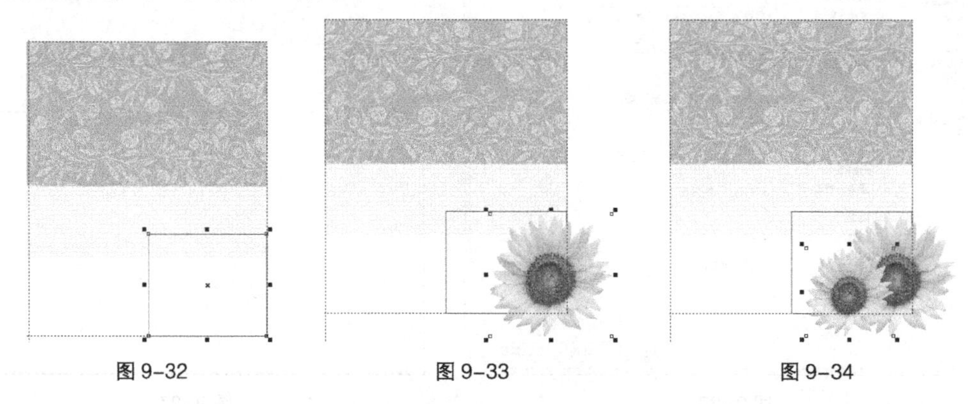

图 9-32　　图 9-33　　图 9-34

步骤 6 选择“选择”工具，圈选需要的图片，如图 9-35 所示。选择“效果 > 图框精确剪裁 > 置于图文框内部”命令，鼠标指针变为黑色箭头形状，在矩形上单击，如图 9-36 所示，将图片置入到矩形中，去除图形的轮廓线，效果如图 9-37 所示。

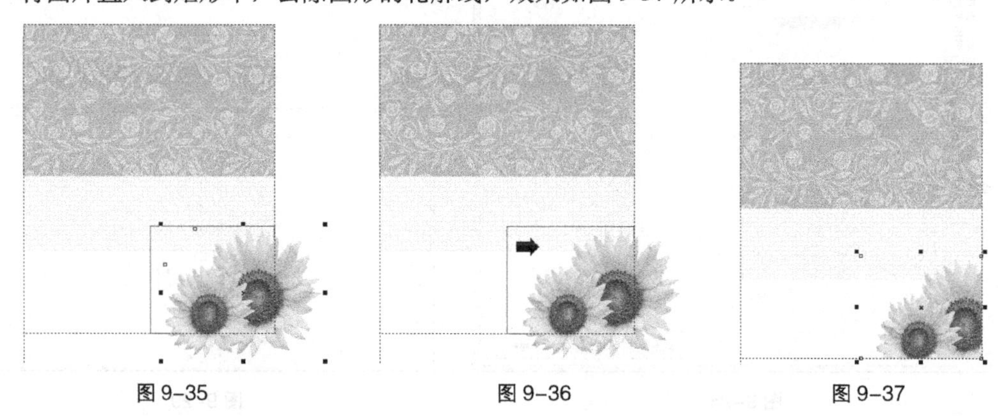

图 9-35　　图 9-36　　图 9-37

步骤 7 选择“文件 > 导入”命令，弹出“导入”对话框。选择光盘中的“Ch09 > 素材 > 制作化妆美容书籍封面 > 03”文件，单击“导入”按钮，在页面中单击导入图片并调整图片位置，如图 9-38 所示。选择“椭圆形”工具，在页面中绘制一个椭圆形，设置图形轮廓宽度为 4mm 并设置轮廓线色为白色，如图 9-39 所示。

图 9-38

图 9-39

步骤 8 选择“选择”工具，选取选所需的图片，选择“效果 > 图框精确剪裁 > 置于图文框内部”命令，鼠标指针变为黑色箭头形状，在矩形上单击，如图 9-40 所示，将图片置入

到矩形中，效果如图 9-41 所示。

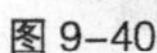

图 9-40

图 9-41

步骤 9 选择“文件 > 导入”命令，弹出“导入”对话框。选择光盘中的“Ch09 > 素材 > 制作化妆美容书籍封面 > 04”文件，单击“导入”按钮，在页面中单击导入图片并调整图片位置，如图 9-42 所示。

步骤 10 选择“文本”工具，在页面中输入需要的文字。选择“选择”工具，在属性栏中选取适当的字体并设置文字大小，效果如图 9-43 所示。按 Ctrl+T 组合键，在弹出的“文本属性”面板中进行设置，如图 9-44 所示，按 Enter 键确认，效果如图 9-45 所示。

图 9-42

图 9-43

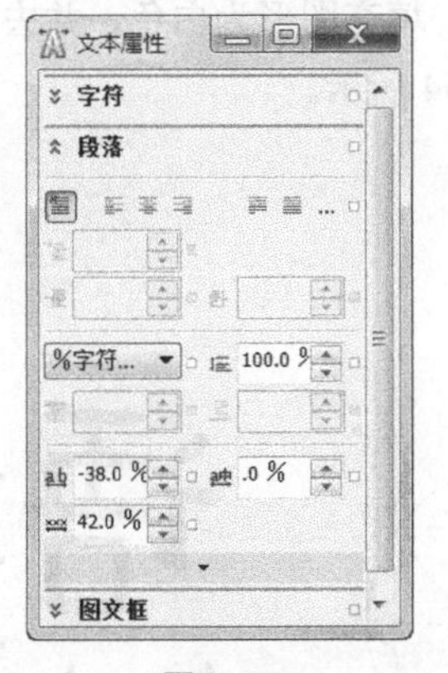

图 9-44

图 9-45

步骤 11 按 F12 键，弹出“轮廓笔”对话框，在“颜色”选项中设置轮廓线颜色为白色，其他选项的设置如图 9-46 所示，单击“确定”按钮，效果如图 9-47 所示。用相同方法添加其他文字，如图 9-48 所示。

步骤 12 选择“椭圆形”工具，按住 Ctrl 键的同时，在页面外绘制一个圆形，选择“选择”

工具，分别拖曳两条参考线到适当的位置，如图 9-49 所示。选择“椭圆形”工具，按住 Ctrl 键的同时，再绘制一个圆形，如图 9-50 所示。选择“选择”工具，再次单击圆形，使其处于旋转状态，将旋转中心拖曳到参考线的交叉点位置，如图 9-51 所示。

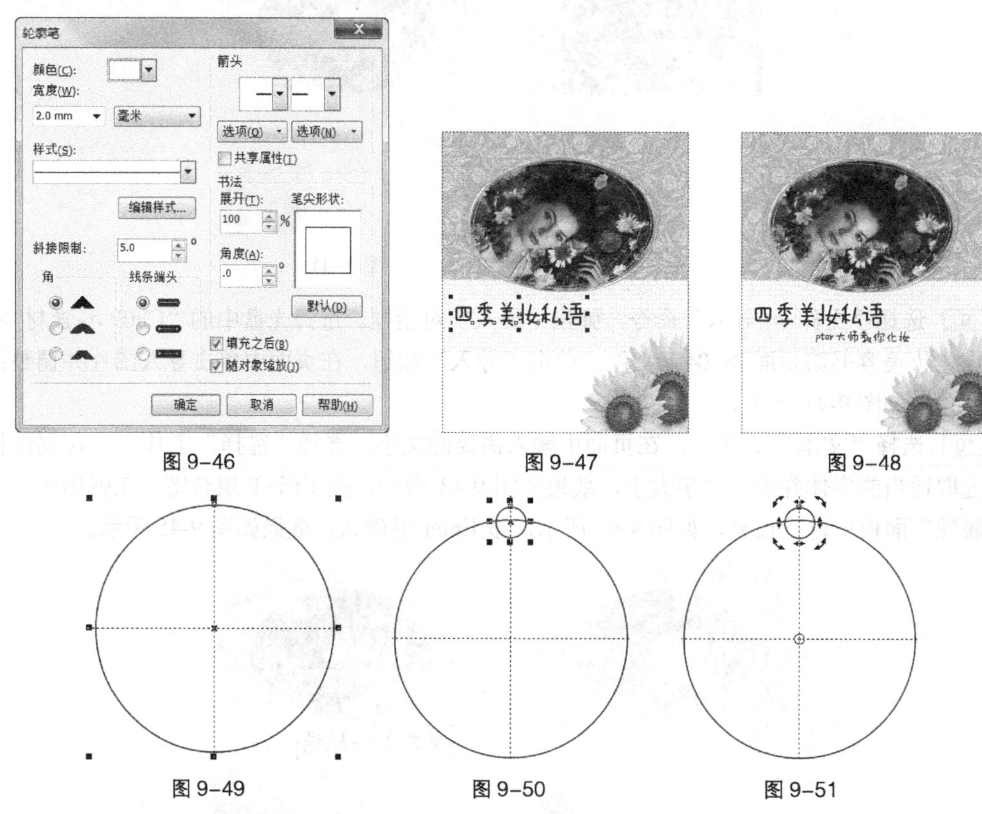

图 9-46　图 9-47　图 9-48

图 9-49　图 9-50　图 9-51

步骤 13 选择“排列 > 变换 > 旋转”命令，在弹出的“变换”面板中进行设置，如图 9-52 所示，单击“应用”按钮，效果如图 9-53 所示。选择“选择”工具，圈选所需的圆形，单击属性栏中的“合并”按钮，将图形合并，填充图形为白色，并去除图形轮廓线，拖曳白色图形拖曳到页面适当的位置，效果如图 9-54 所示。

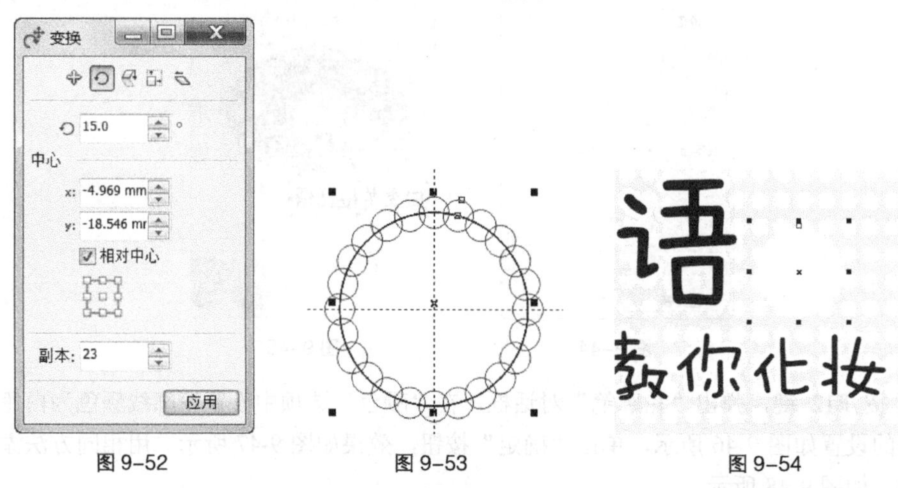

图 9-52　图 9-53　图 9-54

步骤 14 选择“阴影”工具，在图形对象中由上至下拖曳光标，为图形添加阴影效果，属性栏中选项的设置如图 9-55 所示，按 Enter 键确认，阴影效果如图 9-56 所示。选择“选择”工具，选取图形，按数字键盘上+键复制图形，并去除图形阴影效果。设置图形填充颜色的 CMYK 值为 40、0、100、0，填充图形，效果如图 9-57 所示。

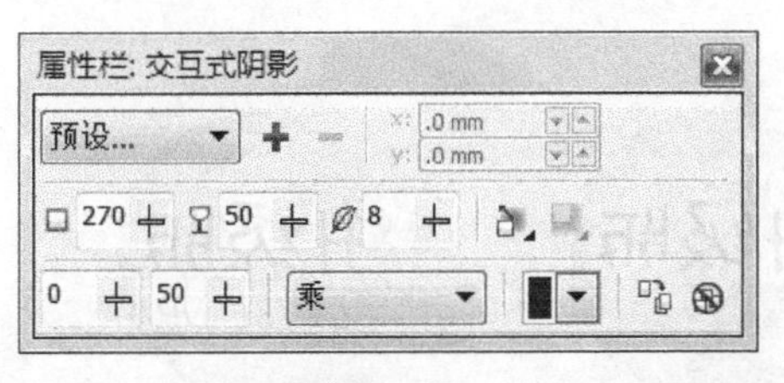

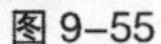
图 9-55

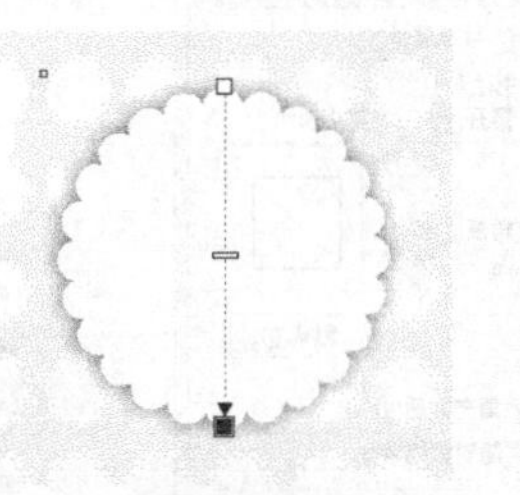
图 9-56

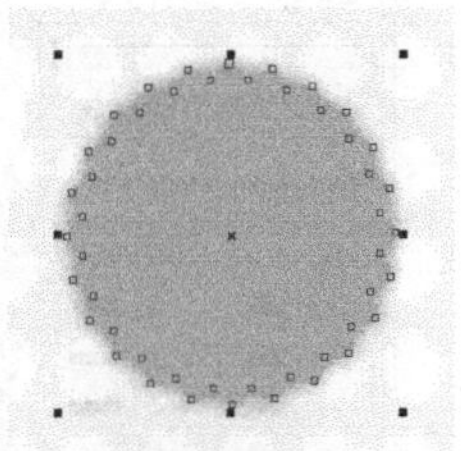
图 9-57

步骤 15 按 F12 键，弹出“轮廓笔”对话框，在“颜色”选项中设置轮廓线颜色的 CMYK 值为 60、0、60、20，其他选项的设置如图 9-58 所示，单击“确定”按钮，效果如图 9-59 所示。

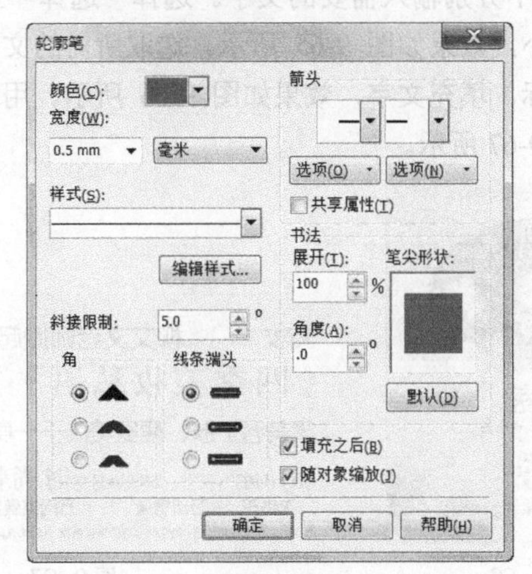

图 9-58

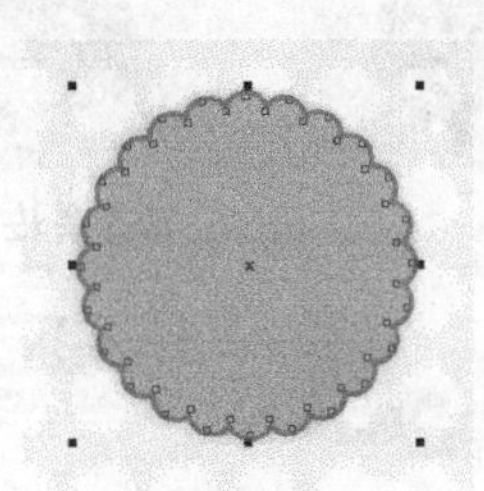
图 9-59

步骤 16 选择“选择”工具，按住 Shift+Alt 组合键的同时，向内拖曳右上角的控制手柄，等比例缩小图形，效果如图 9-60 所示。选择“文本”工具，在适当的位置输入需要的文字。选择“选择”工具，在属性栏中选取适当的字体并设置文字大小，效果如图 9-61 所示。

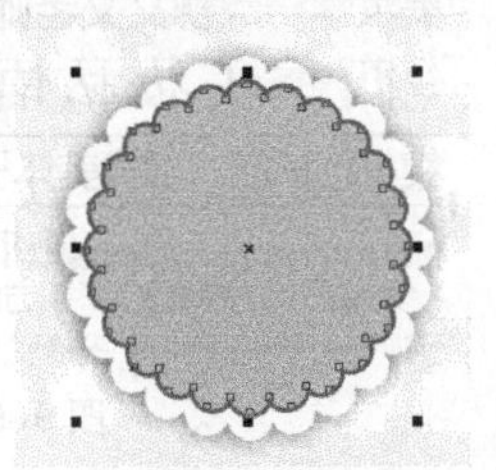
图 9-60

图 9-61

步骤 17 按 F12 键，弹出“轮廓笔”对话框，在“颜色”选项中设置轮廓线颜色为白色，其他选项的设置如图 9-62 所示，单击“确定”按钮，效果如图 9-63 所示。用相同方法添加其他文字，如图 9-64 所示。

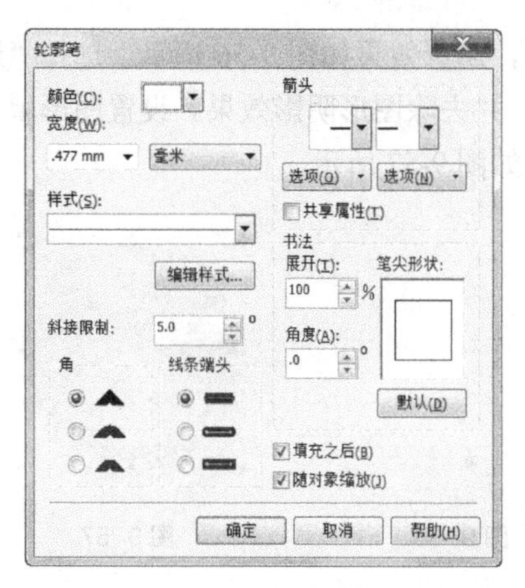

图 9-62

图 9-63

图 9-64

步骤 18 选择“文本”工具，在页面中分别输入需要的文字。选择“选择”工具，在属性栏中选取适当的字体并设置文字大小，效果如图 9-65 所示。选取所需的文字，在“CMYK 调色板”中的“红”色块上单击鼠标，填充文字，效果如图 9-66 所示。用相同方法分别选取其他文字并填充适当颜色，如图 9-67 所示。

图 9-65

图 9-66

美妆掌门人柳文文老师掀起季节美妆狂潮
《四季美妆私语》升级版 全国首发
集美容护肤、瘦身美体于一身的超强工具书
横扫五国YS778、鼎域金易堂时尚畅销榜NO. 1
30次热印，10万册销量，5200万网友膜拜，6200万疯狂点击
最实用简单是日常妆容 最惊艳心机的意境美妆 365天高段位彩妆技法

图 9-67

步骤 19 选择“手绘”工具，按 Ctrl 键的同时，在页面绘制一条直线，如图 9-68 所示。选择“选择”工具，选取直线，按住 Shift 键的同时，垂直向下拖曳直线到适当位置并单击鼠标右键，复制直线，效果如图 9-69 所示。

美妆掌门人柳文文老师掀起季节美妆狂潮
《四季美妆私语》升级版 全国首发
集美容护肤、瘦身美体于一身的超强工具书
横扫五国YS778、鼎域金易堂时尚畅销榜NO. 1
30次热印，10万册销量，5200万网友膜拜，6200万疯狂点击
最实用简单是日常妆容 最惊艳心机的意境美妆 365天高段位彩妆技法

图 9-68

美妆掌门人柳文文老师掀起季节美妆狂潮
《四季美妆私语》升级版 全国首发
集美容护肤、瘦身美体于一身的超强工具书
横扫五国YS778、鼎域金易堂时尚畅销榜NO. 1
30次热印，10万册销量，5200万网友膜拜，6200万疯狂点击
最实用简单是日常妆容 最惊艳心机的意境美妆 365天高段位彩妆技法

图 9-69

步骤 20 选择“文本”工具，在页面中分别输入需要的文字，选择“选择”工具，在属性栏中选取适当的字体并设置文字大小，效果如图 9-70 所示。

步骤 21 选择“椭圆形”工具，按住 Ctrl 键的同时，在适当的位置绘制一个圆形，设置图形颜色的 CMYK 值为 0、40、40、0，填充图形，并去除图形的轮廓线，效果如图 9-71 所示。

步骤 22 选择“文本”工具，在页面中输入需要的文字，选择“选择”工具，在属性栏中选取适当的字体并设置文字大小，效果如图 9-72 所示。

图 9-70

图 9-71

图 9-72

3. 制作封底效果

步骤 1 选择“矩形”工具，在页面绘制一个矩形，在属性栏中的“圆角半径”框中进行设置，如图 9-73 所示。按 Enter 键确认，效果如图 9-74 所示。

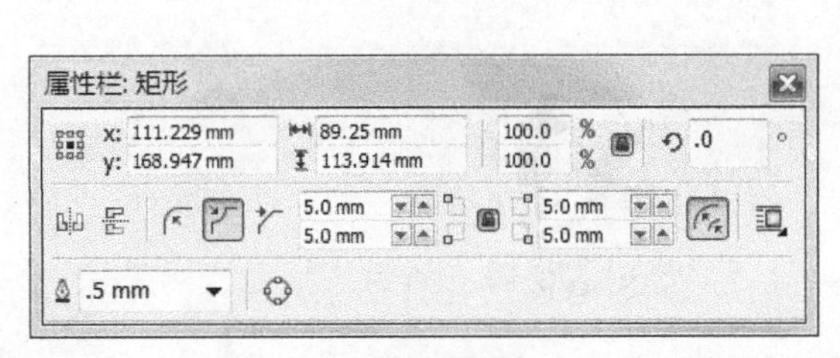

图 9-73

图 9-74

步骤 2 选择“选择”工具，按数字键盘上+键，复制一个图形，按住 Shift+Alt 组合键的同时，向内拖曳右上角的控制手柄，等比例缩小图形，效果如图 9-75 所示。

步骤 3 选择“文件 > 导入”命令，弹出“导入”对话框。选择光盘中的“Ch09 > 素材 > 化妆美容书籍封面设计 > 05”文件，单击“导入”按钮，在页面中单击导入图片并调整图片位置，如图 9-76 所示。按 Ctrl+PageDown 组合键将图片置后，效果如图 9-77 所示。

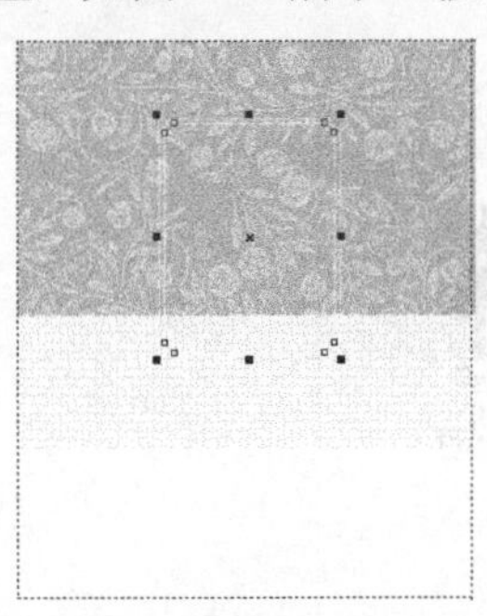

图 9-75

图 9-76

图 9-77

步骤 4 选择“选择”工具，选取所需的图片。选择“效果 > 图框精确剪裁 > 置于图文框内部”命令，鼠标指针变为黑色箭头形状，在矩形上单击，如图 9-78 所示，将图片置入到矩形中，效果如图 9-79 所示。

步骤 5 选择“文件 > 导入”命令，弹出“导入”对话框。选择光盘中的“Ch09 > 素材 > 化妆美容书籍封面设计 > 06”文件，单击“导入”按钮，在页面中单击导入图片并调整图片位置，如图 9-80 所示。

图 9-78

图 9-79

图 9-80

步骤 6 选择“文本”工具，在页面中拖曳出一个文本框，如图 9-81 所示。在文本框中输入需要的文字，选择“选择”工具，在属性栏中选取适当的字体并设置文字大小，效果如图 9-82 所示。

图 9-81

图 9-82

步骤 7 选择“文本 > 文本属性”命令，弹出“文本属性”面板，选项的设置如图 9-83 所示。按 Enter 键确认，效果如图 9-84 所示。

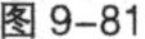

图 9-83

图 9-84

4. 制作书脊效果

步骤 1 选择“文件 > 导入”命令，弹出“导入”对话框。选择光盘中的“Ch09 > 素材 > 化妆美容书籍封面设计 > 02”文件，单击“导入”按钮，在页面中单击导入图片，拖曳图片到书脊上适当的位置，调整其大小，效果如图 9-85 所示。选择“选择”工具，在封面中选取需要的文字，如图 9-86 所示。

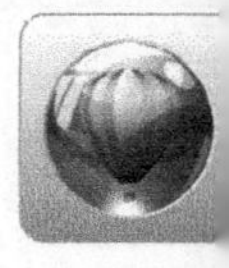

图 9-85

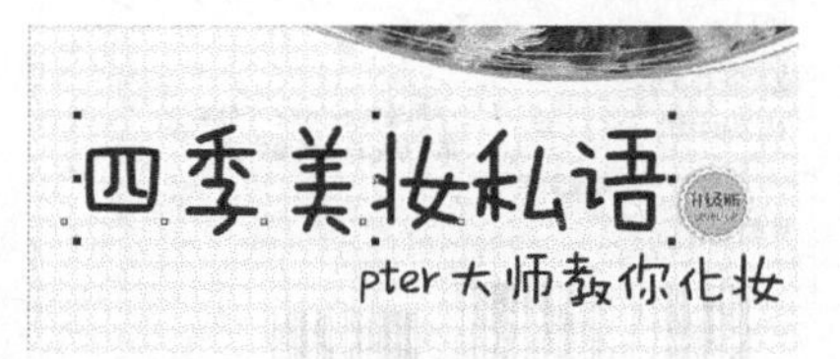

图 9-86

步骤 2 按数字键盘上+键，复制文字，单击属性栏中的“将文本更改为垂直方向”按钮，更改文字方向，效果如图 9-87 所示。选择“选择”工具，拖曳文字到书脊适当位置并调整文字大小，效果如图 9-88 所示。用相同方法分别复制封面中其余需要的文字和图形，并分别调整其位置大小，效果如图 9-89 所示。

图 9-87

图 9-88

图 9-89

步骤 3 选择“文本”工具，在页面中输入需要的文字。选择“选择”工具，在属性栏中选取合适的字体并设置文字大小，并单击属性栏中的“将文本更改为垂直方向”按钮，更改文字方向，效果如图 9-90 所示。

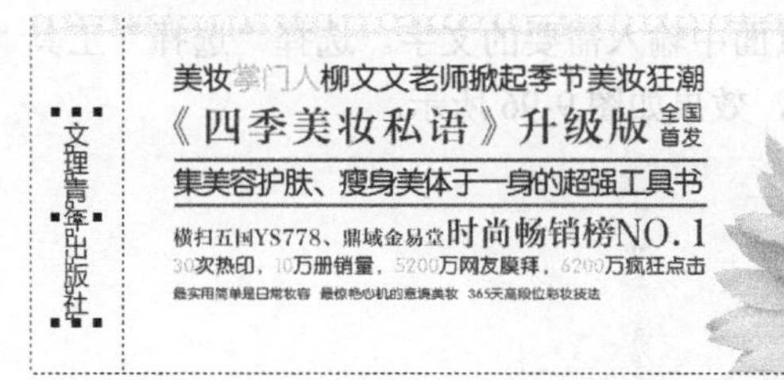

图 9-90

5. 添加出版信息

步骤 1 选择“编辑 > 插入条码”命令，弹出“条码向导”对话框，在各选项中按需要进行设置，如图 9-91 所示。设置好后，单击“下一步”按钮，在设置区内按需要进行设置，如图 9-92 所示。设置好后，单击“下一步”按钮，在设置区内按需要进行各项设置，如图 9-93 所示。设置好后，单击“完成”按钮，效果如图 9-94 所示。

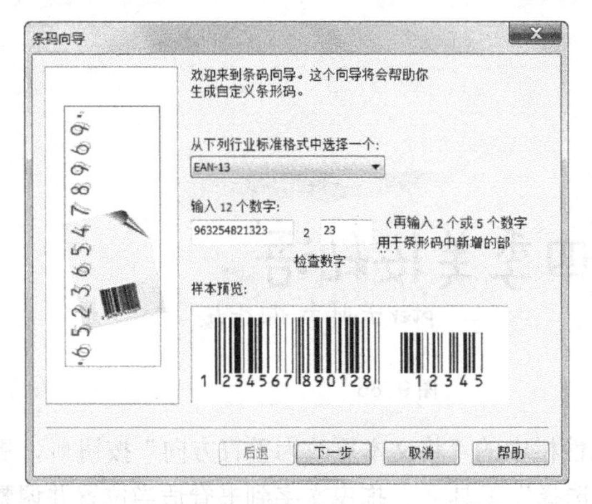

图 9-91

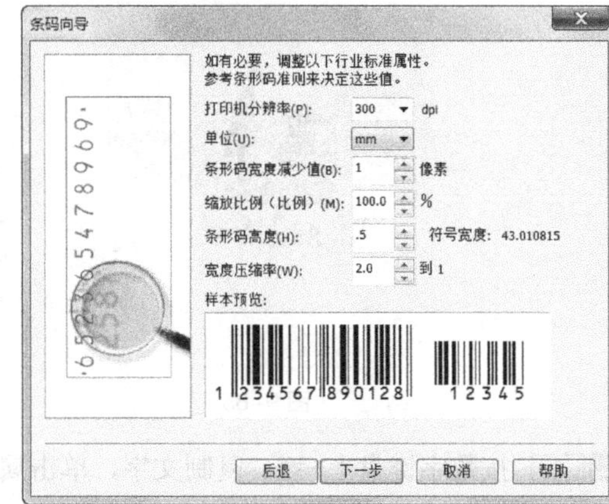

图 9-92

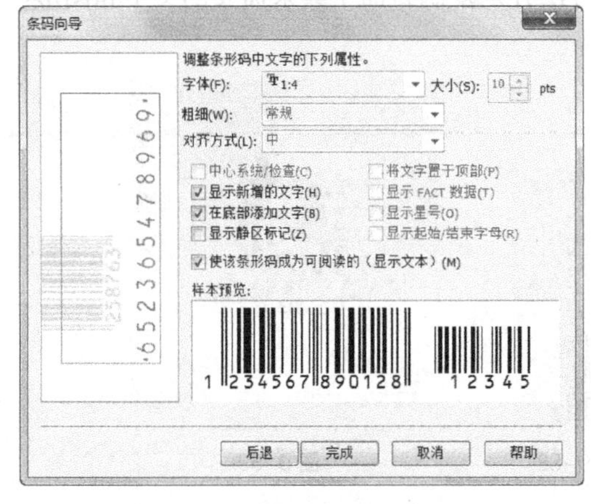

图 9-93

图 9-94

步骤 2 选择"选择"工具，拖曳条形码到封底适当的位置，并调整其大小，效果如图 9-95 所示。

步骤 3 选择"文本"工具，在页面中输入需要的文字。选择"选择"工具，在属性栏中选取合适的字体并设置文字大小，效果如图 9-96 所示。

图 9-95

图 9-96

步骤 4 选择"视图 > 辅助线"命令，隐藏辅助线。化妆美容书籍封面设计完成，效果如图 9-97 所示。

图 9–97

9.2 综合演练——古董书籍封面设计

在 Photoshop 中，使用参考线分割页面，使用滤镜库命令制作背景纹理效果，使用添加图层样式按钮为图片添加浮雕样式，使用图层混合模式和不透明度添加图片合成效果。在 CorelDRAW 中，使用绘图工具绘制图形，使用文本工具添加封面信息，使用合并命令合并多个图形，使用图框精确裁剪命令制作图形裁剪效果，使用插入条码命令制作条形码。（最终效果参看光盘中的“Ch09 > 效果 > 古董书籍封面设计 > 古董书籍封面”，见图 9-98。）

图 9–98

第10章 唱片封面设计

唱片封面设计是应用设计的一个重要门类。唱片封面是音乐的外貌，不仅要体现出唱片的内容和性质，还要体现出音乐的美感。本章以小提琴唱片的封面设计为例，讲解唱片封面的设计方法和制作技巧。

课堂学习目标

- 在 Photoshop 软件中制作唱片封面底图
- 在 CorelDRAW 软件中添加文字及出版信息

10.1 音乐 CD 封面设计

10.1.1 【案例分析】

本案例是为某唱片公司制作的小提琴 CD 封面，小提琴广泛流传于世界各国，是现代管弦乐队弦乐组中最主要的乐器。它在器乐中占有极重要的位置，包装设计要求通过细腻的手法将小提琴的艺术魅力表现出来。

10.1.2 【设计理念】

包装设计整体以粉红色作为包装主色调，柔和甜美的色彩很好地诠释了小提琴的浪漫和优雅，美丽的女性照片与包装搭配相得益彰，渐变的金色标题在画面中具有视觉吸引力，图文搭配合理，整体风格符合小提琴这一乐器的特色。（最终效果参看光盘中的“Ch10 > 效果 > 音乐 CD 封面设计 > 音乐 CD 封面”，见图 10-1。）

图 10-1

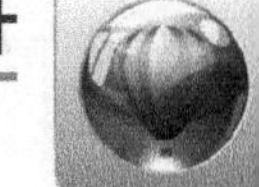

10.1.3 【操作步骤】

Photoshop 应用

1. 置入并编辑图片

步骤 1 按 Ctrl+N 组合键，新建一个文件：宽度为 24cm，高度为 12cm，分辨率为 300 像素/英寸，颜色模式为 RGB，背景内容为白色，单击“确定”按钮。选择“视图 > 新建参考线”命令，弹出“新建参考线”对话框，设置如图 10-2 所示，单击“确定”按钮，效果如图 10-3 所示。用相同的方法，在 11.7cm 处新建一条水平参考线，效果如图 10-4 所示。

步骤 2 选择“视图 > 新建参考线”命令，弹出“新建参考线”对话框，设置如图 10-5 所示，单击“确定”按钮，效果如图 10-6 所示。用相同的方法，分别在 11.5cm、12.5cm、23.7cm 处新建一条垂直参考线，效果如图 10-7 所示。

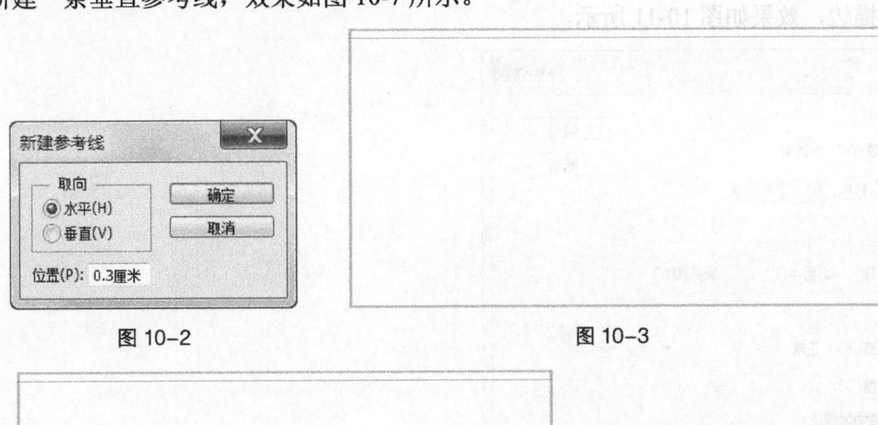

图 10-2　　图 10-3

图 10-4

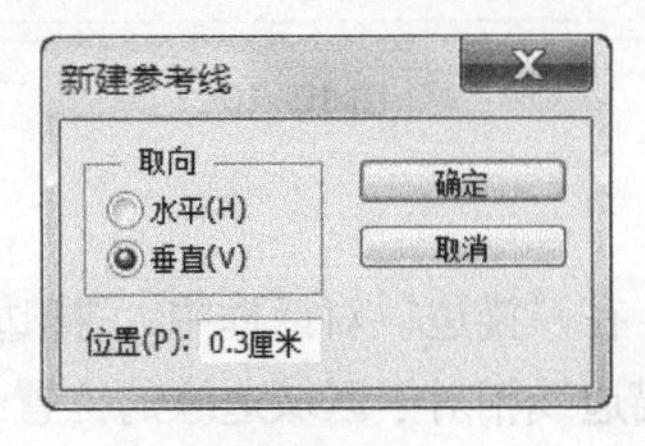

图 10-5

图 10-6　　图 10-7

步骤 3 单击“图层”控制面板下方的“创建新图层”按钮，生成新的图层并将其命名为“白色矩形”。将前景色设为白色。选择“矩形选框”工具，在图像窗口中绘制出一个矩形选区，如图 10-8 所示。按 Alt+Delete 组合键，用前景色填充选区，按 Ctrl+D 组合键取消选区，效果如图 10-9 所示。

图 10-8　　　　图 10-9

步骤 4　选择“编辑 > 描边”命令，弹出“描边”对话框，将描边色设为浅红色（其 R、G、B 的值分别为 251、118、118），其他选项的设置如图 10-10 所示，单击“确定”按钮，为图形添加描边，效果如图 10-11 所示。

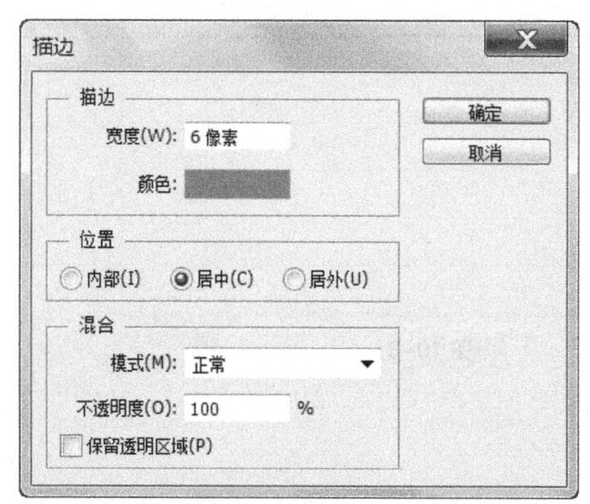

图 10-10

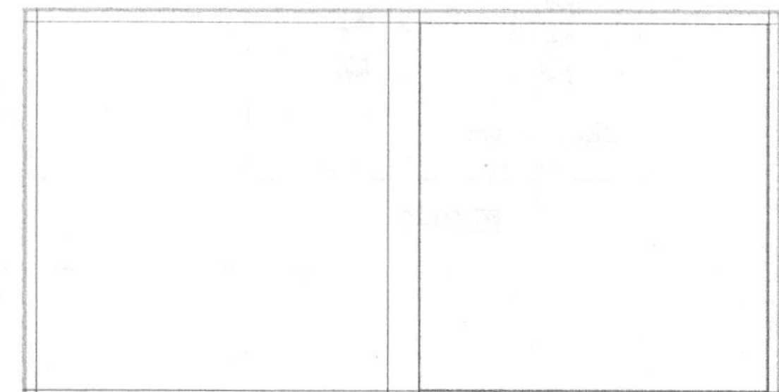

图 10-11

提示 在“描边”对话框中，“描边”选项组用于设定边线的宽度和颜色；“位置”选项组用于设定所描边线相对于区域边缘的位置，包括居内、居中和居外 3 个选项；“混合”选项组用于设置描边模式和不透明度。

步骤 5　按 Ctrl+O 组合键，分别打开光盘中的“Ch10 > 素材 > 音乐 CD 封面设计 > 01、02”文件。选择“移动”工具，将图片分别拖曳到图像窗口中适当的位置，并分别调整其大小，效果如图 10-12 所示。在“图层”控制面板中生成新的图层并分别将其命名为“底图”、“人物”，如图 10-13 所示。

步骤 6　单击“图层”控制面板下方的“添加图层蒙版”按钮，为“人物”图层添加蒙版，如图 10-14 所示。选择“画笔”工具，在属性栏中单击“画笔”选项右侧的按钮，弹出画笔选择面板，在面板中单击右上方的按钮，在弹出的下拉菜单中选择“基本画笔”命令，弹出提示对话框，单击“确定”按钮。在面板中选择需要的画笔形状，如图 10-15 所示，在图像窗口中进行涂抹，擦除不需要的部分，效果如图 10-16 所示。

图 10-12

图 10-13

图 10-14

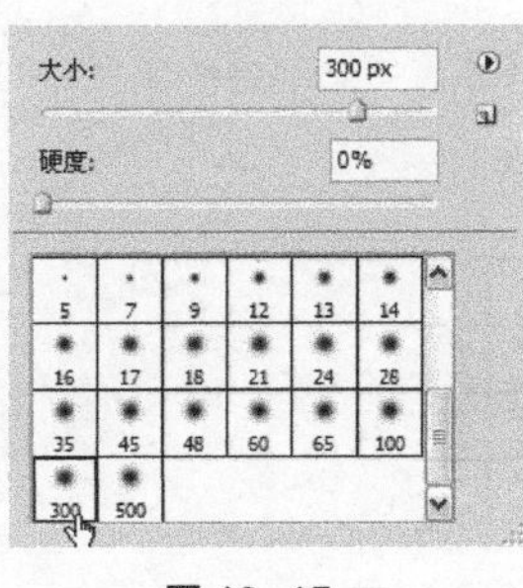

图 10-15

图 10-16

步骤 7 选择“滤镜 > 模糊 > 高斯模糊”命令，在弹出的对话框中进行设置，如图 10-17 所示。单击“确定”按钮，效果如图 10-18 所示。

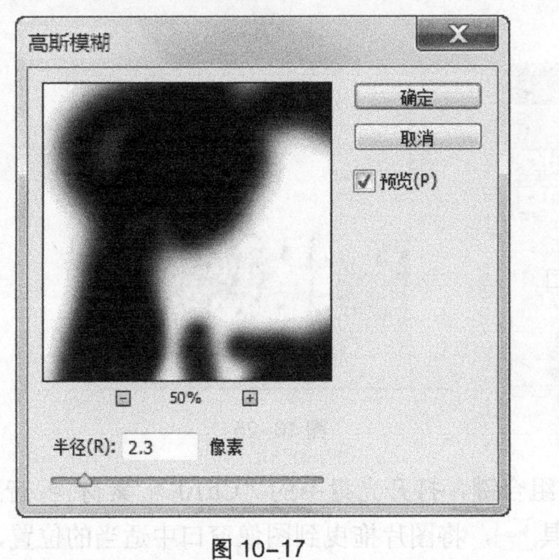

图 10-17

图 10-18

步骤 8 按住 Alt 键的同时，在“图层”控制面板中将鼠标放在“人物”图层和“底图”图层的中间，鼠标指针变为图标，如图 10-19 所示。单击鼠标创建剪贴蒙版，图像窗口中的效果如图 10-20 所示。

步骤 9 选中“底图”图层，单击控制面板下方的“添加图层蒙版”按钮，为“底图”图层添加蒙版，如图 10-21 所示。选择“画笔”工具，在属性栏中单击“画笔”选项右侧的按钮，弹出画笔选择面板，在面板中选择需要的画笔形状，如图 10-22 所示，在图像窗口中进行涂抹，擦除不需要的部分，效果如图 10-23 所示。

图 10-19

图 10-20

图 10-21

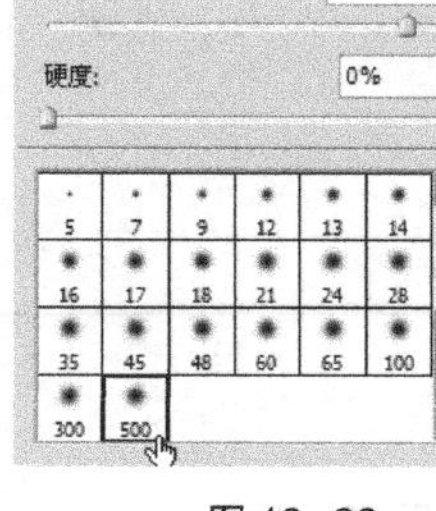

图 10-22

图 10-23

步骤 10 按住 Alt 键的同时，在“图层”控制面板中将鼠标放在“底图”图层和“白色矩形”图层中间，鼠标指针变为↓□图标，如图 10-24 所示。单击鼠标创建剪贴蒙版，图像窗口中的效果如图 10-25 所示。

图 10-24

图 10-25

步骤 11 选中“人物”图层。按 Ctrl+O 组合键，打开光盘中的“Ch10 > 素材 > 音乐 CD 封面设计 > 03”文件。选择“移动”工具，将图片拖曳到图像窗口中适当的位置，效果如图 10-26 所示，在“图层”控制面板中生成新的图层并将其命名为“音符”。

图 10-26

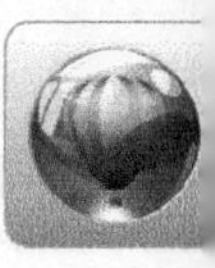

步骤 12 单击“图层”控制面板下方的“添加图层蒙版”按钮，为“音符”图层添加蒙版。并将“音符”图层的混合模式选项设为“颜色加深”，如图 10-27 所示。选择“画笔”工具，擦除图片中不需要的图像，效果如图 10-28 所示。

图 10-27

图 10-28

步骤 13 按住 Alt 键的同时，在“图层”控制面板中将鼠标放在“底图”图层和“白色矩形”图层中间，鼠标指针变为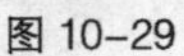图标，如图 10-29 所示。单击鼠标创建剪贴蒙版，图像窗口中的效果如图 10-30 所示。

图 10-29

图 10-30

步骤 14 新建图层并将其命名为“色块”。将前景色设为粉红色（其 R、G、B 的值分别为 251、117、117）。选择“矩形选框”工具，在图像窗口中的左半部分绘制出一个矩形选区，如图 10-31 所示。按 Alt+Delete 组合键，使用前景色填充选区，按 Ctrl+D 组合键取消选区，效果如图 10-32 所示。

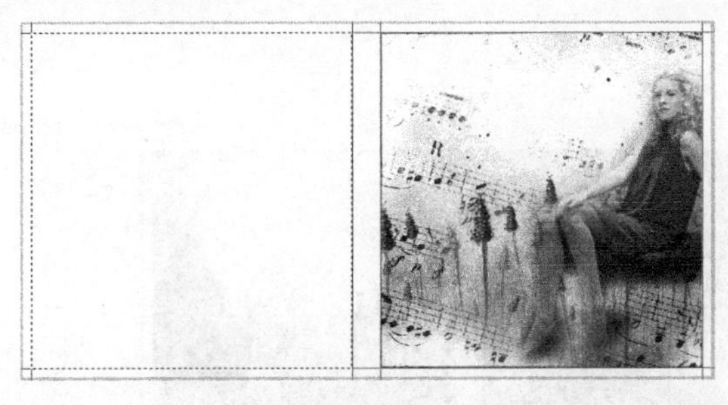

图 10-31

图 10-32

步骤 15 按 Ctrl+; 组合键，隐藏参考线。音乐 CD 封面底图制作完成，效果如图 10-33 所示。按 Ctrl+S 组合键，弹出“储存为”对话框，将其命名为“音乐 CD 封面底图”，保存图像为 TIFF 格式。单击“保存”按钮，弹出“TIFF 选项”对话框，单击“确定”按钮将图像保存。

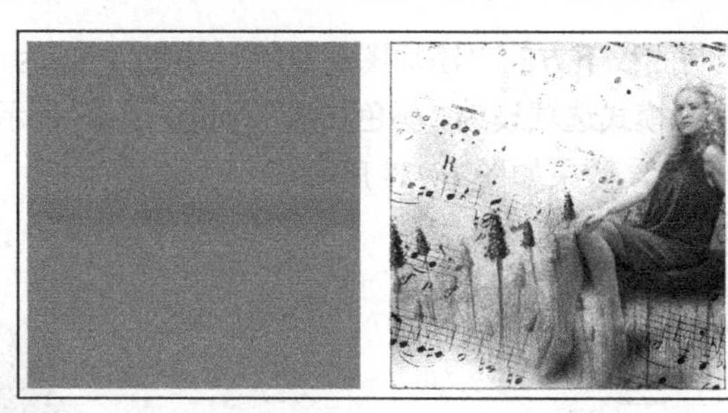

图 10-33

CorelDRAW 应用

2. 制作小提琴图片的阴影效果

步骤 1 打开 CorelDRAW X6 软件，按 Ctrl+N 组合键，新建一个页面。在属性栏中的“页面度量”选项中分别设置宽度为 240mm，高度为 120mm，按 Enter 键，页面尺寸显示为设置的大小。按 Ctrl+I 组合键，弹出“导入”对话框，选择光盘中的“Ch10 > 效果 > 音乐 CD 封面设计 > 音乐 CD 封面底图”文件，单击“导入”按钮，在页面中单击导入图片。按 P 键，图片在页面中居中对齐，效果如图 10-34 所示。

步骤 2 选择“手绘”工具，按住 Ctrl 键的同时，绘制一条直线，如图 10-35 所示。在属性栏中的“线条样式”框中选择需要的轮廓线样式，如图 10-36 所示，在“轮廓宽度”.2 mm 框中设置数值为 1mm，按 Enter 键确认，效果如图 10-37 所示。

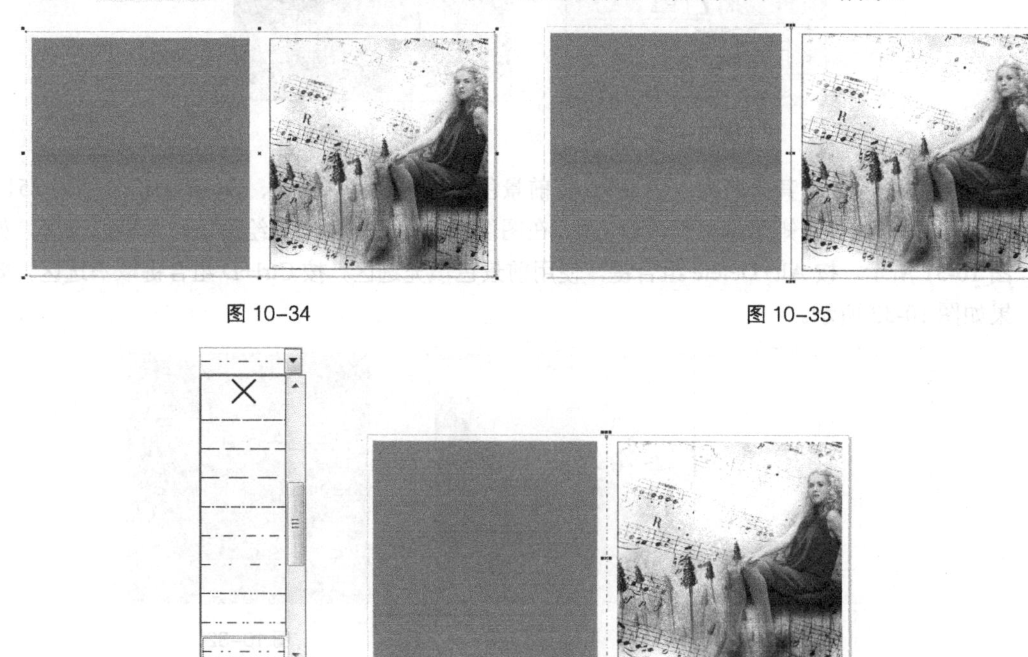

图 10-34　图 10-35

图 10-36　图 10-37

步骤 3 选择“矩形”工具，在页面适当的位置右侧绘制一个矩形，设置图形颜色的 CMYK 值为 0、60、40、0，填充图形，并去除图形的轮廓线，效果如图 10-38 所示。在属性栏中

的“圆角半径”框中进行设置，如图 10-39 所示，按 Enter 键确认，效果如图 10-40 所示。

图 10–38

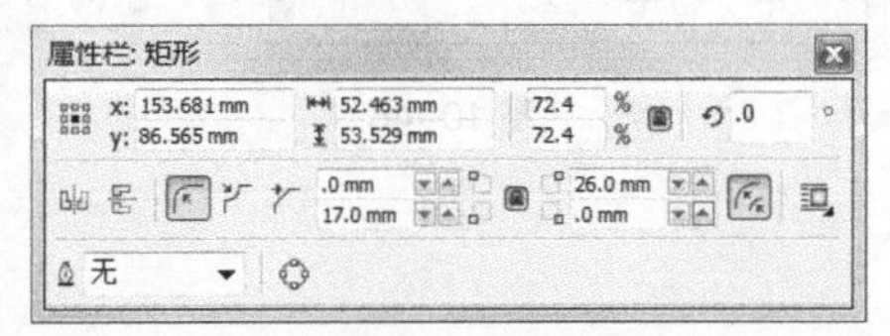

图 10–39

图 10–40

步骤 4 选择“选择”工具，选取图形，按数字键盘上的+键，复制图形。填充图形为白色，效果如图 10-41 所示。选择“排列 > 顺序 > 向后一层”命令，将图形置后一层，调整其大小和位置，效果如图 10-42 所示。

图 10–41

图 10–42

步骤 5 选择“调和”工具，将光标在两个图形之间拖曳，在属性栏中进行设置，如图 10-43 所示。按 Enter 键确认，效果如图 10-44 所示。

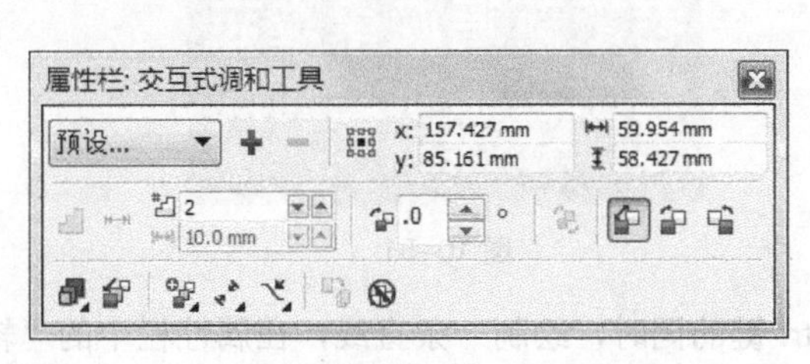

图 10–43

图 10–44

步骤 6 按 Ctrl+I 组合键，弹出“导入”对话框。选择光盘中的“Ch10 > 素材 > 音乐 CD 封面设计 > 04”文件，单击“导入”按钮，在页面中单击导入图片，并调整其位置和大小，效果如图 10-45 所示。

步骤 7 选择“阴影”工具，在图片上由上至下拖曳光标，为图片添加阴影效果，并在属性栏中进行设置，如图 10-46 所示。按 Enter 键确认，效果如图 10-47 所示。

图 10-45

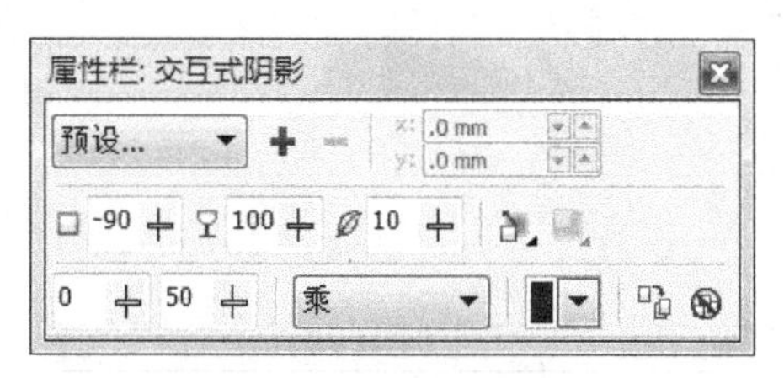

图 10-46

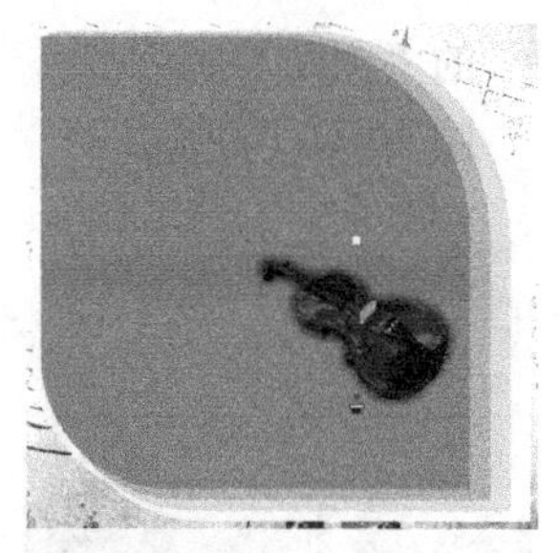

图 10-47

3. 添加宣传文字

步骤 1 选择“文本”工具，在矩形上分别输入需要的文字。选择“选择”工具，在属性栏中分别选择合适的字体并设置文字大小，效果如图 10-48 所示。选取需要的文字，填充文字为白色，效果如图 10-49 所示。选择“文本 > 文本属性”命令，弹出“文本属性”面板，选项的设置如图 10-50 所示，文字效果如图 10-51 所示。

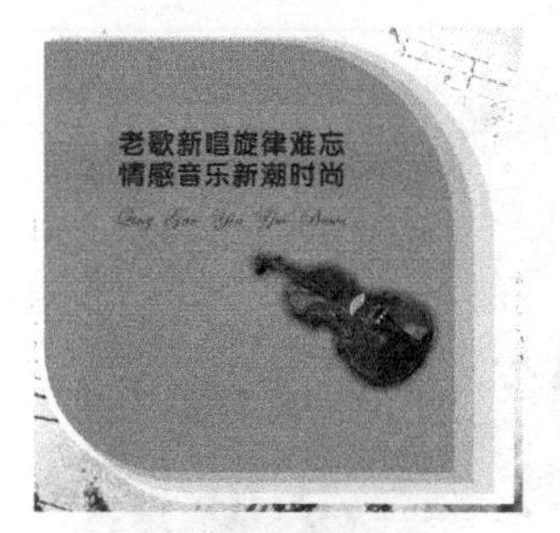

图 10-48

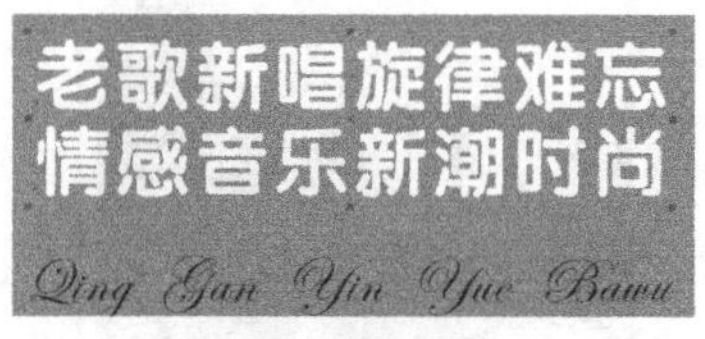

图 10-49

图 10-50

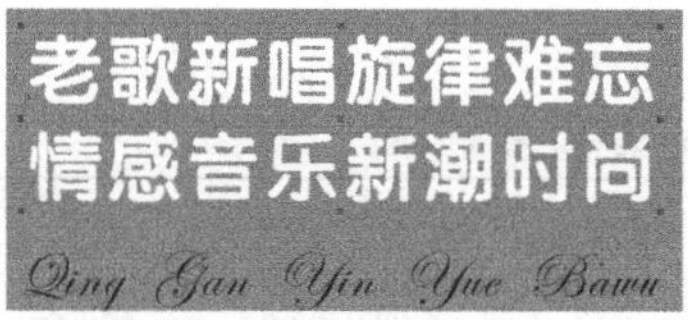

老歌新唱旋律难忘
情感音乐新潮时尚
Qing Gan Yin Yue Bawu

图 10-51

步骤 2 选择“手绘”工具，按住 Ctrl 键的同时，绘制一条直线，在属性栏中的“轮廓宽度” .2 mm 框中设置数值为 0.25mm，按 Enter 键确认，效果如图 10-52 所示。按数字键盘上的+键复制一条直线，并将其拖曳到适当的位置，效果如图 10-53 所示。

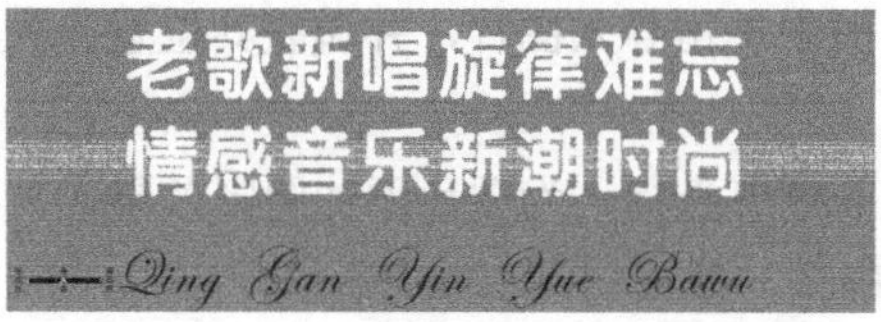

老歌新唱旋律难忘
情感音乐新潮时尚
Qing Gan Yin Yue Bawu

图 10-52

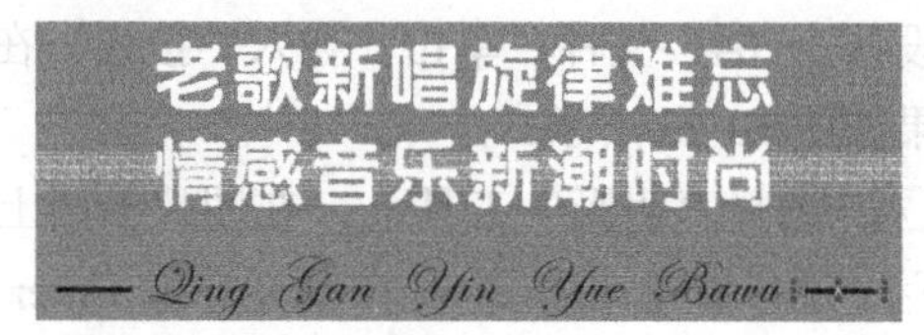

图 10-53

4. 制作唱片名称

步骤 1 选择“文本”工具字，在页面中分别输入需要的文字。选择“选择”工具，在属性栏中选择合适的字体并设置文字大小。按 Esc 键取消选取状态，文字的效果如图 10-54 所示。选择“形状”工具，选取需要的文字，向左拖曳文字下方的图标，适当调整字间距，效果如图 10-55 所示。用相同方法调整“音乐”字间距，效果如图 10-56 所示。

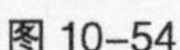

图 10-54

图 10-55

图 10-56

步骤 2 选择“选择”工具，单击选取需要的文字，如图 10-57 所示。按 F11 键，弹出“渐变填充”对话框，选择“自定义”单选项，在“位置”选项中分别输入 0、25、59、100 几个位置点，单击右下角的“其它”按钮，分别设置这几个位置点颜色的 CMYK 值为 0（0、100、100、0）、25（0、29、100、0）、59（0、0、100、0）、100（0、0、100、0），如图 10-58 所示。单击“确定”按钮，填充文字，效果如图 10-59 所示。

图 10-57

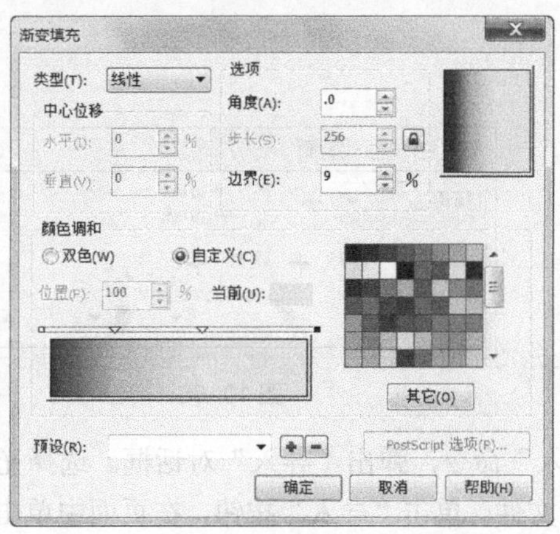

图 10-58

图 10-59

步骤 3 选择“选择”工具，选取需要的文字，如图 10-60 所示。设置文字颜色的 CMYK 值为 0、0、100、0，填充文字，如图 10-61 所示。选择“文本”工具字，在文字前方插入光标，按键盘上的［键输入符号。选择“选择”工具，将符号拖曳到适当的位置，效果如图 10-62 所示。选择“文本”工具字，在适当的位置插入光标，按键盘上的］键输入符号，效果如图 10-63 所示。

步骤 4 选择“文本”工具字，在适当的位置输入需要的文字。选择“选择”工具，在属性栏中选择合适的字体并设置文字大小，填充文字为白色，效果如图 10-64 所示。

图 10-60

图 10-61

图 10-62

图 10-63

图 10-64

5. 添加图案和出版信息

步骤 1 选择“文件 > 导入”命令，弹出“导入”对话框。选择光盘中的“Ch10 > 素材 > 音乐 CD 封面设计 > 05”文件，单击“导入”按钮，在页面中单击导入图片，拖曳图片到适当的位置，并调整其大小，如图 10-65 所示。

步骤 2 选择“阴影”工具，在图片上由中心向右拖曳光标，为图片添加阴影效果，属性栏中的设置如图 10-66 所示。按 Enter 键确认，阴影效果如图 10-67 所示。

图 10-65

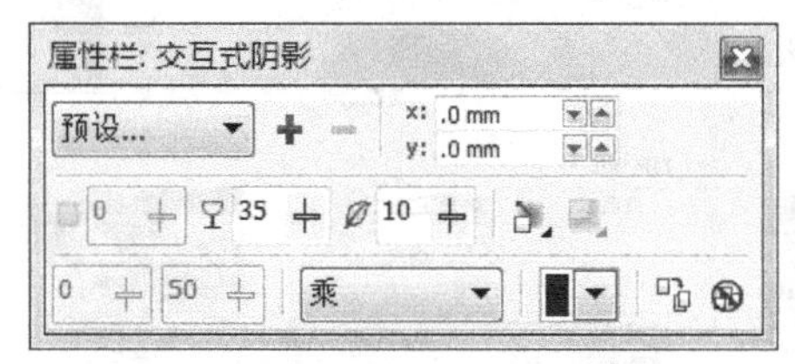

图 10-66

图 10-67

步骤 3 选择“文件 > 导入”命令，弹出“导入”对话框。选择光盘中的“Ch10 > 素材 > 音乐 CD 封面设计 > 06”文件，单击“导入”按钮，在页面中单击导入图形，拖曳图形到适当的位置并调整其大小，如图 10-68 所示。

步骤 4 选择“文本”工具，在页面中输入需要的文字。选择“选择”工具，在属性栏中选择合适的字体并设置文字大小，填充文字为白色，效果如图 10-69 所示。选择“形状”工具，向左拖曳文字下方的图标，适当调整字间距，效果如图 10-70 所示。

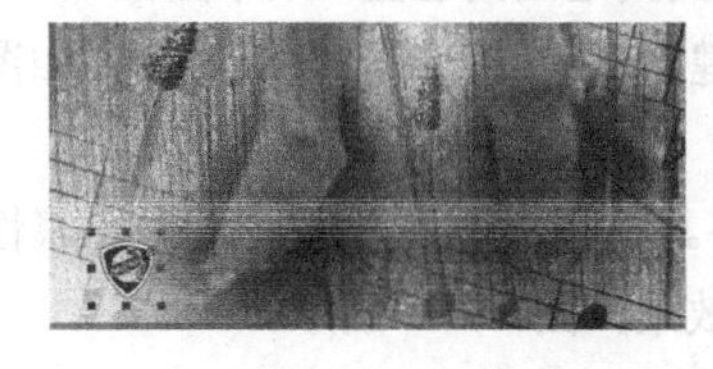

图 10-68

图 10-69

图 10-70

6. 制作封底效果

步骤 1 选择“椭圆形”工具，按住 Ctrl 键的同时，在页面中绘制一个圆形，设置圆形颜色的 CMYK 值为 0、0、20、0，填充圆形，并去除圆形的轮廓线，效果如图 10-71 所示。选择“选择”工具，按数字键盘上的+键复制一个圆形，设置圆形颜色的 CMYK 值为 0、0、60、0，填充圆形。按住 Shift 键的同时，向内拖曳圆形右上角的控制手柄到适当的位置，效果如图 10-72 所示。

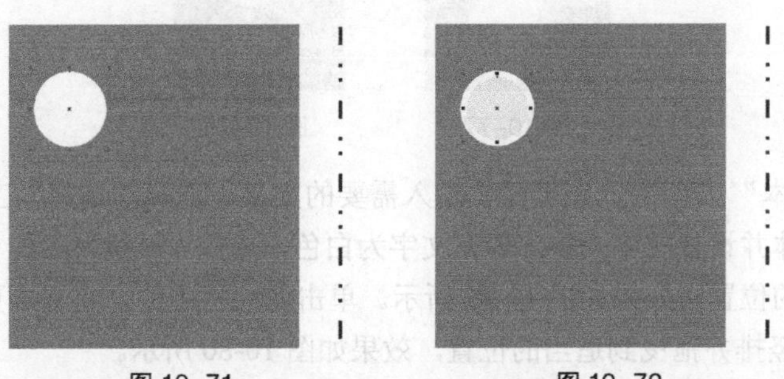

图 10-71　　图 10-72

步骤 2 选择“选择”工具，用圈选的方法将原图形和复制的图形同时选取，按 Ctrl+G 组合键将其群组，效果如图 10-73 所示。按数字键盘上的+键复制两个新的图形，并将其拖曳到适当的位置，效果如图 10-74 所示。

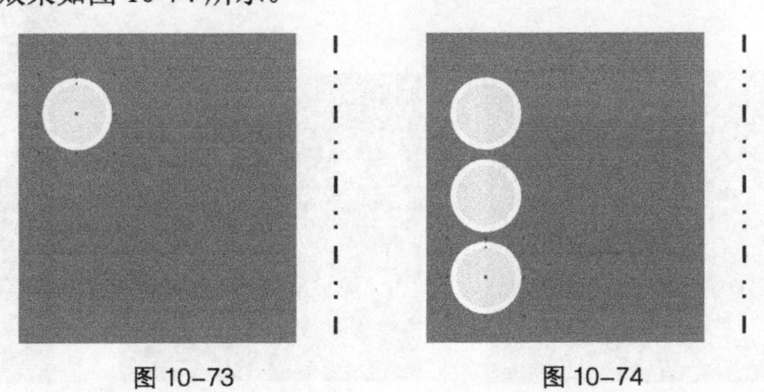

图 10-73　　图 10-74

步骤 3 选择“文本”工具，输入需要的文字。选择“选择”工具，在属性栏中选择合适的字体并设置文字大小，设置文字颜色的 CMYK 值为 0、60、100、0，填充文字，效果如图 10-75 所示。选择“文本”工具，选取需要的文字，填充文字为白色，取消文字的选取状态，如图 10-76 所示。

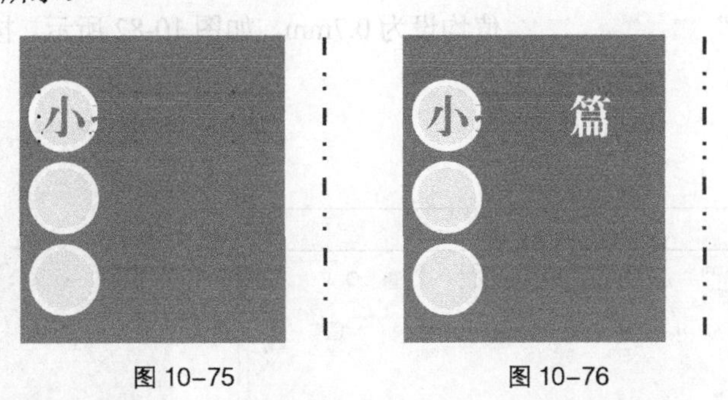

图 10-75　　图 10-76

步骤 4 选择“选择”工具，单击选取需要的文字，单击属性栏中的“将文本更改为垂直方向”按钮▥，将文字竖排并拖曳到适当的位置，效果如图 10-77 所示。选择“形状”工具，向下拖曳文字下方的图标，适当调整字间距，效果如图 10-78 所示。

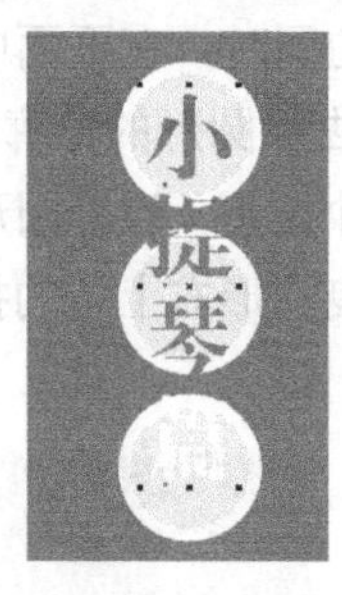

图 10-77

图 10-78

步骤 5 选择“文本”工具，在页面中输入需要的文字。选择“选择”工具，在属性栏中选择合适的字体并设置文字大小，填充文字为白色，选择“形状”工具，调整文字的行距与字距到适当的位置，效果如图 10-79 所示。单击属性栏中的“将文本更改为垂直方向”按钮▥，将文字竖排并拖曳到适当的位置，效果如图 10-80 所示。

步骤 6 选择“文件 > 导入”命令，弹出“导入”对话框。选择光盘中的“Ch10 > 素材 > 音乐 CD 封面设计 > 07”文件，单击“导入”按钮，在页面中单击导入图片，拖曳图片到适当的位置，并调整其大小，效果如图 10-81 所示。

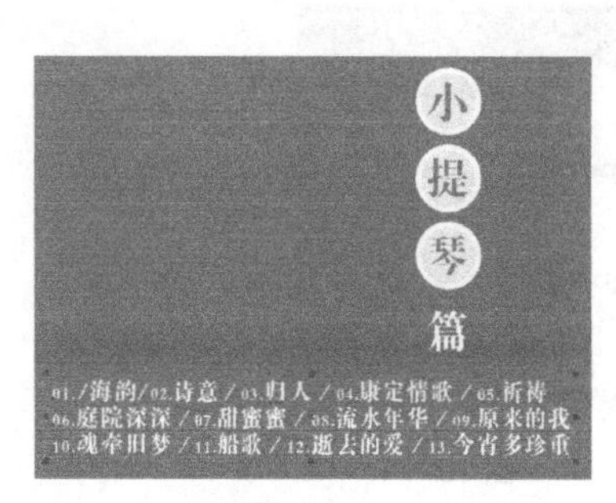

图 10-79

图 10-80

图 10-81

7. 添加其他相关信息

步骤 1 选择“矩形”工具，在页面中绘制一个矩形，在属性栏中设置该矩形上下左右 4 个角的“圆角半径”值均设为 0.7mm，如图 10-82 所示。按 Enter 键确认，效果如图 10-83 所示。

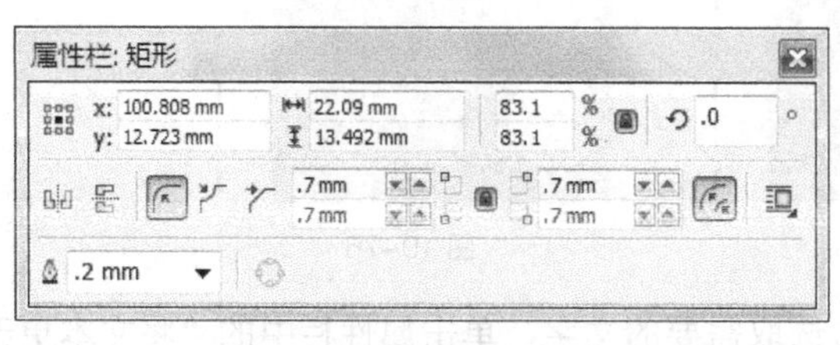

图 10-82

图 10-83

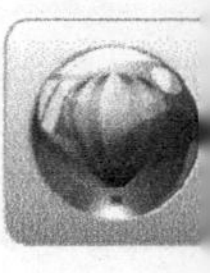

步骤 2 设置图形颜色的 CMYK 值为 0、0、100、0，填充图形，并去除图形的轮廓线，效果如图 10-84 所示。选择“文本”工具字，在圆角矩形中输入需要的文字。选择“选择”工具，在属性栏中选择合适的字体并设置文字大小，效果如图 10-85 所示。

图 10-84

图 10-85

步骤 3 选择“椭圆形”工具，绘制一个椭圆形，填充图形为黑色，如图 10-86 所示。选择“文本”工具字，在椭圆形上输入需要的文字。选择“选择”工具，在属性栏中选择合适的字体并设置文字大小，填充文字为白色，效果如图 10-87 所示。选择“形状”工具，向右拖曳文字下方的图标，适当调整字间距，效果如图 10-88 所示。

图 10-86

图 10-87

图 10-88

步骤 4 选择“文本”工具字，在适当的位置输入需要的文字。选择“选择”工具，在属性栏中选择合适的字体并设置文字大小，如图 10-89 所示。用相同的方法输入其他文字，如图 10-90 所示。

图 10-89

图 10-90

步骤 5 按 Esc 键取消选取状态。音乐 CD 封面制作完成，效果如图 10-91 所示。按 Ctrl+S 组合键，弹出“保存图形”对话框，将制作好的图像命名为“音乐 CD 封面”，保存为 CDR 格式，单击“保存”按钮保存图像。

图 10-91

10.2 综合演练——手风琴唱片封面设计

在 Photoshop 中，使用渐变工具和添加图层蒙版命令制作背景图片的融合效果，使用矩形工具、橡皮擦工具和用画笔描边路径命令制作邮票。在 CorelDRAW 中，使用矩形工具、倾斜命令和再制命令制作装饰边框，使用文本工具添加标题及相关信息，使用图框精确裁剪命令制造剪裁效果，使用插入条码命令插入条码。（最终效果参看光盘中的“Ch10> 效果 > 手风琴唱片封面设计 > 手风琴唱片封面”，见图 10-92。）

图 10-92

第11章 杂志设计

杂志是比较专项的宣传媒介之一，它具有目标受众准确、实效性强、宣传力度大、效果明显等特点。时尚生活类杂志的设计可以轻松、活泼、色彩丰富。版式内的图文编排可以灵活多变，但要注意把握风格的整体性。本章以时尚品味杂志封面为例，讲解杂志的设计方法和制作技巧。

课堂学习目标

- 在 Photoshop 软件中制作杂志封面背景图
- 在 CorelDRAW 软件中制作并添加相关栏目和信息

11.1 时尚杂志封面设计

11.1.1 【案例分析】

杂志可以详细、科学地研究政治、经济、时尚、娱乐等人们关注的问题。本案例是为某时尚杂志制作的封面设计，在设计上要能体现都市时尚风格。

11.1.2 【设计理念】

使用灰色的背景体现出杂志的质感。时尚专业的摄影人物是时尚杂志不可或缺的重要元素，蓝色的标题文字在画面中视觉醒目，文字编排合理具有秩序感。整体设计简单大方，符合时尚杂志的特色，易使人产生购买欲望。（最终效果参看光盘中的“Ch11 > 效果 > 时尚杂志封面设计 > 时尚杂志封面”，见图 11-1。）

图 11-1

11.1.3 【操作步骤】

Photoshop 应用

1. 添加镜头光晕

步骤 1 按 Ctrl+O 组合键，打开光盘中的“Ch11 > 素材 > 时尚杂志封面设计 > 01”文件，如图 11-2 所示。

步骤 2 选择“滤镜 > 渲染 > 镜头光晕”命令，弹出“镜头光晕”对话框，在“光晕中心”预览框中，拖曳十字光标设定炫光位置，其他选项的设置如图 11-3 所示。单击“确定”按钮，效果如图 11-4 所示。

图 11-2

图 11-3

图 11-4

提示 在“镜头光晕”对话框中，“亮度”选项用于控制斑点的亮度大小，当数值过高时，整个画面会变成一片白色；左侧的预览框可以通过拖曳十字光标来设定镜头的位置；“镜头类型”选项组用于设定摄像机镜头的类型。

2. 制作纹理效果

步骤 1 选择“滤镜 > 滤镜库”命令，在弹出的对话框中进行设置，如图 11-5 所示。单击“确定”按钮，效果如图 11-6 所示。

图 11-5

图 11-6

步骤 2 杂志封面背景图效果制作完成。按 Ctrl+Shift+S 组合键，弹出“存储为”对话框，将制作好的图像命名为“时尚杂志封面底图”，保存为 TIFF 格式，单击“保存”按钮，弹出“TIFF 选项”对话框，单击“确定”按钮将图像保存。

CorelDRAW 应用

3. 设计杂志名称

步骤 1 打开 CorelDRAW X6 软件，按 Ctrl+N 组合键，新建一个页面。在属性栏的“页面度量”选项中分别设置宽度为 210mm，高度为 297mm，如图 11-7 所示。按 Enter 键确认，页面尺寸显示为设置的大小，如图 11-8 所示。

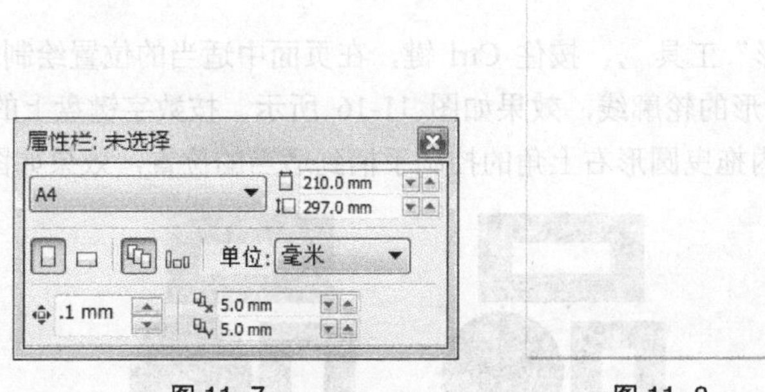

图 11-7　　图 11-8

步骤 2 打开光盘中的“Ch11 > 素材 > 杂志封面设计 > 记事本”文件，选取文档中的杂志名称“时尚品味”，并单击鼠标右键，复制文字，如图 11-9 所示。返回 CorelDRAW 页面中，选择“文本”工具字，在页面顶部单击插入光标，按 Ctrl+V 组合键，将复制的文字粘贴到页面中。选择“选择”工具，在属性栏中选择合适的字体并设置文字大小，如图 11-10 所示。按 Ctrl+K 组合键将文字打散，选择“选择”工具，将文字拖曳到适当的位置，效果如图 11-11 所示。

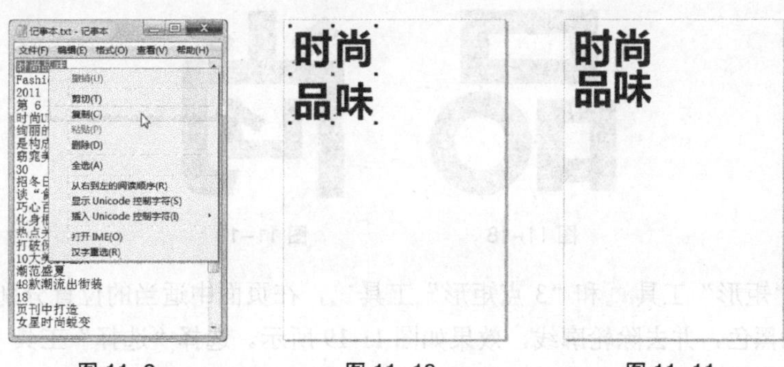

图 11-9　　图 11-10　　图 11-11

步骤 3 选择“选择”工具，选取文字，按 Ctrl+Q 组合键将文字转换为曲线。放大视图的显示比例。选择“形状”工具，用圈选的方法将需要的节点同时选取，如图 11-12 所示，按 Delete 键将其删除，效果如图 11-13 所示。

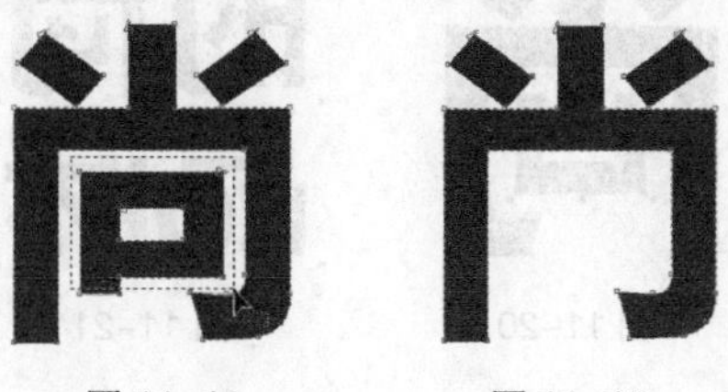

图 11-12　　图 11-13

步骤 4 选择“形状”工具，用圈选的方法将需要的节点同时选取，如图 11-14 所示，按 Delete 键将其删除，效果如图 11-15 所示。

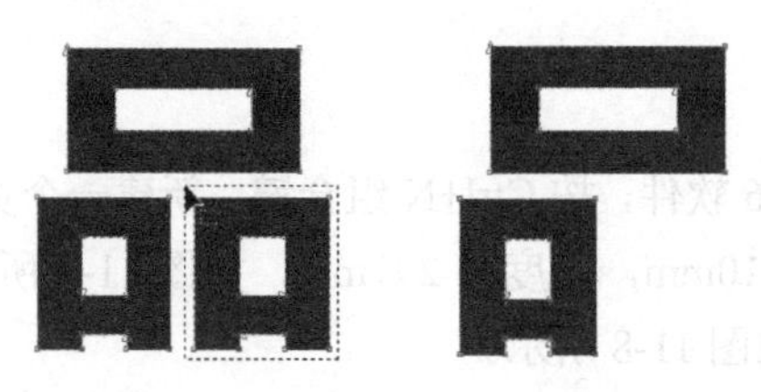

图 11-14　　图 11-15

步骤 5 选择“椭圆形”工具，按住 Ctrl 键，在页面中适当的位置绘制一个圆形，填充圆形为黑色，并去除圆形的轮廓线，效果如图 11-16 所示。按数字键盘上的+键复制一个圆形，按住 Shift 键，向内拖曳圆形右上角的控制手柄到适当的位置，效果如图 11-17 所示。

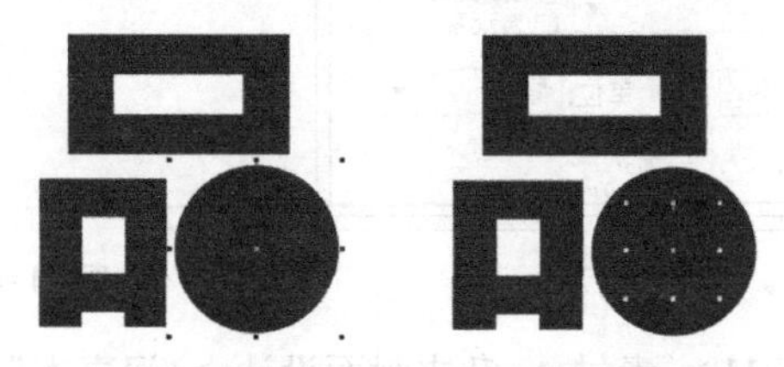

图 11-16　　图 11-17

步骤 6 选择“选择”工具，用圈选的方法，将两个圆形同时选取，单击属性栏中的“移除前面对象”按钮，将两个圆形剪切为一个图形，效果如图 11-18 所示。

步骤 7 选择“矩形”工具和“3 点矩形”工具，在页面中适当的位置分别绘制 4 个矩形，填充图形为黑色，并去除轮廓线，效果如图 11-19 所示。

图 11-18　　图 11-19

步骤 8 选择“矩形”工具和“3 点矩形”工具，在页面中适当的位置分别绘制 4 个矩形，填充图形为黑色，并去除轮廓线，效果如图 11-19 所示。选择“选择”工具，用圈选的方法，将 4 个矩形同时选取，单击属性栏中的“合并”按钮，将 4 个图形合并为一个图形，效果如图 11-20 所示。选择“选择”工具，用圈选的方法将文字和图形同时选取，按 Ctrl+G 组合键将其群组，效果如图 11-21 所示。

图 11-20　　图 11-21

步骤 9 选择“选择”工具，选取群组图形，设置图形颜色的 CMYK 值为100、0、0、0，填充图形，效果如图 11-22 所示。选择“轮廓图”工具，在属性栏中单击“外部轮廓”按钮，将“填充色”设为白色，其他选项的设置如图 11-23 所示。按 Enter 键确认，效果如图 11-24 所示。

图 11-22

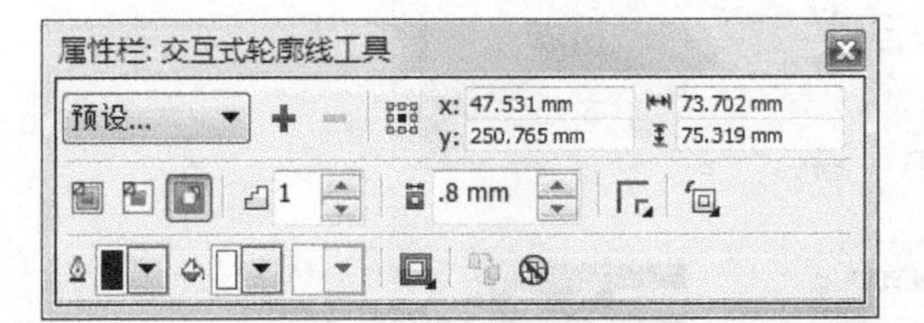

图 11-23

图 11-24

4. 添加杂志名称和刊期

步骤 1 选择“文件 > 导入”命令，弹出“导入”对话框。选择光盘中的“Ch11 > 效果 > 杂志封面设计 > 封面背景图”文件，单击“导入”按钮，在页面中单击导入图片，如图 11-25 所示。按 P 键，图片在页面中居中对齐，效果如图 11-26 所示。按 Shift+PageDown 组合键将其置后，效果如图 11-27 所示。

步骤 2 选取并复制记事本文档中的英文字“Fashion taste”，返回 CorelDRAW 页面中，将文字粘贴到页面中适当的位置。选择“选择”工具，在属性栏中选择合适的字体并设置文字大小，效果如图 11-28 所示。

图 11-25

图 11-26

图 11-27

图 11-28

步骤 3 按 F11 键，弹出“渐变填充”对话框，选择“自定义”单选项，在“位置”选项中分

别添加并输入 0、47、100 几个位置点，单击右下角的“其它”按钮，分别设置这几个位置点颜色的 CMYK 值为 0（40、0、0、0）、47（100、20、0、0）、100（40、0、0、0），其他选项的设置如图 11-29 所示。单击“确定”按钮填充文字，效果如图 11-30 所示。

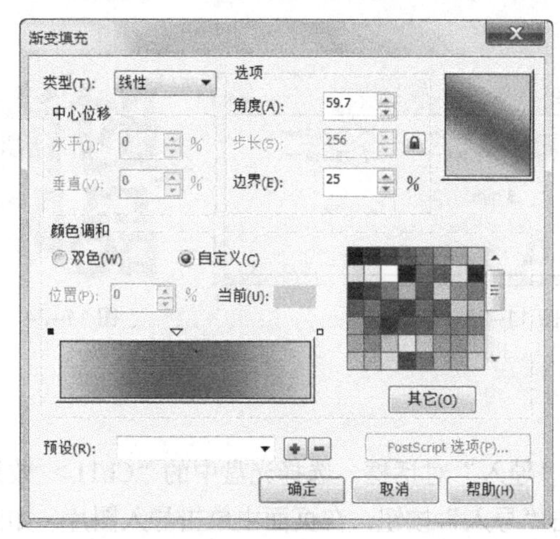

图 11-29

图 11-30

步骤 4 分别选取并复制记事本文档中杂志的期刊号和月份名称。返回到 CorelDRAW 页面中，分别将其粘贴到适当的位置。选择“选择”工具，分别在属性栏中选择合适的字体并设置文字的大小，选取数字“6”，填充为白色，效果如图 11-31 所示。选择“3 点椭圆形”工具，在文字“6”上面绘制一个椭圆形，设置椭圆形颜色的 CMYK 值为 100、0、0、0，填充椭圆形，并去除椭圆形的轮廓线，效果如图 11-32 所示。按 Ctrl+PageDown 组合键将其置后，效果如图 11-33 所示。

图 11-31

图 11-32

图 11-33

5. 添加并编辑栏目名称

步骤 1 选取并复制记事本文档中的“时尚 UP 民族风今夏最 IN”文字，返回到 CorelDRAW 页面中，并粘贴到适当的位置。选择“选择”工具，在属性栏中选择合适的字体并设置文字大小，填充文字为白色，效果如图 11-34 所示。选择“文本”工具，选取文字“时尚 UP 民族风今夏最 IN”，如图 11-35 所示。按 Ctrl+Shift+ < 组合键，微调文字的字间距，效果如图 11-36 所示。

图 11-34

图 11-35

时尚UP 民族风今夏最IN

图 11-36

步骤 2 选择“文本”工具字，选取文字“民族风今夏最 IN”，选择“选择”工具，在属性栏中选择合适的字体并设置文字大小，效果如图 11-37 所示。选取并复制记事本文档中的“绚丽的色块、复古显旧的情调，是构成嬉皮的主要元素”，返回到 CorelDRAW 页面中，选择“文本”工具字，在页面中拖曳出一个文本框，如图 11-38 所示。

图 11-37

图 11-38

步骤 3 按 Ctrl+V 组合键，将复制的文字粘贴到文本框中，如图 11-39 所示。选择“选择”工具，在属性栏中选择合适的字体并设置文字大小，填充文字为白色，效果如图 11-40 所示。选择“文本 > 段落文本框 > 显示文本框”命令，将文本框隐藏。

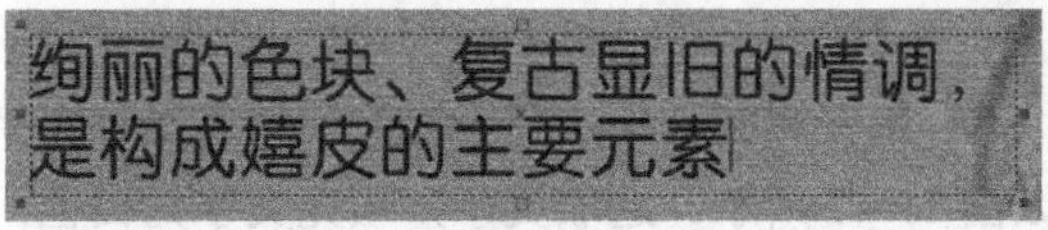

绚丽的色块、复古显旧的情调，
是构成嬉皮的主要元素

图 11-39

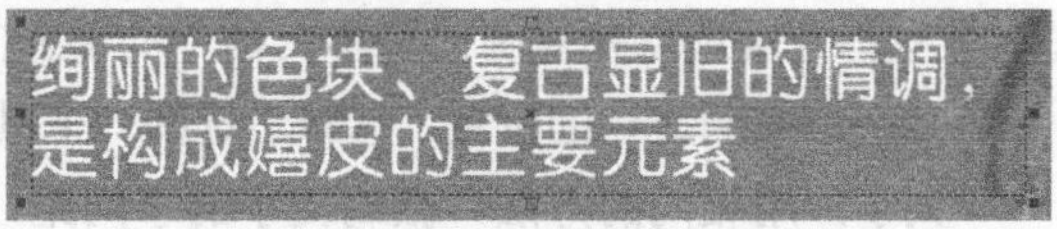

绚丽的色块、复古显旧的情调，
是构成嬉皮的主要元素

图 11-40

步骤 4 选取并复制记事本文档中的“窈窕美人”，返回到 CorelDRAW 页面中，将复制的文字粘贴到适当的位置。选择“选择”工具，在属性栏中选择合适的字体并设置文字大小，用相同的方法，微调文字的字间距，如图 11-41 所示。设置文字颜色的 CMYK 值为 100、0、0、0，并填充文字，效果如图 11-42 所示。

图 11-41

图 11-42

步骤 5 选择"手绘"工具，按住 Ctrl 键绘制一条直线，如图 11-43 所示。按 F12 键，弹出"轮廓笔"对话框，将"颜色"选项设置为白色，在"箭头"设置区中，单击右侧的样式框，在弹出的列表中选择需要的箭头样式，如图 11-44 所示，其他选项的设置如图 11-45 所示。单击"确定"按钮，效果如图 11-46 所示。

图 11-43

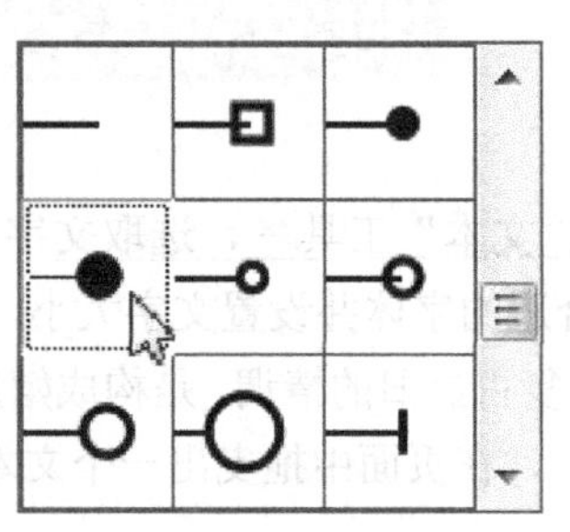

图 11-44

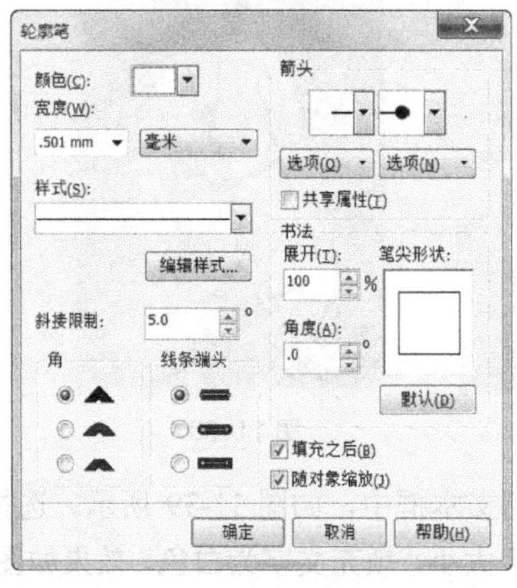

图 11-45

图 11-46

步骤 6 分别选取并复制记事本文档中的部分文字，返回到 CorelDRAW 页面中，分别将复制的文字粘贴到适当的位置。选择"选择"工具，分别在属性栏中选择合适的字体并设置文字大小，用相同的方法，微调文字的字间距，如图 11-47 所示。选取文字，填充文字为白色，效果如图 11-48 所示。

步骤 7 分别选取并复制记事本文档中的部分文字，返回到 CorelDRAW 页面，分别将复制的文字粘贴到适当的位置。选择"选择"工具，分别在属性栏中选择合适的字体并设置文字大小，微调文字的字间距，如图 11-49 所示。选取文字"巧心百搭"，设置文字颜色的 CMYK 值为 0、0、100、0，填充文字。选取文字"化身根妞为名媛"，填充文字为白色，效果如图 11-50 所示。

图 11-47

图 11-48

图 11-49

图 11-50

步骤 8 选择"矩形"工具，在页面中绘制一个矩形，如图 11-51 所示。设置图形颜色的 CMYK 值为 100、0、0、0，填充图形，并去除图形的轮廓线，图形效果如图 11-52 所示。分别选取并复制记事本文档中的部分文字，返回到 CorelDRAW 页面中，分别将复制的文字粘贴到适当的位置。选择"选择"工具，在属性栏中选择合适的字体并设置文字大小，用相同的方法，微调文字的字间距，选取文字"热点关注"和"打破保养瓶颈"，填充文字为白色，效果如图 11-53 所示。

图 11-51

图 11-52

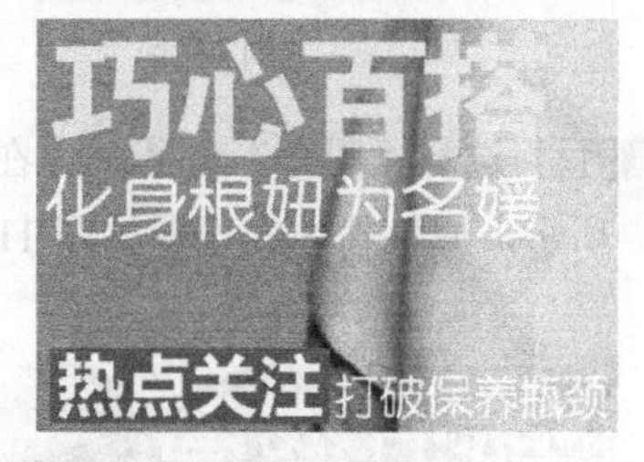

图 11-53

步骤 9 选取并复制记事本文档中的标题栏目"10 大美肌经典"，返回到 CorelDRAW 页面中，将复制的文字粘贴到页面中适当的位置。选择"选择"工具，在属性栏中选择合适的字体并设置文字大小，用相同的方法，微调文字的字间距，填充文字为白色，效果如图 11-54 所示。选择"文本"工具，分别选取文字"10"和"经典"，在属性栏中选择合适的字体并设置文字大小，如图 11-55 所示。

步骤 10 选择"阴影"工具，从文字左侧向右侧拖曳光标，为文字添加阴影效果，属性栏中的设置如图 11-56 所示。按 Enter 键确认，阴影效果如图 11-57 所示。

热点关注 打破保养瓶颈 10大美肌经典

图 11-54

图 11-55

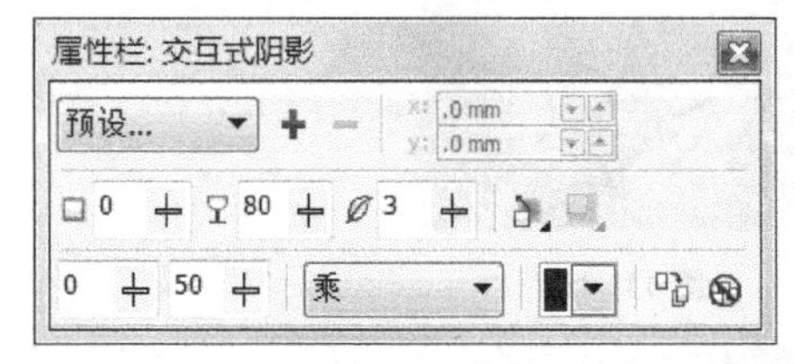

图 11-56

图 11-57

步骤 11 选取并复制记事本文档中的标题栏目“潮范盛夏 48 款潮流出街装”，返回到 CorelDRAW 页面中，将复制的文字粘贴到适当的位置。选择“选择”工具，在属性栏中选择合适的字体并设置文字大小，用相同的方法，微调文字的字间距，如图 11-58 所示。选择“形状”工具，向上拖曳文字下方的图标，调整文字的行距，松开鼠标左键，效果如图 11-59 所示。选取文字“潮范盛夏”，填充文字为白色。选取文字“48 款潮流出街装”，设置文字颜色的 CMYK 值为 0、0、100、0，填充文字，效果如图 11-60 所示。

图 11-58

图 11-59

图 11-60

步骤 12 选择“阴影”工具，在文字上由上至下拖曳光标，为文字添加阴影效果，如图 11-61 所示，属性栏中的设置如图 11-62 所示。按 Enter 键确认，阴影效果如图 11-63 所示。

图 11-61

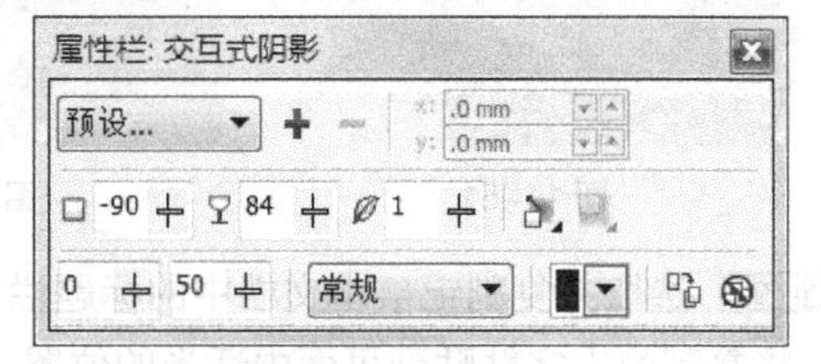

图 11-62

图 11-63

步骤 13 选择“矩形”工具，在页面中绘制一个矩形。按 F12 键，弹出“轮廓笔”对话框，在“颜色”选项中设置轮廓线颜色为白色，其他选项的设置如图 11-64 所示。单击“确定”按钮，效果如图 11-65 所示。

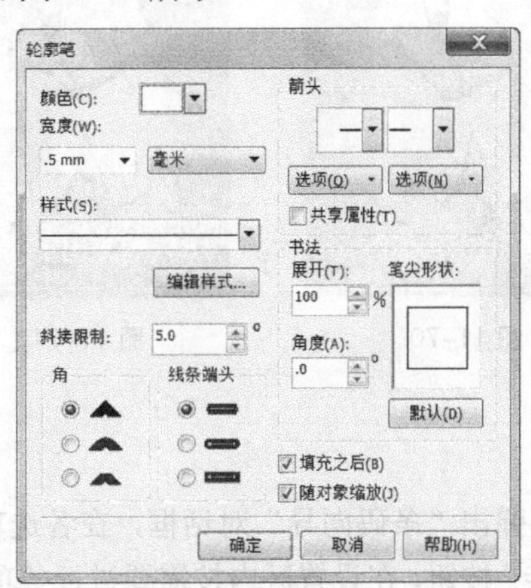

图 11-64

图 11-65

步骤 14 分别选取并复制记事本文档中的标题栏目，返回到 CorelDRAW 页面中，将复制的文字粘贴到矩形中。选择“选择”工具，分别在属性栏中选择合适的字体并设置文字大小，用相同的方法，微调文字的字间距，选取文字“18”，设置文字颜色的 CMYK 值为 0、0、100、0，填充文字。选取粘贴到矩形中的两个标题栏目，设置文字颜色的 CMYK 值为 100、0、0、0，填充文字，效果如图 11-66 所示。

图 11-66

步骤 15 选择“选择”工具，选取文字“18”。选择“阴影”工具，在文字上由上方至左下方拖曳光标为图形添加阴影效果，在属性栏中的设置如图 11-67 所示。按 Enter 键确认，效果如图 11-68 所示。

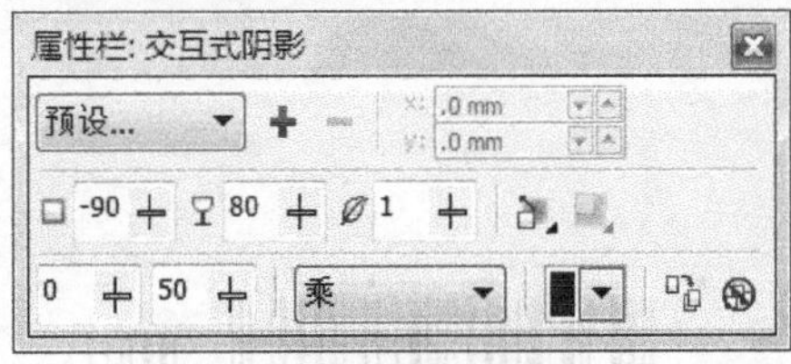

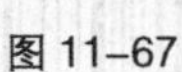
图 11-67

图 11-68

步骤 16 选择“选择”工具，用圈选的方法将图形和文字同时选取，按 Ctrl+G 组合键将其群组，并旋转到适当的角度，效果如图 11-69 所示。分别选取并复制记事本文档中的文字，返回到 CorelDRAW 页面中，将复制的文字粘贴到适当的位置。选择“选择”工具，分别在属性栏中选择合适的字体并设置文字大小，用相同的方法，微调文字的字间距，如图 11-70 所示。选取文字并填充为白色，效果如图 11-71 所示。

图 11-69

图 11-70

图 11-71

6. 制作条形码

步骤 1 选择“编辑 > 插入条码”命令，弹出“条码向导”对话框，在各选项中进行设置，如图 11-72 所示。设置好后，单击“下一步”按钮，在设置区内按需要进行各项设置，如图 11-73 所示。设置好后，单击“下一步”按钮，在设置区内按需要进行各项设置，如图 11-74 所示，设置好后，单击“完成”按钮，效果如图 11-75 所示。

图 11-72

图 11-73

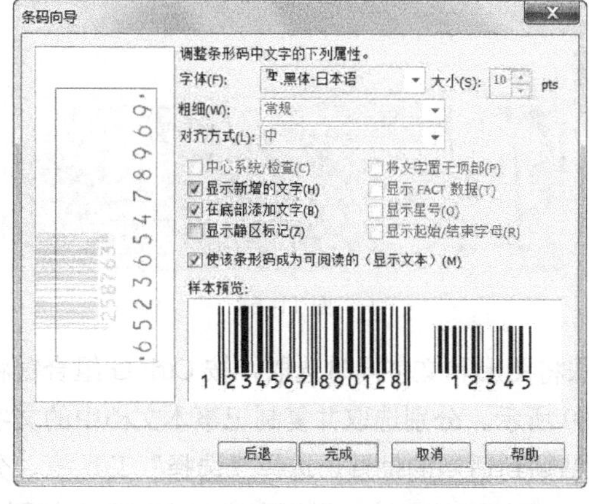

图 11-74

图 11-75

步骤 2 选择“选择”工具，将条形码拖曳到页面中适当的位置，如图 11-76 所示。选择“矩形”工具□，在页面中绘制一个矩形，填充矩形为白色，并去除矩形的轮廓线，效果如图 11-77 所示。选择“文本”工具字，在白色矩形上输入需要的文字，在属性栏中选择合适的字体并设置文字大小，效果如图 11-78 所示。

图 11-76

图 11-77

图 11-78

步骤 3 选择“选择”工具，用圈选的方法将文字和白色矩形同时选取，选择“排列 > 对齐和分布 > 对齐与分布”命令，弹出“对齐与分布”面板，单击“水平居中对齐”按钮和“垂直居中对齐”按钮，对齐效果如图 11-80 所示。选择“选择”工具，用圈选的方法将条形码、文字和白色矩形同时选取，按 Ctrl+G 组合键将其群组，在属性栏中的“旋转角度”0°文本框中输入数值为 90°，并拖曳到适当的位置，效果如图 11-81 所示。

步骤 4 选取记事本中剩余的价格和邮发代号，将复制的文字粘贴到封面的右下角。选择“选择”工具，在属性栏中选择合适的字体并设置文字大小，填充文字为白色，杂志封面设计完成，效果如图 11-82 所示。

图 11-79　　图 11-80

图 11-81

图 11-82

步骤 5 按 Ctrl+S 组合键，弹出“保存图形”对话框，将制作好的图像命名为“时尚杂志封面”，保存为 CDR 格式，单击“保存”按钮将图像保存。

11.2 综合演练——服饰栏目设计

在 CorelDRAW 中，使用矩形工具、对齐与分布命令和文字工具制作标题目录，使用阴影命令制作图片的阴影效果，使用首字下沉命令制作文字的首字下沉效果，使用形状工具和跨式文本命令制作文本绕图，使用椭圆工具和文本工具制作出圆形文本的效果，使用透明度工具制作圆形的透明效果。（最终效果参看光盘中的“Ch11 > 效果 > 服饰栏目设计”，见图 11-83。）

图 11-83

11.3 综合演练——饮食栏目设计

在 CorelDRAW 中，使用调和工具制作圆的调和效果，使用文本工具和形状工具调整文字的间距，使用栏命令制作文本分栏效果，使用精确剪裁命令将图片和圆形置入圆角矩形中，使用阴影工具为文字添加阴影效果，使用对齐与分布命令使图片对齐，使用插入符号字符命令插入需要的字符图形。（最终效果参看光盘中的“Ch11 > 效果 > 饮食栏目设计”，见图 11-84。）

图 11-84

第12章 包装设计

包装代表着一个商品的品牌形象。好的包装可以让商品在同类产品中脱颖而出，吸引消费者的注意力并引发其购买行为。包装可以起到保护美化商品及传达商品信息的作用。好的包装更可以极大地提高商品的价值。本章以云蓝山酒盒包装设计为例，讲解包装的设计方法和制作技巧。

课堂学习目标

- 在 Photoshop 软件中制作包装背景图和立体效果图
- 在 CorelDRAW 软件中制作包装平面展开图

12.1 云蓝山酒盒包装设计

12.1.1 【案例分析】

本案例是为某公司生产的酒制作包装。该品牌历史悠久，企业文化丰富，品质优良。所以在包装上要体现该品牌的企业文化特色，让消费者感受到企业的魅力。

12.1.2 【设计理念】

使用淡蓝色作为包装的背景颜色使包装看起来清爽怡人，使用具有中国传统特色的花纹图样，体现品牌独具特色的文化，古色古香的设计符合企业的形象，整体设计制作精巧，注重细节的处理，能够使消费者印象深刻。（最终效果参看光盘中的“Ch12 > 效果 > 云蓝山酒盒包装设计 > 云蓝山酒盒包装立体图”，见图 12-1。）

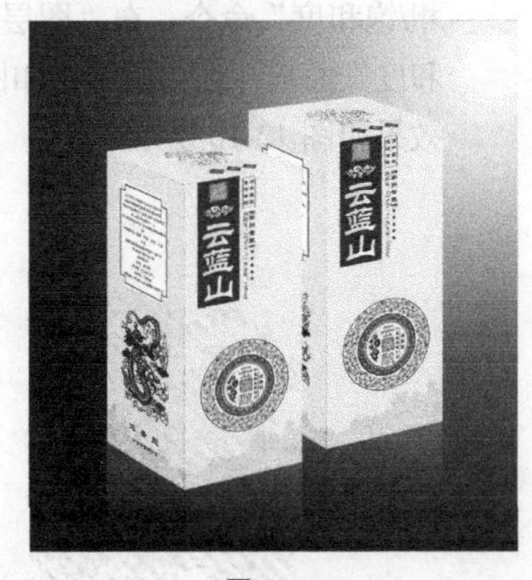

图 12–1

12.1.3 【操作步骤】

Photoshop 应用

1. 绘制装饰图形

步骤 1 按 Ctrl+N 组合键，新建一个文件：宽度为 40cm，高度为 25cm，分辨率为 300 像素/英寸，颜色模式为 RGB，背景内容为白色。选择“视图 > 新建参考线”命令，弹出“新建参考线”对话框，设置如图 12-2 所示，单击“确定”按钮，效果如图 12-3 所示。用相同的方法在 20cm 和 30cm 处新建两条垂直参考线，效果如图 12-4 所示。将前景色设置为淡绿色（其 R、G、B 的值分别为 234、244、242），按 Alt+Delete 组合键，用前景色填充“背景”图层。

图 12-2　　图 12-3　　图 12-4

步骤 2 按 Ctrl+O 组合键，打开光盘中的“Ch12 > 素材 > 云蓝山酒盒包装设计 > 01”文件，选择“移动”工具，将纹样图形拖曳到图像窗口中适当的位置，效果如图 12-5 所示，在“图层”控制面板中生成新的图形并将其命名为“龙纹”。在控制面板上方，将“龙纹”图层的混合模式选项设为“排除”，如图 12-6 所示，图像效果如图 12-7 所示。

图 12-5　　图 12-6　　图 12-7

步骤 3 按住 Ctrl 键的同时，单击“龙纹”图层的图层缩览图，载入选区，如图 12-8 所示。单击“图层”控制面板下方的“创建新的填充或调整图层”按钮，在弹出的菜单中选择“色相/饱和度”命令，在“图层”控制面板中生成“色相/饱和度 1”图层，同时弹出“色相/饱和度”面板，选项的设置如图 12-9 所示，按 Enter 键确认操作。按 Ctrl+D 组合键取消选区，效果如图 12-10 所示。

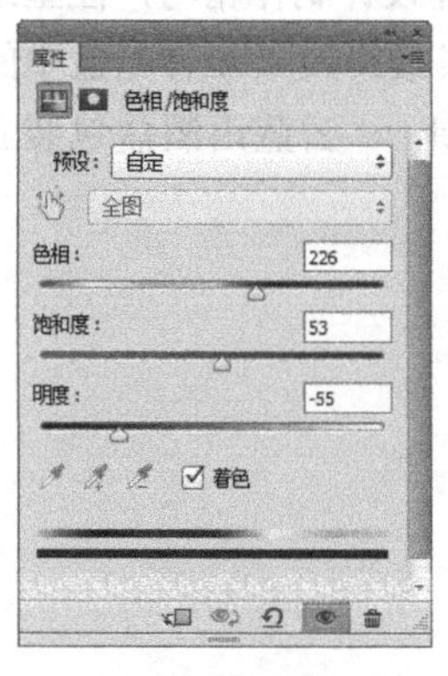

图 12-8　　图 12-9　　图 12-10

步骤 4 按住 Shift 键，同时选取“龙纹”和“色相/饱和度”图层。将选取的图层拖曳到控制面板下方的“创建新图层”按钮上进行复制，生成新的副本图层，如图 12-11 所示。选择“移动”工具，在图像窗口中将副本图形水平向右拖曳到适当的位置，效果如图 12-12 所示。

图 12-11

图 12-12

步骤 5 按 Ctrl+O 组合键，打开光盘中的“Ch12 > 素材 > 云蓝山酒盒包装设计 > 02”文件，选择“移动”工具，将图形拖曳到图像窗口中适当的位置，如图 12-13 所示，在“图层”控制面板中生成新的图层并将其命名为“山”。

步骤 6 在“图层”控制面板上方，将“山”图层的混合模式选项设为“排除”，“不透明度”选项设为 20%，如图 12-14 所示，图像效果如图 12-15 所示。

图 12-13

图 12-14

图 12-15

步骤 7 选择“移动”工具，将“山”图层拖曳到控制面板下方的“创建新图层”按钮上进行复制，生成新的副本图层，如图 12-16 所示。选择“移动”工具，在图像窗口中将副本图形水平向右拖曳到适当的位置，效果如图 12-17 所示。

步骤 8 按 Ctrl+T 组合键，图形周围出现控制手柄，单击鼠标右键，在弹出的快捷菜单中选择“水平翻转”命令，水平翻转复制的图形，效果如图 12-18 所示。用相同的方法再复制两个山图形，效果如图 12-19 所示。

图 12-16

图 12-17

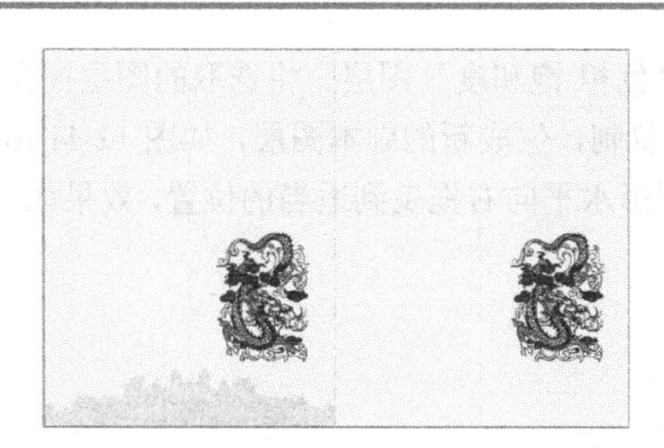
图 12-18

图 12-19

步骤 9 新建图层并将其命名为“直线”。将前景色设为白色。选择“直线”工具，在属性栏中的“选择工具模式”选项中选择“像素”，将“粗细”选项设为 10 px，绘制一条直线，效果如图 12-20 所示。

步骤 10 新建图层并将其命名为“直线 2”。选择“直线”工具，将“粗细”选项设为 5px，绘制一条直线，效果如图 12-21 所示。

图 12-20

图 12-21

步骤 11 酒盒背景图制作完成。按 Ctrl+Shift+E 组合键，合并可见图层。按 Ctrl+S 组合键，弹出“存储为”对话框，将制作好的图像命名为“酒盒包装背景图”，保存为 TIFF 格式，单击“保存”按钮，弹出“TIFF 选项”对话框，单击“确定”按钮将图像保存。

CorelDRAW 应用

2. 绘制包装平面展开结构图

步骤 1 打开 CorelDRAW X6 软件，按 Ctrl+N 组合键，新建一个页面。在属性栏的“页面度量”选项中分别设置宽度为 425mm，高度为 450mm，如图 12-22 所示。按 Enter 键确认，页面显示尺寸为设置的大小，如图 12-23 所示。

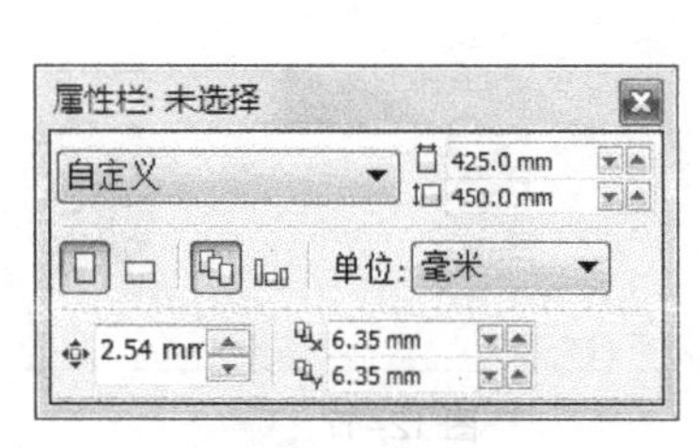

图 12-22

图 12-23

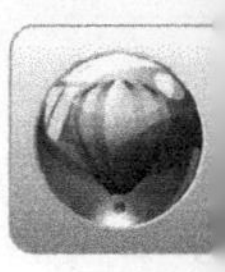

步骤 2 按 Ctrl+J 组合键，弹出“选项”对话框，选择“辅助线/水平”选项，在文字框中设置数值为 27，如图 12-24 所示，单击“添加”按钮，在页面中添加一条水平辅助线。再分别添加 81mm、331mm、430mm 处的水平辅助线，单击“确定”按钮，效果如图 12-25 所示。

图 12-24

图 12-25

步骤 3 按 Ctrl+J 组合键，弹出“选项”对话框，选择“辅助线/垂直”选项，在文字框中设置数值为 25，如图 12-26 所示，单击“添加”按钮，在页面中添加一条垂直辅助线。再分别添加 125mm、225mm、325mm 处的垂直辅助线，单击“确定”按钮，效果如图 12-27 所示。

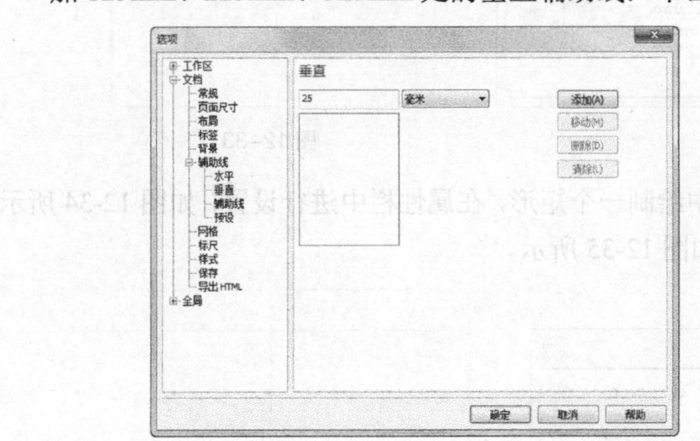

图 12-26

图 12-27

步骤 4 选择“矩形”工具，在页面绘制一个矩形，如图 12-28 所示。按 Ctrl+Q 组合键，将矩形转换为曲线。选择“形状”工具，在适当的位置用鼠标双击添加节点，如图 12-29 所示。选取需要的节点并拖曳到适当的位置，松开鼠标左键，如图 12-30 所示。用相同的方法制作出如图 12-31 所示的效果。

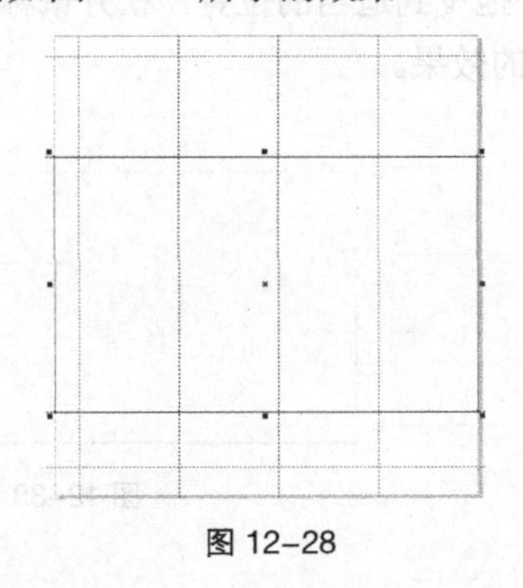

图 12-28

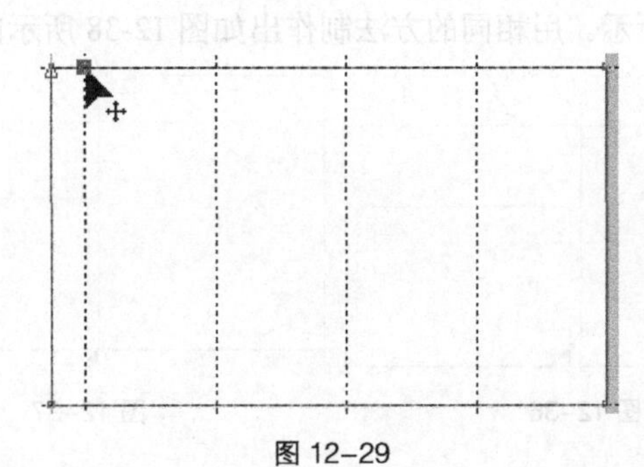

图 12-29

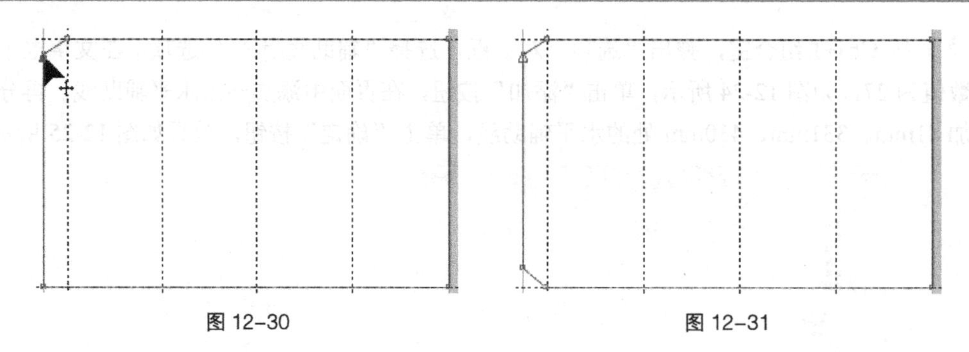

图 12-30　　图 12-31

3. 绘制包装顶面结构图

步骤 1 选择“矩形”工具，在页面中绘制一个矩形，在属性栏中进行设置，如图 12-32 所示，按 Enter 键确认，圆角矩形的效果如图 12-33 所示。

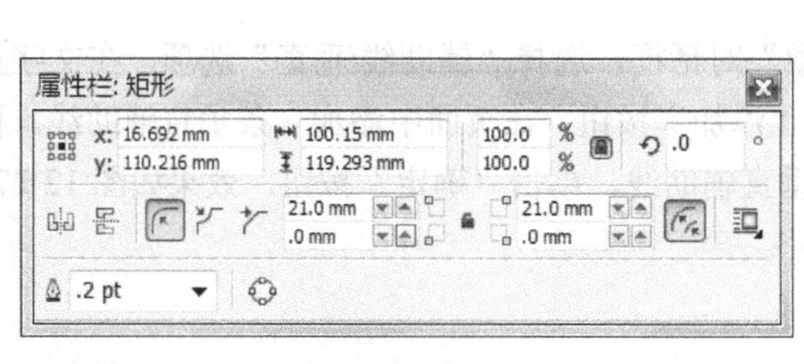

图 12-32

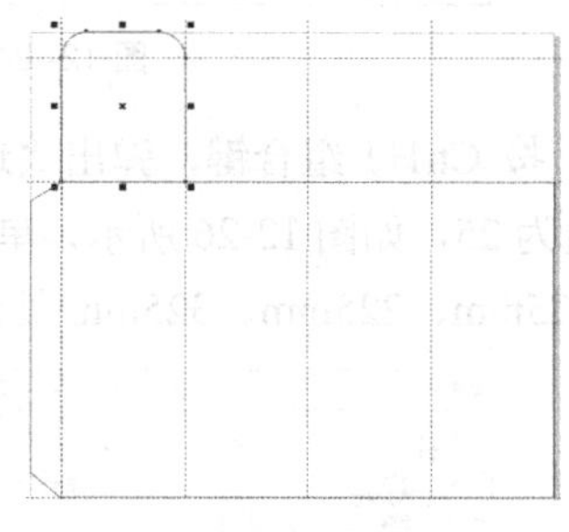

图 12-33

步骤 2 选择“矩形”工具，在页面中绘制一个矩形，在属性栏中进行设置，如图 12-34 所示，按 Enter 键确认，圆角矩形的效果如图 12-35 所示。

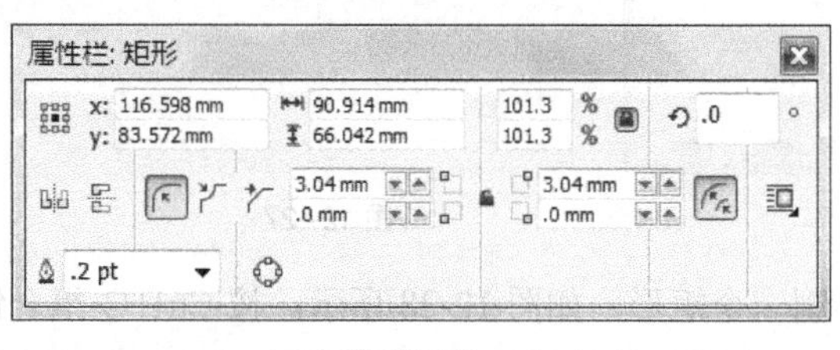

图 12-34

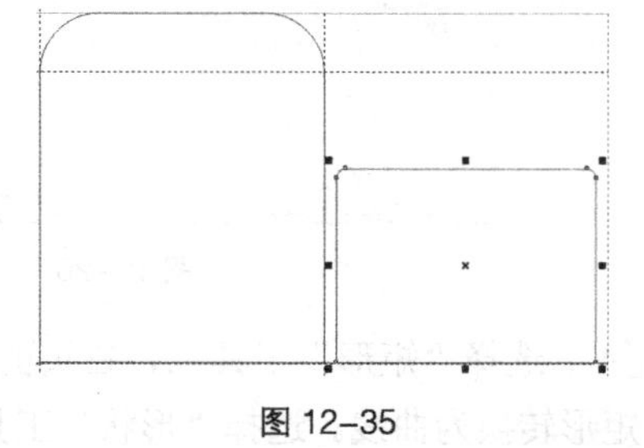

图 12-35

步骤 3 按 Ctrl+Q 组合键，将图形转换为曲线。选择“形状”工具，在适当的位置用鼠标双击添加节点，如图 12-36 所示。选取需要的节点并拖曳到适当的位置，松开鼠标左键，如图 12-37 所示。用相同的方法制作出如图 12-38 所示的效果。

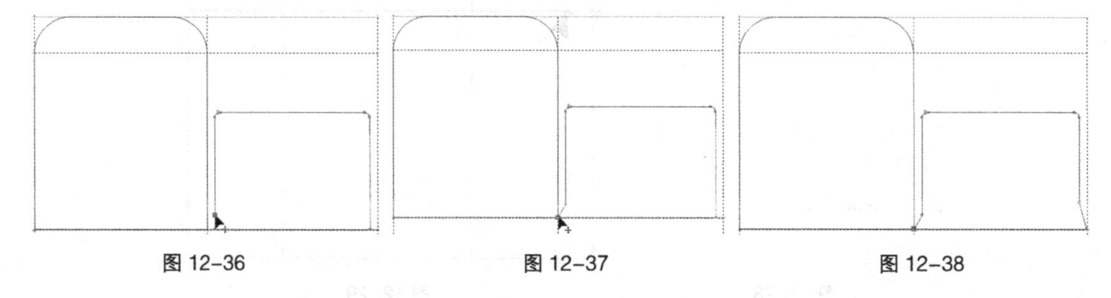

图 12-36　　图 12-37　　图 12-38

步骤 4 选择“矩形”工具□，在页面中绘制一个矩形，在属性栏中进行设置，如图12-39所示，按Enter键确认，效果如图12-40所示。

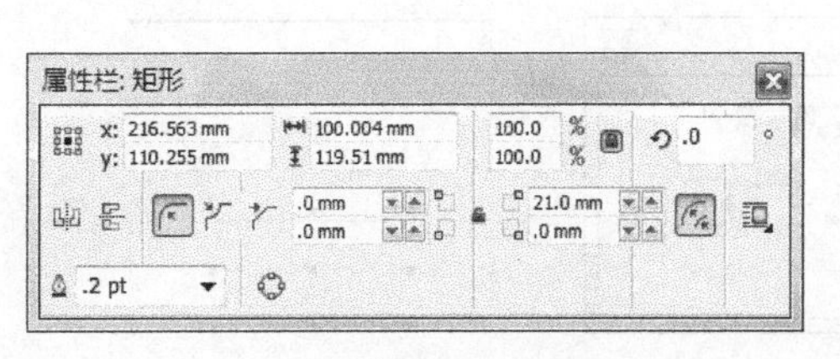

图12-39

图12-40

步骤 5 选择“矩形”工具□，在页面中绘制一个矩形，在属性栏中进行设置，如图12-41所示，按Enter键确认，圆角矩形的效果如图12-42所示。

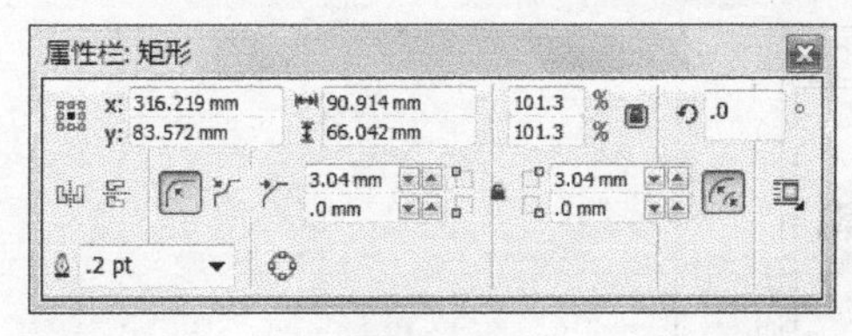

图12-41

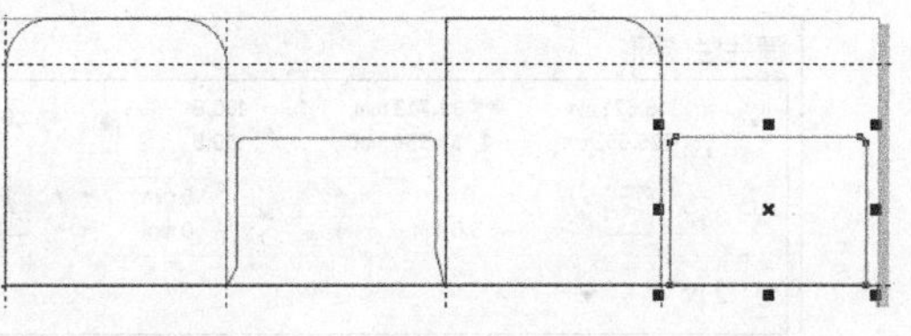

图12-42

步骤 6 按Ctrl+Q组合键，将图形转换为曲线。选择“形状”工具，在适当的位置双击鼠标添加节点，如图12-43所示。选取需要的节点并拖曳到适当的位置，松开鼠标左键，如图12-44所示。用相同的方法制作出如图12-45所示的效果。

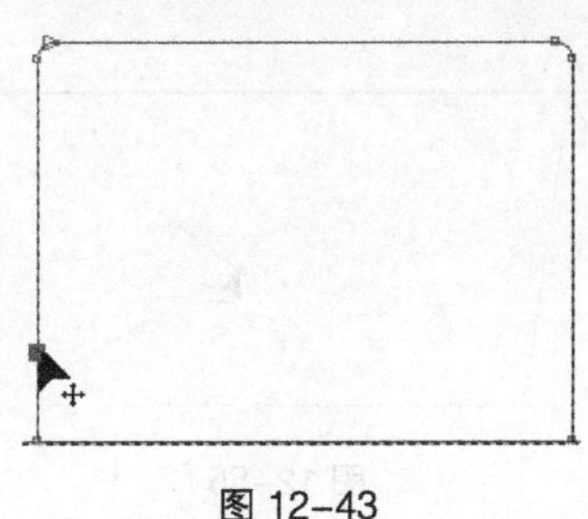

图12-43

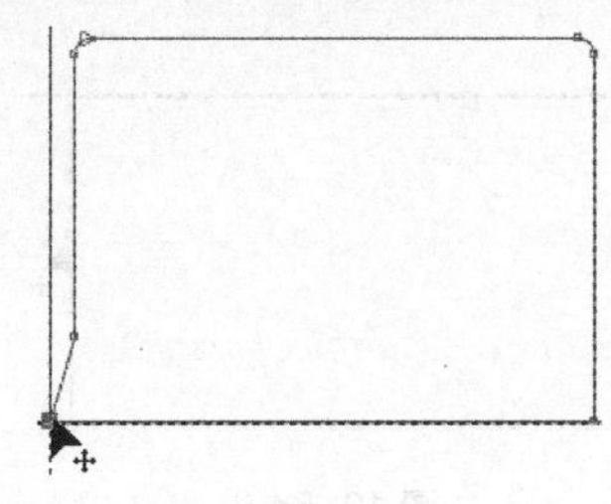

图12-44

图12-45

4. 绘制包装底面结构图

步骤 1 选择“矩形”工具□，在适当的位置绘制一个矩形，如图12-46所示。按Ctrl+Q组合键，将图形转换为曲线。选择“形状”工具，选取需要的节点拖曳到适当的位置，如图12-47所示。用相同的方法选取右下角的节点并拖曳到适当的位置，如图12-48所示。

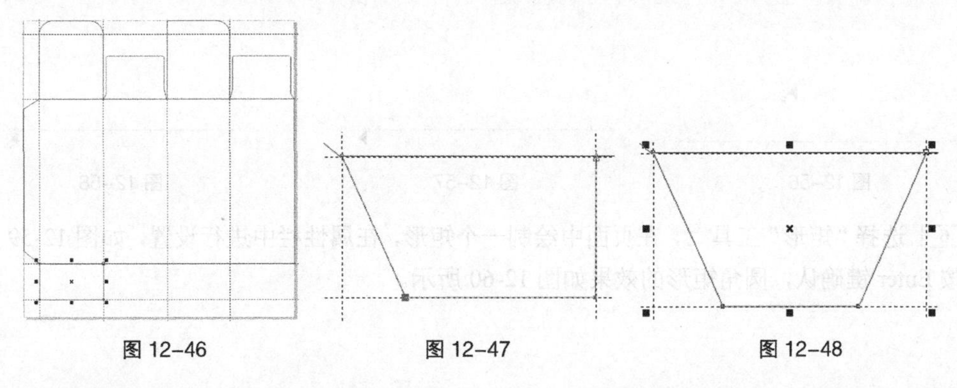

图12-46　　图12-47　　图12-48

步骤 2 选择“矩形”工具，在页面中绘制一个矩形，在属性栏中进行设置，如图 12-49 所示，按 Enter 键确认，圆角矩形的效果如图 12-50 所示。

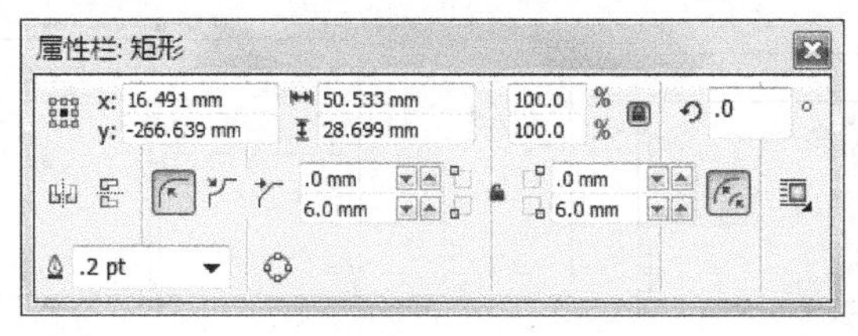

图 12-49

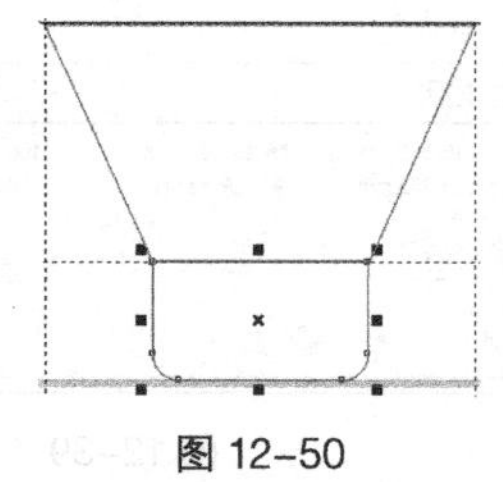

图 12-50

步骤 3 选择“矩形”工具，在页面中绘制一个矩形，在属性栏中进行设置，如图 12-51 所示，按 Enter 键确认，效果如图 12-52 所示。按 Ctrl+Q 组合键，将图形转换为曲线。

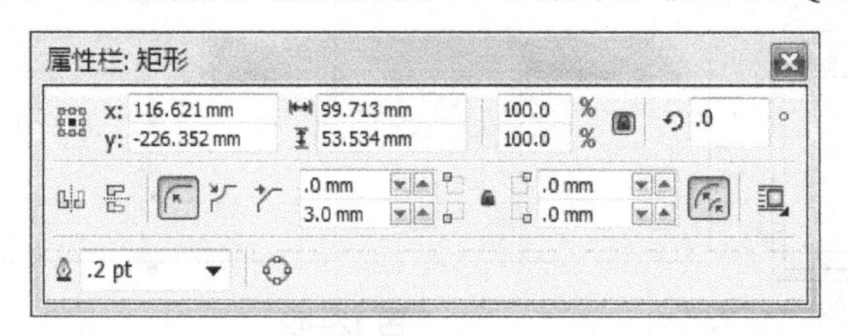

图 12-51

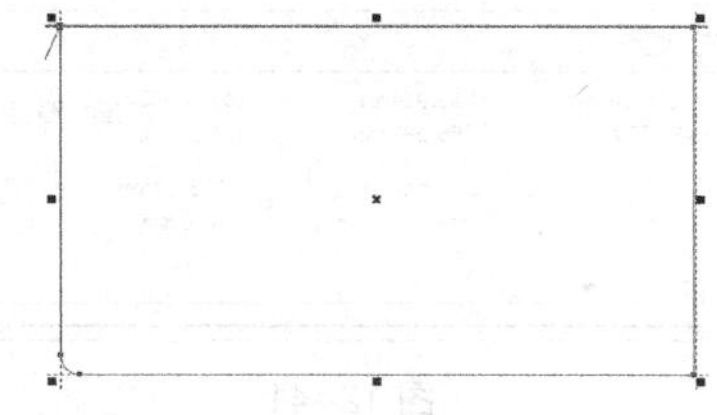

图 12-52

步骤 4 选择“形状”工具，用圈选的方法选取需要的节点并拖曳到适当的位置，如图 12-53 所示。在适当的位置双击鼠标添加节点，如图 12-54 所示，拖曳节点到适当的位置，如图 12-55 所示。

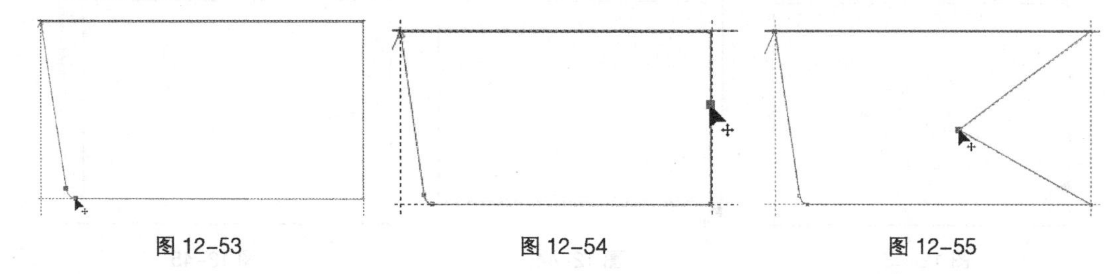

图 12-53　　图 12-54　　图 12-55

步骤 5 单击属性栏中的“转换为曲线”按钮，将直线转换为曲线，再单击“平滑节点”按钮，使节点平滑，并拖曳到适当的位置，效果如图 12-56 所示。再次选取需要的节点，并拖曳到适当的位置，如图 12-57 所示。单击属性栏中的“转换为曲线”按钮，将直线转换为曲线，再单击“平滑节点”按钮，使节点平滑，效果如图 12-58 所示。

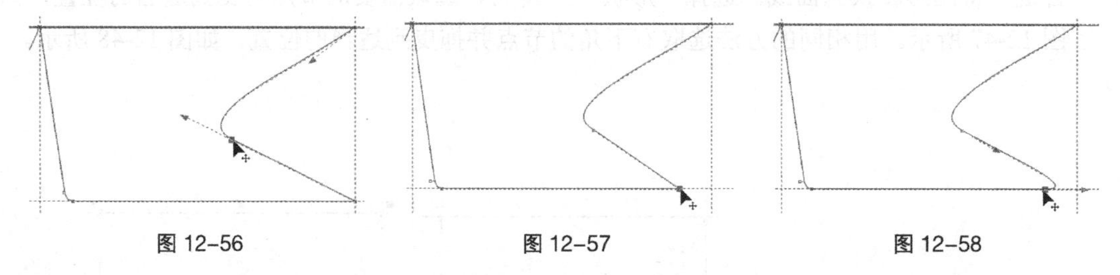

图 12-56　　图 12-57　　图 12-58

步骤 6 选择“矩形”工具，在页面中绘制一个矩形，在属性栏中进行设置，如图 12-59 所示，按 Enter 键确认，圆角矩形的效果如图 12-60 所示。

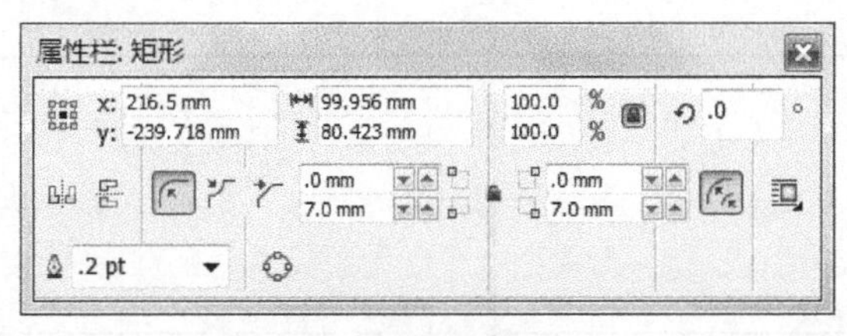

图 12-59

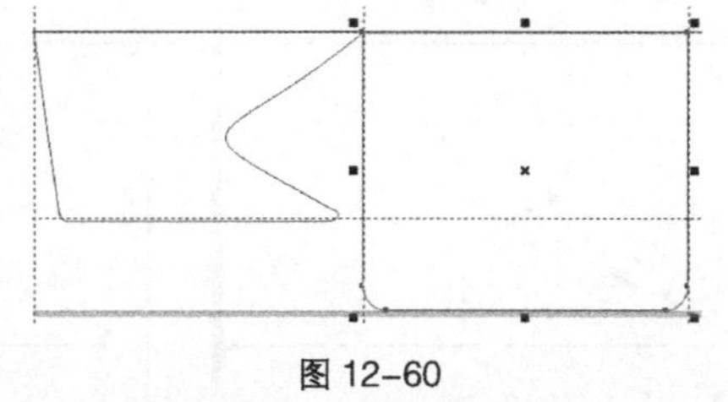

图 12-60

步骤 7 选择“矩形”工具，在适当的位置绘制一个矩形，如图 12-61 所示。选择“选择”工具，用圈选的方法将两个图形同时选取，单击属性栏中的“移除前面对象”按钮，将两个图形剪切为一个图形，效果如图 12-62 所示。

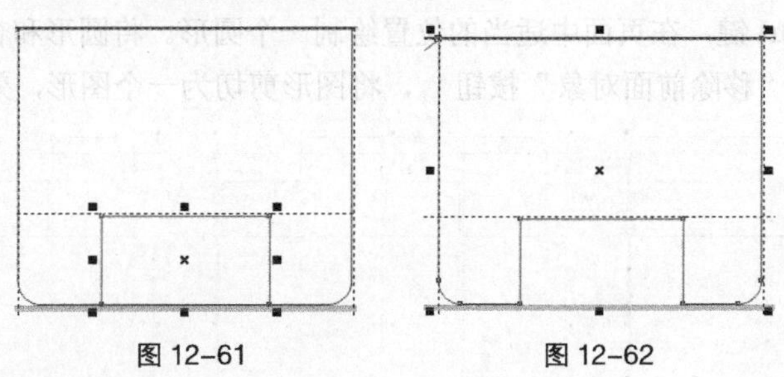

图 12-61　　图 12-62

步骤 8 选择“矩形”工具，在页面中绘制一个矩形，在属性栏中进行设置，如图 12-63 所示，按 Enter 键确认，圆角矩形的效果如图 12-64 所示。

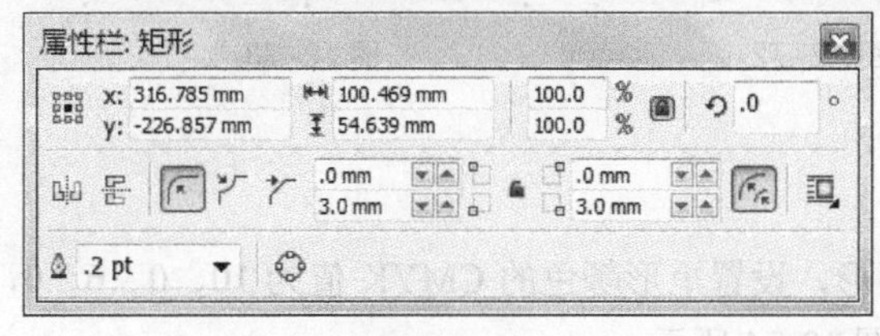

图 12-63

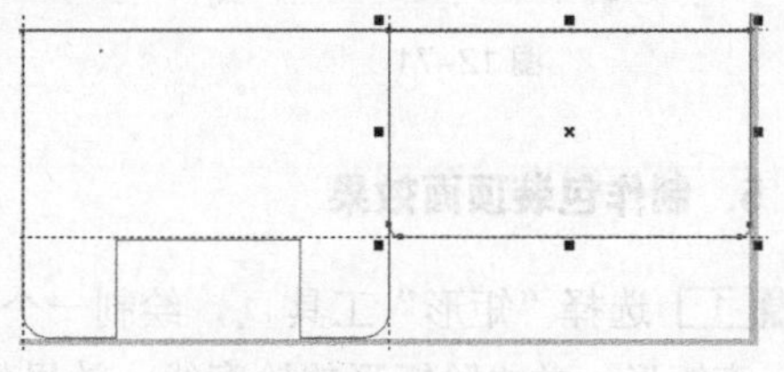

图 12-64

步骤 9 按 Ctrl+Q 组合键，将图形转换为曲线。选择“形状”工具，用圈选的方法选取需要的节点，并拖曳到适当的位置，如图 12-65 所示。在适当的位置双击鼠标添加节点，如图 12-66 所示，并拖曳到适当的位置，松开鼠标左键，如图 12-67 所示。

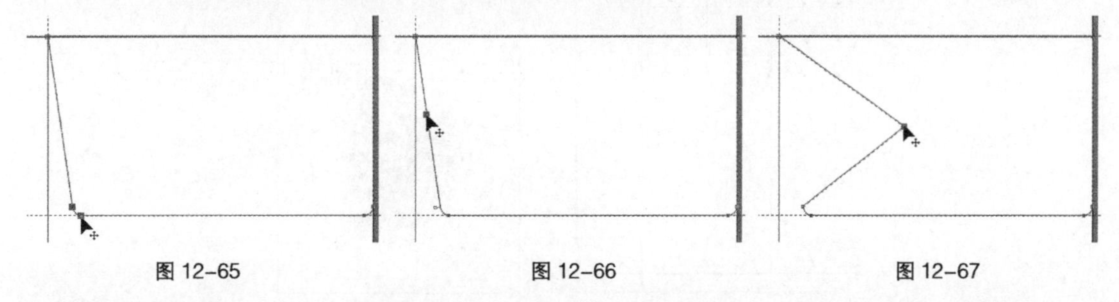

图 12-65　　图 12-66　　图 12-67

步骤 10 单击属性栏中的“转换为曲线”按钮，将直线转换为曲线，再单击“平滑节点”按钮，使节点平滑，效果如图 12-68 所示。选择“形状”工具，用圈选的方法选取需要的节点，如图 12-69 所示，拖曳节点到适当的位置，如图 12-70 所示。

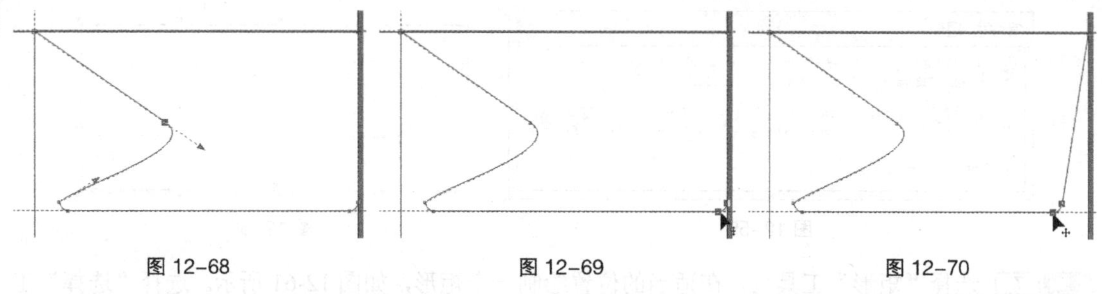

图 12-68　　图 12-69　　图 12-70

步骤 11　选择“选择”工具，用圈选的方法将所有图形同时选取，如图 12-71 所示。单击属性栏中的“合并”按钮，将所有图形合并成一个图形，效果如图 12-72 所示。选择“椭圆形”工具，按住 Ctrl 键，在页面中适当的位置绘制一个圆形。将圆形和合并的图形同时选取，单击属性栏中的“移除前面对象”按钮，将图形剪切为一个图形，效果如图 12-73 所示。

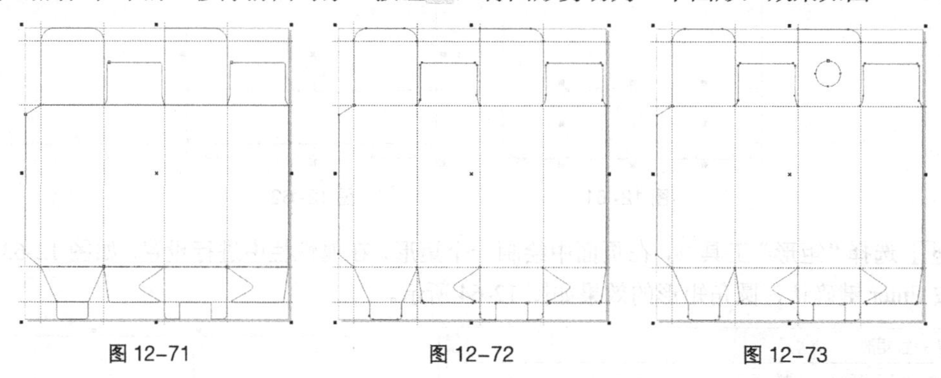

图 12-71　　图 12-72　　图 12-73

5. 制作包装顶面效果

步骤 1　选择“矩形”工具，绘制一个矩形，设置矩形颜色的 CMYK 值为 10、0、6、0，填充矩形，并去除矩形的轮廓线，效果如图 12-74 所示。

步骤 2　选择“文件>导入”命令，弹出“导入”对话框。选择光盘中的“Ch12 > 素材 > 云蓝山酒盒包装设计 > 01”文件，单击“导入”按钮，在页面中单击导入图片，调整其大小并拖曳到适当的位置，如图 12-75 所示。

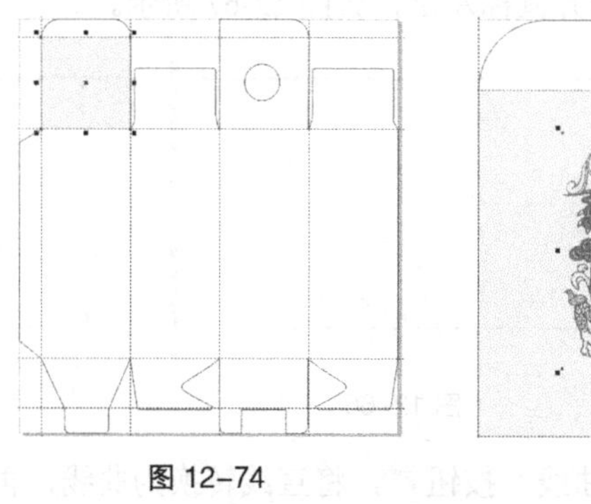

图 12-74　　图 12-75

步骤 3　选择“透明度”工具，在属性栏中进行设置，如图 12-76 所示，按 Enter 键确认，效果如图 12-77 所示。

步骤 4　选择“文本”工具，分别输入需要的文字。选择“选择”工具，在属性栏中分别选择合适的字体并设置文字大小，效果如图 12-78 所示。

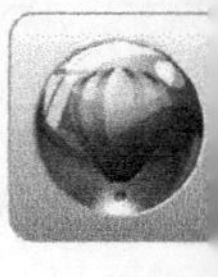

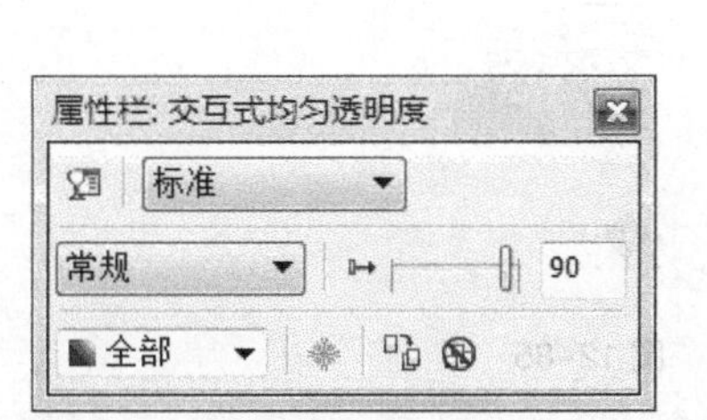

图 12-76

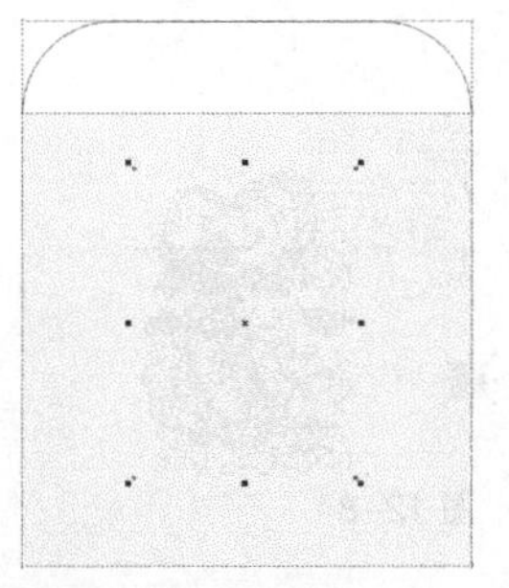

图 12-77

图 12-78

步骤 5 选择"选择"工具，用圈选的方法将文字同时选取。按 Ctrl+Q 组合键，将文字转换为曲线。单击属性栏中的"合并"按钮，将文字合并，效果如图 12-79 所示。

步骤 6 按 F11 键，弹出"渐变填充"对话框。选择"双色"单选框，将"从"选项颜色的 CMYK 值设置为 0、20、20、0，"到"选项颜色的 CMYK 值设置为 0、0、20、0，其他选项的设置如图 12-80 所示。单击"确定"按钮，填充文字，效果如图 12-81 所示。

图 12-79

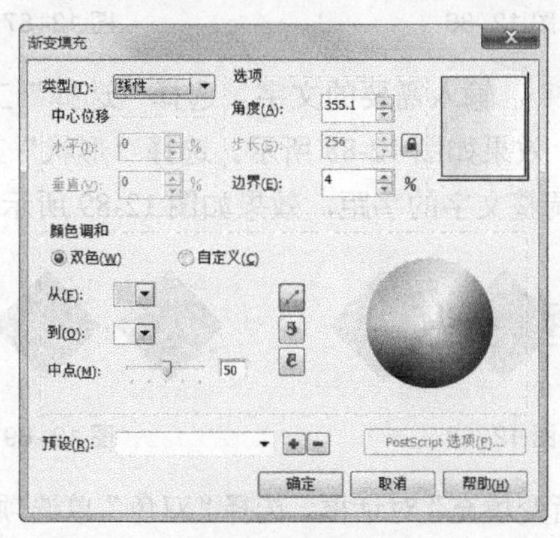

图 12-80

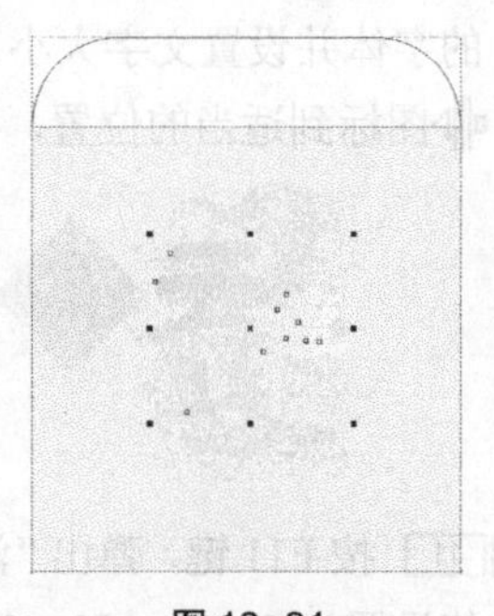

图 12-81

步骤 7 按 F12 键，弹出"轮廓笔"对话框，在"颜色"选项中设置轮廓线颜色的 CMYK 值为 0、20、40、80，其他选项的设置如图 12-82 所示，单击"确定"按钮，效果如图 12-83 所示。

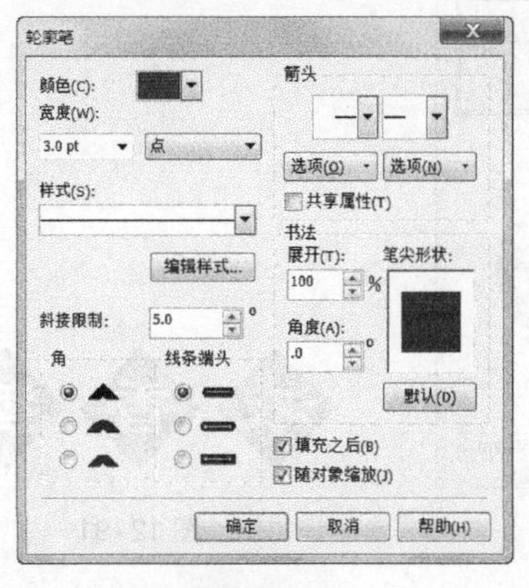

图 12-82

图 12-83

步骤 8 选择"矩形"工具，绘制一个矩形，设置图形颜色的 CMYK 值为 100、93、50、9，填充图形，并去除图形的轮廓线，效果如图 12-84 所示。在属性栏中的"旋转角度" .0 ° 框中设置数值为 45°，按 Enter 键确认，效果如图 12-85 所示。

图 12-84

图 12-85

步骤 9 选择“选择”工具，按住 Ctrl 键的同时，水平向右拖曳图形并在适当的位置单击鼠标右键，复制一个新的图形，效果如图 12-86 所示。按住 Ctrl 键，再按 D 键，再复制出一个图形，效果如图 12-87 所示。

图 12-86　　图 12-87

步骤 10 选择“文本”工具，输入需要的文字。选择“选择”工具，在属性栏中选择合适的字体并设置文字大小，效果如图 12-88 所示。选择“形状”工具，向右拖曳文字下方的图标到适当的位置，调整文字的字距，效果如图 12-89 所示。

图 12-88

图 12-89

步骤 11 按 F11 键，弹出“渐变填充”对话框。选择“双色”单选项，将“从”选项颜色的 CMYK 值设置为 0、20、20、0，“到”选项颜色的 CMYK 值设置为 0、0、20、0，其他选项的设置如图 12-90 所示。单击“确定”按钮，填充文字，效果如图 12-91 所示。

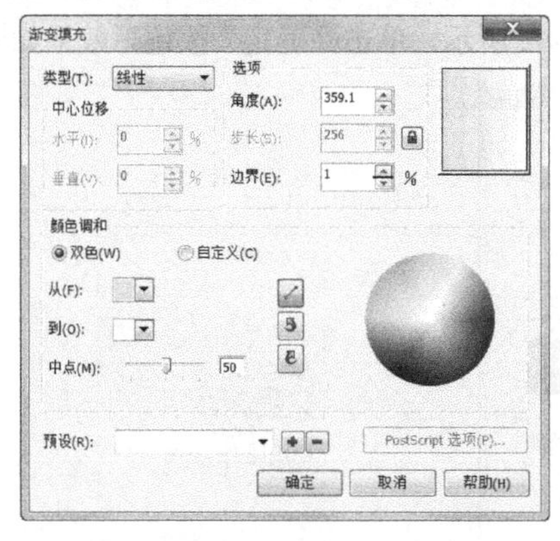

图 12-90

图 12-91

6. 制作包装正面效果

步骤 1 选择“文件 > 导入”命令，弹出“导入”对话框。选择光盘中的“Ch12 > 效果 > 云蓝山酒盒包装设计 > 酒盒包装背景图”文件，单击“导入”按钮，在页面中单击导入图片，

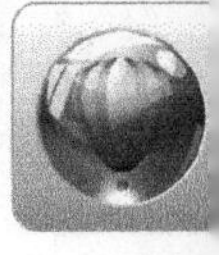

并将其拖曳到适当的位置，如图 12-92 所示。

步骤 2 选择“矩形”工具□，绘制一个矩形。设置图形颜色的 CMYK 值为 100、93、50、9，填充图形，并去除图形的轮廓线，效果如图 12-93 所示。

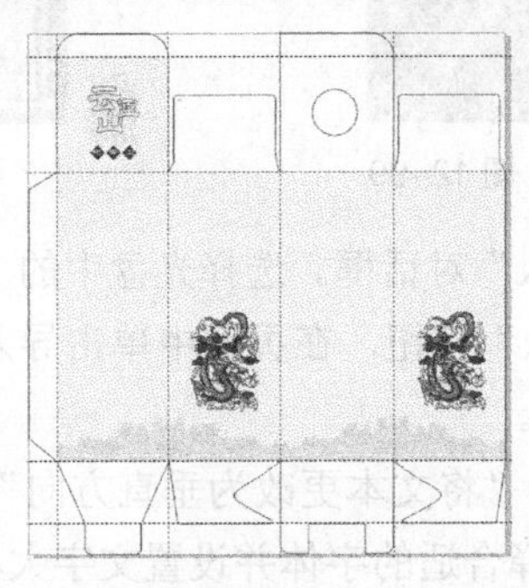

图 12-92

图 12-93

步骤 3 选择“矩形”工具□，按住 Ctrl 键的同时，拖曳鼠标绘制一个正方形。按 F12 键，弹出“轮廓笔”对话框，在“颜色”选项中设置轮廓线颜色的 CMYK 值为 0、20、40、40，其他选项的设置如图 12-94 所示，单击“确定”按钮，效果如图 12-95 所示。

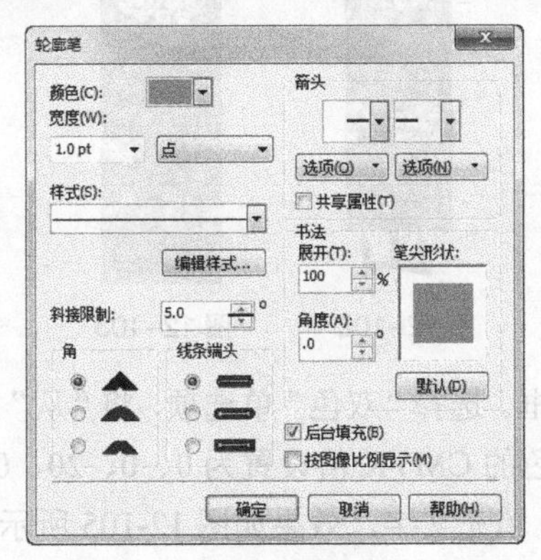

图 12-94

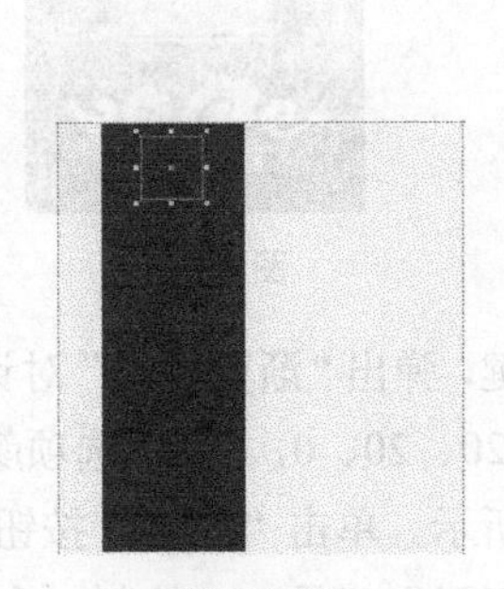

图 12-95

步骤 4 选择“选择”工具，按数字键盘上的+键复制图形。按住 Shift 键的同时，向中心拖曳图形右上方的控制手柄到适当的位置，等比例缩小图形，效果如图 12-96 所示。设置图形颜色的 CMYK 值为 0、20、40、40，填充图形，并去除图形的轮廓线，效果如图 12-97 所示。

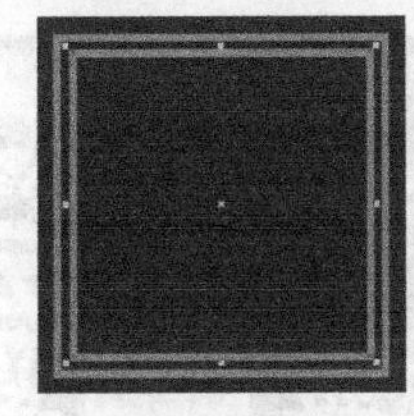

图 12-96

图 12-97

步骤 5 选择“文件 > 导入”命令，弹出“导入”对话框。选择光盘中的“Ch12 > 素材 > 云蓝山酒盒包装设计 > 03”文件，单击“导入”按钮，在页面中单击导入图片，调整其大小并拖曳到适当的位置，效果如图 12-98 所示。

步骤 6 选择“效果 > 图框精确剪裁 > 置于图文框内部”命令，鼠标指针变为黑色箭头形状，在矩形图形上单击，如图 12-99 所示。将图形置入矩形中，效果如图 12-100 所示。

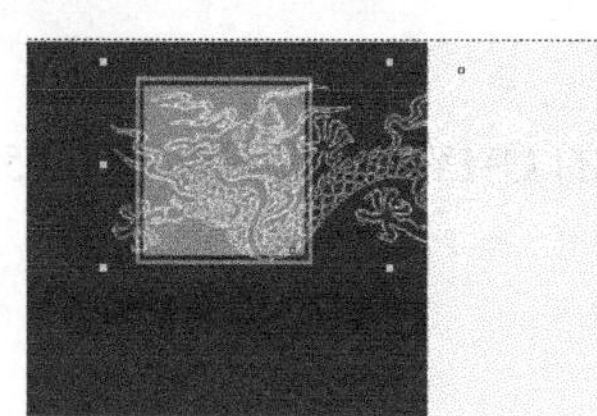

图 12-98

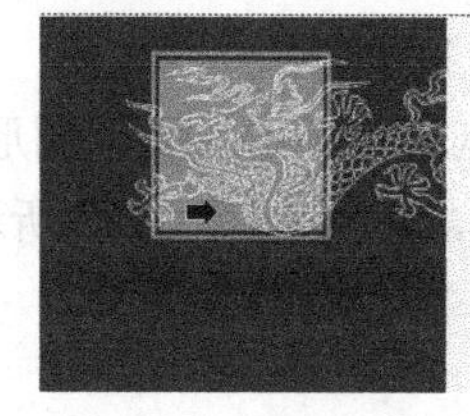

图 12-99

图 12-100

步骤 7 选择“文件 > 导入”命令，弹出“导入”对话框。选择光盘中的“Ch12 > 素材 > 云蓝山酒盒包装设计 > 04”文件，单击“导入”按钮，在页面中单击导入图片，调整其大小并拖曳到适当的位置，效果如图 12-101 所示。

步骤 8 选择“文本”工具字，在属性栏中单击“将文本更改为垂直方向”按钮，输入需要的文字，选择“选择”工具，在属性栏中选择合适的字体并设置文字大小，效果如图 12-102 所示。选择“形状”工具，向上拖曳文字下方的图标到适当的位置，调整文字的字距，效果如图 12-103 所示。

图 12-101

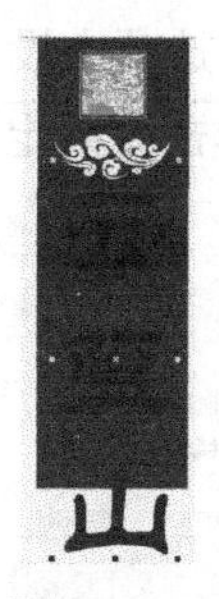

图 12-102

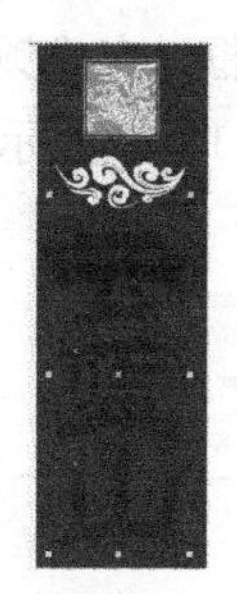

图 12-103

步骤 9 按 F11 键，弹出“渐变填充”对话框。选择“双色”单选项，将“从”选项颜色的 CMYK 值设置为 0、20、20、0，“到”选项颜色的 CMYK 值设置为 0、0、20、0，其他选项的设置如图 12-104 所示。单击“确定”按钮，填充文字，效果如图 12-105 所示。

步骤 10 选择“矩形”工具，绘制一个矩形。在属性栏中的“轮廓宽度” .2 pt 框中设置数值为 1pt，效果如图 12-106 所示。

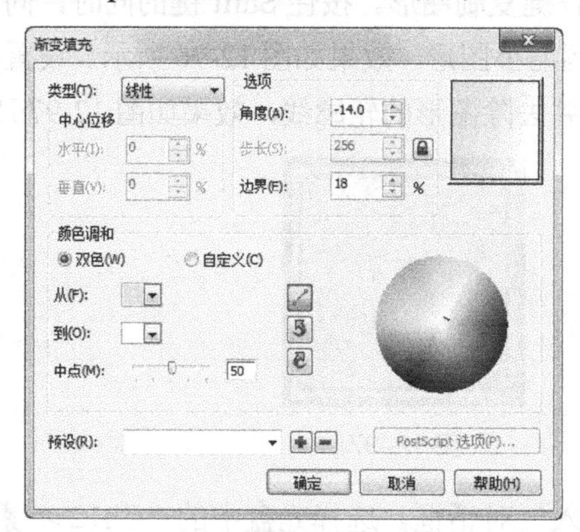

图 12-104

图 12-105

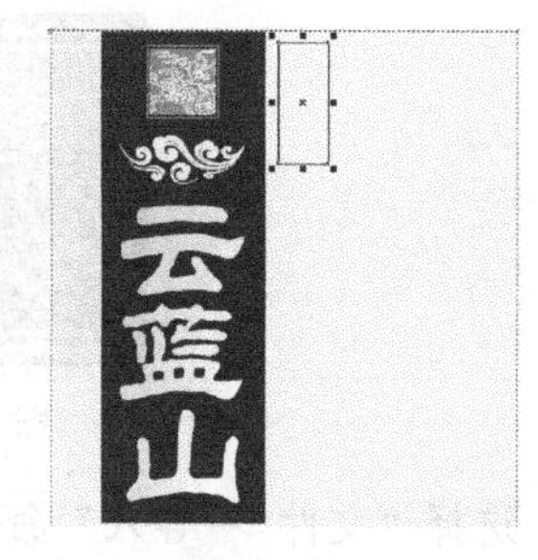

图 12-106

步骤 11 选择“文本”工具字，输入需要的文字，选择“选择”工具，在属性栏中选择合适的字体并设置文字大小，效果如图 12-107 所示。选择“文本 > 文本属性”命令，弹出“文本属性”面板，选项的设置如图 12-108 所示，按 Enter 键确认，效果如图 12-109 所示。

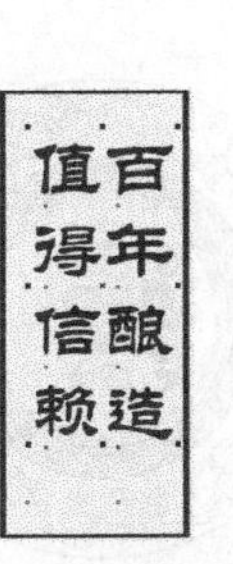
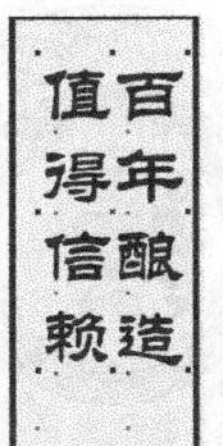

图 12-107

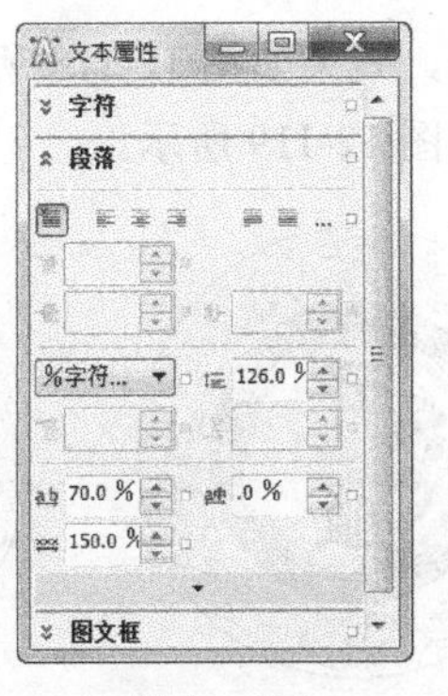

图 12-108

图 12-109

步骤 12 选择“文本”工具字，分别输入需要的文字，选择“选择”工具，在属性栏中分别选择合适的字体并设置文字大小，效果如图 12-110 所示。

步骤 13 选择“矩形”工具，绘制一个矩形，填充图形为黑色，并去除图形的轮廓线，效果如图 12-111 所示。选择“选择”工具，按数字键盘上的+键复制图形，水平向下拖曳矩形到适当的位置，效果如图 12-112 所示。

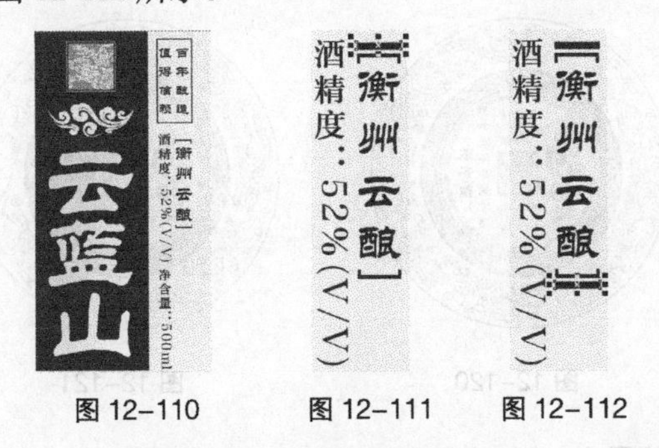

图 12-110　图 12-111　图 12-112

步骤 14 选择“星形”工具，在属性栏中进行设置，如图 12-113 所示。绘制一个星形，填充图形为黑色，并去除图形的轮廓线，效果如图 12-114 所示。选择“选择”工具，按住 Ctrl 键的同时，垂直向下拖曳星形并在适当的位置上单击鼠标右键，复制一个新的星形，效果如图 12-115 所示。按住 Ctrl 键的同时，再连续点按 D 键，复制出多个星形，效果如图 12-116 所示。

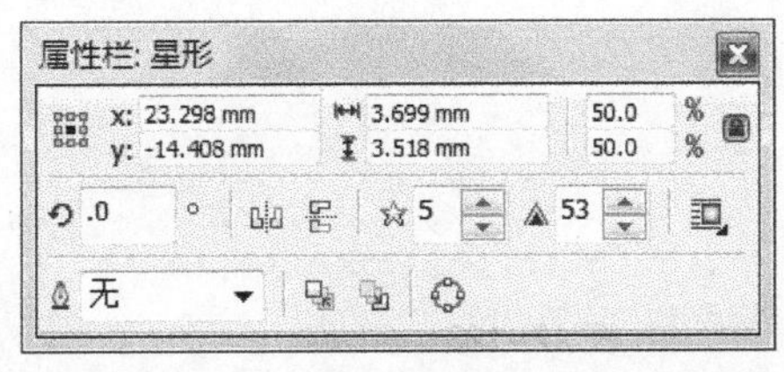

图 12-113

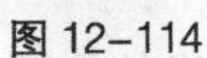
图 12-114

图 12-115

图 12-116

步骤 15 选择“文件 > 导入”命令，弹出“导入”对话框。选择光盘中的“Ch12 > 素材 > 云蓝山酒盒包装设计 > 05”文件，单击“导入”按钮，在页面中单击导入图片，调整其大小并拖曳到适当的位置，效果如图 12-117 所示。

步骤 16 选择“文本”工具字，分别输入需要的文字。选择“选择”工具，在属性栏中分别

选择合适的字体并设置文字大小，效果如图 12-118 所示。设置文字颜色的 CMYK 值为 0、20、40、40，填充文字，效果如图 12-119 所示。

图 12-117

图 12-118

图 12-119

步骤 17 选择“文本”工具，分别输入需要的文字。选择“选择”工具，在属性栏中分别选择合适的字体并设置文字大小，效果如图 12-120 所示。选择“手绘”工具，按住 Ctrl 键的同时，绘制一条直线。在属性栏中的“轮廓宽度” .2pt 框中设置数值为 0.7pt，效果如图 12-121 所示。

图 12-120

图 12-121

7. 制作包装侧立面效果

步骤 1 选择“矩形”工具，在适当的位置绘制一个矩形，如图 12-122 所示，设置图形颜色的 CMYK 值为 0、0、20、0，填充矩形，并去除图形的轮廓线，效果如图 12-123 所示。

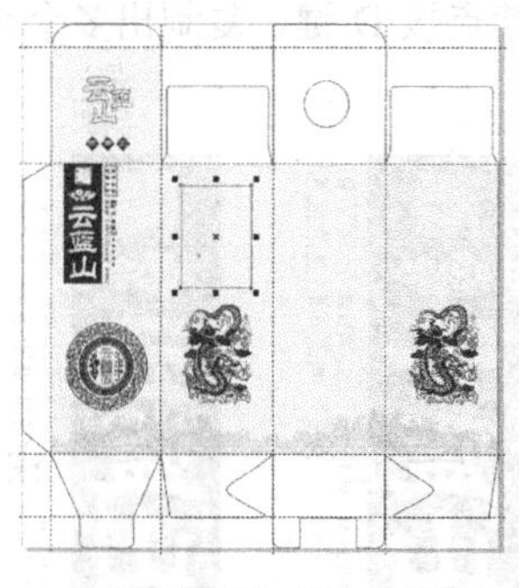
图 12-122

图 12-123

步骤 2 选择“矩形”工具，在适当的位置绘制一个矩形，如图 12-124 所示。选择“选择”工具，按住 Shift 键的同时，将两个矩形同时选取，单击属性栏中的“移除前面对象”按钮，将两个图形剪切为一个图形，效果如图 12-125 所示。

步骤 3 用相同的方法制作出其他 3 个角的形状，效果如图 12-126 所示。选择“选择”工具，按住 Shift 键的同时，向内拖曳图形右上角的控制手柄到适当的位置单击鼠标右键，复制图

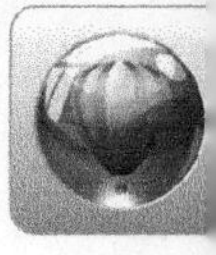

形。去除图形的填充颜色，并设置轮廓线颜色的 CMYK 值为 100、93、50、9，填充图形轮廓线。在属性栏中的“轮廓宽度” .2pt 框中设置数值为 2pt，效果如图 12-127 所示。

图 12-124　　图 12-125　　图 12-126　　图 12-127

步骤 4 选择“贝塞尔”工具，在适当的位置绘制一个图形，如图 12-128 所示。设置轮廓线颜色的 CMYK 值为 0、0、20、0，填充图形轮廓线，并在属性栏中的“轮廓宽度” .2pt 框中设置数值为 3pt，效果如图 12-129 所示。

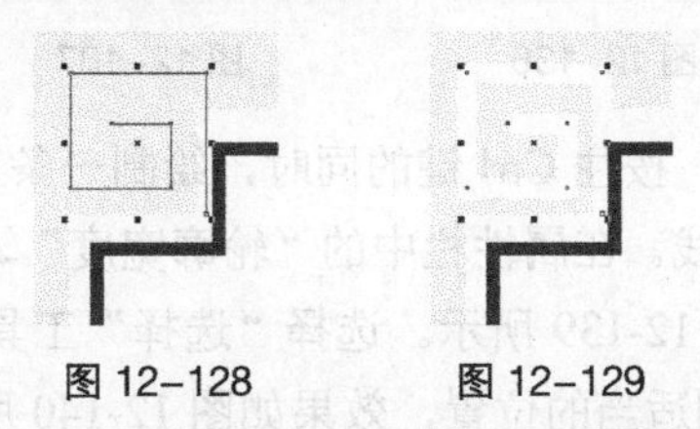

图 12-128　　图 12-129

步骤 5 选择“选择”工具，按住 Ctrl 键的同时，水平向右拖曳图形并在适当的位置上单击鼠标右键，复制一个图形，如图 12-130 所示。单击属性栏中的“水平镜像”按钮，水平翻转复制的图形，效果如图 12-131 所示。

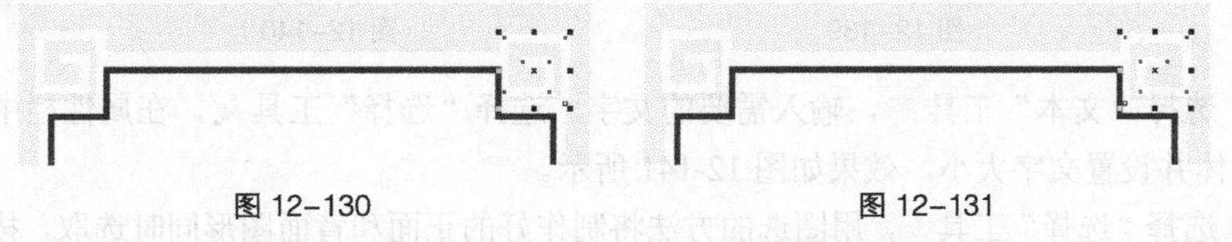

图 12-130　　图 12-131

步骤 6 选择“文本”工具，拖曳出一个文本框，在文本框中输入需要的文字。选择“选择”工具，在属性栏中选择合适的字体并设置文字大小，效果如图 12-132 所示。选择“文本 > 文本属性”命令，弹出“文本属性”面板，选项的设置如图 12-133 所示，按 Enter 键确认，效果如图 12-134 所示。

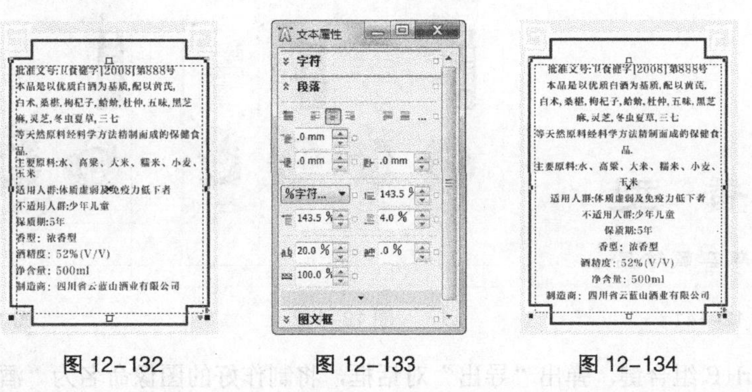

图 12-132　　图 12-133　　图 12-134

步骤 7 选择“选择”工具，用圈选的方法选取顶面图形中需要的图形，如图 12-135 所示。按数字键盘上的+键复制图形，并将其拖曳到适当的位置，如图 12-136 所示。

步骤 8 选择“选择”工具，按住 Shift 键的同时，选中文字下方的图形。设置图形颜色的 CMYK 值为 0、0、40、0，填充图形，效果如图 12-137 所示。选择文字“浓香型”，并填充为黑色，效果如图 12-138 所示。

图 12-135

图 12-136

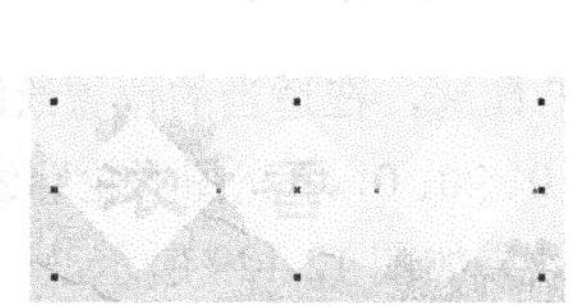

图 12-137

图 12-138

步骤 9 选择“手绘”工具，按住 Ctrl 键的同时，绘制一条直线，设置直线轮廓色的 CMYK 值为 0、0、40、0，填充直线。在属性栏中的“轮廓宽度” .2pt 框中设置数值为 2pt，按 Enter 键确认，效果如图 12-139 所示。选择“选择”工具，按数字键盘上的+键复制直线，并垂直向下拖曳直线到适当的位置，效果如图 12-140 所示。

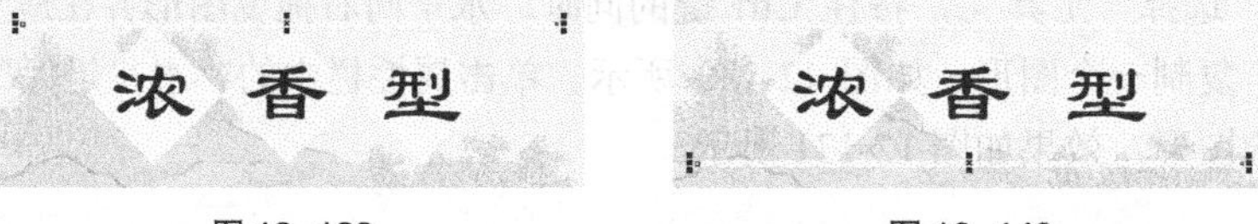

图 12-139　　图 12-140

步骤 10 选择“文本”工具，输入需要的文字。选择“选择”工具，在属性栏中选择合适的字体并设置文字大小，效果如图 12-141 所示。

步骤 11 选择“选择”工具，用圈选的方法将制作好的正面和背面图形同时选取，按数字键盘上的+键复制图形，并将其拖曳到适当的位置，如图 12-142 所示。按 Esc 键取消选取状态，立体包装展开图绘制完成，效果如图 12-143 所示。

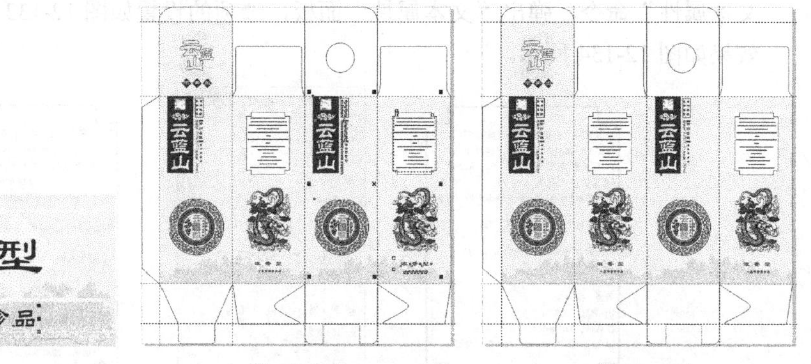

图 12-141　　图 12-142　　图 12-143

步骤 12 按 Ctrl+E 组合键，弹出“导出”对话框，将制作好的图像命名为“酒盒包装展开图”，

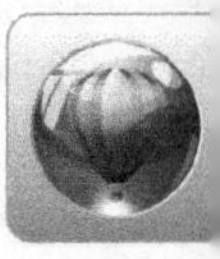

保存为 PSD 格式，单击“导出”按钮，弹出“转换为位图”对话框，单击“确定”按钮，导出为PSD格式。

Photoshop 应用

8. 制作包装立体效果

步骤 1 打开 Photoshop CS6 软件，按 Ctrl+N 组合键，新建一个文件：宽度为 10cm，高度为 10.5cm，分辨率为 300 像素/英寸，颜色模式为 RGB，背景内容为白色。

步骤 2 选择“渐变”工具，单击属性栏中的“点按可编辑渐变”按钮，弹出“渐变编辑器”对话框，将渐变色设为由白色到黑色，如图 12-144 所示，单击“确定”按钮。在属性栏中单击“径向渐变”按钮，在图像窗口中由右上方至左下方拖曳渐变色，效果如图 12-145 所示。

步骤 3 按 Ctrl+O 组合键，打开光盘中的“Ch12 > 效果 > 云蓝山酒盒包装设计 > 酒盒包装展开图”文件，按 Ctrl+R 组合键，图像窗口中出现标尺。选择“移动”工具，从图像窗口的水平标尺和垂直标尺中拖曳出需要的参考线。选择“矩形选框”工具，在图像窗口中绘制出需要的选区，如图 12-146 所示。

图 12-144

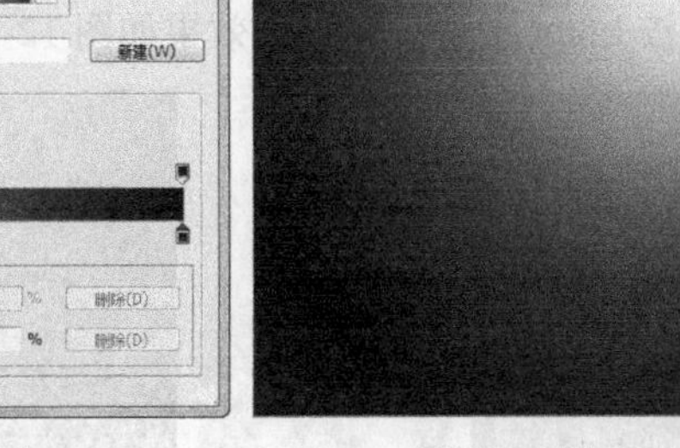

图 12-145

图 12-146

步骤 4 选择“移动”工具，将选区中的图像拖曳到新建文件窗口中适当的位置，在“图层”控制面板中生成新的图层并将其命名为“正面”。按 Ctrl+T 组合键，图像周围出现控制手柄，并拖曳控制手柄来改变图像的大小，如图 12-147 所示。按住 Ctrl 键的同时，向上拖曳右侧中间的控制手柄到适当的位置，按 Enter 键确认操作，效果如图 12-148 所示。

图 12-147

图 12-148

步骤 5 选择“矩形选框”工具，在“立体包装展开图”的背面拖曳鼠标绘制一个矩形选区，如图 12-149 所示。选择“移动”工具，将选区中的图像拖曳到新建文件窗口中适当的位置，在“图层”控制面板中生成新的图层并将其命名为“侧面”。

步骤 6 按 Ctrl+T 组合键，图像周围出现控制手柄，拖曳控制手柄来改变图像的大小，如图 12-150 所示。按住 Ctrl 键的同时，向上拖曳左侧中间的控制手柄到适当的位置，按 Enter 键确认操作，效果如图 12-151 所示。

图 12-149

图 12-150

图 12-151

步骤 7 选择“矩形选框”工具，在“立体包装展开图”的顶面拖曳鼠标绘制一个矩形选区，如图 12-152 所示。选择“移动”工具，将选区中的图像拖曳到新建文件窗口中的适当位置，在“图层”控制面板中生成新的图层并将其命名为“盒顶”。按 Ctrl+T 组合键，图像周围出现控制手柄，拖曳控制手柄来改变图像的大小，如图 12-153 所示。按住 Ctrl 键的同时，分别拖曳控制手柄到适当的位置，按 Enter 键确认操作，效果如图 12-154 所示。

图 12-152

图 12-153

图 12-154

9. 制作立体效果倒影

步骤 1 将“正面”图层拖曳到控制面板下方的“创建新图层”按钮上进行复制，生成新的图层“正面 副本”。选择“移动”工具，将副本图像拖曳到适当的位置，如图 12-155 所示。按 Ctrl+T 组合键，图像周围出现控制手柄，单击鼠标右键，在弹出的快捷菜单中选择“垂直翻转”命令，垂直翻转图像并拖曳到适当的位置，如图 12-156 所示。按住 Ctrl 键的同时，拖曳右侧中间的控制手柄到适当的位置，效果如图 12-157 所示。

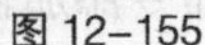
图 12-155

图 12-156

图 12-157

步骤 2 单击“图层”控制面板下方的“添加图层蒙版”按钮，为“正面 副本”图层添加蒙版。选择“渐变”工具，单击属性栏中的“点按可编辑渐变”按钮，弹出“渐变编辑器”对话框，将渐变色设为由白色到黑色，单击“确定”按钮。在属性栏中选择“线性渐变”按钮，并在图像中由上至下拖曳渐变色，效果如图 12-158 所示。

步骤 3 在“图层”控制面板上方，将“正面 副本”图层的“不透明度”选项设为 30%，如图 12-159 所示，图像效果如图 12-160 所示。

图 12-158

图 12-159

图 12-160

步骤 4 用相同的方法制作出侧面图像的投影效果，如图 12-161 所示。选中“盒项”图层，按住 Shift 键的同时，选中“正面”图层，按 Ctrl+G 组合键将其编组，生成图层组并将其命名为“酒包装”，如图 12-162 所示。选择“移动”工具，按住 Alt 键的同时，将酒包装拖曳到适当的位置，复制图像，效果如图 12-163 所示。

图 12-161

图 12-162

图 12-163

步骤 5 酒盒包装制作完成。选择“图像 > 模式 > CMYK 颜色”命令，弹出提示对话框，单击“拼合”按钮，拼合图像。按 Ctrl+S 组合键，弹出“存储为”对话框，将制作好的图像命名为“酒盒包装立体图”，保存为 TIFF 格式，单击“保存”按钮，弹出“TIFF 选项”对话框，单击“确定”按钮将图像保存。

12.2 综合演练——咖啡包装设计

在 Photoshop 中，使用渐变工具制作背景效果，使用动感模糊命令、图层的混合模式和不透明度选项制作图片效果。使用色彩平衡命令调整咖啡豆图片的颜色，使用图层蒙版、画笔工具和渐变工具制作图片渐隐效果，使用变换命令制作立体图效果，使用垂直翻转命令、图层蒙版、渐变工具和变换命令制作立体图倒影效果。在 CorelDRAW 中，使用选项命令添加辅助线，使用矩形工具绘制结构图并将矩形转换为曲线，再使用形状工具编辑需要的节点，使用合并命令将所有的图形合并，使用文本工具、矩形工具、椭圆形工具、钢笔工具、合并命令和渐变工具制作包装正面，使用表格工具添加产品的营养含量指标。（最终效果参看光盘中的“Ch12 > 效果 > 咖啡包装设计 > 咖啡包装立体图”，见图 12-164。）

图 12-164

12.3 综合演练——梅莲坊酒盒包装设计

在 Photoshop 中，使用渐变工具制作背景效果，使用图层蒙版、高斯模糊命令、画笔工具、渐变工具、图层的混合模式和不透明度选项制作图片效果，使用变换命令制作立体图效果，使用垂直翻转命令、图层蒙版、渐变工具和变换命令制作立体图倒影效果。在 CorelDRAW 中，选择标尺命令，拖曳出辅助线作为包装的结构线；将矩形转换为曲线，使用形状工具选取需要的节点进行编辑，使用移除前面对象命令将两个图形剪切为一个图形，使用合并命令将所有的图形结合使用文本工具，矩形工具、椭圆形工具、贝塞尔工具和手绘工具制作包装正面。（最终效果参看光盘中的“Ch12 > 效果 > 梅莲坊酒盒包装设计 > 酒盒包装立体效果”，见图 12-165。）

图 12-165

第13章 网页设计

网页是构成网站的基本元素，是承载各种网站应用的平台。它实际上是一个文件，存放在世界某个角落的某一台计算机中，而这台计算机必须是与互联网连接的。网页通过网址（URL）来识别与存取，当输入网址后，浏览器运行一段复杂而又快速的程序，将网页文件传送到你的计算机中，并解释网页的内容，最后展示到你的眼前。

课堂学习目标

- 在 Photoshop 软件中制作网页

13.1 电器城网页设计

13.1.1 【案例分析】

家用电器使人们从繁重、琐碎、费时的家务劳动中解放出来，为人类创造了更为舒适优美、更有利于身心健康的生活和工作环境，提供了丰富多彩的文化娱乐条件，已成为现代家庭生活的必需品。在网页设计时要表现出该电器网站物美价廉的特点。

13.1.2 【设计理念】

在网页设计制作过程中，整个页面以红黄渐变为底，表现出欢快、热闹的氛围。醒目明确的折扣信息，体现出该网站的活动内容，展现出购物的欢快感。网页下面详细明确地说明了活动的具体情况，使浏览者一目了然。整个网页设计整洁大方，用色简洁，气氛热烈。（最终效果参看光盘中的“Ch13 > 效果 > 电器城网页设计”，见图 13-1。）

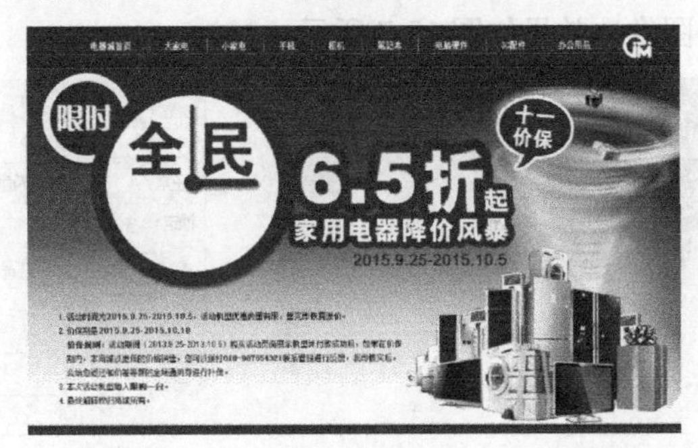

图 13–1

13.1.3 【操作步骤】

Photoshop 应用

1. 制作背景图

步骤 1 按 Ctrl+N 组合键，新建一个文件：宽度为 1000 px，高度为 615 px，分辨率为 72 像素/英寸，颜色模式为 RGB，背景内容为白色，单击“确定”按钮。

步骤 2 选择“渐变”工具，单击属性栏中的“点按可编辑渐变”按钮，弹出“渐变编辑器”对话框，在“位置”选项中分别输入 0、40、70、100 四个位置点，分别设置四个位置点颜色的 RGB 值为 0（219、13、1）、40（245、47、1）、70（251、219、46）、100 为白色，如图 13-2 所示，单击“确定”按钮。选中属性栏中的“线性渐变”按钮，按住 Shift 键的同时，由中心向下拖曳渐变色，效果如图 13-3 所示。

图 13-2

图 13-3

步骤 3 单击“图层”控制面板下方的“创建新组”按钮，生成新的图层组并将其命名为“底图”。按 Ctrl+O 组合键，打开光盘中的“Ch13 > 素材 > 电器城网页设计 > 01”文件，选择“移动”工具，将图片拖曳到图像窗口中适当的位置，调整其大小并将其旋转到适当的角度，效果如图 13-4 所示，在“图层”控制面板中生成新的图层“礼品盒”。

步骤 4 单击“图层”控制面板下方的“添加图层蒙版”按钮，为“礼品盒”图层添加图层蒙版，如图 13-5 所示。将前景色设为黑色。选择“画笔”工具，在属性栏中单击“画笔”选项右侧的按钮，在弹出的面板中选择需要的画笔形状，如图 13-6 所示，在图像窗口中拖曳鼠标擦除不需要的图像，效果如图 13-7 所示。

图 13-4

图 13-5

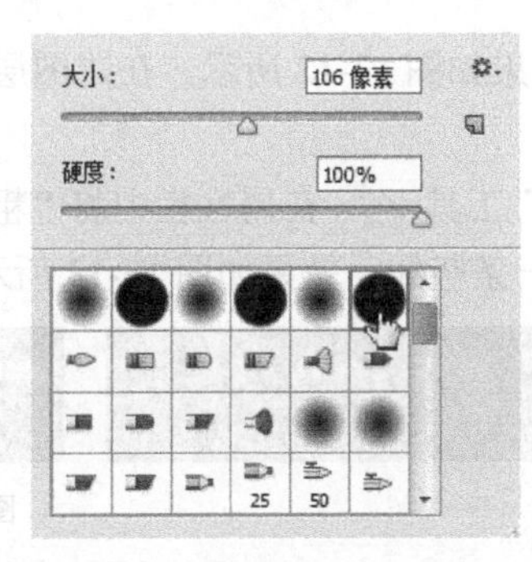

图 13-6

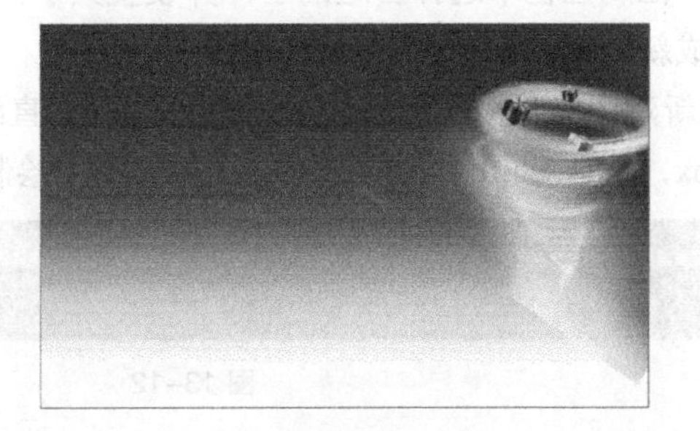

图 13-7

步骤 5 按 Ctrl+O 组合键，打开光盘中的“Ch13 > 素材 > 电器城网页设计 > 02”文件，选择“移动”工具，将家电图片拖曳到图像窗口中适当的位置，效果如图 13-8 所示。在“图层”控制面板中生成新的图层“家电”。单击“底图”图层组左侧的三角形图标，将“底图”图层组中的图层隐藏。

步骤 6 单击“图层”控制面板下方的“创建新组”按钮，生成新的图层组并将其命名为“导航条”。新建图层并将其命名为“矩形 1”。将前景色设为深红色（其 R、G、B 的值分别为 199、19、0）。选择“矩形”工具，在属性栏中的“选择工具模式”选项中选择“像素”，在图像窗口中拖曳鼠标绘制一个矩形，效果如图 13-9 所示。

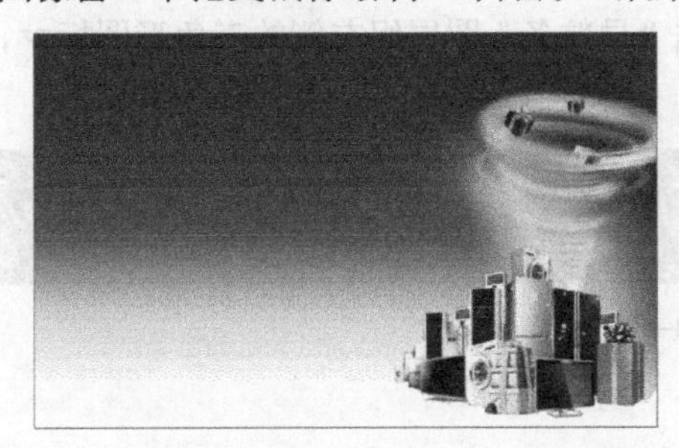

图 13-8

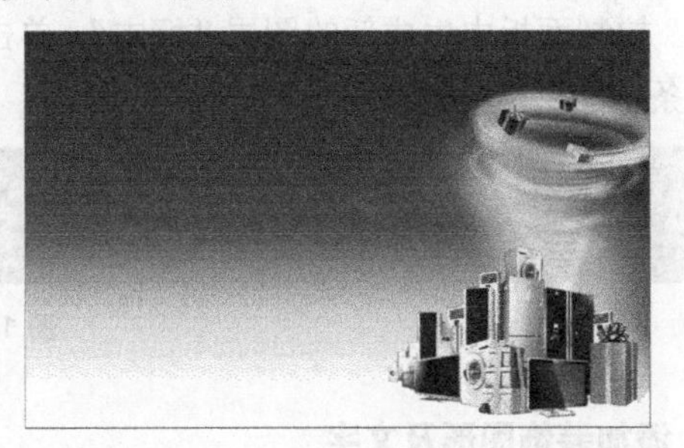

图 13-9

步骤 7 将前景色设为暗红色（其 R、G、B 的值分别为 158、15、0）。选择“矩形”工具，在图像窗口中拖曳鼠标再绘制一个矩形，效果如图 13-10 所示。新建图层并将其命名为“矩形 2”，使用相同方法分别绘制矩形并调整合适的颜色，效果如图 13-11 所示。

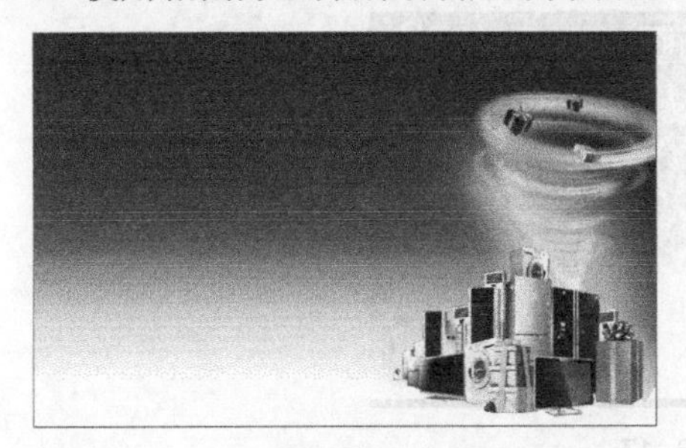

图 13-10

图 13-11

2. 制作导航栏

步骤 1 将前景色设为白色。选择“横排文字”工具，在适当的位置输入需要的文字并选取文字，在属性栏中选择合适的字体并设置大小，效果如图 13-12 所示。在“图层”控制面板中生成新的文字图层。

步骤 2 新建图层并将其命名为“竖线”。选择“直线”工具，在属性栏中将“粗细”选项设为 1 px，按住 Shift 键的同时，在图像窗口中绘制一条竖线，效果如图 13-13 所示。

图 13-12　　图 13-13

步骤 3 选择“移动”工具，按 Alt+Shift 组合键的同时，在图像窗口中拖曳竖线到适当的位置，复制竖线，效果如图 13-14 所示。使用相同方法分别复制竖线到适当的位置，效果如图 13-15 所示。

图 13-14　　图 13-15

步骤 4 按 Ctrl+O 组合键，打开光盘中的“Ch13 > 素材 > 制作电器城网页 > 03”文件，选择“移动”工具，将标志图片拖曳到图像窗口中适当的位置，效果如图 13-16 所示。在“图层”控制面板中生成新的图层“标志”。单击“导航条”图层组左侧的三角形图标，将“导航条”图层组中的图层隐藏。

图 13-16

3. 添加装饰图形及文字

步骤 1 新建图层并将其命名为“红色圆形”。将前景色设为深红色（其 R、G、B 值分别为 199、19、0）。选择“椭圆”工具，在属性栏中的“选择工具模式”选项中选择“像素”，按住 Shift 键的同时，在图像窗口中拖曳鼠标绘制圆形，效果如图 13-17 所示。

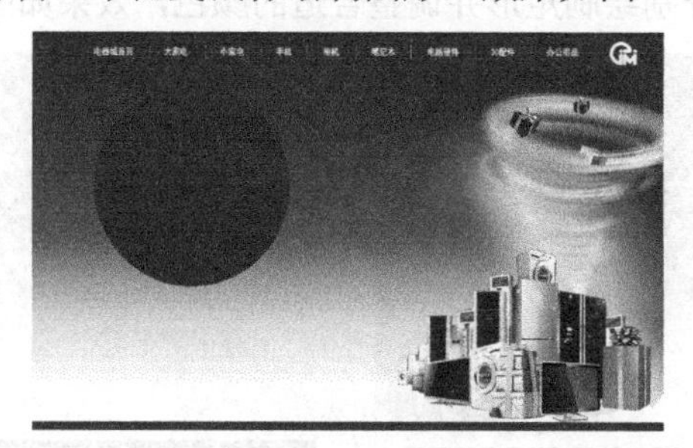

图 13-17

步骤 2 单击“图层”控制面板下方的“添加图层样式”按钮 fx，在弹出的菜单中选择“投影”命令，在弹出的对话框中进行设置，如图 13-18 所示。单击“确定”按钮，效果如图 13-19 所示。

步骤 3 将前景色设为白色。按住 Ctrl 键的同时，单击“红色圆形”图层的缩览图，图像周围

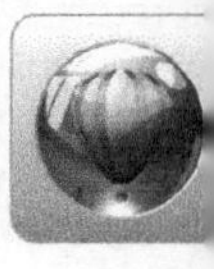

生成选区，如图 13-20 所示。选择“选择 > 修改 > 收缩”命令，弹出“收缩选区”对话框，选项的设置如图 13-21 所示，单击“确定”按钮，收缩选区。按 Alt+Delete 组合键，用前景色填充选区，按 Ctrl+D 组合键取消选区，效果如图 13-22 所示。

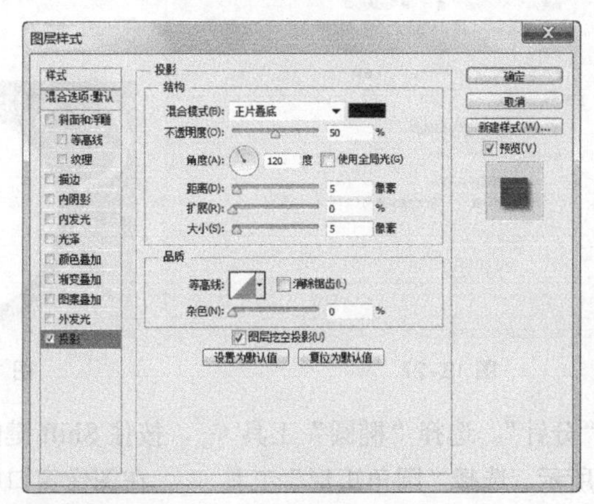

图 13-18

图 13-19

图 13-20

图 13-21

图 13-22

步骤 4 使用相同的方法再绘制一组圆形，效果如图 13-23 所示。在“图层”面板中，按住 Shift 键的同时选取“小红色圆形”和“小白色圆形”图层，并将其拖曳到“红色圆形”图层的下方，如图 13-24 所示，效果如图 13-25 所示。

图 13-23

图 13-24

图 13-25

步骤 5 新建图层并将图层命名为“时针”。将前景色设为深红色（其 R、G、B 值分别为 199、19、0）。选择“圆角矩形”工具，在属性栏中的“选择工具模式”选项中选择“像素”，“半径”选项设为 30 px，在图像窗口中绘制圆角矩形，效果如图 13-26 所示。

步骤 6 单击“图层”控制面板下方的“添加图层样式”按钮 fx，在弹出的菜单中选择“投影”命令，在弹出的对话框中进行设置，如图 13-27 所示，单击“确定”按钮，效果如图 13-28 所示。

图 13-26

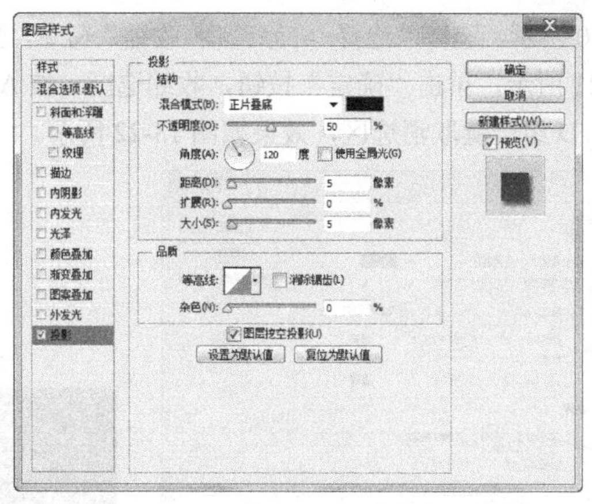

图 13-27

图 13-28

步骤 7 新建图层并将图层命名为“分针”。选择“椭圆”工具，按住 Shift 键的同时，在图像窗口中绘制圆形，如图 13-29 所示。选择“圆角矩形”工具，在图像窗口中再绘制一个圆角矩形，如图 13-30 所示。

步骤 8 在“时针”图层上单击鼠标右键，在弹出的快捷菜单中选择“拷贝图层样式”命令。在“分针”图层上单击鼠标右键，在弹出的快捷菜单中选择“粘贴图层样式”命令，效果如图 13-31 所示。

图 13-29

图 13-30

图 13-31

步骤 9 选择“横排文字”工具，在图像窗口中分别输入文字并选取文字，在属性栏中选择合适的字体并设置大小，按 Alt+向右方向键，调整文字适当的间距，效果如图 13-32 所示，在“图层”控制面板中生成新的文字图层。

步骤 10 将前景色设为白色。选择“横排文字”工具，在图像窗口中分别输入文字并选取文字，在属性栏中分别选择合适的字体并设置大小，效果如图 13-33 所示，在“图层”控制面板中生成新的文字图层。

图 13-32

图 13-33

步骤 11 选择“6.5 折”文字图层。单击“图层”控制面板下方的“添加图层样式”按钮，

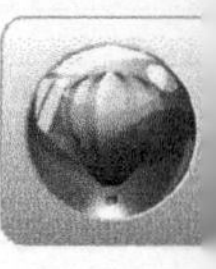

在弹出的菜单中选择“描边”命令，弹出对话框，将描边颜色设为深红色（其 R、G、B 的值分别为 199、19、0），其他选项的设置如图 13-34 所示。单击“确定”按钮，效果如图 13-35 所示。

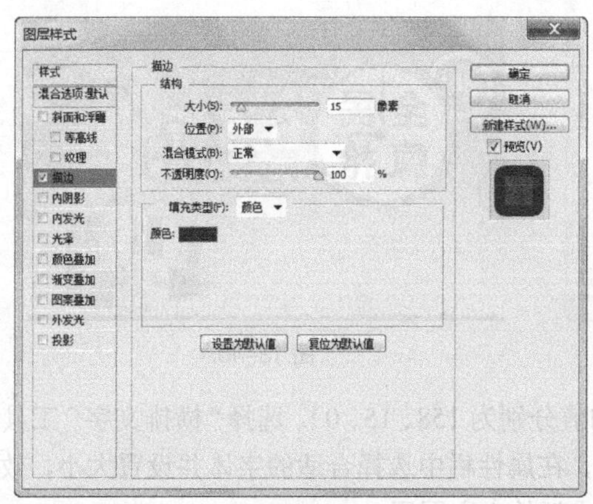

图 13-34

图 13-35

步骤 12 单击“图层”控制面板下方的“添加图层样式”按钮 fx，在弹出的菜单中选择“内阴影”命令，在弹出的对话框中进行设置，如图 13-36 所示。单击“确定”按钮，效果如图 13-37 所示。

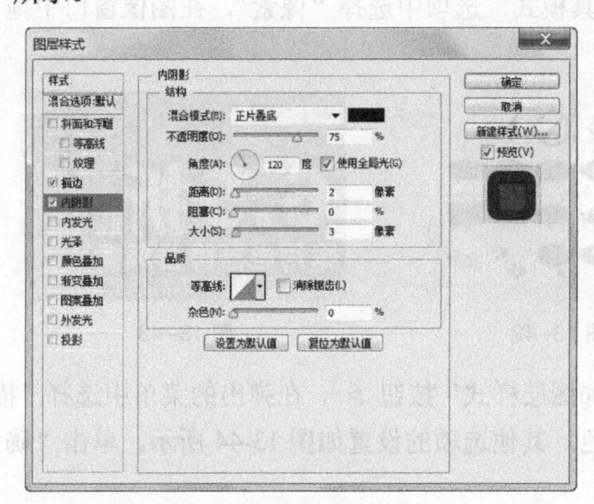

图 13-36

图 13-37

步骤 13 选择“横排文字”工具 T，单击“右对齐文本”按钮，在图像窗口中输入文字并选取文字，在属性栏中选择合适的字体并设置大小，按 Alt+向右方向键，调整文字适当的间距，效果如图 13-38 所示，在“图层”控制面板中生成新的文字图层。

图 13-38

步骤 14 单击“图层”控制面板下方的“添加图层样式”按钮 fx，在弹出的菜单中选择“描边”命令，弹出对话框，将描边颜色设为深红色（其 R、G、B 的值分别为 199、19、0），其他选项的设置如图 13-39 所示。单击“确定”按钮，效果如图 13-40 所示。

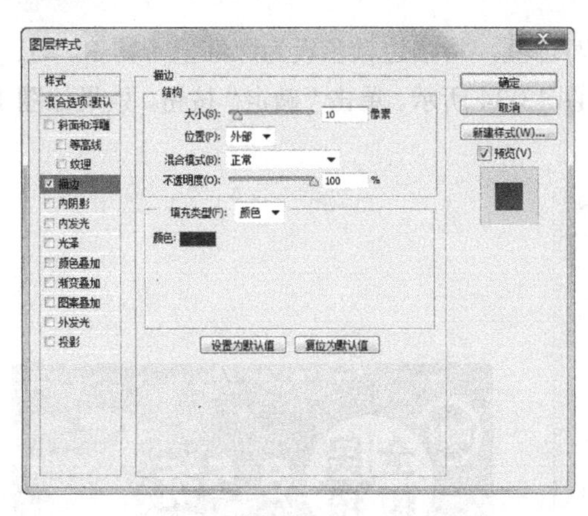

图 13-39

图 13-40

步骤 15 将前景色设为暗红色（其 R、G、B 的值分别为 158、15、0）。选择"横排文字"工具 T，在适当的位置输入需要的文字并选取文字，在属性栏中选择合适的字体并设置大小，效果如图 13-41 所示，在"图层"控制面板中生成新的文字图层。

步骤 16 将前景色设为深红色（其 R、G、B 的值分别为 199、19、0）。选择"自定形状"工具，单击"形状"选项，弹出"形状"面板，单击面板右上方的按钮，在弹出的菜单中选择"全部"命令，弹出提示对话框，单击"确定"按钮。在"形状"面板中选中图形"会话 1"，如图 13-42 所示。在属性栏中的"选择工具模式"选项中选择"像素"，在图像窗口中拖曳光标绘制图形，如图 13-43 所示。

图 13-41

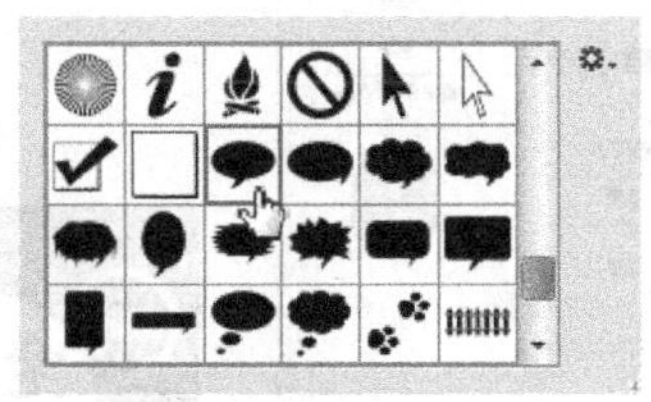

图 13-42

图 13-43

步骤 17 单击"图层"控制面板下方的"添加图层样式"按钮 fx，在弹出的菜单中选择"描边"命令，弹出对话框，将描边颜色设为白色，其他选项的设置如图 13-44 所示。单击"确定"按钮，效果如图 13-45 所示。

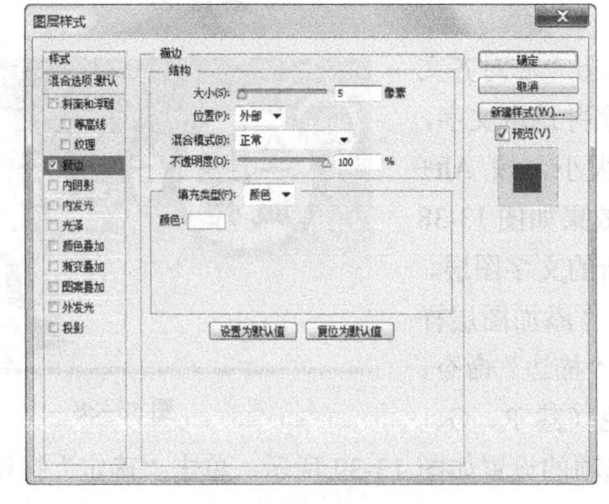

图 13-44

图 13-45

步骤 18 将前景色设为白色。选择“横排文字”工具T，在适当的位置输入需要的文字并选取文字，在属性栏中选择合适的字体并设置大小，按 Ctrl+T 组合键，弹出“字符”面板，其他选项的设置如图 13-46 所示，按 Enter 键确定操作，效果如图 13-47 所示。在“图层”控制面板中生成新的文字图层。

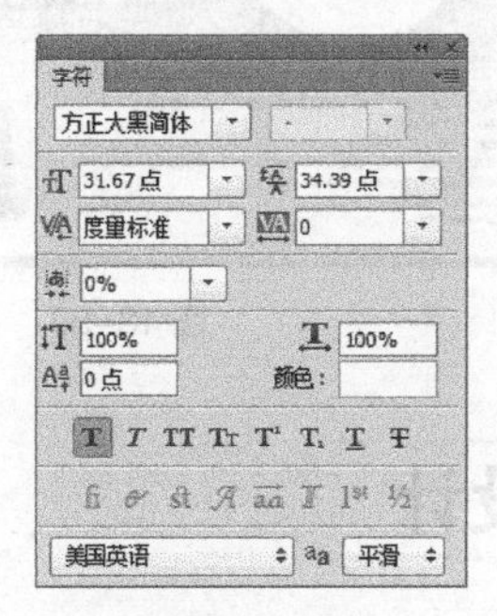

字符
方正大黑简体
31.67点
34.39点
度量标准
0
0%
100%
100%
0点
颜色:
美国英语
平滑

图 13–46

十一
价保
6.5折起
家用电器降价风暴
2015.9.25-2015.10.5

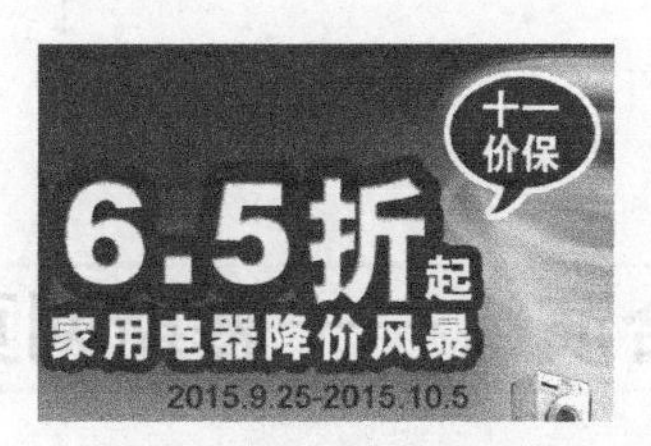

图 13–47

步骤 19 在“图层”控制面板中，按住 Shift 键的同时，选取“提示框”和“十一价保”图层，按 Ctrl+T 组合键，在图像周围出现变换框，如图 13-48 所示，将指针放在变换框的控制手柄外边，指针变为旋转图标，拖曳鼠标将图像旋转到适当的角度，按 Enter 键确定操作，效果如图 13-49 所示。

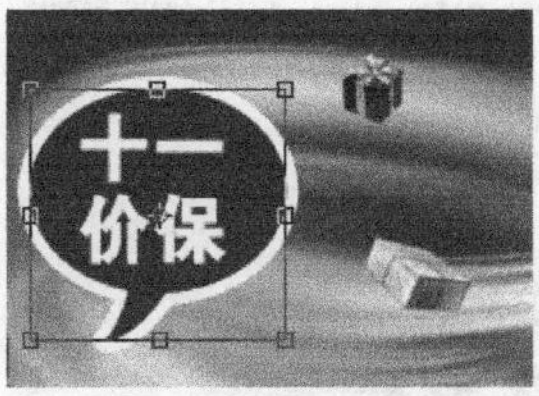

十一
价保

图 13–48

十一
价保

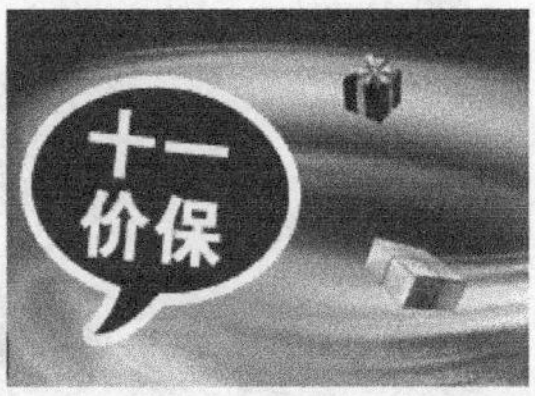

图 13–49

步骤 20 将前景色设为黑色。选择“横排文字”工具T，单击属性栏中的“左对齐文本”按钮，在属性栏中选择合适的字体并设置大小，在图像窗口中鼠标光标变为图标，单击并按住鼠标不放向右下方拖曳鼠标，松开鼠标，拖曳出一个段落文本框，如图 13-50 所示。在文本框中输入需要的文字，效果如图 13-51 所示。

限时
全民
疯抢
十一
价保
6.5折起
家用电器降价风暴
2015.9.25-2015.10.5

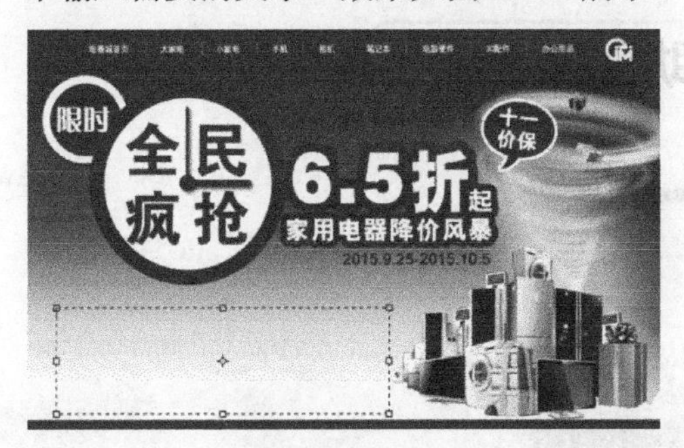

图 13–50

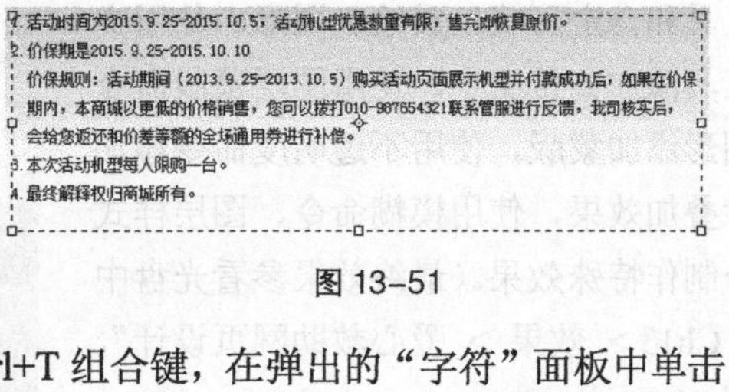

1. 活动时间为2015.9.25-2015.10.5，活动机型优惠数量有限，售完即恢复原价。
2. 价保期是2015.9.25-2015.10.10
价保规则：活动期间（2013.9.25-2013.10.5）购买活动页面展示机型并付款成功后，如果在价保期内，本商城以更低的价格销售，您可以拨打010-987654321联系客服进行反馈，我司核实后，会给您返还和价差等额的全场通用券进行补偿。
3. 本次活动机型每人限购一台。
4. 最终解释权归商城所有。

图 13–51

步骤 21 选取文字“2015.9.25-2015.10.5”，按 Ctrl+T 组合键，在弹出的“字符”面板中单击“仿斜粗体”按钮T，将文字加粗，将颜色选项设置为红色（其 R、G、B 值为 255、0、0），效果如图 13-52 所示。使用相同方法制作其他文字，效果如图 13-53 所示。电器城网页效果设计完成。

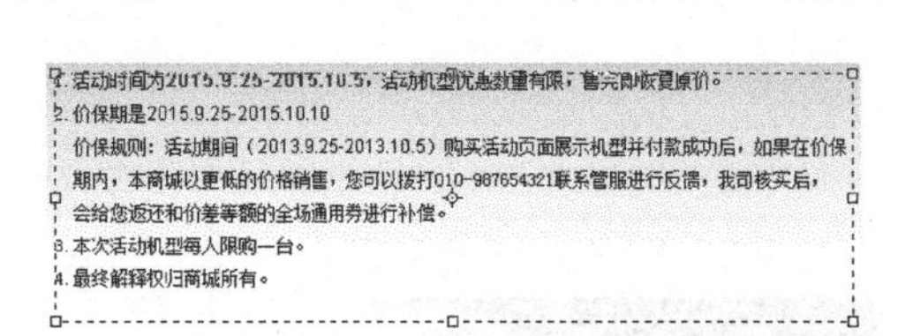

图 13-52

图 13-53

13.2 综合演练——慕斯网页设计

在 Photoshop 中，使用钢笔工具、矩形工具和自定形状工具绘制图形，使用文字工具添加宣传文字，创建剪贴蒙版命令制作图片剪切效果，使用图层蒙版命令为图形添加蒙版，使用图层样式命令为图片和文字添加特殊效果。（最终效果参看光盘中的“Ch13 > 效果 > 慕斯网页设计”，见图 13-54。）

图 13-54

13.3 综合演练——爱心求助网页设计

在 Photoshop 中，使用直线工具、矩形工具和自定形状工具绘制图形，使用文字工具添加宣传文字，使用图层蒙版命令为图形添加蒙版，使用不透明度命令添加图片叠加效果，使用模糊命令、图层样式命令制作特殊效果。（最终效果参看光盘中的“Ch13 > 效果 > 爱心救助网页设计”，见图 13-55。）

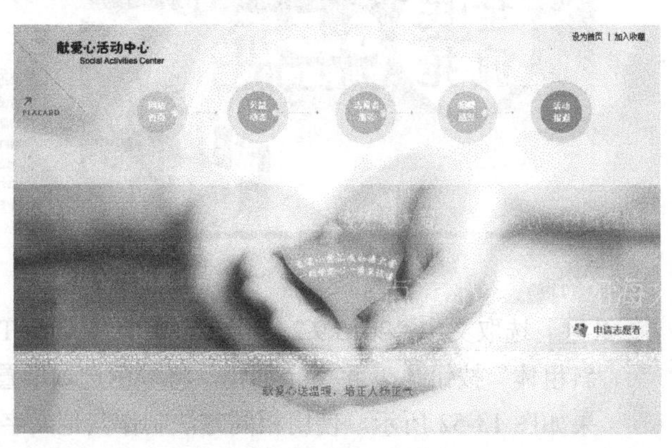

图 13-55